Estudio geoarqueológico de los asentamientos prehistóricos del Pleistoceno Superior y el Holoceno inicial en Catalunya

M. Mercè Bergadà Zapata

BAR International Series 742
1998

Published in 2019 by
BAR Publishing, Oxford

BAR International Series 742

Estudio geoarqueológico de los asentamientos prehistóricos del Pleistoceno Superior y el Holoceno inicial en Catalunya

ISBN 9780860549734 paperback
ISBN 9781407350646 e-book

DOI https://doi.org/10.30861/9780860549734

A catalogue record for this book is available from the British Library

This book is available at www.barpublishing.com

BAR Publishing is the trading name of British Archaeological Reports (Oxford) Ltd. British Archaeological Reports was first incorporated in 1974 to publish the BAR Series, International and British. In 1992 Hadrian Books Ltd became part of the BAR group. This volume was originally published by John and Erica Hedges in conjunction with British Archaeological Reports (Oxford) Ltd / Hadrian Books Ltd, the Series principal publisher, in 1998. This present volume is published by BAR Publishing, 2019.

BAR
PUBLISHING

BAR titles are available from:

BAR Publishing
122 Banbury Rd, Oxford, OX2 7BP, UK
EMAIL info@barpublishing.com
PHONE +44 (0)1865 310431
FAX +44 (0)1865 316916
www.barpublishing.com

A mis padres y a Rafel

Esta publicación constituye la Tesis Doctoral de la autora bajo el título "Contribució al estudi geoarqueològic dels assentaments prehistòrics del Pleistocè Superior i l'Holocè inicial a Catalunya", que fue defendida en la Facultat de Geografia i Història de la Universitat de Barcelona, el 7 de junio de 1996, ante el siguiente tribunal:

Dra. Mª Pilar Fumanal, presidente
Dr. Jean-Claude Miskovsky, vocal
Dra. Marie-Agnès Courty, vocal
Dra. Rosa M. Poch, vocal
Dra. Pilar García-Argüelles, secretaria

Fue dirigida por los Profesores:
Dr. Josep M. Fullola y
Dr. David Serrat

Obtuvo la calificación de apto *cum laude*.
Con Mención de Doctor Europeo por la Universitat de Barcelona.
Esta tesis recibió el Premio Extraordinario de Doctorado en el año 1997.

AGRADECIMIENTOS

No querría empezar el presente trabajo sin antes mencionar a todas las personas e instituciones que han colaborado en la realización de esta tesis doctoral.

En primer lugar, agradecer al Dr. J. Mª Fullola y al Dr. D. Serrat, directores de esta tesis, su apoyo y ayuda en todo momento para realizar este trabajo, así como para poner a mi alcance todo lo que he necesitado para su buen desarrollo. También por todas sus orientaciones y correcciones y crítica del texto original.

Al Departament de Geologia Dinàmica, Geofísica i Paleontologia y al Departament de Prehistòria, H. Antiga i Arqueologia de la Universitat de Barcelona, por la utilización de sus materiales e infraestructura.

Al Dr. Jaume Porta, a la Dra. Rosa M. Poch, a Montse Antúnez y a Rafael Rodríguez del Departament de Medi Ambient i Ciències del Sòl de la Universitat de Lleida, por formarme en los distintos aspectos de la micromorfología: : muestreo, elaboración de láminas delgadas, y descripción y también, por la discusión de los resultados.

A la Dra. Marie-Agnès Courty y al Prof. N. Fédoroff de l'INRA (Plaisir-Grignon) por introducirme en la micromorfología y orientarme en el análisis micromorfológico de sedimentos arqueológicos. A ella, y a su familia, les agradezco su afectuosa acogida durante las diversas estancias que he hecho en Grignon. También querría agradecer a sus colaboradores Julia Wattez y a Constatin Haita, por las largas discusiones sobre distintos aspectos de la micromorfología.

Al Prof. K. W. Butzer por la ayuda y sugerencias y su visión crítica tan constructiva en aspectos de Geoarqueología y, también a su familia y a los miembros del Department of Geography at the University of Texas at Austin, por las atenciones que me dispensaron durante la estancia que realicé.

A la Dra. Mª Pilar Fumanal por introducirme en el campo de la Geoarqueología y de la Sedimentología en el año 1988 y al Departament de Geografia de la Universitat de València por el amigable trato de sus mienbros.

A los directores de los yacimientos arqueológicos que estudio en esta tesis por facilitarme la realización de los análisis y por su colaboración en todo momento, tanto en el muestreo como en la discusión de las problemáticas del yacimiento y por poner a mi disposición todo lo que he requerido. Sin su contribución este trabajo no hubiera sido posible.

A la Dra. Pilar García-Argüelles por su colaboración y por la consulta de su tesis doctoral.

Al Dr. Molero, por la consulta de su tesis doctoral.

Al Sr. Ramón Castilla del Laboratori d'Estratigrafia de la Facultat de Geologia, por su inestimable ayuda.

Al Servei de Difracció i Espectroscòpia de Raigs X de l'Institut de Ciències de la Terra Jaume Almera del CSIC por los análisis efectuados.

Al Museo del Montsià y especialmente a su director, Àlex Farnós por la bibliografía prestada sobre los Ports de Beseit, alguna aún inédita.

Al Sr. Joan Surroca por su compañía y ayuda en las diferentes estancias en la Balma del Gai.

Al regidor de cultura del Ayuntamiento de Moià por facilitarme la bibliografía sobre los datos meteorológicos de Moià.

Muy especialmente a Maria Adserias, a Josep Bosch, a Artur Cebrià, a Jordi Nadal y a Genís Ribé por su colaboración prestada en el muestreo y en el trabajo de campo.

A todos los compañeros del Seminari d'Estudis i Recerques Prehistòriques (SERP) del Departament de Prehistòria, H. Antiga i Arqueologia con quien he compartido varios años de trabajo. Ellos han sido imprescindibles para que sea mucho más agradable e interesante.

A mis padres y al resto de la familia por su apoyo y por sus ánimos, especialmente a M. del Mar por su paciencia en acompañarme en algunas salidas de campo.

A Rafel quien ha sido un soporte constante y con quien he compartido lo peor y lo mejor de estos años de tesis.

Esta tesis ha sido posible gracias a las siguientes ayudas:

- Beca de Formación de Personal Investigador del Ministerio de Educación y Ciencia de 1990 a 1993.

- "Ajut a la Recerca per a joves investigadors" de la CIRIT de la Generalitat de Catalunya del 1990 para el proyecto *"Aplicació dels estudis micromorfològics als sediments arqueològics"*.

Las diferentes estancias en Plaisir-Grignon y en Austin han sido subvencionadas con las siguientes becas:

- "Ajut per estades curtes a l'estranger" de la Universitat de Barcelona para la estancia en el Institut National Agronomique de Plaisir-Grignon (France) durante 1991.

- "Ajut per estades curtes a l'estranger" de la Universitat de Barcelona para la estancia en el Department of Geography at the University of Texas at Austin durante 1993.

- "Ajut per a estades de curta durada a l'estranger" de la CIRIT de la Generalitat de Catalunya del 1993 para realizar una estancia en el Institut National Agronomique de Plaisir-Grignon (France) para el proyecto: *"Estudi micromorfològic dels sediments arqueològics de la Prehistòria de Catalunya"*.

También ha sido financiado con el siguiente proyecto: *Fases de transición del Pleistoceno Superior - Holoceno: evolución cultural y cambios paleoambientales en el N.E. español* (DGICYT, PB 90-0822).

PRÓLOGO

Este libro que ve la luz dentro de la prestigiosa serie de publicaciones de los *British Archaeological Reports*, es una versión en castellano de la tesis doctoral titulada *Contribució a l'estudi geoarqueològic dels assentaments del Pleistocè Superior i de l'Holocè Inicial a Catalunya* defendida por la autora, M. Mercè Bergadà i Zapata bajo la dirección de los firmantes de este prólogo. Dicha tesis se realizó dentro de los planes de investigación del S.E.R.P. (Seminari d'Estudis i Recerques Prehistòriques), centro vinculado al área de Prehistòria del Departament de Prehistòria, Història Antiga i Arqueologia, de la Facultat de Geografia i Història y del Departament de Geodinàmica i Geofísica de la Facultat de Geologia, ambos de la Universitat de Barcelona. En junio de 1996 este trabajo mereció la máxima calificación de apto por unanimidad *summa cum laude* por parte de un tribunal compuesto por Mª Pilar Fumanal, de la Universitat de València, Marie-Agnès Courty, del Laboratoire de Science des Sols et Hydrologie de Grignon, Jean-Claude Miskowsky, del C.N.R.S., Pilar García-Argüelles, de la Universitat de Barcelona y Rosa Maria Poch, de la Universitat de Lleida.

Hasta aquí los datos de presentación del estudio que ha sido el origen de esta obra. Pero hay mucho más detrás de su gestación y de su realización, hechos que normalmente se pierden dentro del alud de datos científicos, de conclusiones, de propuestas y de resultados de cualquier libro de alto nivel investigador como éste. Nuestra intención es exponerlos para que el lector pueda comprender mucho mejor el conjunto que tiene en sus manos.

Como ya hemos señalado más arriba, la obra responde al planteamiento de investigación interdisciplinar, como es el de la formación de arqueólogos prehistoriadores en otras ramas científicas imprescindibles para conocer en profundidad nuestro pasado más remoto, el de la Prehistoria. Por supuesto que esta idea no es una novedad, pero sí lo es su aplicación continuada a lo largo de los años; frutos de gran calidad como esta obra, o las que se vienen publicando desde 1996 dentro de la serie de las *Monografies del SERP*, que son los resultados palpables y perdurables de lo que aspiramos a que sea una coherente política científica.

En el caso que nos ocupa convergían dos campos científicos condenados felizmente a entenderse, el de la Prehistoria y el de la Geología del Cuaternario, y que con la asignatura de Paleoecología del Cuaternario habíamos intentado ya ensamblar. El alejamiento mútuo, propiciado por los inadecuados planes de estudios españoles, debía ser suplido por los esfuerzos personales de los investigadores que iban tomando conciencia de cuan imprescindible era esta colaboración. Los dos firmantes de este prólogo, catedráticos de Prehistoria y de Geodinámica respectivamente en la Universitat de Barcelona, concretamos, desde mediados de los años ochenta, una serie de programas conjuntos de investigación geoarqueológica en las diversas áreas geográficas del NE de la Península Ibérica en las que estábamos desarrollando excavaciones arqueológicas en cuevas y abrigos del Paleolítico Superior y el Epipaleolítico, sin que ello nos llevase a cerrarnos cronológicamente a otras épocas de la Prehistoria, que también hemos tocado.

Hasta los años ochenta la buena predisposición, casi de tipo personal, de algunos investigadores como M. Hoyos o Mª P. Fumanal fueron propiciando algunos trabajos de lo que hoy ya conocemos como Geoarqueología. Pero no es sólo la labor de unos pocos, sino la aplicación generalizada lo que permite individualizar un campo científico con personalidad propia. Esta maduración desembocó en la convocatoria de la Primera Reunión Nacional de Geoarqueología por parte de una comisión formada por los firmantes y la propia Dra. Bergadà como secretaria ejecutiva; su celebración en Barcelona, en el marco de nuestra Universitat de Barcelona, en octubre de 1990 marcó un hito que puede considerarse el inicio del enraizamiento definitivo, de la aplicación normal de los estudios geoarqueológicos a cualquier excavación o prospección, no ya tan sólo prehistórica sino de todas la épocas históricas. La continuidad que han seguido teniendo estas reuniones no hace más que corroborar esta idea.

La idea, los "precursores", existían; en nuestro ámbito mediterráneo peninsular ibérico la persona que mejor había servido para la difusión de la geoarqueología era la llorada Mª Pilar Fumanal, desaparecida pocas semanas antes de redactar estas líneas. En el área central de dicho territorio ella había realizado una serie de trabajos pioneros y de vanguardia que nos servían de modelo teórico para profundizar en el estudio de nuestros yacimientos. Pero faltaba, en el NE peninsular, una persona que tomase dicho modelo y lo aplicase, que generase un nuevo conocimiento a partir de nuevas técnicas de investigación, constantemente renovadas.

La persona era, obviamente, la autora de este libro, la Dra. M. Mercè Bergadà i Zapata. Nacida en Capellades, su interés por la Prehistoria empieza a cristalizar a principios de los años ochenta cuando se reemprenden las excavaciones del Abric Romaní, sito en su pueblo natal, en las que ella colabora. Con la creación del S.E.R.P. en 1987, coincidente con la finalización de sus estudios de Prehistoria en la Universitat de Barcelona, la joven licenciada se plantea la entrada en los temas de geoarqueología con un estudio de los niveles de Paleolítico Superior de la cueva del Parco, un trabajo titulado *Aproximació a l'estudi sedimentològic-paleoclimàtic d'un assentament prehistòric: la cova del Parco (Alòs de Balaguer, La Noguera)*; defendido en junio de 1989 como tesis de licenciatura, obtuvo la calificación de sobresaliente por unanimidad.

Este primer resultado fue fruto ya de una intensa preparación en el campo de la Geología del Cuaternario. A nuestras indicaciones como directores del trabajo siempre respondía la Dra. Bergadà con un infatigable trabajo, con la aplicación de nuevas técnicas que superaban la pura sedimentología inicial, y con estancias de formación en diversos centros de investigación.

De la mano de Mª Pilar Fumanal fue conociendo sus métodos, su orientación y la visión complementaria desde la óptica de la geografía física. Pero bien pronto M. M. Bergadà comprendió que la observación de los fenómenos geoarqueológicos podía hacerse a nivel microscópico, llegando a reconocer hechos como las pisadas o los elementos físicos y químicos que componen un suelo de habitación. Esta técnica de la micromorfología, de la que ella ha sido la precursora de su aplicación al campo geoarqueológico en nuestro país, la tuvo que ir a aprender con Marie-Agnès Courty y su esposo N. Fédoroff a Grignon, cerca de París; en su laboratorio pasó M. M. Bergadà largas temporadas aprendiendo a extraer las grandes muestras necesarias para hacer las láminas delgadas que permiten tener una mayor visión diacrónica de los fenómenos analizados, y, sobre todo, aprendiendo a interpretarlas correctamente. No hay que olvidar tampoco la estancia de formación que realizó en la University of Texas at Austin con el profesor Karl W. Butzer, otro de los pioneros de la geoarqueología a nivel mundial y que también acogió a la entonces doctoranda en su laboratorio, en el que perfeccionó su metodología. No hay que olvidar tampoco la generosa ayuda que recibió de los profesores de la Universitat de Lleida Jaume Porta y Rosa M. Poch, que tantas horas dedicaron a la discusión de sus análisis.

Todo este largo proceso de formación fue posible gracias a la beca de formación del personal investigador que M. M. Bergadà obtuvo del entonces Ministerio de Educación y Ciencia para los años 1990-1993.

Su trabajo se hizo a partir de las excavaciones programadas por el S.E.R.P. y subvencionadas por el Servei d'Arqueologia de la Generalitat de Catalunya; entre ellas cabe destacar que asumió en 1987 la codirección de las excavaciones de la cueva del Parco (Alòs de Balaguer, La Noguera, Lleida), y que desde 1995 dirige también las campañas de prospección geoarqueológica en la zona del curso medio del Segre. Las contribuciones vinieron también de los planes de investigación del propio S.E.R.P. financiados por la Dirección General de Investigación Científica y Técnica del Ministerio de Educación y Ciencia y por la Comissió Interministerial de Ciència i Tecnologia de la Generalitat de Catalunya. Agradecer también al Departament de Medi Ambient i Ciències del Sòl de la Universitat de Lleida que facilitó el acceso a la máquina que permite obtener las láminas delgadas de la medida exigida por los estudios emprendidos; y al Institut de Ciències de la Terra "Jaume Almera" del C.S.I.C. la colaboración en todas las ocasiones en las que ha sido requerido.

Finalmente no queremos dejar de destacar que esta labor investigadora de la Dra. Bergadà se ha visto complementada con la vertiente docente en la misma Universitat de Barcelona. Tras haber impartido algunas clases teórico-prácticas de Paleoecología del Cuaternario y las clases prácticas de la asignatura de Prehistoria, pasó en 1996 a ocupar una plaza de profesora asociada de esta misma área, en la que sigue desarrollando su tarea con gran efectividad.

El resultado de estos estudios geoarqueológicos desarrollados en el NE de la Península Ibérica es este libro que como codirectores de la tesis de M. M. Bergadà tenemos el placer de prologar. La obra representa la culminación de unos esfuerzos personales y colectivos que esta investigadora ha sabido canalizar adecuadamente para convertirse en una pionera en su campo; conociéndola, estamos seguros que la continuidad de sus estudios está asegurada y que este excelente libro no es más que una puerta que se abre hacia un espléndido futuro.

Barcelona, agosto de 1998.

Prof. Josep M. Fullola i Pericot
Catedrático de Prehistoria de la Univ. de Barcelona

Prof. David Serrat i Congost
Catedrático de Geodinámica de la Univ. de Barcelona

PREFACIO

Esta publicación es la transcripción al castellano de nuestra tesis doctoral defendida en junio de 1996 que plasmó los resultados obtenidos en las investigaciones llevadas a cabo desde 1990. Es, ciertamente, nuestra primera aportación científica al campo de la Geoarqueología, disciplina vista por muchos como indispensable en cualquier proyecto de índole arqueológica pero al mismo tiempo temida por su complejidad y tediosa, a veces, en la exposición de sus datos pero con unos resultados muy sugerentes.

Hay que advertir al lector que el orden y el tratamiento de los capítulos, sobre todo los referentes a los registros arqueológicos, son necesarios para comprender cada depósito teniendo en cuenta su ámbito geográfico y geológico y así concebir una idea lo más completa posible del relleno sedimentario y de sus implicaciones geoarqueológicas y paleoecológicas.

Nuestro propósito ha sido, desde los inicios de nuestro proyecto, tratar al yacimiento arqueológico como un depósito cuaternario con la particularidad respecto a los demás tipos de registros (fluviales, eólicos,...) de poder inferir tanto datos sedimentarios y paleoclimáticos como otros de tipo antrópico. En nuestro caso, creemos que unas veces hemos estado cerca de conseguir el objetivo deseado, y en otros sólo hemos podido lanzar hipótesis que esperamos sean de ayuda en las intervenciones arqueológicas.

Querríamos indicar que los apartados referentes a la evolución sedimentaria y a la síntesis paleoclimática nos hemos centrado en la secuencia del Pleistoceno Superior final y del Holoceno inicial ya que disponemos de un número mayor de registros que en otras etapas cronológicas; por eso hemos obviado correlacionar algunos tramos de la cueva de la Guineu al ser de difícil atribución cronológica, así como el nivel III de la Balma de la Griera ya que no se circunscribe a la secuencia referida.

Somos de la opinión que estamos tratando una fase, desde el punto de vista paleoclimático y sedimentario, compleja y difícil de enmarcar ya que es una etapa de transición donde se suceden episodios de corta duración. Nuestro interés se centra en estudiar como se manifiestan en nuestras latitudes teniendo en cuenta el ámbito mediterráneo.

Hemos de mencionar que en esta publicación hemos introducido nuevas dataciones absolutas de la cueva del Parco, que no disponíamos en el momento de la defensa de nuestra tesis ya que las recibimos al cabo de unos pocos meses. Continuando con este tema hemos optado por citar las dataciones absolutas tal como aparecen en las publicaciones consultadas.

Por último, pretendemos que la monografía proporcione una visión de conjunto sobre el ámbito geoarqueológico del NE peninsular durante el Pleistoceno Superior y Holoceno inicial.

ÍNDICE

RESUMEN

Estudio geoarqueológico de los asentamientos prehistóricos del Pleistoceno Superior y el Holoceno inicial en Catalunya

En este trabajo presentamos el estudio de la evolución sedimentaria, estratigráfica y paleoambiental de los yacimientos arqueológicos del Pleistoceno Superior (Tardiglaciar) y el Holoceno inicial en Catalunya. También pretendemos caracterizar las actividades antrópicas registradas en los sedimentos arqueológicos del Paleolítico Superior final, el Epipaleolítico e inicios del Neolítico de los yacimientos analizados. Los yacimientos que hemos estudiado son los siguientes:

Prepirineo
Cova del Parco (Alòs de Balaguer, Lleida). Paleolítico Superior final (Magdaleniense), Epipaleolítico y Neolítico.

Depresión Central
Balma del Gai (Moià, Barcelona). Epipaleolítico.
Curso medio del río Montsant
Hort de la Boquera (Margalef de Montsant, Tarragona). Paleolítico Superior final.
Abric del Filador (Margalef de Montsant, Tarragona). Epipaleolítico.
Abric dels Colls (Margalef de Montsant, Tarragona). Paleolítico Superior final.

Cordillera Prelitoral
Cova de la Guineu (Font-rubí, Barcelona). Epipaleolítico y Neolítico.

Cordillera Litoral
Balma de la Griera (Calafell, Tarragona). Paleolítico Superior y Epipaleolítico.
En los Ports de Beseit
Cova del Vidre (Roquetes, Tarragona). Epipaleolítico y Neolítico.

La metodologia que hemos utilizado se ha centrado en:
- el estudio geoarqueológico de campo: geomorfología del entorno del yacimiento y estudio estratigráfico de cada registro arqueológico.
- la aplicación de la micromorfología que nos ha permitido describir los componentes del sedimento y sus relaciones, y distinguir su origen natural o antrópico, así como poder estudiar los niveles antropogénicos y los procesos postdeposicionales que han afectado al relleno sedimentario. Ha sido de gran ayuda para poder establecer qué procesos edafosedimentarios son diagnósticos de datos paleoambientales.

Los resultados obtenidos se han analizado desde dos puntos de vista:
- sedimentario y paleoclimático
- antrópico

Por lo que respecta a la evolución sedimentaria y paleoclimática se han establecido las siguientes fases:

- Anterior al ~14.000 años BP
Se caracteriza por una disminución de los aportes detríticos (procesos de arroyada de débil intensidad) en unas condiciones templadas y húmedas con alguna pulsación fría.

- Del ~14.000 al ~13.000 años BP
Se observa un aumento de aportes detríticos, probablemente debido a un aumento de las precipitaciones, junto a procesos de gelifracción. Las condiciones son frías.

- Del ~13.000 al ~11.000/10.500 años BP
Esta fase se distingue por una serie de procesos de gelifracción con una disminución de los aportes detríticos y con caídas de bloques. Se correlaciona con la mayoría de los depósitos de la vertiente mediterránea. Las condiciones son frías con un aumento paulatino de la humedad.

- Del ~11.000/10.500 al ~9.000 años BP
Esta fase se caracteriza por el aumento de los aportes detríticos que alternan con procesos de gelifracción y caídas de bloques. Se dan unas condiciones parecidas al episodio anterior y de humedad importante con algunas pulsaciones semiáridas. Este aumento de los aportes detríticos se detecta en general en toda la vertiente mediterránea.

- Del ~6.200 al ~5.000 años BP
Se observa una serie de procesos de arroyada de débil y mediana intensidad. Desde un punto de vista climático se detecta una humedad importante con unas condiciones templadas.

Desde el punto de vista antrópico:

En cuanto a los registros de Paleolítico Superior final y Epipaleolítico hemos centrado nuestra atención en las zonas de combustión y se ha podido observar como en las ocupaciones magdalenienses hay una tendencia a la utilización multifuncional de la estructura, es decir, se aprovechaba para varias actividades. En cambio, en las áreas o estructuras de combustión epipaleolíticas se observa, mayoritariamente, una sola funcionalidad de la estructura y la utilización de un único tipo de combustible.

Durante el Neolítico antiguo se evidencia una gran presencia de componentes de origen antrópico. Los componentes diagnósticos de este periodo son los fitolitos de formas alargadas (gramíneas) y los coprolitos de animales herbívoros (generalmente ovicaprinos). Por todas estas evidencias nos planteamos la hipótesis de que se trate de ocupaciones con unas prácticas iniciales de estabulación de animales.

También se han estudiado los procesos postdeposicionales que han afectado a los niveles con ocupaciones antrópicas. Entre estos procesos hemos de destacar:

- Procesos de hielo-deshielo (gelifracción y crioturbación)
Provocan la fragmentación del material arqueológico y algunos cambios en la situación del material.

- Procesos de disolución y de recristalización de $CaCO_3$
En medios carbonatados, los procesos de disolución y de recristalización de $CaCO_3$ ocasionan fragmentaciones en el material arqueológico y, en las cenizas, pueden provocar procesos de disolución y reprecipitación.

- Actividad biológica (microorganismos, fauna del suelo y raíces de plantas)
Entre los efectos de la actividad biológica se han podido reconocer efectos físicos y efectos bioquímicos. Los efectos físicos se manifiestan por la modificación de la estructura sedimentaria y también por la fragmentación de algunos materiales como por ejemplo los fragmentos carbonosos. Los efectos bioquímicos se detectan en sedimentos muy bioturbados y ocasionan la degradación del material óseo.

- Acumulación secundaria de finos (limos y arcillas)
Este proceso está relacionado con la infiltración de agua a través del sistema de huecos del sedimento. Se arrastra material fino (limos y arcillas) y algunas veces partículas carbonosas que se acumulan en huecos, agregados o en gravas.

- Efectos de pisoteo
Los efectos de pisoteo se manifiestan por la formación de una estructura sedimentaria formada por agregados tabulares subredondeados con la incorporación de materiales alóctonos y una cierta compactación del material sedimentario.

Palabras clave: Geoarqueología, Micromorfología, Pleistoceno Superior, Tardiglaciar, Holoceno inicial, Catalunya.

RESUM

Estudi geoarqueològic dels assentaments prehistòrics del Pleistocè Superior i l'Holocè inicial a Catalunya

En aquest treball presentem l'estudi de l'evolució sedimentària, estratigràfica i paleoambiental dels jaciments arqueològics del Pleistocè Superior (Tardiglacial) i l'Holocè inicial a Catalunya. També es preten caracteritzar les activitats antròpiques registrades en els sediments arqueològics del Paleolític Superior final, l'Epipaleolític i inicis del Neolític dels jaciments analitzats.

Els jaciments que hem estudiat per desenvolupar aquest treball són els següents:

Pre-pirineu
Cova del Parco (Alòs de Balaguer, La Noguera, Lleida). Paleolític Superior final (Magdalenià), Epipaleolític i Neolític.

Depressió central
Balma del Gai (Moià, Bages, Barcelona). Epipaleolític.
Curs mig del riu Montsant
Hort de la Boquera (Margalef de Montsant, Priorat, Tarragona). Paleolític Superior final.
Abric del Filador (Margalef de Montsant, Priorat, Tarragona). Epipaleolític.
Abric dels Colls (Margalef de Montsant, Priorat, Tarragona). Paleolític Superior final.

Serralada Pre-litoral
Cova de la Guineu (Font-rubí, Alt Penedès, Barcelona). Epipaleolític i Neolític.

Serralada Litoral
Balma de la Griera (Calafell, Baix Penedès, Tarragona). Paleolític Superior i Epipaleolític.
En els Ports de Beseit
Cova del Vidre (Roquetes, Baix Ebre, Tarragona). Epipaleolític i Neolític.

La metodologia que hem utilitzat s'ha centrat en:

- l'estudi geoarqueològic de camp: geomorfologia i estudi estratigràfic de cada registre arqueològic.

- l'aplicació de la micromorfologia que ens ha permès descriure i distingir els components d'origen natural dels antròpics, i també permet estudiar els nivells antropogènics i els processos postdeposicionals que afecten el rebliment sedimentari. També ens ha estat de gran ajuda per poder distingir els processos edafosedimentaris que són diagnòstics de dades paleoambientals.

Els resultats que hem obtingut es tracten des de dos punts de vista:
- sedimentari i paleoclimàtic
- antròpic

Pel que respecta a l'evolució sedimentària i paleoclimàtica s'han distingit les següents fases:

- Anterior al ~14.000 anys BP
Es caracteritza per una disminució dels aports detrítics (processos d'escorriment de feble intensitat) en unes condicions en general d'humitat i de temperament però amb alguna pulsació freda.

- Del ~14.000 al ~13.000 anys BP
S'observa un augment d'aports detrítics, probablement degut a l'increment de les precipitacions, juntament amb processos de gelifracció. Les condicions són fredes (periglacials).

- Del ~13.000 al ~11.000/10.500 anys BP
Aquesta fase es distingeix per una sèrie de processos de gelifracció amb una disminució dels aports detrítics i amb caigudes de blocs. Es correlaciona amb la majoria dels dipòsits de la vessant mediterrània. Les condicions són fredes amb un augment paulatí de la humitat.

- Del ~11.000/10.500 al ~9.000 anys BP
Aquesta fase es caracteritza per l'augment dels aports detrítics amb processos de gelifracció i caigudes de blocs. Es donen unes condicions semblants a les de l'episodi anterior, en unes condicions d'humitat important amb pulsacions semiàrides. L'augment dels aports detrítics es detecta en general a tota la vessant mediterrània.

- Del ~6.200 al ~5.000 anys BP
S'observa una sèrie de processos d'escorriment de feble i mitjana intensitat. Des del punt de vista climàtic es detecta una humitat important amb unes condicions temperades.

Des del punt de vista antròpic:

Paleolític Superior final.- En les àrees de combustió o nivells antròpics d'aquest període s'observa, en línies generals, que hi ha una tendència a la utilització multifuncional de les estructures, és a dir es realitzen vàries activitats en un mateix indret.

Epipaleolític.- En els nivells estudiats es detecta que en les àrees o estructures de combustió hi ha una tendència a ésser utilitzades per desenvolupar-hi una sola activitat o treball.

Neolític antic.- En els nivells d'aquest moment cronològic s'observa un gran augment dels components d'origen antròpic. Els components diagnòstics d'aquest període són els fitòlits de silici de formes allargades (gramínies) i els excrements d'animals herbívors (generalment ovicaprins). Per totes aquestes evidències ens plantegem la hipòtesi de que es tracta d'ocupacions amb unes pràctiques inicials a l'estabulació d'animals.

També s'han estudiat els processos postdeposicionals que han afectat els nivells amb ocupacions antròpiques. Entre aquests processos hem de destacar:

- Processos de gel-desgel (gelifracció i criotorbació)

Provoquen fragmentació del material arqueològic i canvis en la situació del material.

- Processos de cristal.lització i dissolució de $CaCO_3$

En medis carbonatats, els processos de cristal.lització i dissolució de $CaCO_3$ ocasionen fragmentacions en el material arqueològic i, en materials cendrosos, poden provocar processos de dissolució i reprecipitació.

- Activitat biològica (microorganismes, fauna del sòl i arrels de plantes)

Dins dels efectes de l'activitat biològica s'han pogut distingir efectes físics i efectes bioquímics. Els efectes físics es manifesten per la modificació de l'estructura sedimentària i també per la fragmentació d'alguns materials com els carbons. Els efectes bioquímics es detecten en sediments molt biotorbats i ocasionen la degradació del material ossi.

- Acumulació secundària de fins (llims i argiles)

Aquest procés està relacionat amb l'infiltració d'aigua a través del sistema de buits del sediment. S'arrossega material fi (llims i argiles) i a vegades partícules carbonoses que s'acumulen en buits, agregats o en graves.

- Efectes de trepig

Els efectes de trepig es manifesten amb la formació d'una estructura sedimentària formada per agregats tabulars subarrodonits amb incorporació de materials al.lòctons i una certa compactació del material sedimentari.

Paraules clau: Geoarqueologia, Micromorfologia, Pleistocè Superior, Tardiglacial, Holocè inicial, Catalunya.

RÉSUMÉ

Étude géoarchéologique des sites préhistoriques du Pléistocène Supérieur et le début Holocène en Catalogne

Dans cette étude nous présentons l'analyse de l'évolution sédimentaire, stratigraphique et paléoécologique des gisements archéologiques du Pléistocène Supérieur (Tardiglaciaire) et du début Holocène en Catalogne. Nous avons aussi l'intention de caractériser les activités anthropiques enregistrées dans les sédiments archéologiques du Paléolithique Supérieur final, de l'Epipaléolithique et du début du Néolithique des gisements analysés.

Nous avons étudié les gisements suivants pour développer cette étude:

Pre-Pyrénées
Cova del Parco (Alòs de Balaguer, Lleida). Paléolithique Supérieur final (Magdalénien), Epipaléolithique et Néolithique.

Depressió central
Balma del Gai (Moià, Barcelona). Epipaléolithique.
A mi parcours de la rivière Montsant.
Hort de la Boquera (Margalef de Montsant, Tarragona).Paléolithique Supérieur Final.
Abric del Filador (Margalef de Montsant, Tarragona). Epipaléolithique.
Abric dels Colls (Margalef de Montsant, Tarragona). Paléolithique Supérieur Final.

Serralada Pre-litoral
Cova de la Guineu (Font-rubí, Barcelona). Epipaléolithique et Néolithique.

Serralada Litoral
Balma de la Griera (Calafell, Tarragona). Paléolithique Supérieur et Epipaléolithique.
Ports de Beseit
Cova del Vidre (Roquetes, Tarragona). Epipaléolithique et Néolithique.

La méthodologie que nous avons employée était basée sur:

-l'étude géoarchéologique du champ: géomorphologie et étude stratigraphique de chaque registre archéologique.

-l'application de la micromorphologie: ce qui nous a permis de décrire et de distinguer les composants d'origine naturelle des anthropiques, et qui a aussi permis d'étudier les niveaux antropogéniques et les processus post-dépositionnels qui ont un effet sur le remplissage sédimentaire. Elle nous a aussi beaucoup aidé pour pouvoir distinguer les processus édapho-sédimentaires qui sont des diagnoses de données paléoécologiques.

Nous traiterons les résultats à partir de deux points de vue:
- sédimentaire et paléoclimatique
- anthropique

En ce qui concerne l'évolution sédimentaire et paléoclimatique on a distingué les phases suivantes:

- Antérieur à ~14.000 ans BP
Elle est caractérisée par une diminution des apports détritiques (processus de ruissellement de faible intensité) dans des conditions générales d'humidité et tempérées mais avec une pulsation froide.

- De ~14.000 à ~13.000 ans BP
On observe une augmentation d'apports détritiques, probablement due à l'augmentation des précipitations, et aux processus de gelivation. Les conditions sont froides.

- De ~13.000 à ~11.000/10.500 ans BP
Cette phase se distingue par une série de processus de gelivation avec une diminution des apports détritiques et avec des chutes de blocs. Elle est en corrélation avec la plupart des dépôts du versant méditerranéen. Les conditions sont froides avec une augmentation lente de l'humidité.

- De ~11.000/10.500 à ~9.000 ans BP
Cette phase est caractérisée par l'augmentation des apports détritiques avec processus de gelivation et chutes de blocs. On observe des conditions semblables à celles de l'épisode antérieur, dans des conditions d'humidité importante avec des pulsations semi-arides. En général on détecte l'augmentation des apports détritiques sur tout le versant méditerranéen.

- De ~6.200 à ~5.000 ans BP
Nous observons une série de processus de ruissellement de faible-moyenne intensité. Du point de vue climatique on détecte une humidité importante avec des conditions tempérées.

Du point de vue anthropique:

Paléolithique Supérieur final.- Dans les aires de combustion ou niveaux anthropiques de cette période nous observons, dans les grandes lignes, qu'il y a une tendance à l'utilisation multifonctionnelle des structures, c'est à dire que plusieurs activités sont réalisées dans un même lieu.

Epipaléolithique.- Dans les niveaux étudiés nous détectons que dans les aires ou structures de combustion il y a une tendance à l'utilisation pour développer une seule activité ou travail.

Néolithique ancien.- Dans les niveaux de ce moment chronologique nous observons une grande augmentation de composants d'origine anthropique. Les composants diagnostiques de cette période sont les phytolithes de silice de formes allongées (graminées) et les coprolithes d'animaux herbivores (généralement ovicaprinae). Pour toutes ces raisons nous suggérons l'hypothèse qu'il s'agit d'occupations avec des pratiques initiales de stabulation d'animaux.

Nous avons aussi étudié les processus post-dépositionnels qui ont eu un effet sur les niveaux avec des occupations anthropiques. Parmi ces processus il faut souligner:

- Les processus de gel/dégel (gelivation et cryoturbation)
Ils provoquent la fragmentation du matériel archéologique et des changements dans la situation du matériel.

- Les processus de cristallisation et dissolution de $CaCO_3$.
Dans des milieux carbonatés, les processus de cristallisation et dissolution de $CaCO_3$ donnent lieu à des fragmentations dans le matériel archéologique et dans les matériaux cendreux ils peuvent provoquer des processus de dissolution et de reprécipitation.

-L'activité biologique (microorganismes, faune du sol et racines de plantes)
Parmi les effets de l'activité biologique nous avons pu distinguer des effets physiques et des effets biochimiques. Les effets physiques se manifestent par la modification de la structure sédimentaire et aussi par la fragmentation de certains matériaux comme les charbons. Les effets biochimiques se détectent dans les sédiments très bioturbées et provoquent la dégradation du matériel osseux.

- L'accumulation secondaire de matériaux fins (limons et argiles)
Ce processus a un rapport avec l'infiltration de l'eau à travers le système d'espaces vides du sédiment. Du matériel fin (limons et argiles), et parfois même des particules charbonneuses, sont entraînés et s'accumulent dans les vides, et dans les agrégats ou les graviers.

- Les effets de piétinement
Les effets de piétinement se manifestent avec la formation d'une structure sédimentaire formée par des agrégats tabulaires sous-arrondis avec l'incorporation de matériaux allochtones et une certaine compactation du matériel sédimentaire.

Mots clefs: Géoarchéologie, Micromorphologie, Pléistocène Supérieur, Tardiglaciaire, Début Holocène, Catalogne.

ABSTRACT

Geoarchaeological study of the prehistoric settlements of the Upper Pleistocene and early Holocene in Catalonia

We present a study of the sedimentary, stratigraphic and palaeoecological evolution of the archaeological deposits of the Upper Pleistocene (Late-Glacial) and the early Holocene in Catalonia. We also aim to characterize the human activity recorded in the archaeological sediments of the final Upper Palaeolithic, the Epipalaeolithic and the early Neolithic of the deposits analyzed.

We studied the following sites:

Pre-pirineu
Cova del Parco (Alòs de Balaguer, Lleida). Final Upper Palaeolithic (Magdalenian), Epipalaeolithic and Neolithic.

Depressió central
Balma del Gai (Moià, Barcelona). Epipalaeolithic.
Middle course of the river Montsant
Hort de la Boquera (Margalef de Montsant, Tarragona). Final Upper Palaeolithic.
Abric del Filador (Margalef de Montsant, Tarragona). Epipalaeolithic.
Abric dels Colls (Margalef de Montsant, Tarragona). Final Upper Palaeolithic.

Serralada Pre-litoral
Cova de la Guineu (Font-rubí, Barcelona). Epipalaeolithic and Neolithic.

Serralada Litoral
Balma de la Griera (Calafell, Tarragona). Upper Palaeolithic and Epipalaeolithic.
Ports de Beseit
Cova del Vidre (Roquetes, Tarragona). Epipalaeolithic and Neolithic.

The methodology used focused on:
- the geoarchaeological study of the site: geomorphology and stratigraphic study of each archaeological deposit.
- the application of micromorphology: this has allowed us to describe and identify the human components of natural origin, and also made it possible to study the anthropogenic levels and the post-depositional processes which affect the sedimentary filling. It was also of great use in distinguishing the edapho-sedimentary processes which are diagnostic of palaeoecological data.

We will deal with the results obtained from two points of view:
- sedimentary and palaeoclimatic
- anthropical.

As regards the sedimentary and palaeoclimatic evolution the following phases have been distinguished:

- Prior to ~14,000 BP
This phase is characterized by a reduction in detrital contributions (drainage processes of weak intensity) in general conditions of humidity and temperateness but with cold spells.

- From ~14,000 to ~13,000 BP
An increase in detrital contributions is observed, probably due to the increase in precipitation, along with processes of frost weathering. The conditions are cold.

- From ~13,000 to ~10,000/10,500 BP
This phase is distinguished by a series of processes of frost weathering with a reduction in the detrital contributions and with the falling of blocks. It is correlated with most Mediterranean coastal deposits. The conditions are cold with a gradual increase in humidity.

- From ~11,000/10,500 to ~9,000 BP
This phase is characterized by the increase in detrital contributions with processes of frost weathering and the falling of blocks. There are conditions similar to those of the previous phase, with conditions of considerable humidity and semi-arid spells. The increase in detrital contributions is generally detected throughout the Mediterranean slope.

- From ~6,200 to ~5,000 BP
A series of drainage processes of weak-average intensity is observed. From a climatic point of view considerable humidity is detected with temperate conditions.

From a anthropical point of view:

Final Upper Palaeolithic.- In the areas of combustion or anthropic levels of this period it is observed, in general, that there is a tendency towards the multifunctional use of the structures, that is to say that several activities are carried out in the same place.

Epipalaeolithic.- In the levels studied it is detected that in the areas or structures of combustion there is a tendency towards use for only one activity or task.

Early Neolithic.- In the levels of this chronological moment it is possible to observe a large increase in components of anthropic origin. The diagnostic components of this period are the phytoliths of silica with elongated shapes (Gramineae) and the coprolites of herbivorous animals (generally ovicaprinae). For all these reasons we put forward the hypothesis that these are occupations relating to the initial practice of the stalling of animals.

The post-depositional processes which have affected the levels with anthropic occupations have also been studied. From among these processes it is worth noting:

-Processes of freezing-thawing (frost weathering and cryoturbation).
They lead to the fragmentation of the archaeological material and changes in the situation of the material.

- Processes of crystallization and dissolution of $CaCO_3$.
In carbonated media the processes of crystallization and dissolution of $CaCO_3$ cause fragmentations in the archaeological material and in ashy materials they can lead to processes of dissolution and reprecipitation.

- Biological activity (microorganisms, ground fauna and plant roots).
The effects of biological activity have been shown to include physical effects and biochemical effects. The physical effects are exposed by the modification of the sedimentary structure and also by the fragmentation of some materials such as charcoal. The biochemical effects are detected in highly bioturbed sediments and cause the degradation of the bony material.

- Secondary accumulation of fine material (silts and clays)
This process is related to the infiltration of water through the system of voids in the sediment. Fine material (silts and clays) is dragged along, at times along with carbonaceous particles which accumulate in voids, aggregates or in gravels.

- Effects of trampling
The effects of trampling are revealed through the formation of a sedimentary structure formed by under-rounded tabular aggregates with the incorporation of allochthonous materials and a certain compacting of the sedimentary material.

Key words: Geoarchaeology, Micromorphology, Upper Pleistocene, Late-Glacial, early Holocene, Catalonia.

1. INTRODUCCIÓN

1.1. PLANTEAMIENTO Y OBJETIVOS

Este trabajo se enmarca dentro del programa de investigación sobre el Paleolítico Superior final y Epipaleolítico en Cataluña que dirige el Dr. Josep Mª Fullola, catedrático de Prehistoria de la Universitat de Barcelona. Desde el año 1987, que es cuando se inicia este proyecto, hasta la actualidad se han presentado diversas Tesis Doctorales y de Licenciatura fruto de esta investigación (García-Argüelles, 1988; Doce, 1988; Bergadà, 1989; Juan, 1993a; Albert, 1995a; Medina, 1996) y otros que se están llevando a cabo.

Este mismo año se creó el SERP (Seminari d'Estudis i Recerques Prehistòriques), dependiente de la cátedra de Prehistoria, con la finalidad de aglutinar diversas líneas de investigación, todas ellas orientadas en la temática prehistórica. Dentro de este planteamiento no sólo se contempla el estudio del registro material fruto de las intervenciones arqueológicas sino también la aplicación de otras disciplinas que ayudan a conocer el medio y el entorno donde se desarrolló la vida de estos grupos de cazadores-recolectores. De este planteamiento nace la necesidad de estudiar la evolución sedimentaria y estratigráfica de los yacimientos que constituyen el objeto de estudio del proyecto de investigación antes mencionado; por eso surge la colaboración con el Dr. David Serrat, catedrático de Geodinámica de la misma universidad, y en esta cooperación se enmarca el trabajo de investigación que presentamos.

En este contexto, los objetivos que se plantean son:

1 - Realizar un estudio de la evolución sedimentaria y estratigráfica de los depósitos arqueológicos del Pleistoceno Superior (Tardiglaciar) y Holoceno inicial en Cataluña.

2 - Obtener y sistematizar los datos de tipo paleoambiental que han quedado registrados en las secuencias estudiadas.

3 - Caracterizar las actividades antrópicas registradas en los sedimentos arqueológicos del Paleolítico Superior final, el Epipaleolítico e inicios del Neolítico de los yacimientos analizados.

Para conseguir el primer objetivo hay que estudiar, en primer lugar, cada uno de los rellenos sedimentarios para definir su génesis y sus facies. En segundo lugar, hay que contrastar los resultados obtenidos con las cronologías absolutas o relativas de los niveles.

Somos conscientes de que los yacimientos no se encuentran en una misma área; pero, una vez reconocidas las particularidades locales de cada depósito, podremos establecer las dinámicas de tipo sedimentario que caracterizan los periodos estudiados en nuestra región.

Por lo que respecta al segundo objetivo, hemos intentado distinguir aquellos caracteres sedimentarios que son diagnósticos por ellos mismos de datos de tipo climático. Posteriormente, los relacionamos con los del resto de secuencias de la vertiente mediterránea.

Para alcanzar el tercer objetivo, hemos analizado todos los niveles que presentan una gran concentración de material arqueológico así como, las áreas de combustión. De esta forma, intentaremos entender y distinguir aquellos caracteres propios de actividades antrópicas del Paleolítico Superior, Epipaleolítico y Neolítico Antiguo que quedan documentados en el registro sedimentario.

Hay que añadir que los yacimientos que hemos estudiado en este trabajo se encuentran en la actualidad en proceso de excavación, circunstancia que nos ha permitido conocer la problemática del asentamiento y los datos de tipo paleoecológico.

1.2. PRESENTACIÓN DE LOS YACIMIENTOS ESTUDIADOS

Los yacimientos estudiados son los siguientes (Fig.1.1):

Prepirineo

Cueva del Parco (Alòs de Balaguer, Lleida). Paleolítico Superior final (Magdaleniense), Epipaleolítico y Neolítico.

Depresión central

Balma del Gai (Moià, Barcelona). Epipaleolítico.

Curso medio del río Montsant

Abrigo del Filador (Margalef de Montsant, Tarragona). Epipaleolítico.

Abrigo dels Colls (Margalef de Montsant, Tarragona). Paleolítico Superior final.

Hort de la Boquera (Margalef de Montsant, Tarragona). Paleolítico Superior final.

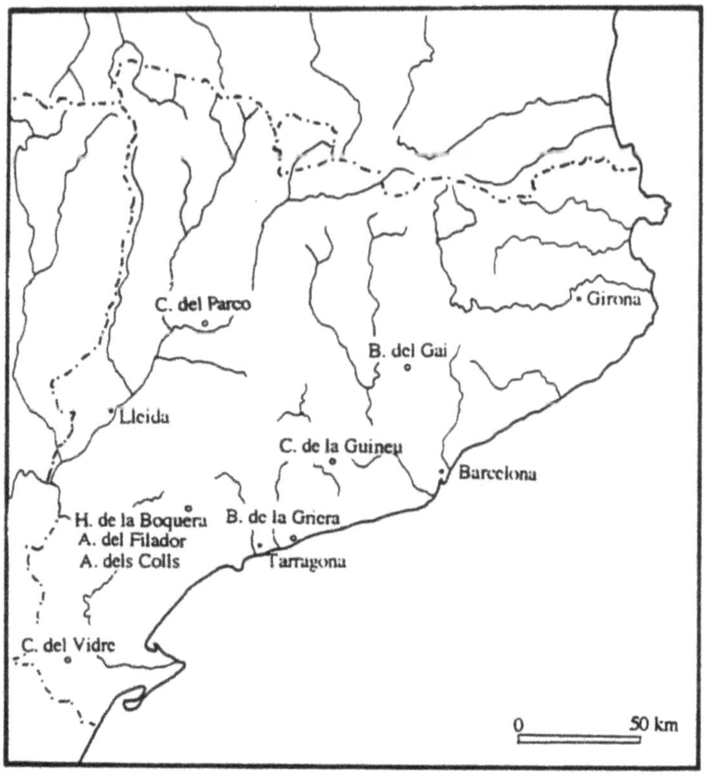

Fig.1.1.- Situación de los yacimientos estudiados

Cordillera Prelitoral

Cueva de la Guineu (Font-rubí, Barcelona). Epipaleolítico y Neolítico.

Cordillera Litoral

Balma de la Griera (Calafell, Tarragona). Paleolítico Superior y Epipaleolítico.

Ports de Beseit

Cueva del Vidre (Roquetes, Tarragona). Epipaleolítico y Neolítico.

1.3. CONTENIDO DE LA MEMORIA

Queremos comentar muy brevemente el contenido y las diferentes partes que comprende esta memoria:

En la primera parte se analiza la Geoarqueología como disciplina y se presentan los conceptos utilizados. También se trata la metodología usada, así como las colecciones de referencia que hemos realizado y alguna experimentación que hemos llevado a cabo para aclarar cuestiones que se plantearon durante el desarrollo de esta tesis.

En la segunda parte presentamos los registros estudiados. En cada registro se analizan los siguientes aspectos:
- Introducción (antecedentes y registro arqueológico, estudios paleoecológicos y dataciones absolutas)
- Marco geográfico (situación geográfica, vegetación y clima)
- Marco geológico y geomorfológico (litología, estructura y geomorfología)
- Depósito sedimentario del yacimiento (morfología, descripción estratigráfica y micromorfológica, análisis sedimentario y caracteres generales de la sedimentación y las áreas de combustión)
- Conclusiones: secuencia estratigráfica, evolución sedimentaria y paleoambiental.

En la tercera parte, las conclusiones se estructuran en cuatro apartados:
- Evolución sedimentaria y correlaciones estratigráficas
- Síntesis paleoambiental
- Datos de tipo antrópico registrados en los niveles
- Consideraciones generales, donde presentamos las discusiones generales y algunas orientaciones de investigación futura.

2. GEOARQUEOLOGÍA

2.1. HISTORIA DE LA GEOARQUEOLOGÍA

En un yacimiento arqueológico, el sedimento constituye una fuente de información excepcional tanto de la actividad del hombre como de la evolución del medio natural. A lo largo de la historia de los estudios realizados sobre los sedimentos arqueológicos se observan dos enfoques:
- en la primera, los sedimentos son considerados solamente como marcadores paleoambientales y contribuyen a las reconstrucciones cronoestratigráficas.
- en la segunda, hay un interés particular sobre el hombre y sus actividades en el medio. La actividad antrópica es considerada como un aporte más al registro sedimentario de un asentamiento arqueológico.

La evolución de los estudios referentes a los sedimentos arqueológicos, a nivel científico, queda reflejada en varias etapas bien diferenciadas.

2.1.1. Antecedentes

Desde inicios de siglo y hasta los años 40, numerosos geógrafos y geólogos participaron en proyectos arqueológicos y aportaron conceptos que influyeron en la arqueología científica; es el caso de E. Gardner, R. Lais o F. Zeuner (Butzer, 1982). También en la Península Ibérica en este momento destacan figuras como L. Marià Vidal, N. Font i Sagué y N. Llopis Lladó entre otros.

Durante los años 50 y 60 el trabajo científico aumenta de forma espectacular pero las aportaciones metodológicas son aún escasas; solamente la obra de I. Cornwall (1958) *Soils for the Archaeologist* ofreció el primer tratamiento sistemático de cómo estudiar los sedimentos arqueológicos. En Francia, E. Bonifay (1956) empezaba a introducir la metodología sedimentológica al estudio de los yacimientos prehistóricos. En la Península Ibérica hay una expansión de los estudios geoespeleológicos e hidrológicos de los fenómenos kársticos. Cabe mencionar al Dr. Llopis Lladó (1911-68) y la fundación de la revista *Speleon* (1950). Con la creación de esta revista proliferaron los artículos sobre esta temática. Estos estudios trataban principalmente del estudio hidrogeológico de las cavidades y documentaban otros aspectos como materiales arqueológicos, restos paleontológicos... Otros autores a destacar dentro de esta etapa son Pla Salvador (1953), E. Boixadera, E. Suñer, J. Vicente (1955) y J. Spahni (1958).

A partir de la década de los años 60, sobre todo en Francia, empiezan a aplicarse técnicas de la geología y de la sedimentología en yacimientos prehistóricos. Cabe citar como trabajos pioneros en esta orientación científica los de Bonifay (1962) y M. Escalon de Fonton (1969) (Bergadà, 1989). También aparecen los primeros trabajos en que se presentan una interrelación entre arqueología y geomorfología, como los del profesor K. W. Butzer (1960). Por lo que respecta a la Península Ibérica, comienzan a surgir los primeros estudios sedimentológicos en yacimientos prehistóricos realizados por investigadores franceses como P. Rat *et alii*, (1964), J. Chaline (1965).... También, cada vez más, se intensifican en las publicaciones de yacimientos arqueológicos, los estudios referentes al marco geográfico y geológico del yacimiento, como por ejemplo M. Almagro (1970) (Bergadà 1989).

2.1.2. Aparición del término de Geoarqueología

El término Geoarqueología fue introducido en la literatura científica en el año 1974 por K. W. Butzer en un artículo que presentaba la discusión e interpretación de dos yacimientos achelenses sudafricanos (Butzer, 1974). También en este mismo año aparece este término en un artículo de temática geológica (Rapp *et alii*, 1974). Pero no fue hasta el año 1976 en la publicación del simposium "Sediments in Archaeology" en Southampton (1973) que aparece el vocablo de Geoarqueología definido por Renfrew (en D. A. Davidson *et alii*, 1976) como la disciplina científica que tiene por objetivo la aplicación de las técnicas de las ciencias de la Tierra a los problemas arqueológicos.

A partir de esta reunión hay una proliferación de trabajos como los de M. L. Shackley (1975) y S. Limbrey (1975), donde fundamentalmente se van aplicando las diferentes técnicas y conceptos de las ciencias de la tierra (como edafología, sedimentología, geografía...) al contexto arqueológico, tanto desde un punto de vista regional como local (relleno de un asentamiento).

También aparecen publicaciones donde el objetivo fundamental es establecer secuencias paleoclimáticas en yacimientos prehistóricos, especialmente en cuevas y abrigos. Para realizar estos estudios se utilizan las técnicas propias de la Sedimentología (granulometrías, calcimetrías...). Durante estos años surgen las obras de J.C. Miskovsky (1974), H. Laville (1975) y de J. E. Brochier (1977) y J. L. Brochier (1978). En la Península Ibérica se manifiesta una gran influencia de esta escuela que se traduce en la formación de investigadores en centros franceses, como por ejemplo, Mª P. Fumanal en el "Laboratoire de Géologie du Quaternaire et Préhistoire" de la Université de Bordeaux con el profesor Laville. De esta etapa podemos citar los trabajos de A. Masriera (1968, 1975), M. Hoyos (1972-73, 1979), D. Serrat *et alii* (1973), F. Albert *et alii* (1975-76), M. J. Capel (1977), Mª P. Fumanal (1979) y F. Alberto *et alii* (1980) (Bergadà, 1989).

2.1.3. Definición y orientación de la Geoarqueología

Durante los inicios de los años 80 se plantean cuestiones conceptuales y metodológicas del termino de Geoarqueología, como queda reflejado en los trabajos de B. G. Gladfelter (1977, 1981) y de F. A. Hassan (1979). Estos autores definen las diferentes ramas de la Geoarqueología:
- localización de yacimientos arqueológicos por métodos geofísicos y geoquímicos.
- análisis geomorfológicos de áreas donde se localizan yacimientos arqueológicos para enmarcar los estudios de distribuciones espaciales.
- estudios estratigráficos regionales de zonas donde se han realizado estudios microestratigráficos de yacimientos arqueológicos.
- análisis sedimentológicos de depósitos arqueológicos para establecer una reconstrucción paleoambiental y evolutiva del yacimiento.
- análisis técnicos de materiales arqueológicos (cerámica, industria lítica,...).
- conservación y preservación del patrimonio arqueológico
- dataciones absolutas.

En el año 1982 la publicación de la obra de K. W. Butzer *Archaeology as Human Ecology* pone de manifiesto la importancia del estudio de las huellas de la actividad antrópica y de los efectos postdeposicionales en el relleno. Para el autor, los hombres son agentes geomórficos e introducen materiales orgánicos e inorgánicos en un yacimiento. Considera que la actividad humana da lugar a cuatro tipos de procesos: acumulación, erosión, redistribución y transformación. De esta forma propone un nuevo concepto de relleno arqueológico y una nomenclatura apropiada. También incide en la importancia de los estudios de tipo regional para poder entender la interacción del hombre en un área determinada. Para este autor, la Geoarqueología es la disciplina que utiliza los métodos y conceptos de las ciencias de la Tierra (geología, sedimentología, geografía, geoquímica, edafología...) en la investigación arqueológica. Surgen en este momento trabajos en la línea citada como los de G. Rapp and J. A. Gifford (1985) y los de J. K. Stein and W. R. Farrand (1985). También aparecen trabajos referentes al uso del término Arqueoestratigráfico (Gasche *et alii*, 1983). Como consecuencia del incremento de artículos referentes a esta disciplina durante el año 1987 se creó la revista *Journal of Geoarchaeology*.

En los últimos años han ido apareciendo diferentes obras de las cuales destacamos el manual de M. R. Waters (1992) "Principles of Geoarchaeology. A North American perspective" donde se describen los principios y objetivos de la Geoarqueología como materia.
También se manifiesta entre algunos investigadores la preocupación por la caracterización de las actividades antrópicas en el sedimento (Brochier, 1983; Brochier, 1984; Brochier, 1987; Courty *et alii*, 1984; Courty, 1988a).

En la Península Ibérica en estos años, la investigación se diversifica en dos líneas:
- análisis sedimentológicos de cuevas y abrigos y de asentamientos al aire libre con el objetivo de establecer secuencias paleoambientales.
- estudios geomorfológicos de tipo regional donde se estudian una serie de asentamientos para poder inferir la evolución paleogeográfica del área.

En la primera, proliferan estudios por diferentes zonas de la península y empiezan a surgir nuevos investigadores como P. Areso (1984), J. F. Jordá (1986), J. Vilchez (1987), M. M. Bergadà (1989) que siguen el concepto y la metodología de M. Hoyos, Mª P. Fumanal y D. Serrat. El objetivo es el establecer la secuencia cronoestratigráfica y paleoclimática de cada región siguiendo la metodología sedimentológica clásica. Uno de los ejemplos de esta propuesta es la Tesis Doctoral de Mª P. Fumanal (1986) *Sedimentología y clima en el País Valenciano. Las cuevas habitadas en el Cuaternario reciente.*

En estos estudios y como herencia de la escuela francesa se utiliza de forma sistemática el término Sedimentología.

Por lo que respecta a la segunda línea de trabajo se recibe la influencia de la escuela anglosajona y en los trabajos referidos a estudios geomorfológicos se utiliza siempre el término Geoarqueología. Entre los primeros trabajos realizados destacamos:

- zona de Teruel. Estudios geoarqueológicos realizados por J. L. Peña *et alii*, (1980), F. Burillo *et alii*, (1981) en el yacimiento del Cerro de Alfambra que cronológicamente corresponde a la Edad del Bronce.
- zona valenciana. Cabe citar los estudios realizados por K. W. Butzer *et alii*, (1983) donde se analizan los depósitos aluviales del río Júcar en referencia a los niveles de ocupación medieval de la ciudad de Alzira, así como los trabajos de P. Carmona *et alii*. (1985), P. Carmona (1989) donde se estudian los depósitos del río Turia en relación al yacimiento de la Plaza de Almoina (València) de época tardorromana.

En los últimos años queremos destacar la realización de varios cursos de Geoarqueología impartidos por el Dr. J. L. Peña de la Universidad de Zaragoza. También durante el año 1990 en la Universitat de Barcelona se celebró la primera Reunión Nacional de Geoarqueología que ha tenido continuidad con diferentes reuniones posteriores.

2.1.4. Aplicación de la micromorfología a la Geoarqueología

A mediados de los años 50 aparecen algunas aplicaciones de la micromorfología a los registros arqueológicos como los trabajos de Cornwall y Dalrymple (Macphail *et alii*, 1995). El uso de la micromorfología en los sedimentos arqueológicos es aún muy reciente. Comienzan a aparecer los primeros trabajos a finales de los años 70 y principios de los 80 (Goldberg, 1979, 80, 83; Fédoroff *et alii,* 1982; Courty *et alii*, 1984, 88a, 88b). Pero el desarrollo de esta técnica no se produce hasta finales de la década de los 80 con la publicación de la obra *Soils and Micromorphology in Archaeology* en el año 1989 por M. A. Courty, P. Goldberg y R. Macphail.

A partir de este momento y con las posibilidades que ofrece esta técnica se estudian también los sedimentos de origen antrópico como por ejemplo, las estructuras de combustión (Courty, 1984; Wattez, 1988, 1992), se replantea el término "nivel de ocupación" (Gé *et alii*, 1993), y también se analizan las acumulaciones orgánicas como resultado de actividades ganaderas (Wattez *et alii,* 1990; Courty *et alii*, 1991; Courty *et alii,* e.p.).

En la Península Ibérica también aparecen los primeros trabajos micromorfológicos aplicados a sedimentos arqueológicos: Solé *et alii,* (1990) "La micromorfología de suelos aplicada a la arqueología. Dos casos a modo de ejemplo: el Cingle Vermell (Osona) y Mediona (Alt Penedès)", Taulé (1992) "Micromorfología de suelos: Nueva Aportación a la Arqueología" y Bergadà *et alii* (1992) "Micromorfología de los procesos postdeposicionales de la secuencia Tardiglaciar de la cueva del Parco (Alòs de Balaguer, Lérida) comunicación presentada en la 2ª Reunión Nacional de Geoarqueología. Durante el año 1993 bajo los auspicios del Consejo Superior de Investigaciones Científicas y de la Generalitat de Catalunya se celebró en Barcelona un curso sobre dicha técnica

2.2. ANÁLISIS DEL NIVEL SEDIMENTARIO DE UN REGISTRO ARQUEOLÓGICO

2.2.1. Definiciones y tipos

En los niveles identificados en el yacimiento tanto pueden actuar los procesos físico-químicos como los procesos antrópicos. El grado de antropización se define según la intensidad con que han actuado los procesos antes citados.

Los diferentes estudiosos han propuesto numerosos términos para definir suelos o sedimentos antropizados:
- "suelos antrópicos" (Sjoberg, 1976)
- "anthrosol" definido como el suelo alterado por el hombre (Eidt, 1977)
- "sedimentos antropogénicos" (Hassan, 1978)
- "depósitos antropogénicos" (Goldberg, 1980)
- "depósitos o sedimentos antrópicos" (Gasche *et alii.*, 1983)
- "etnofacies sedimentaria" definida como facies sedimentarias con una actividad específica del hombre(Brochier,1987, 1991).
- "arqueosedimentos" (Butzer, 1982; Waters, 1992).

Butzer (1982) propone una sistematización para definir los sedimentos en función del grado de antropización:
- virgen o estéril: aquel sedimento o suelo que no ha sido afectado por los procesos culturales.
- antrópicos: el sedimento que parcialmente está formado y estructurado por la actividad cultural.
- antropogénicos: el sedimento que está producido o formado por procesos culturales o actividades humanas.

Para Courty *et alii* (1989) los sedimentos arqueológicos se pueden clasificar en tres categorías:
- arqueológicos: aquellos que proceden únicamente de los factores naturales (procesos físico-químicos o edáficos).
- antrópicos: resultado de la acción combinada de los factores humanos y naturales.
- antropogénicos: producidos exclusivamente por el hombre y afectados por los procesos naturales posteriormente a su deposición.

De acuerdo con Butzer y Courty en un depósito arqueológico podemos hablar de sedimentos o niveles estériles, antrópicos y antropogénicos.

2.2.2. Sedimentos de origen antrópico o antropogénicos

La sedimentación de origen antrópico o antropogénica es la sedimentación que se ha producido por la actividad del hombre. En los asentamientos prehistóricos, este tipo queda reflejado en las estructuras de combustión, áreas de combustión, estructuras de almacenaje, etc. En este tipo de sedimentos se pueden distinguir las dinámicas de ocupación y de esta forma se han distinguido diferentes tipos de organizaciones culturales (Fig. 2.1)(Wattez, 1992, Gé *et alii,* 1993).

Organizaciones culturales secuenciales	
Una fase de ocupación	Se manifiesta solamente una actividad antrópica
Varias fases de ocupación	Superposición de varias actividades antrópicas
Policíclicas	Corresponde a la alternancia de una o varias actividades antrópicas con sedimentación natural

Fig. 2.1.- Organizaciones culturales secuenciales.

2.2.3. Nivel o suelo de ocupación: implicaciones geoarqueológicas

Uno de los objetivos en que se centra la Arqueología prehistórica en la actualidad es intentar reconstruir la actividad humana mediante el estudio de sus rasgos en los niveles sedimentarios. La reconstrucción de estas actividades solamente se puede hacer con el reconocimiento de los procesos culturales y naturales (Schiffer, 1976,1987; Butzer, 1982) y es en los niveles de ocupación donde se encuentran mejor representados estos procesos culturales.

Las primeras definiciones de suelo o nivel de ocupación siempre han tenido en cuenta la distribución del material. Para F. Bordes "Un sol archéologique est une surface reconnaissable sur laquelle a vécu l'homme paléolithique pendant un laps de temps suffisamment court pour qu'on puisse espérer déduire de la position des vestiges quelque chose au sujet des activités" (Bordes, 1975:139). Según A. Leroi-Gourhan (1972, 1976) y J. Ph. Rigaud (1976) cuando se define el nivel de ocupación es importante la noción de grosor del nivel. P. Villa (1976) menciona el término de "surface approximative" que es usado para indicar la base de los diferentes objetos. F. David *et alii* (1973) proponen los siguientes conceptos:
- "sur-sol" que corresponde a una zona de alteración durante la primera fase de recubrimiento del material.
- "sol" es la superficie donde se localizan los materiales arqueológicos.
- "sous-sol" donde se observan notablemente las perturbaciones ligadas a la ocupación (hundimiento de los objetos por pisoteo, etc).

Para Wünsch (1989) el piso de ocupación es "la unidad básica de análisis representativa de un período de ocupación homogéneo, en el sentido de que refleja un estadio concreto de actuación socioeconómica".

Actualmente, las investigaciones arqueológicas de niveles de ocupación van orientadas hacia la identificación de las relaciones entre el sedimento y la distribución de los artefactos dentro de las unidades arqueológicas (Gé *et alii,* 1993). Según Gé *et alii* (1993), una superficie de ocupación es una zona interactiva entre la atmósfera y la bio-litosfera que está afectada no solamente por los factores de tipo antrópico sino también por otros factores (externos e internos). Con esta definición se contemplan de forma sistemática los procesos edafo-sedimentarios que pueden alterar la posición de los materiales arqueológicos.

Por eso es importante reconocer y definir los procesos tafonómicos que se dan en los suelos o niveles de ocupación. Éstos pueden ser divididos en dos fases (Berger, 1991): las perturbaciones previas al cubrimiento del material y las perturbaciones posteriores.

- Perturbaciones previas al recubrimiento del material

Según Courtin *et alii* (1982) y Butzer (1982) el material arqueológico, mientras está en superficie, puede ser afectado por algunos fenómenos físico-químicos (lluvia, viento, desecación...) pero generalmente predominan los efectos de las perturbaciones producidas por la actividad humana (efectos de pisoteo, efectos del fuego,...). Berger (1991), considerando estos efectos y modificando la clasificación de Butzer, establece tres tipos de deposición de los restos arqueológicos:
- deposición cultural primaria. Los materiales no han sufrido alteración.
- deposición cultural secundaria. Los materiales aparecen transformados pero sin deformaciones importantes; es el caso de las alteraciones que produce el pisoteo.
- deposición cultural terciaria. Los componentes han sido intensamente transformados o desplazados de forma intencionada, como por ejemplo, durante el relleno de fosas o de otras estructuras...

- Perturbaciones posteriores al recubrimiento del material

Los procesos postdeposicionales pueden afectar el material arqueológico y están ligados a las propiedades y a la vida del suelo o sedimento (Raymond *et alii* 1978; Rolfsen, 1980; Butzer, 1982; Stein, 1983 y Bergadà, 1993): bioturbaciones ocasionadas por la actividad biológica, procesos físico-químicos (acumulaciones secundarias de $CaCO_3$, acumulaciones de material fino, efectos de hielo-deshielo,...).

Algunos autores como Gé *et alii,* 1993 han creado una serie de categorías o facies de estructuración sedimentaria según la preservación de las signaturas de las actividades antrópicas (Fig. 2.2).

Como conclusión y de acuerdo con Bordes *et alii* (1972), Butzer (1982) y Gé *et alii* (1993), la determinación de la tasa y la naturaleza de la sedimentación (natural o humana) y la

Facies de estructuración sedimentaria	
Facies estructurada	Se define por una buena preservación de las signaturas
Facies residual	Los procesos postdeposicionales afectan a las signaturas
Facies relictual	Hay una fase avanzada de alteración

Fig. 2.2 .- Facies de estructuración sedimentaria.

evaluación de la alteración postdeposicional son esenciales para definir el marco espacio-temporal de las actividades humanas.

2.3. PROPUESTA CONCEPTUAL PARA EL ESTUDIO GEOARQUEOLÓGICO DE UN ASENTAMIENTO PREHISTÓRICO

Por todo lo expuesto hasta el momento, consideramos la Geoarqueología como la disciplina que estudia la génesis y evolución del medio sedimentario-edáfico en relación con la actividad y los materiales de origen antrópico de los asentamientos arqueológicos utilizando la metodología y técnicas propias de las ciencias de la tierra (geología, geomorfología, edafología, sedimentología, micromorfología, etc.). Del análisis de los sedimentos arqueológicos puede extraerse tanto datos referentes a los procesos naturales como de las actividades humanas.

Dependiendo de la cronología del asentamiento dominan unos más que otros. En las fases más antiguas de la Prehistoria las aportaciones hechas por el hombre son más limitadas (estructuras de combustión, de almacenaje...) y destacan los procesos naturales, de los cuales se podrá inferir su evolución sedimentaria y una reconstrucción paleoambiental. En cambio, cuando el hombre empieza a intensificar la explotación de los recursos naturales, modifica sensiblemente los caracteres de los sedimentos naturales. Esta huella antrópica tiene su punto culminante en los niveles antropogénicos donde todos los componentes del sedimento han sido producidos, aportados o modificados por el hombre; en este caso la reconstrucción paleoambiental se ha de centrar en los procesos naturales postdeposicionales que han podido modificar estos sedimentos ya que reflejaran las condiciones ambientales que propiciaron la evolución de aquel sedimento. Como consecuencia, de los sedimentos antrópicos también se puede obtener una cierta información paleoambiental (Courty, 1988 a; Bergadà, 1994).

Creemos que la finalidad del estudio geoarqueológico del relleno de un asentamiento es intentar reconstruir la historia evolutiva de los diferentes niveles sedimentarios, y poder definir:
- el origen del relleno (fase anterior a la ocupación humana), donde dominan los procesos sedimentarios (formación del relleno) y edáficos (transformaciones).
- el impacto antrópico (fase de ocupación humana), donde se documenta la actividad antrópica (estructuras, aportes de material mineral u orgánico alóctono, etc).
- las transformaciones físico-químicas naturales (edafogénesis) contemporáneas o posteriores a la ocupación (Courty *et alii*, 1987).

Evidentemente esta reconstrucción de la historia evolutiva del sedimento se hará teniendo en cuenta (Fig.2.3):
- los componentes (inorgánicos-orgánicos) de origen natural o antrópico-biológico.
- la estructura (disposición que adoptan estos componentes).

En definitiva, la visión de conjunto de todos los datos sedimentarios, antrópicos y paleoambientales extraídos de los diferentes niveles constituye el estudio geoarqueológico de un asentamiento prehistórico.

Fig. - 2. 3

ESTUDIO GEOARQUEOLÓGICO DE UN NIVEL SEDIMENTARIO

	Formación	Ocupación	Momento postdeposicional
Componentes	Físico-químicos Edafogénesis	*antrópicos (creación de estructuras, material arqueológico) *biológicos y biogénicos	Procesos físico-químicos (acum. de finos, de $CaCO_3$, oxidación-reducción, efectos del hielo, erosión, ...) Procesos antrópicos (fosas, ...) Actividad biológica (raíces, act. de fauna,...)
Estructura	Original	perturbaciones producidas por la actividad humana o biológica (Butzer, Courtin-Villa)	Bioturbaciones, modificaciones debidas a los procesos naturales postdeposionales

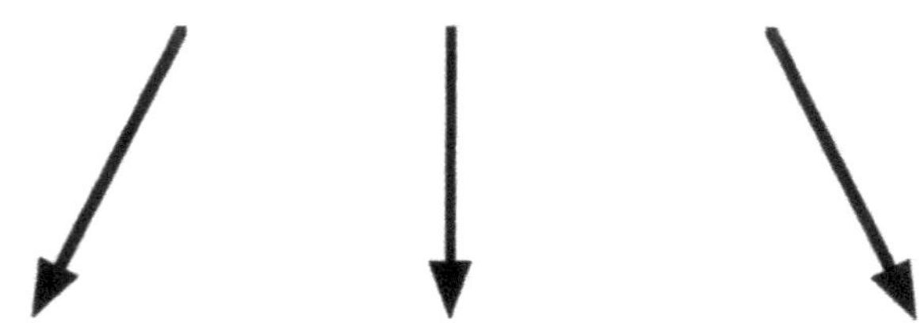

Datos sedimentarios **Datos antrópicos** **Datos paleoambientales**

3. METODOLOGÍA

3.1. ESTUDIO GEOARQUEOLÓGICO DE CAMPO

3.1.1. Estudio regional

El relleno de cada yacimiento es consecuencia directa de unos aportes y de unos procesos que han ido perfilando el depósito. Por eso, el estudio regional tiene su primera manifestación, y de hecho la más importante, en el estudio geomorfológico de la zona que incluye el ambiente sedimentario de nuestro interés. Cabe destacar que el estudio del relleno del yacimiento también proporcionará datos para completar la secuencia sedimentaria del área.

Este estudio geomorfológico se hará desde dos puntos de vista:
- Historia geomorfológica del área del yacimiento. De esta forma se pueden conocer las dinámicas propias de la zona que se está trabajando.
- Dinámica actual. El estudio de los procesos que actúan en la actualidad nos ayudará a comprender los procesos que puedan afectar al yacimiento.

Para realizar este trabajo nos hemos basado en:
- Fotointerpretación. Se ha realizado mediante los siguientes fotogramas aéreos del Institut Cartogràfic de Catalunya y de la Biblioteca de la Facultat de Geologia de la U. B.:

Zona de la cueva del Parco (Alòs de Balaguer, La Noguera). 1987, números 1483-1484, escala 1:22.000

Zona de la Balma del Gai (Moià, Bages). Junio de 1956, números 6348-6349, escala 1:50.000

Zona de la cueva de la Guineu (Font-rubí, Alt Penedès). Abril de 1957, números 39460-39461, escala 1:30.000

Zona de la Balma de la Griera (Calafell, Baix Penedès). Julio de 1992, números 5893-5943, escala 1:22.000

Zona del curso medio del río Montsant (Margalef de Montsant, Priorat).Octubre 1986, números 7965-7967, escala 1:22.000

Zona de la cueva del Vidre (Roquetes, Baix Ebre). Agosto de 1957, números 57151-57152, escala 1:30.000

- Prospección de campo. Las prospecciones se realizaron visitando los alrededores de los yacimientos aprovechando las campañas de excavación.

3.1.2. Estudio de los asentamientos arqueológicos

Para alcanzar nuestro objetivo hemos estudiado el relleno de ocho asentamientos que cronológicamente se sitúan en el Paleolítico Superior final, el Epipaleolítico y el Neolítico Antiguo y que en la actualidad se encuentran en proceso de excavación.

Para analizar estos rellenos nos hemos basado en el estudio de los perfiles sedimentarios obtenidos en las excavaciones arqueológicas y también los conseguidos mediante la realización de sondeos para conocer la potencia sedimentaria del yacimiento. Éstos se han realizado en la cueva de la Guineu y en la cueva del Vidre aún por finalizar, en el abrigo dels Colls y en el abrigo del Filador, y también se inició un sondeo en la cueva del Parco pero, debido a las necesidades de la excavación, no fue posible su continuación. En otros yacimientos estudiados como la Balma de la Griera y el Hort de la Boquera la propia excavación ha posibilitado conocer la potencia del depósito. Generalmente estos sondeos son de un metro cuadrado y forman parte de la cuadrícula establecida en la excavación. También hemos estudiado estructuras y áreas de combustión que se documentaban en el transcurso de la excavación de los niveles.

Al realizar la descripción sedimentaria nos basaremos en el estudio del sedimento a diferentes niveles de observación (macro y micro) que nos permitirán examinar, en cada caso, los diferentes atributos morfológicos de los depósitos arqueológicos (Courty *et alii*, 1989). Las diferentes escalas comportan diferentes grados de estudio del relleno. Para nuestro trabajo hemos articulado tres niveles de observación (Fig. 3.1), estableciendo algunas modificaciones en el esquema de Courty *et alii*, (1989).

Nivel de observación	Escalas	Definición	Técnicas utilizadas
Macro	Visu	Identificación de los niveles	Trabajo de campo
Semimacro	1x a 20x	Reconocimiento y caracterización de niveles	Lupa binocular
Micro	20x a 200x	Definición de los componentes	Microscopio óptico

Fig. 3.1

Descripción de campo

Durante el trabajo de campo se realiza el primer nivel de observación que consiste en la identificación y descripción detallada del relleno. En el momento de hacer la distinción de los diferentes niveles nos hemos basado en una serie de rasgos diagnósticos:

- Textura
La textura nos da la distribución relativa de las partículas de los niveles sedimentarios: bloques, cantos, gravas, arenas, limos y arcillas. Nosotros hemos utilizado la clasificación establecida por las escuelas de edafología y de sedimentología. En la fracción superior a 2 mm se define la litología, la morfología.... en el campo. En cambio, para el material inferior a 2 mm (arenas, limos y arcillas) sólo se hace una aproximación a la espera de su estudio en el laboratorio.

- Color
El color es definido (en húmedo o seco) según la tabla de colores (Munsell Soil Color Chart) utilizada preferentemente por los edafólogos.

- Estructura
La estructura es definida por la forma, el tamaño y el desarrollo del grado de agregación de las partículas minerales y orgánicas. Se describe la forma y las dimensiones de los agregados, si es posible.

Una vez se ha hecho la distinción de los niveles, también se tiene en cuenta una serie de criterios descriptivos como son las dimensiones y límites de los niveles, el grado de humedad, el grado de cimentación, el contenido de restos de origen antrópico y la actividad biológica.

- Dimensiones y límites de los niveles
En el espacio, cada nivel es considerado como un cuerpo en tres dimensiones (grosor, longitud y anchura). En el perfil, los niveles son representados en dos dimensiones: el grosor y la extensión. También se tienen en cuenta los contactos entre los niveles.

- Grado de humedad
El grado de humedad depende del ambiente climático actual, y por tanto influye en el color y la cohesión de los materiales.

- Grado de cimentación
El grado de cimentación corresponde a la consistencia de los niveles. Pueden ser polvorientos, sueltos o duros.

- Contenido de restos de origen antrópico
Es importante señalar la presencia de restos de origen antrópico.

- Actividad biológica (raíces o fauna)
La presencia de actividad biológica (raíces o fauna) también se tendrá en cuenta en la descripción del nivel.

A continuación se numeran los niveles distinguidos (empezando por el nivel superior); nosotros hemos optado por la numeración romana. Seguidamente se dibujará a escala adecuada, generalmente a 1:10. También se tendrá en cuenta la pendiente de los niveles, el contacto entre ellos, etc.

Muestreo

Para muestrear hemos seguido dos metodologías, cada una acorde con la finalidad del estudio:
- para sedimentología clásica, la propuesta por Shackley (1975). Este tipo de muestreo consiste en delimitar bien los niveles y coger una porción de sedimento de una zona representativa del nivel.
- para micromorfología (Courty *et alii*, 1987; Courty *et alii*, 1989), el muestreo consiste en la extracción de bloques de sedimento no perturbado. Estas muestras se recubren con escayola que garantiza la conservación de la estructura original. A diferencia del muestreo para sedimentología clásica, es posible, e interesante, analizar los contactos entre los niveles.

En los dos tipos de muestreo, las muestras son embaladas y etiquetadas con una referencia que nos permite la identificación posterior; también se anota la profundidad y el lugar de procedencia. Se sitúa la muestra en el perfil anteriormente dibujado.

3.2. TÉCNICAS Y ANÁLISIS APLICADOS

Las técnicas que hemos utilizado para el estudio del registro sedimentario de los asentamientos estudiados son las propias de la sedimentología y de la edafología.

3.2.1. Análisis físico-químicos

Dentro de éstos cabe mencionar:
- granulometría
- análisis mineralógico por difracción de RX
- fluorescencia de rayos X

Granulometría
Los análisis granulométricos consisten en cuantificar los tamaños de las partículas de los niveles. Esta técnica la habíamos aplicado en los yacimientos de la cueva del Parco (Bergadà, 1989; 1991) y del abrigo del Filador (García-Argüelles *et alii,* 1990), que han sido analizados micromorfológicamente con resultados comparables. Se habían seguido las indicaciones de los manuales clásicos de sedimentología como el de Vatan (1967), el de Briggs (1977) y el de Leeder (1982).

- Técnica
Para el análisis granulométrico de los sedimentos se han aplicado diferentes métodos según las dimensiones de las partículas. Así pues, para la fracción de bloques (> 10 cm) la proporción y tamaños se estima en el campo; en cambio, en los cantos (fracción superior a 1 cm) se mide con el pie de rey la longitud de su eje mayor. Para el análisis de la fracción de gravas y arenas (10 - 0,063 mm) se ha utilizado el método del tamizado. Por lo que respecta a la fracción inferior a 0,063

mm se ha usado el Sedigraph y con posterioridad el Coulter (Fig. 3.2).

> 10 cm	Bloques
10 - 9 cm 9 - 8 cm 8 - 7 cm 7 - 6 cm 6 - 5 cm 5 - 4 cm 4 - 3 cm 3 - 2 cm 2 - 1 cm	Cantos
1 cm - 2 mm	Gravas
2 - 0,063 mm	Arenas
0,063- 0,002 mm	Limos
< 0,002 mm	Arcillas

Fig.3.2.- Fracciones granulométricas

- Marcha analítica

El tamizado se realizó en un primer momento en el Laboratori d'Estratigrafia del Departament de Geologia Dinàmica, Geofísica i Paleontologia de la Universitat de Barcelona, y posteriormente en el Laboratori d'Arqueologia del Departament de Prehistòria, H. Antiga i Arqueologia de la misma universidad.

Fracciones gruesas o de mayor tamaño (cantos, gravas y arenas)

1.- la muestra de sedimento se seca al aire o a la estufa a baja temperatura (105°C).

2.- Seguidamente la muestra se pesa

3.- Se disgrega con H_2O_2 durante 24 horas.

4.- Se separa la fracción de cantos del resto con un tamiz de 1 cm.

5.-A continuación se separa la fracción de arenas de la de limos y arcillas por un tamizado húmedo a través de una malla de 0,063 mm.

6.- Se secan las muestras de arenas y de cantos en la estufa a 105°C y se pesan.

Fracciones finas (limos y arcillas)

Se han realizado en el Laboratori de Geologia Marina de l'Institut de Ciències del Mar (CSIC) de Barcelona mediante un Sedigraph 5000D y con posterioridad en el Laboratori d'Estratigrafia del Departament de Geologia Dinàmica, Geofísica i Paleontologia de la Universitat de Barcelona con un analizador de partículas Coulter.

En el Sedigraph se obtiene la distribución de tamaños a partir de la difracción de un haz de rayos X que atraviesa una suspensión de la muestra que va sedimentando siguiendo la ley de Stokes (Giró *et alii,* 1985); en cambio, en el coulter se obtiene por dispersión de un haz de rayos láser que atraviesa una suspensión de la muestra. Evidentemente, la segunda técnica es mucho más rápida ya que no hace falta esperar a que se sedimenten las partículas. Tanto en un sistema como en otro, los datos son procesados automáticamente y presentados en forma de una curva de distribución de tamaños acumulados referidos al diámetro esférico equivalente en micras sobre una escala semilogarítmica.

Problemas

El análisis granulométrico ha presentado algunos problemas y en muchas ocasiones ha resultado inaplicable, como por ejemplo en sedimentos con un alto grado de carbonatación donde es prácticamente imposible disgregar bien la muestra. También hay que añadir que en nuestras muestras hay una gran proporción de partículas de morfología tabular que pueden dar lugar a resultados erróneos.

De hecho los resultados de los análisis granulométricos por separación mecánica solamente son significativos en poblaciones constituidas por partículas esféricas y de densidades iguales. Por eso, solamente hemos utilizado esta técnica para completar los datos de tipo textural extraídos del trabajo de campo, ya que por lo que respecta a la talla, a la litología, a la clasificación y la morfología han sido apreciados en las láminas delgadas por estimación visual. La diferencia con los análisis granulométricos por separación mecánica es que en las láminas delgadas los porcentages de las fracciones son medidas de superficie y dan resultados aproximados.

Análisis mineralógico por difracción de RX

Los análisis de difracción de rayos X fueron realizados en el Servei de Difracció i Espectrometria de raigs X de l'Institut de Ciències de la Terra Jaume Almera del CSIC de Barcelona.

Este análisis se ha aplicado en los restos óseos de nuestra colección de referencia que habían sido sometidos a temperaturas superiores a 600°C.

Espectroscopía de fluorescencia de RX

Este análisis permite determinar los elementos químicos de una sustancia. El análisis fue realizado en el Servei de Difracció i Espectrometria de raigs X de l'Institut de Ciències de la Terra Jaume Almera del CSIC de Barcelona.

Este análisis solamente se realizó sobre una muestra del nivel X de la cueva de la Guineu (Font-rubí, Alt Penedès), para definir la composición de una impregnación de color negruzco.

Marcha analítica
- Se toma 1 gr. de muestra en polvo y se deposita sobre una tableta de ácido bórico.
- Se sujeta con una lámina de Mylar y se obtiene el espectro de las líneas características de cada elemento químico.

Se pueden determinar, por esta técnica, todos los elementos comprendidos entre el Mg. y el U.

3.2.2. Micromorfología

El análisis micromorfológico consiste en estudiar el sedimento a escala microscópica, es decir, en la observación al microscopio óptico de láminas delgadas. La micromorfología es una técnica desarrollada por Kubiena durante la década de los 30 para el estudio de la génesis de los suelos. La observación de las láminas delgadas al microscopio óptico petrográfico permite estudiar la estructura del sedimento y determinar la naturaleza de la mayoría de los componentes.

La aplicación de la micromorfología a los sedimentos arqueológicos es aún muy reciente. Empiezan a aparecer los primeros trabajos a finales de los años 70 y no es hasta finales de la década de los 80 cuando empiezan a proliferar, sobre todo con la publicación de la obra *"Soils and Micromorphology in Archaeology"* en el año 1989 por M. A. Courty, P. Goldberg y R. Macphail.

Las aportaciones más importantes de esta técnica al estudio de los sedimentos arqueológicos son varias:
1.- La particularidad que hay que destacar enfrente a las técnicas clásicas de sedimentología (granulometría, contenido de carbonatos, contenido de fosfatos,...) es que estudia, en primer lugar, el relleno tal como se presenta, sin perturbar la muestra, y en segundo lugar, se analizan todos los componentes y sus interrelaciones.
2.- Permite combinar el estudio de los sedimentos y de los procesos edáficos con el estudio de los fenómenos o procesos antrópicos que se registran en el nivel o relleno. Mediante esta técnica podemos diferenciar los materiales y fenómenos antrópicos de los propiamente naturales.
3.- Por lo que respecta al estudio de los sedimentos antropizados (estructuras de combustión, de almacenaje o niveles de ocupación), la micromorfología es, en cierta forma, una microexcavación.

Técnica de muestreo y tratamiento de las muestras

- Muestreo
El sistema de obtención de láminas delgadas empieza con la extracción de muestras en el campo. Para conseguir muestras sin perturbaciones recubrimos de escayola los bloques de sedimento que hemos escogido en el perfil (Fig.3.3).

A diferencia del muestreo tradicional, donde se muestrea nivel por nivel, en el caso de la micromorfología, por las características propias del estudio, se pueden muestrear los límites entre los niveles y así se puede observar si éstos son difusos, graduales, etc. El muestreo se puede realizar o bien en sección o bien en planta. Es imprescindible documentar la muestra con una descripción de la localización, orientación y polaridad y con una descripción sistematizada de donde se ha realizado la extracción.

- Elaboración de láminas delgadas
Una vez en el laboratorio, las muestras se impregnan con resinas sintéticas. Ésto se favorece haciendo el vacío de forma que salga el aire de la porosidad, asegurando una difusión por capilaridad de la resina y una impregnación total de los materiales. Así, las muestras adquieren la consistencia necesaria para poder obtener una sección delgada de unos 25 μm de grosor.

El tamaño de las láminas delgadas que hemos fabricado es de 13,5 x 5,5 cm (más grandes que las utilizadas habitualmente en petrografía). Estas dimensiones son de gran utilidad, ya que ayudan a relacionar los caracteres macroscópicos observados en el campo con los caracteres microscópicos de la lámina.

La técnica que hemos utilizado para la fabricación de las láminas ha sido desarrollada en el Département des Sols de l'Institut National Agronomique de Plaisir-Grignon (France) por P. Guilloré (1980) y por el Departament de Medi Ambient i Ciències del Sòl de la Universitat de Lleida (Fig.3.4)

Para realizar nuestro trabajo de investigación se han elaborado 150 láminas en el Departament de Medi Ambient i Ciències del Sòl de la Universitat de Lleida.

Criterios de descripción de láminas delgadas

- Aspectos generales
Las descripciones de las láminas delgadas de sedimentos arqueológicos se basan en los criterios y principios establecidos por los edafólogos para el estudio de los suelos (Bullock *et alii.*, 1985; Fédoroff, 1987; Courty *et alii*, 1989).

La micromorfología nos permite conocer:
- la estructura u organización del sedimento, suelo o paleosuelo (porosidad, disposición de los agregados, etc.)
- analizar los componentes minerales, orgánicos e inorgánicos (naturaleza, tamaño, morfología, cuantificación y tipos de distribución)
- el color (resultado del tipo y la densidad de los elementos presentes)
- los procesos edáficos y las alteraciones postdeposicionales naturales o antrópicas (neoformación de minerales, procesos biológicos, acumulación secundaria de finos y de $CaCO_3$, fenómenos de oxidación-reducción, etc.).

Fig.3.3.- Muestreo micromorfológico
a.- Muestreo del Hort de la Boquera. b.- Preparación de la caja con escayola. c.- Detalle del tamaño de la muestra. d.- Momento de la extracción de la muestra. e.- Muestras extraídas.

Fig.3.4.- Elaboración de láminas delgadas.
a.- Muestras impregnadas con resina. b.- Proceso de rectificación. c.- Pegado del cubre. d.- Lámina terminada de 13,5 x 5,5 cm. Parco N.Ia sup.

- Criterios específicos utilizados en las descripciones micromorfológicas

A la hora de describir los niveles estratigráfico-sedimentarios de los yacimientos estudiados hemos tenido en cuenta los siguientes caracteres:

- **Porosidad**: Se caracteriza por los huecos observados, se describe la morfología así como su tamaño y finalmente se hace una estimación visual del porcentaje que representan respecto a la superficie total de la lámina.

- **Microestructura o Estructura**: Disposición de los componentes y los huecos del suelo (Bullock *et alii*., 1985). La estructura de cada nivel se ha descrito a escala semi-macroscópica de 3 a 20x.

- **Masa Basal**: Este término designa el material fino y grueso que forma la base material del suelo, diferente de los rasgos edáficos (Bullock *et alii*., 1985). Los porcentages se estiman, al igual que en la porosidad, respecto a la superficie total de la lámina.

- **FG/FF**: Proporción entre los componentes gruesos y finos (Bullock *et alii*., 1985).

- **Distribución relacionada**: Es la distribución entre el material grueso y el material fino (Bullock *et alii*., 1985).

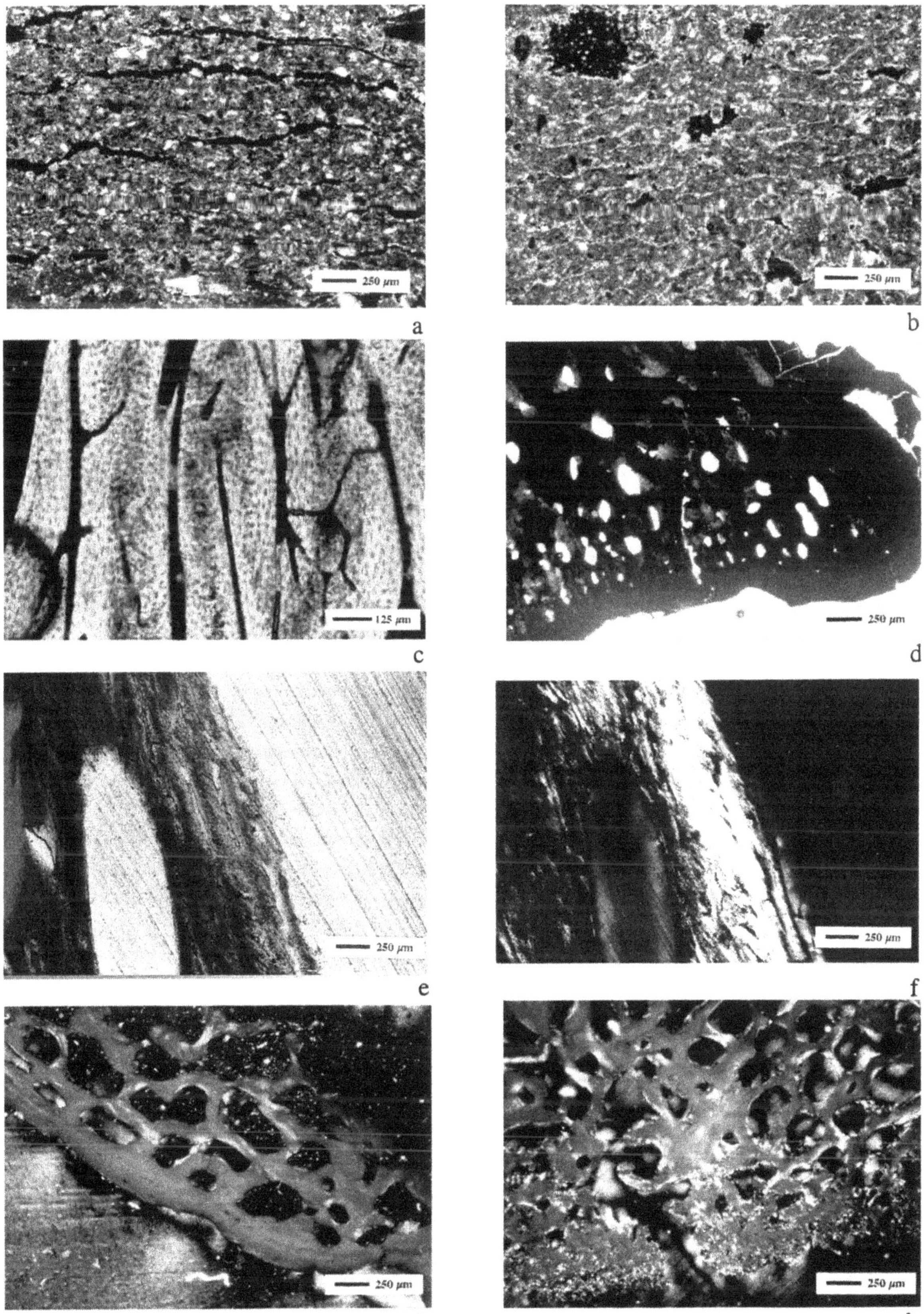

Fig 3.5.- Colecciones de referencia, costras sedimentarias y alteraciones de los huesos según la temperatura (observaciones micromorfológicas).
a.- Costra sedimentaria experimental. LPX. b.- Estructura laminar. Parco N.IX. LPX. c.- Hueso sin combustión. LPP. d.- Hueso a 450°C. LPP. e.- Hueso a 600°C. LPP. f.- Hueso a 600°C. LPX. g.- Hueso a 800°C. LPX. h.- Hueso a 1000°C. LPX.

ALTERACIONES DE LOS HUESOS SEGÚN LA TEMPERATURA		
	Observaciones micromorfológicas	
	Nicoles paralelos	**Nicoles cruzados**
Sin combustión	Color amarillo pálido/blanco sin fracturas	Se distingue la estructura ósea y es anisótropo
200°C	Color amarillo pálido/blanco sin fracturas	Se distingue la estructura ósea y es anisótropo
450°C	Color negro/marrón con fracturas que comportan partículas angulosas.	En algunos sectores birrefringente.
600°C	Color marrón blanquecino con fracturas. La estructura ósea no se distingue claramente.	Ligeramente birrefringente y con inicios de cristalización.
800°C	Color blanco puro con fragmentaciones muy acusadas. No se distingue la estructura ósea. Los contornos son irregulares.	Isótropo. Prácticamente cristalizado.
1000°C	Color blanco puro con fragmentaciones muy acusadas. No se distingue la estructura ósea.	Isótropo. Totalmente cristalizado.

Fig. 3.6

Dentro de la **FG** (fracción gruesa) se analizan:

- **Componentes minerales**: Se estudia la composición, tamaño, morfología y grado de alteración.

- **Componentes inorgánicos y orgánicos de origen biológico y antrópico**

Se dividen en:

- Componentes de origen vegetal: Se incluyen carbones, cenizas, fitolitos y residuos humificados. Se analiza la morfología, los tamaños y se estiman visualmente los porcentages (Wattez, 1992)
- Componentes de origen animal: huesos, malacología, residuos orgánicos y coprolitos. Se analizan las morfologías, los tamaños, las alteraciones,...(Wattez, 1990)
- Materiales o componentes antrópicos: Se incluye material manufacturado por el hombre, por ejemplo material de sílex, cerámica,... Se estudian los tamaños, la morfología, las alteraciones,...

La **FF** (fracción fina) se estudia por su color en nicoles paralelos o por su aspecto en carbonato detrítico y por su anisotropía en nicoles cruzados.

- **Edaforrasgos**: Son unidades de fábrica discretas presentes en el suelo que se reconocen del material adyacente por una diferencia en concentración de uno o más componentes; por ejemplo, las acumulaciones secundarias de carbonatos, de finos, fenómenos de oxidación-reducción y la presencia de actividad biológica tanto de microfauna como de raíces (Bullock *et alii*, 1985) y, se describe la distribución y la abundancia de estos rasgos.

3.3. COLECCIONES DE REFERENCIA

Se ha realizado una serie de colecciones de referencia para resolver problemas concretos que se plantearon durante la realización de nuestro estudio.

3.3.1. Costras sedimentarias: estructura sedimentaria

Cuando estudiábamos las costras sedimentarias, una de las cuestiones que concentraban nuestra atención era distinguir la porosidad de huecos planares de la estructura laminar. Casualmente en el yacimiento de la cueva del Parco entre las campañas de 1990 y 1991 en el sector del abrigo y encima de unos plásticos que protegen el nivel arqueológico se localizó una costra sedimentaria de 3-5 cm de grosor formada por una tormenta. En la costra ya se observaba macroscópicamente una serie de fisuras y huecos planares propios de efectos de humectación-desecación. Hicimos una preparación en lámina delgada para estudiar la estructura y la porosidad. En este análisis se pudieron observar los efectos de la humectación-desecación: la estructura formada por fisuración horizontal y huecos planares muy bien acomodados (Fig.3.5 a y b).

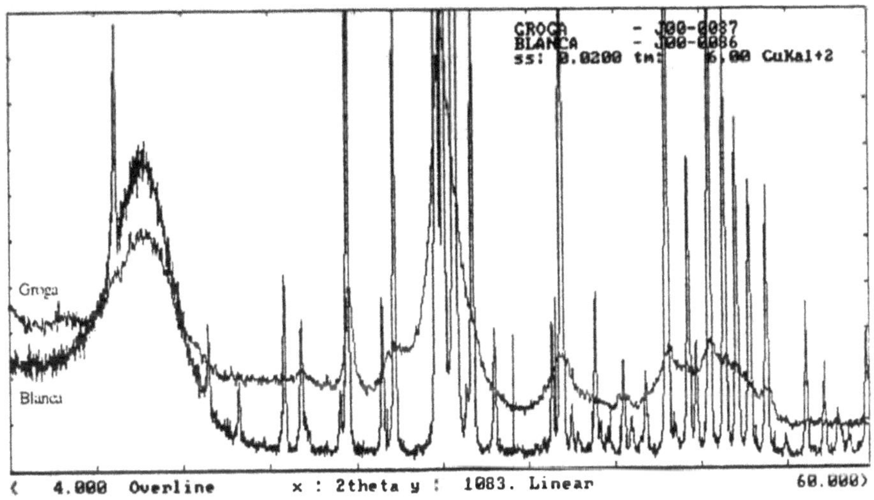

Fig. 3.7.- Diagrama de difracción de rayos X de hueso.
Amarillo: hueso fresco. Blanco: Temp. >600°C.

3.3.2. Efectos del fuego en los restos óseos

La idea de la realización de esta experimentación surgió por la numerosa presencia de fragmentos óseos afectados por el fuego en los registros sedimentarios estudiados; por este motivo era importante poder tener una colección de referencia de las alteraciones de los huesos debidas a la combustión.

Las alteraciones ocasionadas por efecto del fuego en los huesos se traducen macroscópicamente en variaciones de color y en fragmentaciones (Périnet, 1964; Susini *et alii*, 1988, Albizuri *et alii*, 1993). Estos datos se han completado con las descripciones y análisis realizados al microscopio para precisar la naturaleza de estas transformaciones (Susini *et alii*,1988; Wattez, 1992). A pesar de que hay varios trabajos realizados sobre esta temática, realizamos una experimentación quemando diferentes huesos de una misma especie animal a diferentes temperaturas (200°C, 450°C, 600°C, 800°C y 1000°C) durante 30', para poder observar los diferentes rasgos de combustión en lámina delgada.

Esta experimentación se realizó durante los meses de enero y febrero de 1995 y se utilizó hueso fresco de cerdo y una mufla Carbolite Furnaces CSF 1200 del Departament de Prehistòria, II. Antiga i Arqueologia de la Universitat de Barcelona.

Los resultados se presentan en el cuadro adjunto y en las forografías (Fig. 3.5 c-h y Fig. 3.6).

Dentro de las alteraciones que se observan en los huesos debidas a la combustión el cambio más acusado se da en temperaturas superiores a 600 °C. El hueso aparece de color blanco puro con fisuras; en lámina delgada, y sobre todo en nicoles cruzados, aparece totalmente cristalizado y opaco. Se realizó una difracción de rayos X para determinar si la composición mineralógica del hueso, hidroxiapatito ($Ca_{10}(PO_4)_6(OH)_2$), cambiaba a temperaturas superiores a 600°C. El resultado fue que no hubo cambio de fase mineral sino que aumenta el tamaño de los cristales y el grado de cristalinidad (Dr. Felicià Plana, comunicación oral) (Fig. 3.7).

3.3.3. Combustión de excrementos

Este trabajo surgió debido a que en numerosas áreas de combustión y en algunos niveles sedimentarios correspondientes mayoritariamente a una cronología neolítica, aparecían componentes que por las características que presentaban correspondían a fragmentos de excrementos de herbívoros (ovicaprinos, bóvidos, etc.) (Wattez, 1992; Courty *et alii*, 1991; Courty *et alii*, e.p.). Debido a la importancia que puede tener identificar este tipo de componentes en estas ocupaciones en que se desarrollaron las primeras actividades ganaderas, nos propusimos realizar una colección de excrementos de diferentes animales herbívoros: ovejas, cabras, vacas y conejos alimentados en pastos. También tuvimos en cuenta excrementos de animales con una dieta alimentaria carnívora, concretamente el zorro. El objetivo de este trabajo es realizar una colección de referencia y establecer aquellos caracteres distintivos, tanto de tipo estructural como de componentes, entre un tipo de excremento y otro.

Las temperaturas que se escogieron para realizar esta primera experimentación son las siguientes: 200°C, 450°C, 600°C i 800°C. Se utilizó una mufla Carbolite Furnaces CSF 1200 y se realizó durante el año 1995.

Los resultados se presentan en las figuras siguientes (Figs. 3.8, 3.9, 3.10 y 3.11).

	Ovicaprinos		Bóvidos	Lagomorfos	Cánidos
	Oveja	Cabra	Vaca	Conejo	Zorro
Caracteres generales	Morfología subredondeada Microestructura fibrosa con huecos de tipo cavitario y vesicular.	Morfología alargada, con residuos vegetales semiarticulados, con huecos de tipo cavitario y vesicular.	Morfología alargada, con residuos vegetales semiarticulados, compacto.	Morfología subredondeada. Microestructura masiva. Formado Por residuos vegetales de cortas dimensiones y desarticulados.	Morfología alargada. Formado por fragmentos óseos, algún residuo vegetal e inclusiones fosfatadas y algún elemento detrítico.
Sin combustión	De color marrón. Formado por residuos vegetales de cortas dimensiones humificados distribuidos por la masa basal junto a material detrítico del tamaño de arenas finas y limos, e impregnaciones de inclusiones fosfatadas.	De color marrón. Formado por residuos vegetales semiarticulados humificados con huecos cavitarios y vesiculares y con impregnaciones fosfatadas.	De color marrón (rojizo-amarillo). Formado por resiuos vegetales humificados, articulados.	De color amarillo-rojizo. Los residuos vegetales se encuentran humificados.	De color marrón-rojizo. Los residuos vegetales se encuentran humificados y los huesos son de color blanquecino con inclusiones fosfatadas.
200°C	Se observan las mismas características que sin combustión.	Se observan las mismas características que sin combustión.	Se observan las mismas características que sin combustión.	Se observan las mismas características que sin combustión.	Se observan las mismas características que sin combustión.
450°C	De color marrón-negro. Se observan fitolitos, algunos oxalatos de calcio (esferolitas), masa cristalítica, mat. detrítico y con impregnaciones fosfatadas.	De color marrón claro. Está formado por fitolitos de formas alargadas y articulados, oxalatos de calcio (esferolitas), masa cristalítica y muy pocos elementos detríticos.	De color marrón claro. Está formado por fitolitos de formas alargadas y articulados, oxalatos de calcio (esferolitas), masa cristalítica y muy pocos elementos detríticos.	De color marrón-negro. Está formado por fitolitos, oxalatos de calcio (esferolitas) y abundante material detrítico. Inclusiones fosfatadas y masa cristalítica.	Color marrón-negro. Los huesos aparecen carbonizados, así como los residuos vegetales y algún elemento detrítico.
600°C	De color blanco. Aparecen las mismas características citadas pero la masa basal es cristalítica.	De color marrón muy claro. La masa basal es cristalítica. Presenta las mismas características que el de 450°C.	De color marrón muy claro. Aparecen las mismas características citadas, pero la masa basal es cristalítica.	De color blanquecino. Formado por oxalatos de calcio, fitolitos de sílice de formas alargadas y material detrítico con masa cristalítica.	De color blanquecino. La masa ligeramente cristalítica. Los fragmentos óseos aparecen calcinados y se encuentran fitolitos de sílice.
800°C	De color blanquecino. Está formado por una masa cristalítica.	De color marrón muy claro. Está formado por una masa cristalítica	De color marrón más claro que a 600°C. Desaparecen los oxalatos de calcio.	De color muy blanco. Masa cristalítica y detrítica.	De color más blanquecino. Masa cristalítica. El material detrítico está rubefactado.

Fig. 3.8

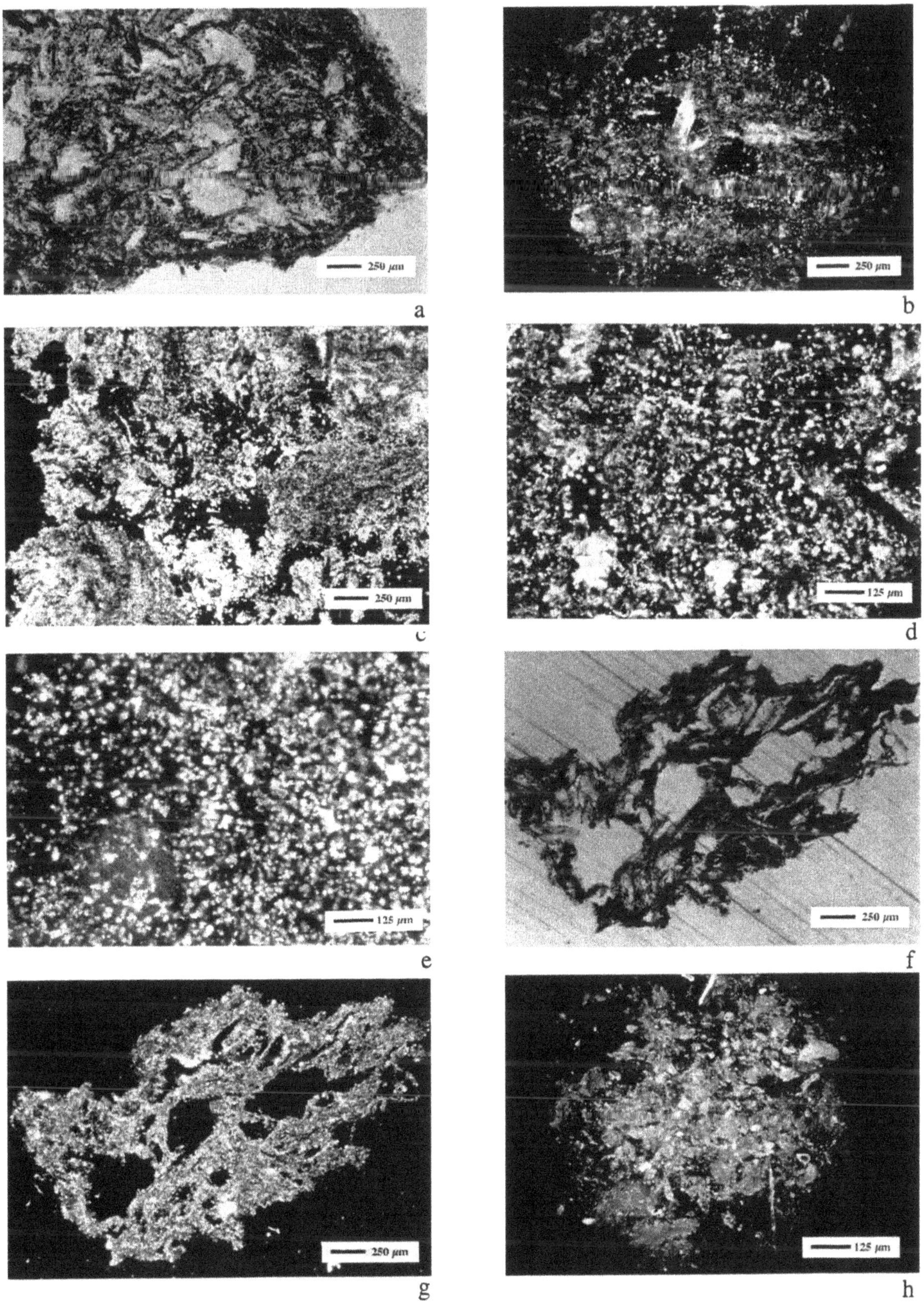

Fig. 3.9.- Colecciones de referencia: combustión de excrementos I
a.- Oveja a 450°C. LPP. b.- Oveja a 450°C. LPX. c.- Oveja a 600°C. LPX. d.- Oveja a 600°C. LPX. e.- Oveja a 800°C. LPX. f.- Cabra a 450°C. LPP. g.- Cabra a 450°C. LPX. h.- Cabra a 800°C. LPX.

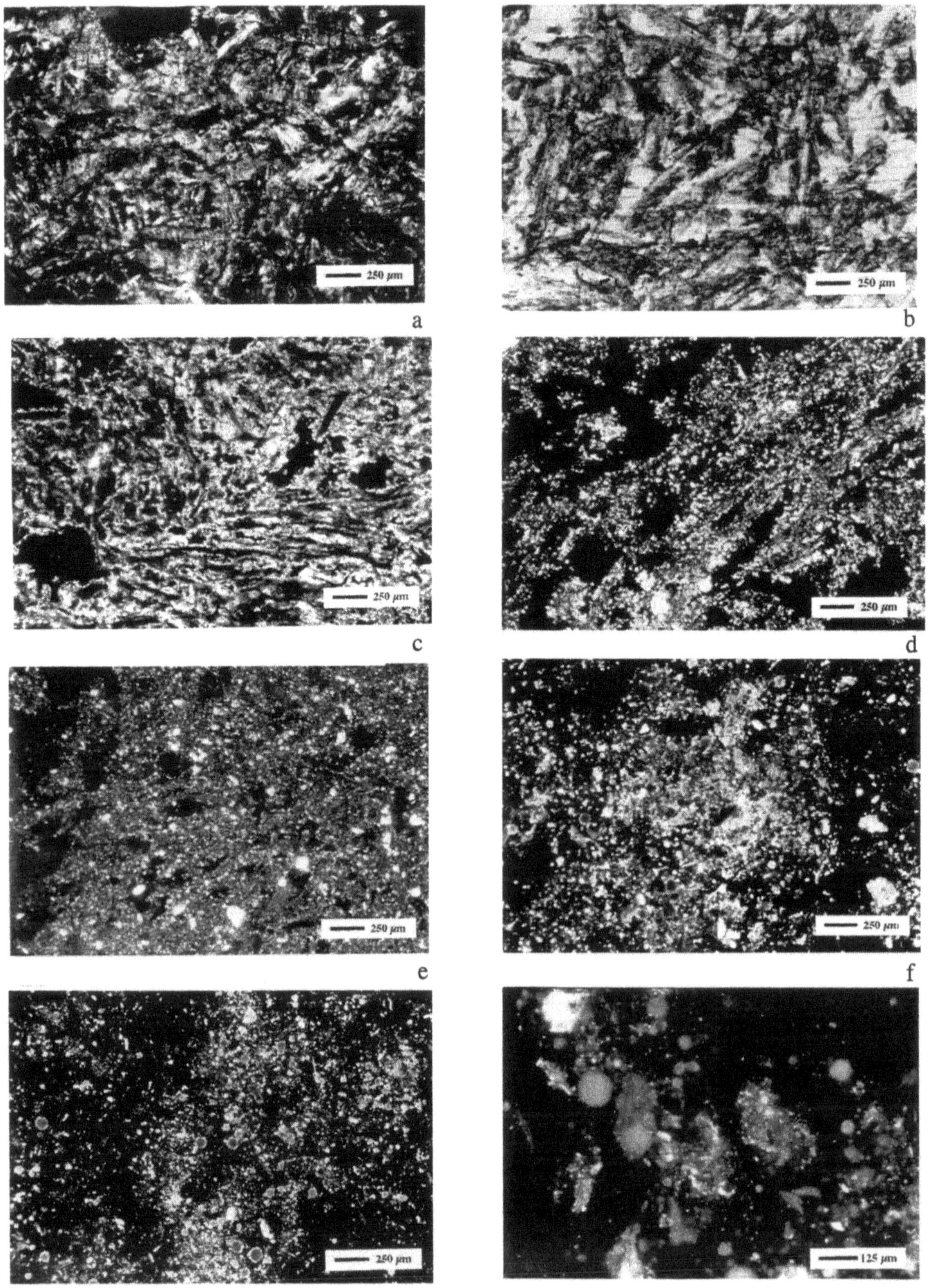

Fig. 3.10.- Colecciones de referencia: combustión de excrementos II

a.- Vaca sin combustión. LPX. b.- Vaca a 450°C. LPP. c.- Vaca a 450°C. LPX. d.- Vaca a 600°C. LPX. e.- Vaca a 800°C. LPX. f.- Conejo a 450°C. LPX. g.- Conejo a 600°C. LPX. h.- Conejo a 800°C. LPX.

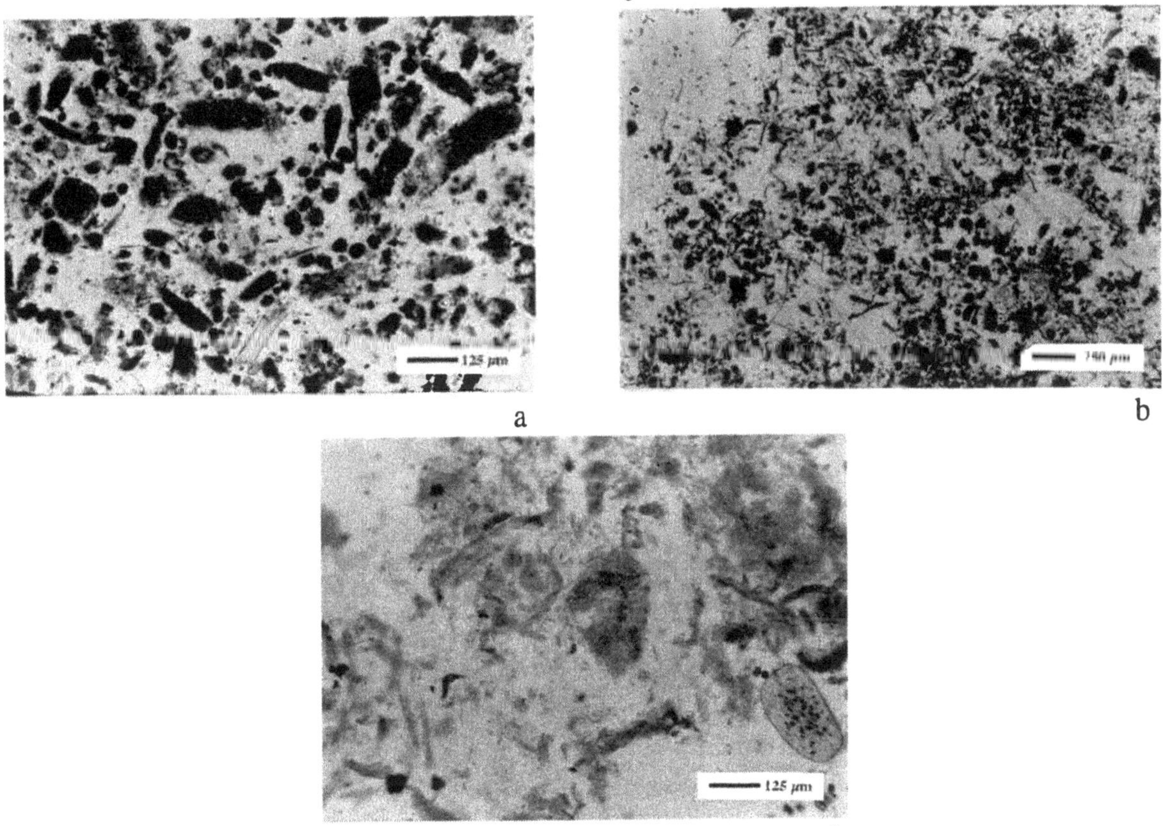

a b c

Fig. 3.11.- Colecciones de referencia: combustión de excrementos III
a.- Zorro sin combustión. LPP. b.- Zorro a 450°C. LPP. c.- Zorro a 600°C. LPP.

3.4. EXPERIENCIAS DE LABORATORIO

Uno de los aspectos que hemos creído conveniente trabajar es la actividad biológica, concretamente de lumbrícidos, ya que en nuestros rellenos documentábamos una gran actividad de estos organismos y queríamos conocer mejor las implicaciones de su presencia en los niveles sedimentarios arqueológicos.

3.4.1. Efectos de la actividad de los lumbrícidos

Debido a la importancia que creemos tiene la actividad de estos organismos, durante el año 1992, realizamos una experiencia para poder constatar las perturbaciones de los gusanos de tierra tanto a escala macroscópica como microscópica en el sedimento (Bergadà, 1993; 1994) y también, para estudiar como afectaban una serie de materiales como huesos, carbones y sílex.

Experiencia

Para realizar esta experimentación construimos un terrario de 20 cm de longitud por 20 cm de ancho y 3 cm de grosor con listones de madera y dos láminas de vidrio transparente. Una vez hecha la caja la llenamos de niveles de sedimentos de diferentes texturas y colores:

N.I.- Matriz arenosa (90% de arenas y10% de limos), de color marrón (10 YR 6/6).
N.II.- La matriz está formada por un 83% de arenas y un 17% de limos, de color marrón oscuro (10 YR 4/2).
N.III.- La matriz está compuesta por un 82% de arenas y un 18% de limos, de color rojizo (10 R 4/3).
N.IV.- Matriz de arenas limosas (54% de arenas y un 46% de limos), de color marrón anaranjado (10 YR 7/6).
N.V.- La matriz está formada por un 64% de arenas y un 36% de limos, de color marrón oscuro (10 YR 3/2).

Cada nivel tiene un grosor aproximado de 3 cm. En la parte superior de algunos niveles añadimos una serie de materiales:
N.I.- cinco restos de microfauna en posición horizontal.
N.II.- seis fragmentos de sílex de 0,5-1,5 cm.
N.III.- ningún material
N.IV.- doce fragmentos de carbones de 1 a 3 cm.
N.V.- ningún material

Se regó el terrario y se colocaron un total de ocho gusanos de tierra. La experimentación duró dos meses, agregando materia orgánica en descomposición en la superficie y manteniendo húmedo el terrario.

Resultados

El resultado más interesante de esta experiencia es la demostración directa de la importancia de la acción de los lumbrícidos en los depósitos sedimentarios arqueológicos.

Desde el punto de vista sedimentario se pudieron observar los siguientes rasgos (Fig. 3.12):

-aumento de potencia sedimentaria de los niveles donde hay más materia orgánica debido a la introducción de agregados de otros niveles.

- mezcla de componentes texturales de tamaño inferior a arena gruesa.

-desarrollo de una estructura con una agregación de tipo granular muy desarrollada.

- la porosidad se manifiesta con huecos de tipo cámara y canal.

- la presencia de túneles de lumbrícidos rellenos con material granular formado por material fecal.

Por lo que respecta al material arqueológico se ha observado que ha sufrido cambios de posición en tan sólo dos meses. Los huesos y los fragmentos de sílex únicamente han sufrido modificaciones en su posición original pero los carbones también se han fragmentado; el tamaño inicial de los carbones era de 1 a 3 cm y se disgregaron hasta un tamaño máximo de 0,5 cm. También cabe señalar que el material tiene tendencia a ascender. Este hecho corrobora las observaciones de campo que en depósitos sedimentarios ricos en materia orgánica y con una actividad biológica importante, los fragmentos carbonosos aparecen con tamaños relativamente pequeños. También hemos observado, a escala microscópica, que aparecen revestimientos carbonosos en la parte superior de los granos de arena o de agregados; este proceso estaría provocado por la circulación del agua de riego que se infiltraría a través del sistema de huecos del sedimento, arrastrando partículas carbonosas que se acumularían sobre fracciones de tamaño superior.

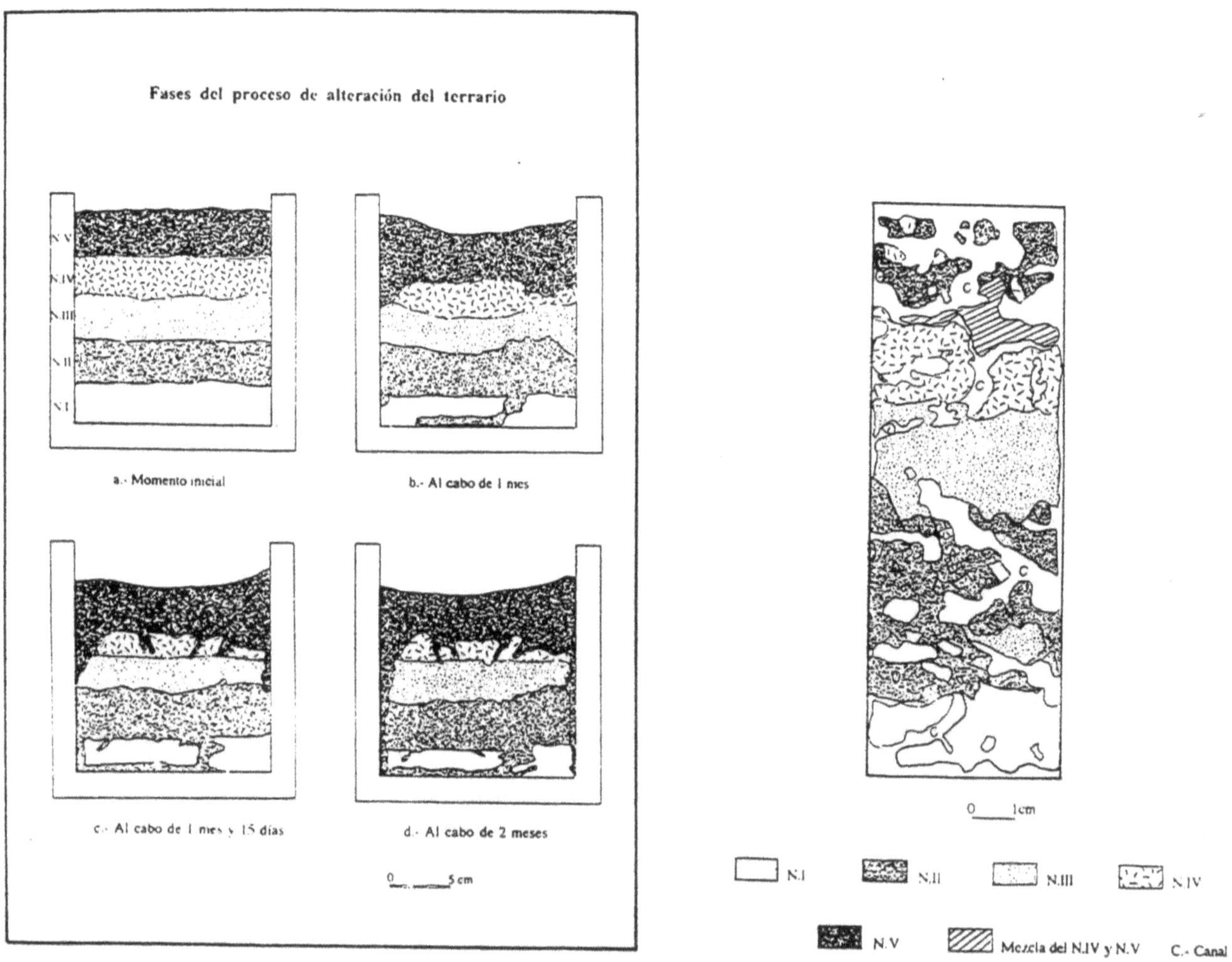

(Bergadà, 1993)

a

b

Fig. 3.12.- Efectos de la actividad de los lumbrícidos

a.- Diferentes fases de la alteración del terrario y b.- Esquema de la observación en lámina delgada

4. CUEVA DEL PARCO

4.1. INTRODUCCIÓN

4.1.1. Antecedentes y registro arqueológico

La cueva del Parco fue descubierta en el año 1974 por el Dr. J. Maluquer de Motes y por el Sr. Rafael Gomà, conocido popularmente con el apodo de "Rafael del Parco" que dio nombre al yacimiento.

Los primeros trabajos arqueológicos se remontan al año 1974 y continuaron hasta el año 1984 bajo la dirección del Dr. J. Maluquer de Motes. Se excavaron dos ámbitos del yacimiento, el A1 y el A2. El A1 corresponde a la cueva y el A2, al abrigo denominado corral (Maluquer, 1983-84); pero sobre todo, se centraron en la secuencia de la cavidad. Los resultados de estas intervenciones animaron posteriores excavaciones efectuadas desde el año 1987 bajo la dirección del Dr. J. Mª Fullola; posteriormente se incorporaron al permiso de excavación M. M. Bergadà (1988) y R. Bartrolí (1989).

La ocupación del yacimiento abarca desde el final del Paleolítico Superior (Magdaleniense) hasta la Edad de Bronce; aunque los niveles correspondientes al Neolítico, Calcolítico y Bronce fueron excavados casi en su totalidad por el Dr. J. Maluquer de Motes.

Paleolítico Superior final (Magdaleniense)

Los niveles paleolíticos (N.XIII-N.II de la estratigrafía actual) parcialmente excavados por el Dr. J. Maluquer de Motes fueron considerados como una sola unidad y culturalmente corresponde al Magdaleniense superior. En las recientes intervenciones sólo se ha excavado de forma parcial el N.II.

El estudio de los materiales paleolíticos que ofrecemos a continuación procede mayoritariamente de las excavaciones efectuadas por el Dr. J. Maluquer de Motes.

Se han estudiado 3.349 elementos líticos (Fullola *et alii*, 1988; 1992 b; 1993 y García-Argüelles *et alii*, 1990), 188 de los cuales han sido transformados en útiles retocados. Los soportes de estos útiles son lascas y láminas, con unos porcentages del 64% y del 36% respectivamente. El análisis tipológico establece 193 tipos primarios (183 monotipos y 5 piezas dobles). El retoque abrupto, dominante, representa el 47,7% y corresponde fundamentalmente a las laminitas y puntas de dorso (80,4% del retoque). El segundo tipo de retoque es el simple (27,4%) con un predominio de los raspadores (43,4% del retoque), siguen en importancia las raederas planas y con retoque profundo (33,9% del retoque). También domina la técnica del buril (22,8%), con un considerable dominio de los buriles sobre plano natural (72,8% del retoque), seguidos de los buriles diedros (15,9%) y sobre retoque (11%).

Una primera aproximación tecnológica a este material lítico permite observar unos sistemas de producción técnica basados en la explotación laminar (Fullola *et alii*, 1992 a y b) de la materia primera que preferentemente es sílex. El volumen de talla es preparado cuidadosamente mediante la creación de láminas con cresta (numerosas dentro del conjunto industrial), y los núcleos, muy agotados, tienen las formas prismáticas y piramidales típicas de esta técnica de talla.

Uno de los aspectos interesantes dentro del conjunto de materiales que presenta el yacimiento es la presencia de industria ósea. Este conjunto está formado por azagayas biseladas fragmentadas y por fragmentos de punzones. El soporte de las piezas es de ciervo, corzo y caballo. La totalidad de este material pertenece a las excavaciones realizadas durante el año 1984 por el Dr. J. Maluquer de Motes. Durante la campaña de 1990 se documentó una aguja de hueso en el N.II. Está fragmentada en tres partes y presenta señales de combustión (Fullola *et alii*, 1992 a y b; 1993). También se documentó una punta de azagaya de base ahorquillada localizada en el N.III durante la campaña de excavación de 1991 (Fullola *et alii*, 1992 a; 1993). El soporte utilizado para su elaboración es hueso de macromamífero.

Hemos de destacar también otro aspecto muy importante del registro arqueológico: las estructuras de combustión. Se han constatado numerosas estructuras en el N.II (la mayoría en el sector del abrigo). Estas estructuras tienen una tipología variada: hogares que presentan una morfología irregular y sin ningún tipo de delimitación estructural (E.C.2, E.C.3 y E.C.5) y hogares en forma de cubeta delimitados por bloques (E.C.1, E.C.4 y E.C.6) (Fullola *et alii*, 1993).

Epipaleolítico

El Dr. J. Maluquer de Motes (1983-84) ya había documentado durante sus intervenciones la presencia de un nivel donde no aparecía cerámica y se encontraban escasas lascas de sílex. Entre este material figura un trapecio o triángulo (Maluquer, 1988).

En el interior de la cavidad, en un testigo dejado por el Dr. J. Maluquer de Motes, durante la campaña de 1993 se localizó un nivel epipaleolítico que, por el material aparecido, correspondía a la facies geométrica. Dentro de este material arqueológico recuperado cabe destacar la presencia de microburiles, puntas de dorso unilaterales, láminas de dorso, raspadores, truncaduras, bipuntas de dorso, segmentos de círculo y triángulos. Hay un dominio del retoque abrupto con la presencia de microburiles y segmentos de círculo.

También han aparecido restos de ocre, un canto rodado con un ligero estriado y dos estructuras de combustión (E.C.11 y E.C.12) de morfología circular y la primera en forma de cubeta.

Por lo que respecta al sector del abrigo y durante esta misma campaña se localizó un posible nivel epipaleolítico. De hecho el poco material recuperado no permite una atribución cronocultural exacta, a causa de la poca cantidad de piezas retocadas halladas. De todas formas, cabe señalar la presencia de una lámina de dorso y que entre el material no retocado se constatan algunos elementos tipométricamente laminares, por lo que se podría apuntar la presencia de un nivel epipaleolítico microlaminar (Fullola *et alii,* 1994).

Neolítico

El Dr. J. Maluquer de Motes había documentado, durante sus intervenciones, dos unidades pertenecientes al Neolítico Cardial y al Epicardial. De estos niveles se habían obtenido tres dataciones absolutas: la primera, 5.790±190 BP corresponde al nivel de cerámicas cardiales y epicardiales; la segunda al nivel montserratino típico, 6.170±230 BP; y, la tercera, 6.450±230 BP en la zona inferior (Maluquer, 1982).

Durante los años 1992-93 se realizó una revisión y estudio del material (cerámica, industria lítica, industria ósea y material malacológico) correspondiente a las intervenciones antes citadas (Bartrolí *et alii,* 1994). De estos estudios y sobre todo del análisis del conjunto cerámico se ha podido deducir que hay material atribuible al Neolítico Antiguo, al Neolítico Antiguo evolucionado y al Neolítico Medio de filiación Chassey.

Esta atribución cronocultural resulta difícil de correlacionar con la estratigrafía propuesta por el Dr. J. Maluquer de Motes ya que este material arqueológico no tiene ninguna referencia de su contexto estratigráfico.

Durante la campaña de 1992 se reiniciaron los trabajos de excavación del testigo dejado por el Dr. Maluquer en el interior de la cueva donde se localizó una estructura de almacenaje que se denominó E.E.1. N.Ia. Esta estructura se encontraba seccionada verticalmente y horizontalmente por las antiguas excavaciones.

Entre el material recuperado del interior de la estructura se halló un fragmento de cerámica decorado con cordones lisos (Bartrolí *et alii,* 1994) y un conjunto lítico formado por 29 piezas, muchas de ellas quemadas. Solamente se han documentado dos piezas retocadas: una raedera (R21) y un abrupto indiferenciado (A2). La materia utilizada es mayoritariamente sílex, así como también cornubianita (tres elementos) y cristal de cuarzo.

Por lo que respecta a los restos óseos identificados (Bartrolí *et alii,* 1994) hay un predominio evidente de los macromamíferos y entre estos domina el grupo de las especies domésticas, ovicaprinos y un fragmento de *Bos taurus.* Dentro de la fauna cazada domina el *Oryctolagus cuniculus* y hay un resto de *Cervus elaphus.* También hay presencia de micromamíferos que son claramente una aportación de tipo biológico (marcas de digestión, bajo nivel de fragmentación) y algunos restos de conejo podrían tener el mismo origen, aunque es difícil de precisar.

Dentro del conjunto de fitolitos dominan los del grupo de gramíneas (Albert, 1995a). Se han podido distinguir festucoides y panicoides. Los festucoides representan el 37,8 % del total; en cambio los panicoides el 4,4%. En cuanto a la presencia de fitolitos de especies arbóreas solamente se han distinguido dos esqueletos de sílice poligonales que corresponden al género *Quercus.* En resumen, la presencia del grupo de festucoides en la muestra estudiada nos indica la presencia de plantas que crecen en un clima templado y húmedo, que florecen durante la primavera o el otoño.

Respecto a la cronología de los materiales exhumados se podría situar esta estructura en un momento del Neolítico Antiguo (Cardial final/Epicardial). Esta cronología ha sido corroborada con una datación absoluta, realizada sobre una muestra de carbón en el Centrum voor Isotopen Onderzoek de la Rijksuniversiteit de Groningen: Gr.N.20058-Parco 92 (E.E.1).1: 6.120±90 BP.

En el sector del abrigo, también aparecieron varias estructuras (E.C.7, E.C.8 y E.C.9) que aún están en estudio y por lo tanto es difícil precisar su cronología, pero que seguramente por el material que apareció en su interior (fragmentos de cerámica, piezas de sílex y fragmentos de hueso con trazas de combustión) corresponden a un momento neolítico o de la edad del Bronce.

Calcolítico

Este nivel fue excavado en su totalidad por el Dr. J. Maluquer de Motes. Esta unidad ofrece fragmentos de vasos campaniformes decorados con bandas de punteados alternos. Los punzones de hueso son abundantes y también aparecen cuentas de collar. El material lítico está formado por grandes láminas de sílex y por pequeñas hachas. También, cabe mencionar el hallazgo de unas pocas piezas dentales y fragmentos de cráneo que posiblemente serían fruto de una inhumación singular de la época del Vaso Campaniforme en el fondo de la cavidad (Maluquer, 1981).

En la revisión de los materiales efectuada por la Dra. Mª A. Petit (Bartrolí *et alii,* 1994) se constató la existencia de tres vasos y no de dos, tal como se había documentado en la bibliografía, correspondientes a campaniformes de estilo internacional. También se han localizado dos pequeños fragmentos de campaniformes incisos-impresos de filiación pirenaica.

En cuanto a la industria lítica, cabe decir que hay un pequeño conjunto de materiales formado por grandes láminas que presentan retoques laterales simples que se podría situar entre el Calcolítico-Bronce (Bartrolí *et alii,* 1994).

Bronce Antiguo y Final

De este nivel solamente nos queda el material exhumado de las excavaciones del Dr. J. Maluquer de Motes que identificó varios hogares y localizó material cerámico (Maluquer, 1981).

De su estudio posterior (Bartrolí *et alii,* 1994) se pudo apreciar que hay elementos cerámicos de un momento anterior al Bronce Final, correspondientes al Bronce Antiguo (grandes vasos de cordones impresos bajo el borde combinados con lengüeta, las decoraciones a base de pegotes y con impresiones irregulares sobre la superficie de formas subtroncocónicas). El final de la ocupación prehistórica vendría marcada por un vaso de apéndice de botón.

Visigoda-Medieval

Maluquer identificó en el nivel superficial una moneda visigoda; se trata de un trieno del rey Egica, padre de Witiza, acuñada antes del año 700. También se hallaron fragmentos de cerámica gris medieval (Maluquer, 1976; 1981).

4.1.2. Datos paleoecológicos

Fauna

La mayor parte de los restos óseos proceden de la campaña de excavación del Dr. J. Maluquer de Motes del año 1984 y corresponden a los niveles de Paleolítico Superior. La identificación de estos restos faunísticos fue realizado por M. Millán del Laboratori de Paleoecologia del Museu Arqueològic de Barcelona, y sus resultados se presentan en la Figura 4.1 (Fullola *et alii,* 1988).

De este estudio se desprende que las especies documentadas fueron aportadas a la cueva por el hombre para el uso alimentario (excepto el gato salvaje). Aparecen numerosos restos que presentan señales de cremación y se encuentran muy fragmentados. De esta forma se deduce que la caza se haría tanto en alta montaña, escarpada (caso de la cabra pirenaica y del grajo), como en las llanuras, con el bosque subalpino posiblemente de encinar (jabalí y gamo).

Posteriormente y debido a las recientes intervenciones se han podido estudiar los nuevos restos aparecidos en la estructura de combustión (E.C.1) del nivel II (Fullola *et alii,* 1990) correspondiente al Paleolítico Superior final. La identificación ha sido realizado por Jordi Nadal del SERP del Dept. de Prehistòria, H. Antiga i Arqueologia de la Universitat de Barcelona.

Los restos determinables de la E.C.1.N.II se presentan en la tabla de la figura 4.2.

Fauna. Campaña de 1984	
Cabra pirenaica (*Capra pyrenaica*)	rest. de 30 ind.
Conejo (*Oryctolagus cuniculus*)	rest. de 14 ind.
Ciervo (*Cervus elaphus*)	rest. de 7 ind.
Gamo (*Dama dama*)	rest. de 4 ind.
Corzo (*Capreolus capreolus*)	rest. de 2 ind.
Jabalí (*Sus scrofa*)	rest. de 3 ind.
Lobo (*Canis lupus*)	rest. de 3 ind.
Oveja salvaje (*Ovis ammon*)	rest. de 2 ind.
Gato salvaje (*Felis sylvestris*)	rest. de 2 ind.
Lince boreal (*Lynx lynx*)	rest. de 3 ind.
Grajo (*Pyrrhocorax graculus*)	rest. de 7 ind.
Halcón perdiguero (*Accipen. gentilis*)	1 resto.

Fig. 4.1.- Análisis faunístico de la intervención del Dr. Maluquer.

Fauna E.C.1.N.II	
Conejo *(Oryctolagus cuniculus)*	11 fragmentos
Lepórido *(Lepus europaeus)*	1 fragmento
Ciervo *(Cervus elaphus)*	3 fragmentos
Cabra pirenaica *(Capra pyrenaica)*	3 fragmentos
Caracol *(Helix hortea)*	

Fig. 4.2.- Análisis faunístico de la estructura de combustión (E.C.1) del nivel II.

La presencia de estas especies nos podría indicar un clima subalpino que quedaría contrastado por la aparición, demasiado pequeña, de *Helix hortea* que ocupa puntos húmedos de zonas relativamente secas (de clima mediterráneo). No obstante, estos restos nos muestran una economía depredadora de amplio espectro donde se cazaban grandes y pequeños animales, característicos unos de montaña (*Capra*) y otros de valle y llanura (*Cervus*) (Fullola *et alii,* 1990).

De este mismo nivel de ocupación, durante el año 1992, se pudieron recuperar más restos, de los cuales un 29,82% pertenecían a microfauna, un 43,85% a mesofauna y un 26,31% a macrofauna (Fullola *et alii,* 1992 a). Dentro de las especies identificadas destacan: la cabra (*Capra pyrenaica*), el ciervo (*Cervus elaphus*), el conejo (*Oryctolagus cuniculus*) y Arvicolidae. Cabe destacar la enorme cantidad de mesofauna (*Oryctolagus cuniculus*) aparecida e indicar que muchos restos aparecen en conexión anatómica, hecho que hace pensar que algunos animales podrían haber muerto de forma natural en madrigueras del mismo yacimiento o que correspondan a presas de aves rapaces. A pesar de estos datos, parte del material presenta patrones típicos comparables a otros yacimientos, que junto a algunas piezas termoalteradas nos demuestran la existencia de elementos de origen antrópico. La fragmentación de la macrofauna nos indica una explotación exhaustiva de los recursos alimentarios de los animales cazados, con la extracción del tuétano de los huesos. También la aparición de restos asociados a partes con bajo valor cárnico (dientes, huesos del pie) nos confirma que los animales cazados llegaban al campamento completos y por tanto que las áreas de caza serían próximas al yacimiento.

Durante el año 1991 el Dr. Francisco Hernández del Laboratorio de Arqueozoología de la Universidad Autónoma de Madrid realizó el estudio de los restos óseos de aves identificados tanto en el material recuperado de la campaña del Dr. J. Maluquer de Motes del año 1984, así como de las campañas posteriores. Los restos identificados son los siguientes:

Avifauna	
Niveles Paleolíticos (Campaña 1984) Dr. Maluquer	*Alectoris rufa* *Perdix perdix* *Athene noctua* *Columba livia* *Turdus sp.* *Turdus viscivorus* *Fringilla sp.* *Miliaria calandra* *Pyrrhocorax graculus*
N.Sup.	*Pica pica*
N.I	*Alectoris rufa*
N.II	*Pyrrhocorax graculus* *Pica pica*
N.IV. Int.cueva	*Alectoris rufa* *Pyrrhocorax graculus* *cf.Turdus iliacus*
N.VI. Int.cueva	*Pyrrhocorax graculus*
N.X. Int.cueva	*Pyrrhocorax graculus* *cf. Miliaria calandra*

Fig. 4.3.- Restos de aves.

Según Hernández (1991) la presencia de estas especies tiene un origen natural y no ha habido ningún tipo de intervención humana.

La asociación faunística de la cueva del Parco parece tratarse de una tanatocenosis natural dominada por la *P. graculus*. Las condiciones climáticas no parece que hubiesen sido más rigurosas que las actuales. El hábitat podría ser de tipo mediterráneo de áreas rocosas.

También se estudió el material de los niveles más recientes procedentes de las antiguas excavaciones efectuadas por el Dr. J. Maluquer de Motes. La mayoría se encontraba asociada al material cerámico neolítico, pero existe la posibilidad de que se hubiese mezclado con materiales de otros periodos. El estudio fue realizado por Jordi Nadal.

F. doméstica		**Fauna cazada**		**Fauna no det.**	
Bos taurus	5	*Cervus elap.*	7	No det.	1
Ovicaprinos	13	*O. cuniculus*	14	Artiodáctilos	1
Sus	6			Macrof.	124
				Mesof.	1
Total	24	Total	21	Total	127

Fig. 4.4.- Fauna procedente de las campañas de excavación del Dr. Maluquer.

De este análisis, cabe destacar que entre la fauna doméstica dominan los ovicaprinos, seguidos de los bóvidos y de los suidos (éstos últimos seguramente son domésticos) (Bartrolí *et alii*, 1994).

Análisis antracológicos

Los análisis antracológicos han sido realizados por Mª Teresa Ros del Laboratori de Paleoecologia del Museu Arqueològic de Barcelona.

En el análisis antracológico de la estructura de combustión (E.C.1.N.II) se han podido documentar las siguientes especies vegetales (Fullola *et alii*, 1990):

N.II (hogar)	
Pinus sylvestris	161 frag.
Quercus sp.	4 frag.
Juniperus sp.	2 frag.

Fig. 4.5.- Estudio antracológico de E.C.1.

De 167 muestras analizadas, el 96,4% pertenecen al pino albar *(Pinus sylvestris)*. Desde un punto de vista paleoecológico, el dominio de esta especie en la zona y la ausencia de plantas más templadas nos indica unas condiciones climáticas rigurosas con un carácter frío y seco, responsables de la construcción de un tipo de vegetación abierta con un estrato de pino albar acompañado de claros de formaciones básicamente herbáceas.

Por lo que respecta a la secuencia diacrónica, de momento solamente se han estudiado los niveles que aparecen en las tablas siguientes (Ros, 1989):

CUEVA			
N.Ia	*Juniperus sp*	25 frag.	96,10%
	Rosmarinus officinalis	1 frag.	3,80%
N.III	*Pinus sylvestris*	14 frag.	
N.IV	*Pinus sylvestris*	51 frag.	
N.VIb	*Pinus sylvestris*	6 frag.	

ABRIGO			
N.I	*Acer sp*	12	1,90%
	Ephedra sp	7	1,10%
	Juniperus sp.	561	88,50%
	Quercus ilex-coccifera	27	4,20%
	Quercus sp.caducifoli	10	1,60%
	Rhamnus sp.	12	1,90%
	Rosmarinus officinalis	2	0,30%
	Indeterminables	3	0,50%

Fig. 4.6.- Datos antracológicos

En los niveles III, IV y VI la especie que domina es el pino albar *(Pinus sylvestris)* y la nula o casi nula presencia de plantas más templadas nos indica, como en el caso de E.C 1 N.II, unas condiciones climáticas rigurosas de carácter frío y seco (Ros, 1989). En cambio en el N.Ia y el N.I se observa como *Juniperus* alcanza su máxima representación. Este hecho se considera como una etapa de transición o de pre-equilibrio que anuncia el bosque. Comprende el Preboreal y una parte del Boreal entre el 9.500 y 8.000 BP. También cabe decir que la presencia de taxones como el romero y las efedras son significativas de condiciones secas, de sequedad ambiental y pobreza de suelos (Ros, 1994).

Análisis polínicos

Durante el año 1989 se muestrearon los perfiles estratigráficos de la cueva, para realizar análisis palinológicos. Este trabajo fue realizado por el Dr. Santiago Riera del Servei Científico-Tècnic de Gestió i Evolució del Paisatge de la Universitat de Barcelona. Pero los resultados fueron negativos (Riera, 1990).

Durante el año 1994 el Dr. Francesc Burjachs de l'Institut de Ciències de la Terra Jaume Almera del C.S.I.C. analizó con otra técnica estas muestras y los resultados se presentan en las Figuras 4.7 a y b.

De todos estos niveles, el N.VII es el que muestra un mayor número de pólenes; así, se ha podido estudiar más en detalle y se ha podido deducir de este nivel que las especies arbóreo-arbustivas representan un 23%, las coníferas el 24% y los prados el 53%.

En un posterior trabajo (Fullola *et alii,* 1997) se pudieron precisar mejor las implicaciones paleoambientales, sobre todo por lo que respecta a los niveles XII hasta el VII. En general, el clima de esta época sería en general frío y seco, pero con algunos cambios a lo largo de la secuencia. En el N. XII se dan unas condiciones templadas y húmedas con la presencia de roble y de esporas de helechos. Estas condiciones las encontramos también en los niveles superiores (VIII y VII), cuando tenemos otra vez la presencia de robles y la primera aparición del avellano y del sauce. En cambio, los niveles X y IX son fríos y secos con una baja cobertura arbórea y la sola presencia de coníferas (*Pinus* y cf. *Juniperus*).

4.1.3. Dataciones absolutas

De las excavaciones efectuadas se han obtenido, hasta el momento, las siguientes dataciones:

Campañas Dr. J. Maluquer (Maluquer, 1982)
- IAB-40, CSIC nº 279. 5.790±190 BP
- IAB-39, CSIC nº 281. 6.170±230 BP
- IAB-38, CSIC nº 280. 6.450±230 BP

Campañas Dr. J. Mª Fullola
- E.E.1. N.Ia.- 6.120±90 BP. Centrum voor Isotopen Onderzoek de la Rijksuniversiteit de Groningen.
- N. Ia.sup. AA-13410. 10.190±100 BP
- N. Ia sup. GifA 95543. 10.420±110 BP
- N. Ia inf. GifA 95563. 10.770±110 BP
- N. Ia inf. GifA 95562. 10.930±100 BP
- N.II. (E.C.1). ICEN-501. 10.390±300 BP
- N. III. GifA 95564. 13.070±140 BP
- N.IV. AA-8643, T458. 12.900±130 BP
- N.V. GifA 95565. 13.890±130 BP
- N.VI. AA-8644, T459. 13.950±150 BP
- N.VII. GifA 95542. 14.040±140 BP
- N.XI. GifA 95552. 14.300±150 BP

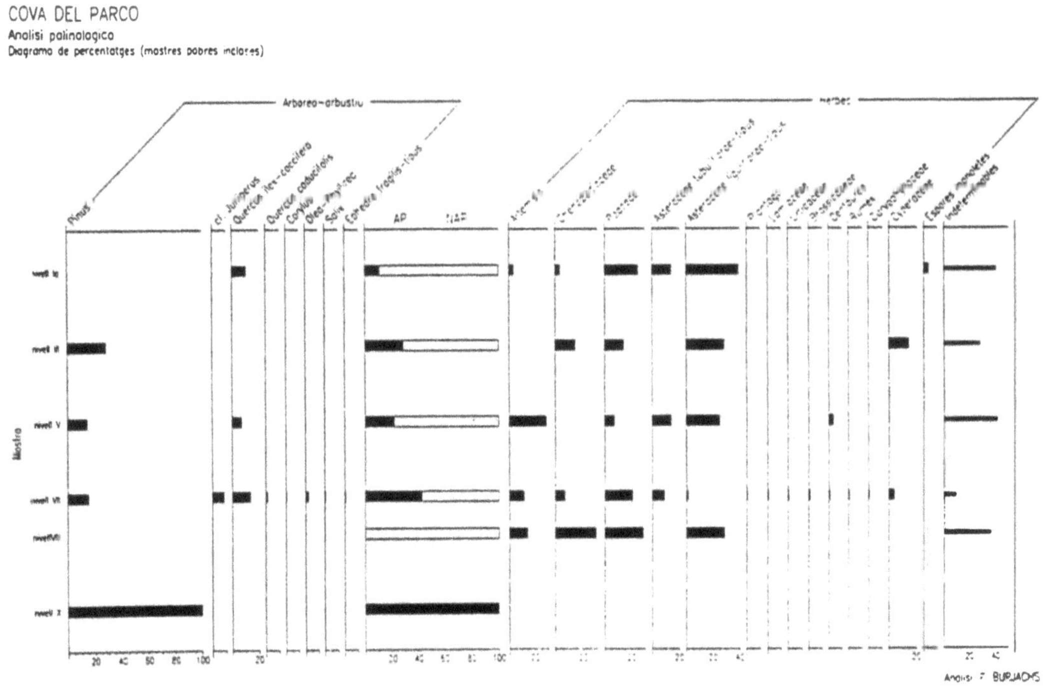

a

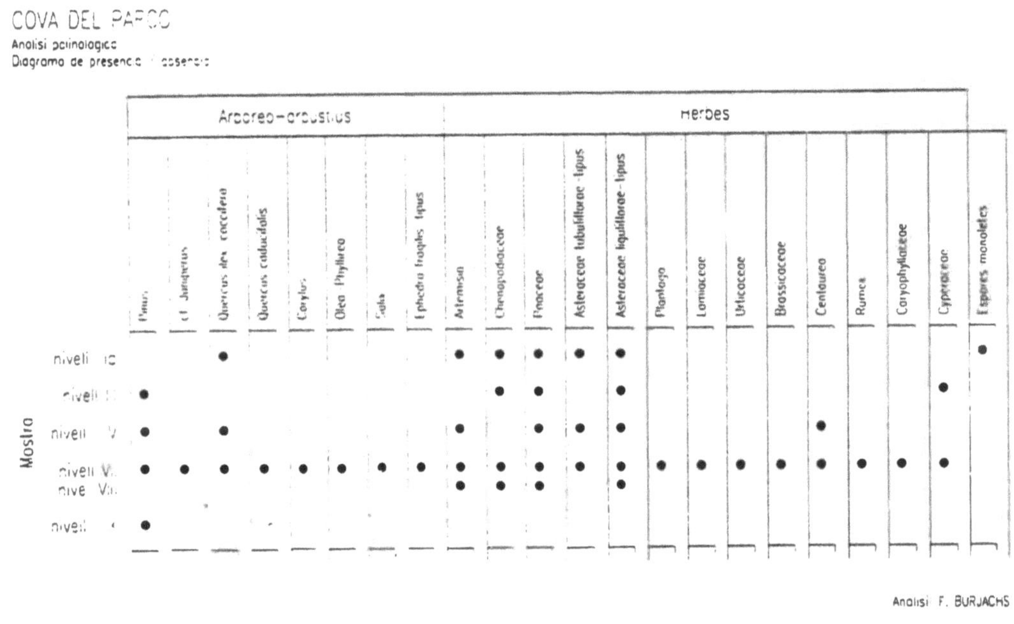

b

Fig. 4.7.- Análisis polínicos
a.- Diagrama de porcentages. b.- Diagrama de presencia y ausencia.

4.2. MARCO GEOGRÁFICO

4.2.1. Situación geográfica

La cueva del Parco está situada en el término municipal de Alòs de Balaguer (La Noguera, Lleida) (Fig. 4.8). El yacimiento se localiza en la vertiente sur del Domo de Sant Mamet (1388 m), que con las sierras de Montclús (1037 m), de Mont-roig (951 m) y de Sant Jordi (787 m) constituyen las Sierras Marginales, sierras más meridionales del Prepirineo.

Su orientación es de N-S. La cueva está a 420 m sobre el nivel del mar y a 120 m del río Segre. En esta área es donde el Segre abandona el trazado Norte-Sur impuesto por el relieve pirenaico para coger bruscamente el de Este-Oeste y encajarse de nuevo ya en la montaña del Prepirineo (Solé Sabarís, 1964); el hecho adquiere una importante significación geomorfológica dado que el trazado va cortando transversalmente las estructuras mesozoicas y eocenas meridionales, formando profundos desfiladeros a partir de Artesa de Segre hasta Camarasa.

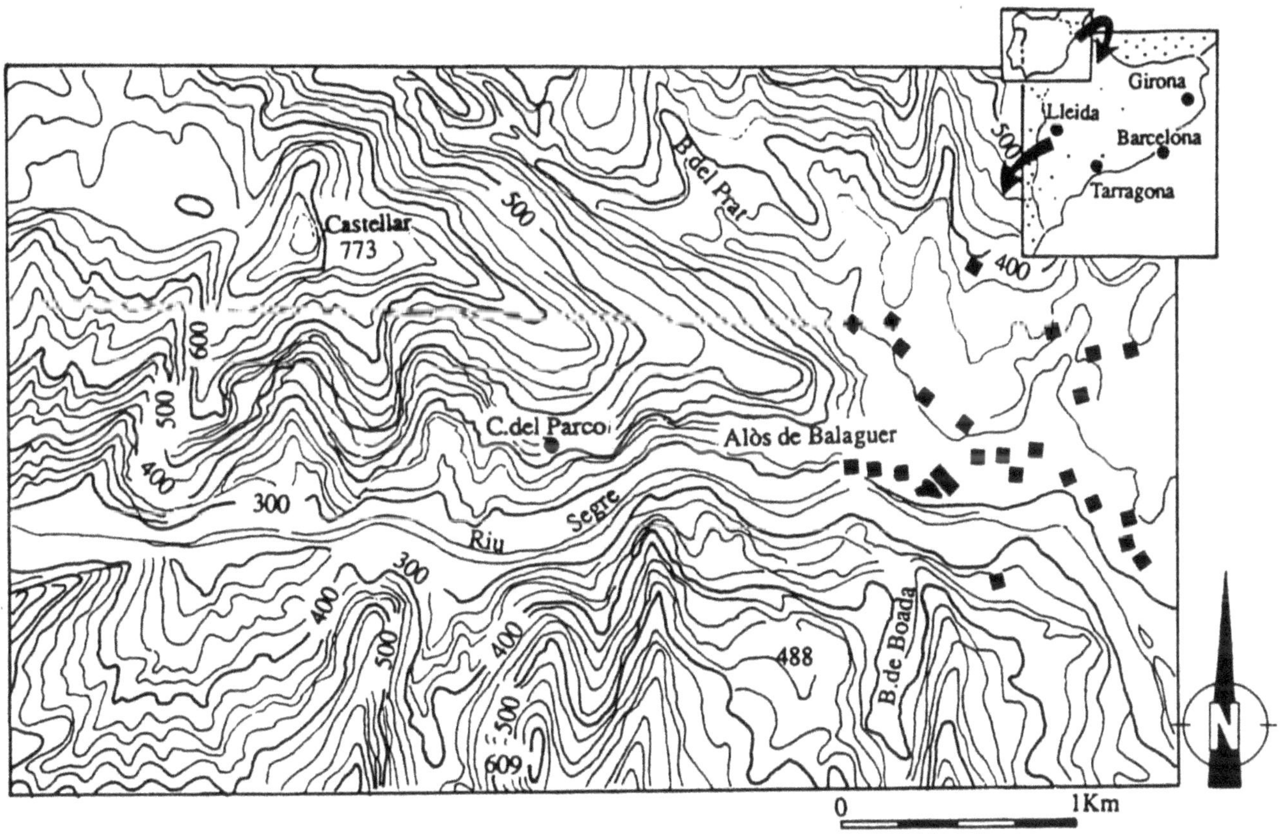

Fig. 4.8.- Mapa de situación

Las coordenadas geográficas son las siguientes:
Longitud 0° 56' 31" E
Latitud 41° 54' 48" N
UTM: 31TCG282423

(Según: Hoja n° 328. Artesa de Segre del Mapa topográfico del Servicio Geográfico del Ejército. 1984. E. 1:50.000. Proyección U.T.M. según meridiano de Greenwich).

4.2.2. Vegetación

La vegetación de los alrededores de la cueva del Parco corresponde actualmente al dominio del coscojar *(Quercetum coccifera)*, sotobosque que ocupa casi todas las vertientes, pero no los desfiladeros, excesivamente escarpados. El arbusto dominante es la coscoja *(Quercus coccifera)*; también aparece el boj *(Buxus sempervirens)* y el zarzal *(Alianza Pruno-Rubion)* dominada por los zarzas *(Rubus ulmifolius)* y el roldón *(Coriaria myrtifolia)*.
En cuanto a los desfiladeros, favorecen una vegetación rupícola formada por la higuera *(Ficus carica)*, un ejemplo lo encontramos en el mismo yacimiento, la siempreviva menor *(Sedum sediforme)* y el enebro *(Juniperus sp.)*.

El estadio más ampliamente difundido de degradación de los coscojales es el protagonizado por el matorral de brezos *(Rosmarino Ericion)*. Predomina el romero *(Rosmarinus officinalis)*, el tomillo *(Thymus vulgaris)*, el tojo *(Ulex parviflorus)* y la aulaga *(Genista scorpius)*.

Al lado de los caminos, en los suelos bien soleados, se encuentran las gramíneas y también el cardo mariano *(Silybum marianum)* que prefieren los suelos profundos y húmedos.

Los ejemplos más claros de alteración de la vegetación por la acción antrópica los encontramos en el caso de los almendros *(Prunus dulcis)* que aparecen en los campos de cultivo junto a los caminos y la presencia de olivos (*Olea europea)* en la vertiente situada frente al yacimiento. En el margen del río Segre se localiza el carrizo *(Phragmites australis)* y el junco *(Juncus compressus)*.

4.2.3. Clima

Para la realización del estudio climático de la zona de Alòs de Balaguer nos hemos visto obligados a tratar los datos de las estaciones de Artesa de Segre y de Llorenç de Montgai. El observatorio de Alòs de Balaguer no dispone de demasiados datos ya que, solamente hace tres años que funciona y no de forma continua. Los datos obtenidos de estas estaciones han sido exclusivamente termopluviométricos.

Datos de los observatorios

Artesa de Segre

Coordenadas geográficas

Longitud 1° 2' 36" E

Latitud 41° 53' 48" N

Altitud 340 m

Series

Temperatura 1968-93

Precipitación 1968-93

Llorenç de Montgai

Coordenadas geográficas

Longitud 0° 50' 34" E

Latitud 41° 52' 11" N

Altitud 207 m

Series

Temperatura 1944-47/1956-93

Precipitación 1931-38/1943-45/1956-60/1965-93

Régimen termométrico

- Temperaturas

La distribución mensual de las medias a lo largo de las series de los diferentes observatorios presenta un claro mínimo invernal en el mes de enero (Artesa de S. 3,4°C, Llorenç de M. 4,3°C) y un máximo estival en el mes de julio (Artesa de S. 24,2°C, Llorenç de M. 25,09°C) puntualizaciones que son claramente perceptibles en los gráficos de temperatura de las estaciones meteorológicas (Fig.4.9 y 4.10).

Artesa de Segre

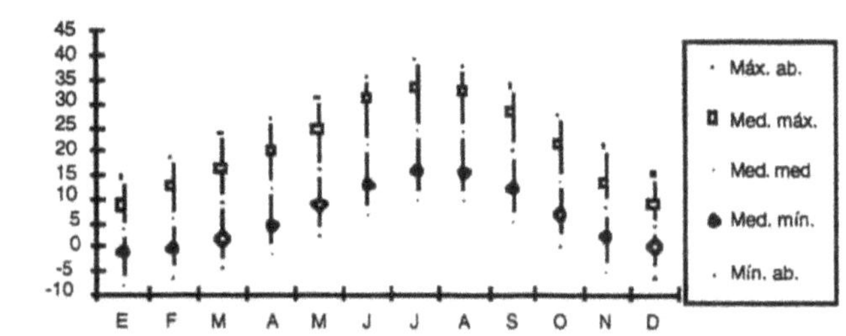

Fig. 4.9.- Gráfica de la distribución mensual de las medias de temperatura de Artesa de Segre

Llorenç de Montgai

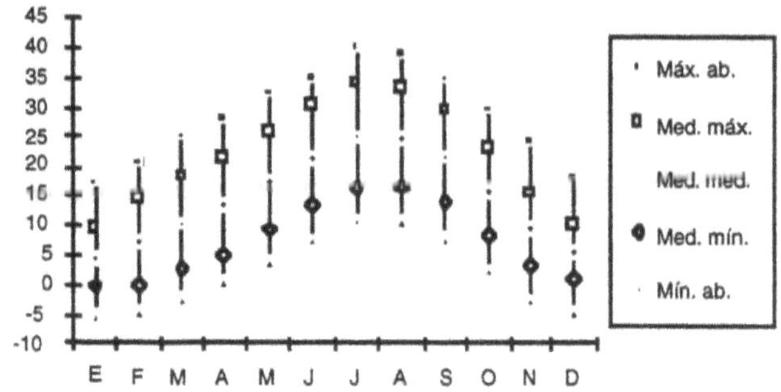

Fig. 4.10.- Gráfica de la distribución mensual de las medias de temperatura de Llorenç de Montgai

Las temperaturas mínimas extremas se dan con mayor intensidad y frecuencia en los meses invernales (enero y diciembre) con registros inferiores a los 0°C, con tabulaciones que, a veces, llegan a valores realmente extraordinarios. Un pequeño recorrido a través de estos datos nos hará ver que a lo largo de las series representativas de los diferentes observatorios nos encontramos delante de episodios de frío extremadamente duros.

En nuestra área de estudio, las máximas se centran en el trimestre estival, pero hay cierta coincidencia de fechas entre los observatorios en cuanto al registro de las máximas absolutas (Fig.4.11 y 4.11bis).

Régimen pluviométrico

- Precipitaciones medias

En la estación de Artesa de Segre, la precipitación media anual que se registra es de 519,33 mm y en la estación de Llorenç de Montgai es de 505,82 mm. La pluviosidad máxima se registra en el mes de septiembre (Artesa de S. con 68,7 mm y Llorenç de M. con 57,4 mm) y en el mes de mayo (Artesa de S. con 64,8 mm y Llorenç de M. con 61,91 mm).

Artesa de Segre

Mes	T. Mín. abs (°)	Fecha	T. Máx. abs (°)	Fecha
Enero	**-23**	**1.01.71**	20	29.01.75
Febrero	-10	14.02.83	23	28.02.87
Marzo	-10	4/5.03.71	29	25.03.81
Abril	-4	3.04.70	32	varios días 1970
Mayo	0	6.05.91	37	varios días 1972
Junio	5	18.06.91	42	27.06.86
Julio	6	10.07.80	**43**	**7.07.82**
Agosto	6	30.08.86	**43**	**17.08.71/1987**
Septiembre	1	26.09.84	40	6.09.70
Octubre	-4	30.10.74/1981	33	2.10.70
Noviembre	-11	30.11.78	26	9.11.85
Diciembre	-10	11.12.80/1978	19	16.12.81

Fig. 4.11.- Temperaturas máximas y mínimas

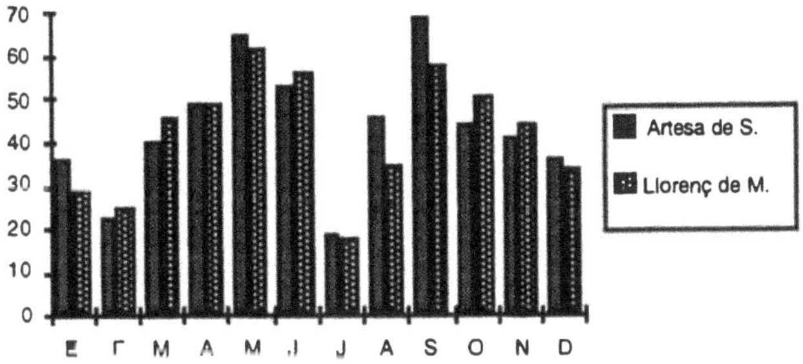

Fig. 4.12.- Pluviometría. Medias mensuales.

Por lo que respecta a las mínimas de precipitación, se dan en el periodo estival, durante el mes de julio (Artesa de S. con 18,3 mm y Llorenç de M. con 17,9 mm) y durante el invierno (febrero con 22,6 mm en el caso de Artesa de S. y 24,5 mm en Llorenç de M.).

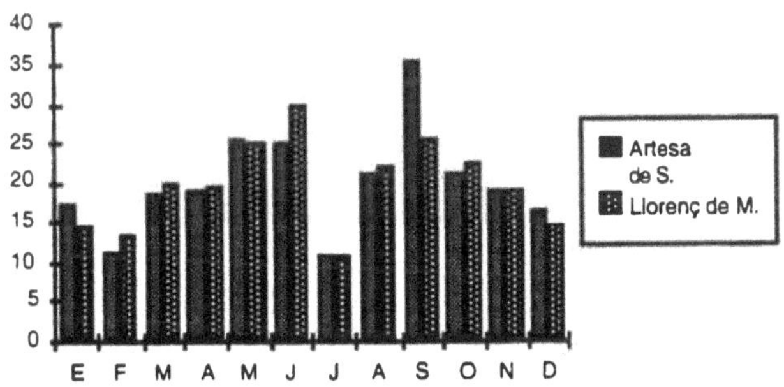

Fig. 4.13.- Precipitaciones. Medias de máximas en 24 h.

En la figura 4.12 se muestran los datos de precipitación media mensual de las dos estaciones.

- Precipitación máxima en 24 horas

En el estudio de las precipitaciones consideramos importante analizar la máxima pluviosidad alcanzada en 24 horas, ya que ésta es en muchas ocasiones la que deja más marca en el paisaje como consecuencia de su manifestación extremadamente violenta. Una prueba de ello puede ser la fuerte riada del río Segre del 6 de noviembre de 1982 de la que todos recordamos su impacto.

En la gráfica de la figura 4.13 se muestran los datos de las medias mensuales de precipitación máxima en 24 horas.

El mes que presenta el máximo es septiembre con 35,5 mm en Artesa de S. y 25,6 mm en Llorenç de M.

También se registran excepcionalidades como las que se muestran en la Figura 4.15.

Estudio comparativo: precipitación y temperatura

En los diagramas ombrotérmicos se observa como el periodo seco comprende los meses de julio y agosto (Figs. 4.14 y 4.16).

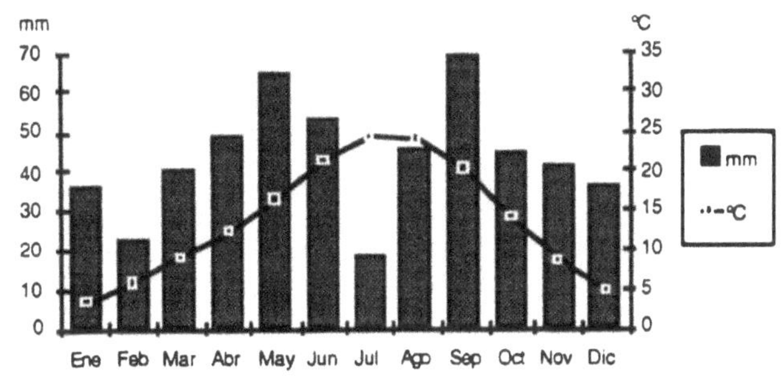

Fig. 4. 14.- Diagrama ombrotérmico de Artesa de S.

Llorenç de Montgai

Mes	T. Mín. abs (°)	Fecha	T. Máx. abs (°)	Fecha
Enero	**-16**	**varios días 1985**	24	30.01.75
Febrero	-14	1.02.44	24	18.02.78/1970
Marzo	-8	7.03.71	31	26.03.81
Abril	-2	3.04.70 varios años	33	21.04.45
Mayo	-1	2.05.45	38	27.05.73/1965
Junio	4	2.06.62	42	30.06.68/1965
Julio	5	varios días 1956	**45**	**30.07.83/1982**
Agosto	7,5	31.08.86	43	14.08.66
Septiembre	4	24.09.79 varios años	42	2.09.84
Octubre	-3	31.10.70/1956	35	3.10.80
Noviembre	-7	30.11.78	29	1.11.68
Diciembre	-11	16/17.12.63	23	12.12.70

Fig. 4.11bis.- Temperaturas máximas y mínimas

	Artesa de Segre		Llorenç de Montgai	
	Precip. 24 h.	Fechas	Precip. 24 h.	Fechas
Enero	49	16.01.72	49	3.01.79
Febrero	28,8	25.02.89	32	17.02.66
Marzo	47,3	1.03.91	55	5.03.69
Abril	56,8	3.04.89	44	3.04.89
Mayo	**123,9**	**14.05.84**	80	29.05.75
Junio	89,7	26.06.81	**115**	**15.06.57**
Julio	46,7	29.07.82	25	7.07.58
Agosto	55,2	30.08.90	46	14.08.76
Septiembre	105	7.09.73	76	4.09.72
Octubre	43,2	22.10.90	50	16.10.57
Noviembre	46,1	7.11.82	47	6.11.73
Diciembre	46,1	16.12.83	51	21.12.73

Fig. 4.15.- Precipitaciones. Episodios excepcionales.

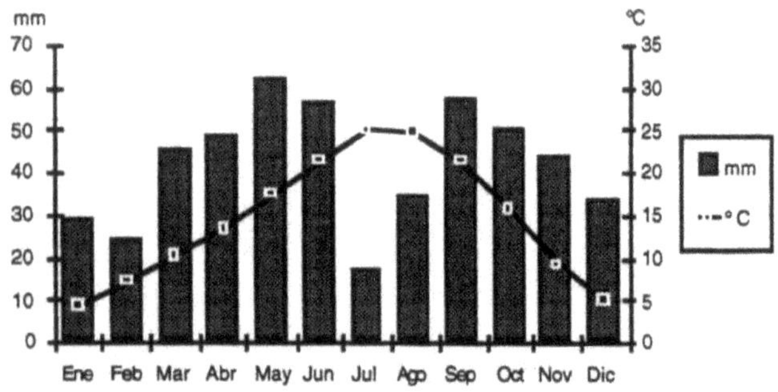

Fig. 4. 16.- Diagrama ombrotérmico de Llorenç de M.

Índices y clasificaciones climáticas

A partir de la información de los apartados anteriores se elaboran los índices y clasificaciones climáticas que figuran a continuación.

Índice de Lang
Artesa de S.: I = 38,27
Llorenç de M.: I = 34,38
ZONA ÁRIDA

Índice de Emberger
Artesa de S.: I = 47,70
Llorenç de M.: I = 43,61
PISO MEDITERRÁNEO TEMPLADO

Índice de Dantin-Cereceda
Artesa de S.: I = 2,6
Llorenç de M.: I = 2,9
SEMIÁRIDO

Clasificación Unesco-Fao
Temp. med. del mes más frío
Artesa de S.: 3,45°C
Llorenç de M.: 4,33°C
CLIMA TEMPLADO MEDIANO
Temp. med. mín. del mes más frío
Artesa de S.: 0,9°C
Llorenç de M.: 0,15°C
CLIMA INVIERNO MODERADO
Meses secos:
Julio y agosto en ambas estaciones.

Para Albentosa (1973) esta área estaría comprendida climáticamente en el sector Interior Septentrional de Catalunya.

Para Martín Vide (1992), según las características climáticas que presenta esta zona:
Precipitación anual.
Artesa de S.: 519,33 mm
Llorenç de M.: 505,82mm
Régimen pluviométrico estacional: máximo en el otoño
Temperatura mediana anual.
Artesa de S.: 13,57 °C
Llorenç de M.: 14,71°C
Corresponde a un clima mediterráneo continental o de transición.

4.3. MARCO LITOLÓGICO Y GEOMORFOLÓGICO

4.3.1. Litología y estructura

La cueva del Parco pertenece a un complejo kárstico que se desarrolla en los conglomerados oligocénicos del sinclinal de La Massana. Este sinclinal (Pocoví,1978) se extiende en dirección EW, desde el río Noguera Ribagorçana, en las

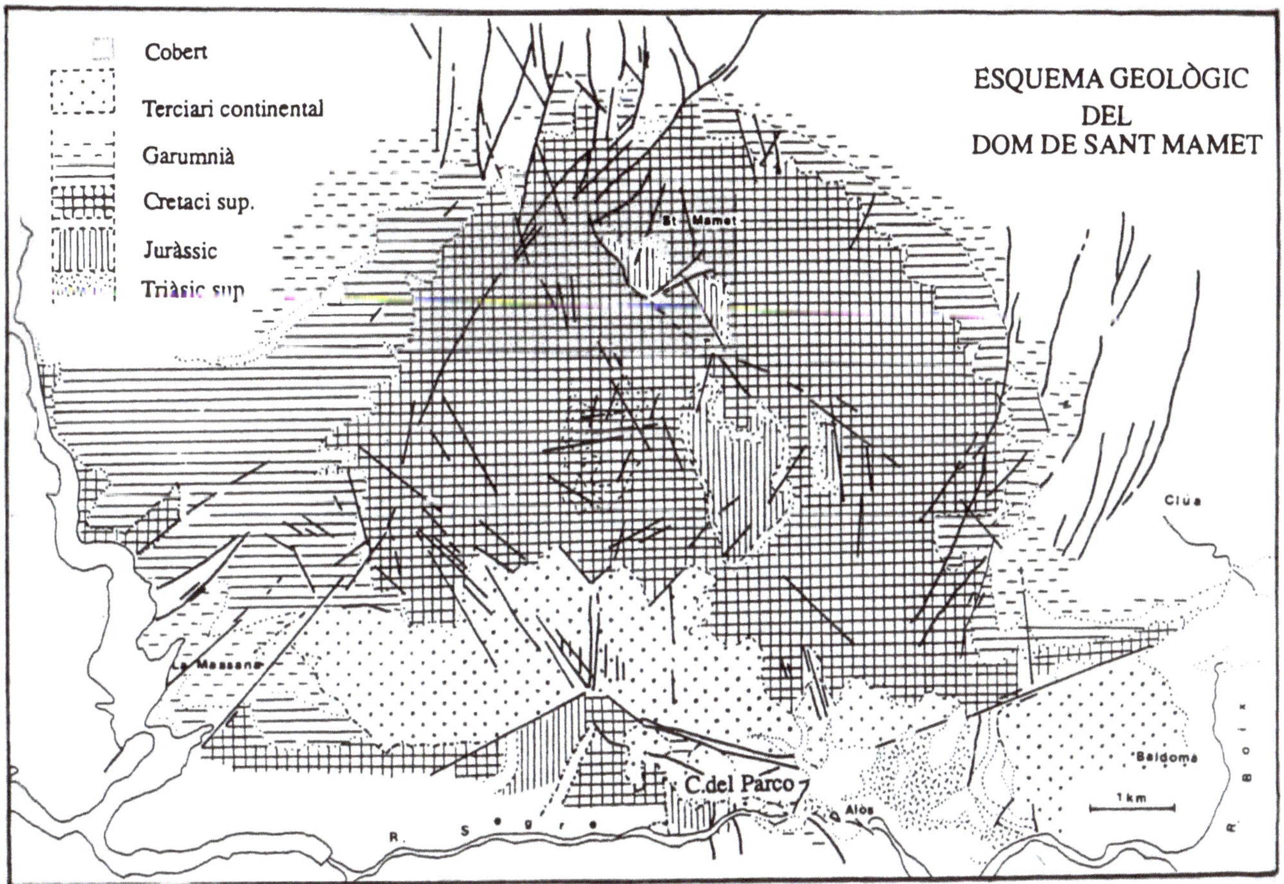

(Pocoví, 1978)

Fig. 4.17.- Esquema geológico de la zona estudiada

proximidades de La Massana, hasta el afloramiento triásico de Alòs de Balaguer (Fig. 4.17).

La geometría de este sinclinal varía notablemente del flanco Norte al flanco Sur, y en este último es muy diferente la mitad oriental de la occidental. Se trata de un sinclinal muy abierto con buzamientos en los flancos de 10 a 25° hacia el Norte.

El flanco Norte está constituido por las calcarenitas del cretácico superior, muy fracturadas, sobre las que se apoyan los conglomerados del terciario, fosilizando un paleorelieve y manifestando una intensa actividad de las fracturas durante la sedimentación. A lo largo de todo el contacto entre el terciario continental y las calcarenitas del cretácico, los niveles inferiores de conglomerados están cortados por las fracturas normales y los niveles superiores tienden a fosilizar estas fracturas extendiéndose sobre el labio levantado.

El flanco sur, en su mitad W, muestra otra prueba de importantes movimientos simultáneos a la deposición de estos conglomerados. Los niveles superiores de conglomerados recubren en discordancia angular a los inferiores y se superponen a las calcarenitas cretácicas de este flanco sur o también sobre las dolomías del Dogger en los alrededores de El Castellar. La mitad E es más compleja: el sinclinal es mucho más cerrado, con el plano axial hacia al NNE. El flanco sur, vertical o incluso ligeramente invertido, queda laminado por una fractura. Esta fractura y toda una franja de fallas que se extiende desde Alòs de Balaguer hasta El Castellar constituyen la "línea de Alòs" (Misch,1935).

Esta línea de Alòs es un accidente importante que delimita dos zonas de geometría muy diferente: al norte de esta línea se encuentra el núcleo del sinclinal de La Massana, anteriormente descrito; y, al sur hay una zona intensamente plegada con los ejes de dirección NS (Boada, Carbonera y Sant Jordi) que se interrumpen contra este accidente.

Por el extremo este, el sinclinal de La Massana también se interrumpe contra una fractura: al norte de Alòs de Balaguer se observa que los conglomerados del flanco norte quedan cortados por una falla que los pone en contacto con un afloramiento triásico (Pocoví, 1978).

4.3.2. Geomorfología

Desde un punto de vista geomorfológico, la zona de Alòs de Balaguer corresponde a un desfiladero excavado por el río Segre al atravesar las rocas carbonatadas de las Sierras Exteriores Pirenaicas.

Las formas del relieve son las típicas de un paisaje calizo y de conglomerados; con relieves abruptos y escarpados. Los depósitos cuaternarios que se han distinguido en esta área son los siguientes (Peña, 1983) (Fig. 4.18).

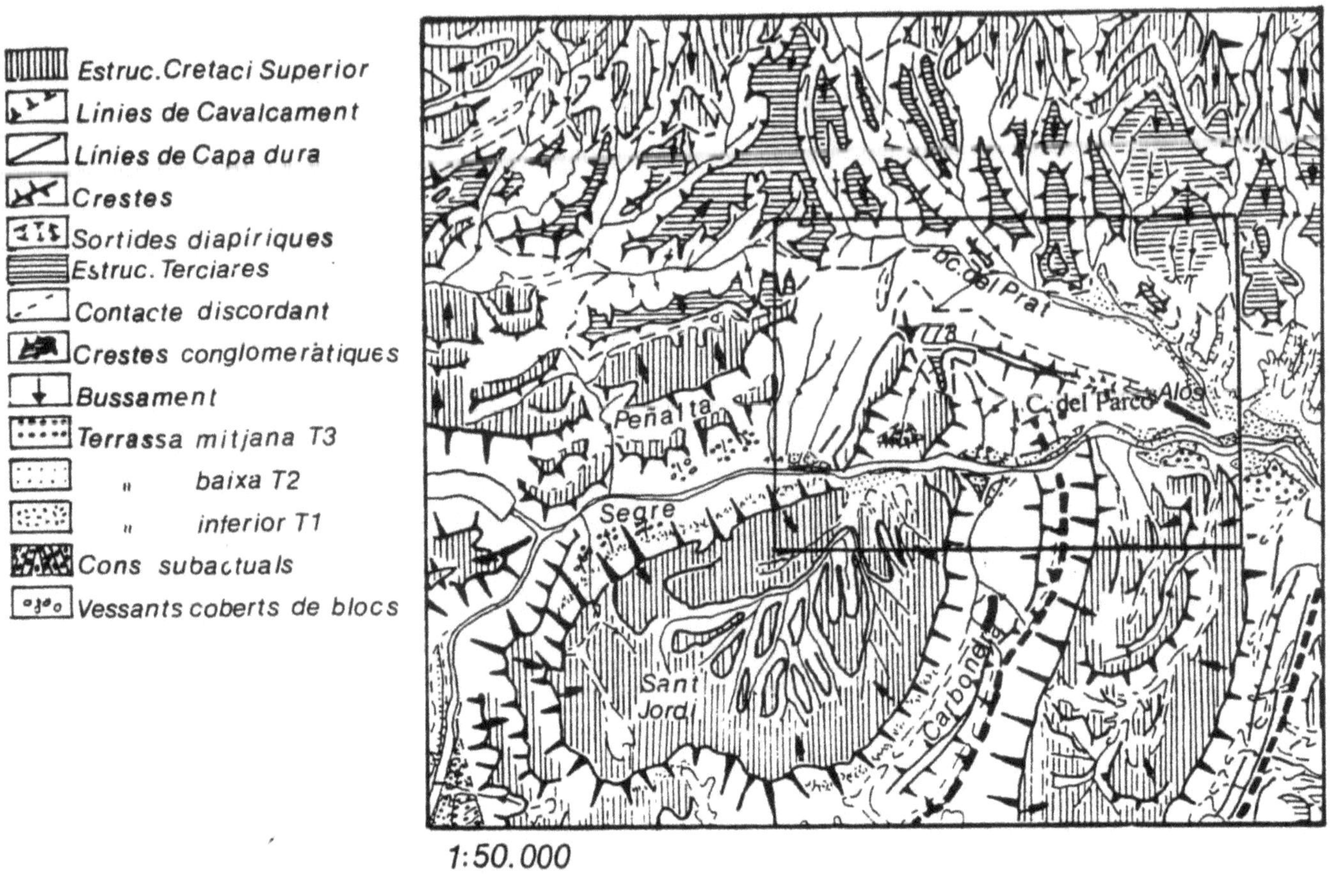

Fig. 4.18.- Esquema geomorfológico (Peña, 1983).

- terrazas fluviales formadas por el río Segre y por el barranco del Prat
- aportes laterales de los torrentes en forma de conos de deyección
- depósitos de laderas.

Terrazas fluviales del Segre

Los depósitos aluviales del Segre son las terrazas mejor conocidas, ya que son numerosas las publicaciones que versan sobre el tema y las mejor conservadas de la región, debido a la mayor longitud fluvial, la menor pendiente longitudinal y por la ausencia de embalses sucesivos, escalonados a lo largo del curso entre Oliana y Llorenç de Montgai (Peña, 1983).

Pese a esto, hay tramos, como por ejemplo el de Alòs de Balaguer-Camarasa donde debido a la estrechez del valle, los depósitos aluviales tienen pocas posibilidades de conservación.

Descripción de los Niveles

Terraza (T1). + 2-3 m.
Forma todo el lecho subactual del Segre. Está formada por cantos de calizas, granitos, cornubianitas, pórfidos, cuarcitas, areniscas con matriz arenosa en la parte basal y coronada de limos arenosos.

Terraza (T2). 8-12 m.
Es el nivel más continuo, aparece a lo largo de todo el curso del río (Fig. 4.19 a). En cuanto a la litología no hay diferencias apreciables con el nivel T1.

Terraza (T3). 18-20 m.
Este nivel se conserva escasamente en nuestro lugar, solamente se ha identificado delante del núcleo urbano de Alòs de Balaguer.
La superficie de este nivel siempre ha sido cultivada, hecho que evidencia que no haya un fuerte encostramiento. En cuanto a la litología no hay diferencias apreciables con el nivel T1.

Barranco del Prat
Es un río subsecuente que recoge las aguas procedentes de los torrentes meridionales de Sant Mamet. Su lecho es estrecho hasta que llega al Trías de Alòs de Balaguer (30 m de anchura). Es un río de aguas subterráneas que afloran a unos 500 m de Alòs. Los niveles de terraza que aparecen son (Peña,1983):
Terraza baja ------- 12-30 m
Terraza inferior --------- 1 m

Conos de deyección

Los barrancos de fuerte pendiente (Peña, 1983) no llegan a producir verdaderos niveles de terraza, sino que forman conos de deyección en la confluencia con el valle principal. Entre el área urbana de Alòs y el río Noguera Pallaresa se encuentran conos de deyección que drenan las unidades estructurales invertidas del sur del Segre, así como algunas acumulaciones de los barrancos que bajan de El Castellar en el margen derecho.

Depósitos de ladera

Según Peña (1983), en esta región la mayor parte de las laderas no tienen acumulaciones importantes debido, quizás, al hecho que en la actualidad predominan los procesos de erosión sobre los de acumulación y también, por las fuertes pendientes de las laderas.

En nuestra área de estudio, la disposición general de las laderas es abrupta (30-35°) y con 150-200 m respecto al fondo del valle. El depósito se caracteriza por la sucesión de una acumulación caótica de grandes bloques que, generalmente se localizan en los torrentes.

Formaciones relacionadas con la hidrología superficial y subterránea

Elementos de drenaje

La circulación superficial es casi inexistente en la sierra y no hay ningún curso permanente. Los arroyos y los torrentes solamente entran en funcionamiento en momentos de elevada intensidad pluviométrica y de lluvias muy continuadas. La alimentación de este sistema procede de la infiltración del agua de lluvia. Las fuentes permanentes y las temporales más importantes se localizan en lugares muy concretos de la sierra: la Font del Racó y la Font de Granella en el torrente de la Llaguna; la Font de Bernat y la Font de l'Aubac en el torrente de Sant Martí; y, la Font del Llop, la Font de la Roca y la Font del Puig de Pera en el torrente del Prat. Todas estas fuentes se localizan a partir de los 600 m sobre el nivel del mar.

Morfología resultante

-Lapiaces
En nuestra área de estudio, los lapiaces se desarrollan en el tramo calizo del Cretácico superior.

- Formación de cavidades
En toda nuestra área de estudio, podemos observar una serie de cavidades de génesis diferentes; pero, que todas están localizadas en la facies del conglomerado del Oligoceno.

Tipo de cavidades:
1.- Cavidades formadas por erosión diferencial (asociadas a estratos horizontales y subhorizontales) (Fig. 4.19 b).
Características:
- este tipo de cavidades se sitúan a una altura indeterminada
- el proceso morfológico que se desarrolla es la erosión
- estas cavidades tienen una profundidad aproximada de un metro.

a b c

Fig. 4.19.- Geomorfología
a.- Nivel de terraza del río Segre (T2). b.- Cavidad formada por erosión diferencial. c.- Cavidad asociada a la red de fracturas: cueva del Parco

Fig. 4.20.- Morfología del yacimiento
a.- Entrada a la cueva. b.- Abrigo. c.- Sector exterior de la cueva. d.- Sector interior de la cueva.

2.- Cavidades asociadas a la red de fracturas del conglomerado y a la infiltración de agua de las precipitaciones (Fig. 4.19 c). El Domo de Sant Mamet está formado por una serie de fracturas ortogonales (Peña,1983). Éstas son la causa desencadenante de la formación de cavidades. Cuando las fracturas son muy incisivas, el agua de lluvia penetra y origina procesos de disolución del material litológico.
Características:
- este tipo de cavidades se sitúan a 110-120 m s.n. del río
- el proceso morfológico más característico que se desarrolla es el relleno.

Un ejemplo de este proceso es el funcionamiento de la cueva del Parco.

4.4. EL DEPÓSITO SEDIMENTARIO

4.4.1. Morfología

El yacimiento de la cueva del Parco está constituido morfológicamente por una cueva, que comunica en dirección W con un abrigo.

La cueva está formada por una galería única de planta triangular de 4,5 m de anchura en su boca por 10,5 m de fondo. El recorrido es muy rectilíneo, pero se puede dividir en dos tramos: el primero, al exterior, más ancho (4,5 m) donde se localiza el relleno sedimentario; el segundo, al interior, más estrecho (2 m) está compuesto por una gran acumulación de bloques (Fig. 4.20).

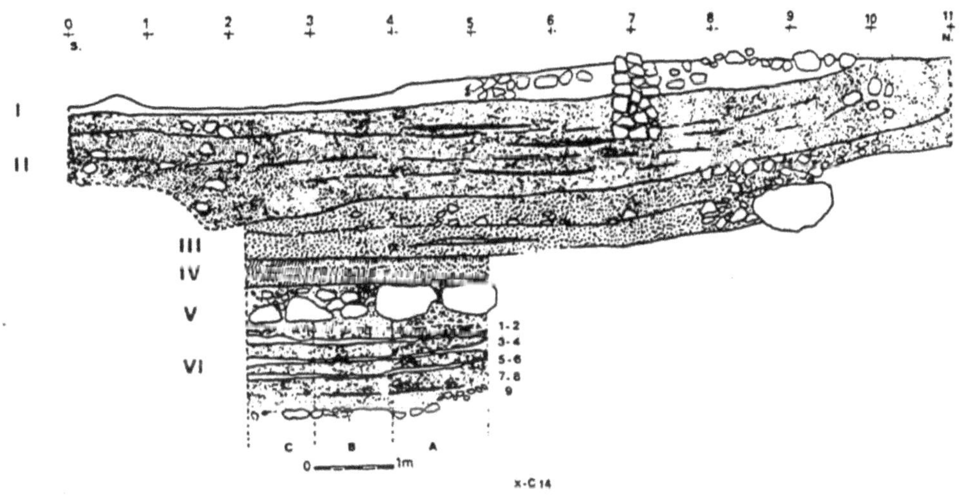

Fig. 4.21.- Estratigrafia propuesta por el Dr. Maluquer en el año 1984.

El origen de la cavidad y su relleno están muy condicionados por una diaclasa que tiene la misma dirección del eje de la cueva. Las redes de fracturas se encuentran mayoritariamente en el techo y paredes del fondo de la cueva y se localizan pequeñas formas de coladas pavimentadas. El concrecionamiento por precipitación y recristalización del $CaCO_3$ es pobre y no se observa en la actualidad una circulación hídrica regular; este hecho puede responder a que las fracturas están taponadas por concreciones.

El abrigo, que fue usado como corral, está cerrado por una pared que delimita un recinto de 5,5 por 11 m.

Los depósitos sedimentarios de los dos sectores presentan una homogeneidad textural y los niveles presentan un buzamiento en dirección al fondo de la cueva.

Se encuentran indicios y restos de la actividad humana tanto en el abrigo como en la cueva.

Desde del punto de vista estratigráfico y sedimentario se han distinguido, hasta el momento, 15 niveles en la cavidad.

4.4.2. Descripción sedimentaria

Antecedentes

Presentaremos primero la descripción de los niveles excavados por el Dr. J. Maluquer de Motes que hemos sintetizado de acuerdo con los diferentes trabajos que publicó. De esta forma intentamos exponer aspectos de tipo estratigráfico, que en la actualidad ya no se pueden corroborar, sobre todo por lo que respecta a los niveles superiores del yacimiento.

El Dr. Maluquer distinguió 6 estratos, aunque esta división no correspondía a una distinción estratigráfica sino cronocultural. La estratigrafía se basa en el sector de la cueva y su descripción es la siguiente (Fig. 4.21):

Estrato VI.- Potencia media es de 1 m aproximadamente. Este estrato estaba constituido por "terra molt negra i grassa sense cap pedra" (Maluquer de Motes, 1988: 20). Se subdividió en cinco niveles de arcilla estéril (Maluquer de Motes, 1983-84: 217)

N.1-2. potencia entre 10 y 11 cm de máximo.
N.3-4. potencia 20 cm de máximo.
N.5-6. potencia 14 cm.
N.7-8. potencia 20 cm.
N.9. potencia entre 18 y 20 cm de máximo.

Por debajo aparecía un "llit de pedres" que no se pudo excavar (Maluquer de Motes, 1983-84: 217). Según Maluquer, "l'origen de formació d'aquests nivells d'argila es deu a l'aigua superficial que creuava la cova d'esquerra a dreta i es perdia cap al corral (A2)" (Maluquer de Motes, 1988: 21). Material arqueológico: Paleolítico Superior.

Estrato V.- Potencia media entre 46 y 50 cm. Está formado por una "plataforma de pudingues" en disposición horizontal (Maluquer de Motes, 1983-84: 216). Estos bloques de conglomerado eran producto de la caída de una de las paredes laterales de la cueva (Maluquer de Motes, 1988: 20). Arqueológicamente estéril.

Estrato IV.- Potencia media, 30 cm. Formado texturalmente por "argila groga". El sedimento aparece muy suelto; hay madrigueras de conejo, algunas de las cuales bajaban hasta 3 m. (Maluquer de Motes, 1988: 21). Material arqueológico: Epipaleolítico?

Estrato III.- Potencia media 76 cm en los metros 2-5 de la cuadrícula. Es un estrato formado por dos niveles: "l'únic que presenten és una ratlla de diferència amb unes petites pedres". Hacia el interior, entre el metro 4 y el 6 de la cuadrícula hay pequeños restos de carbones que indican la existencia de un posible hogar (Maluquer de Motes, 1988:21). Material arqueológico: Neolítico Cardial y Epicardial.

Estrato II.- Potencia media 1 m. La única referencia estratigráfica que hace es la indicación de dos hogares superpuestos (metros 5 al 7) y de madrigueras. Material arqueológico: Neolítico Final-Calcolítico. (Maluquer de Motes, 1988:23)

Estrato I.- Potencia media 38 cm. En este estrato, al igual que en el anterior, lo único que se cita a nivel descriptivo es la existencia de cenizas entre el metro 5 al 5,5 de la cueva. Material arqueológico: Bronce Medio y Final. (Maluquer de Motes, 1988:24).

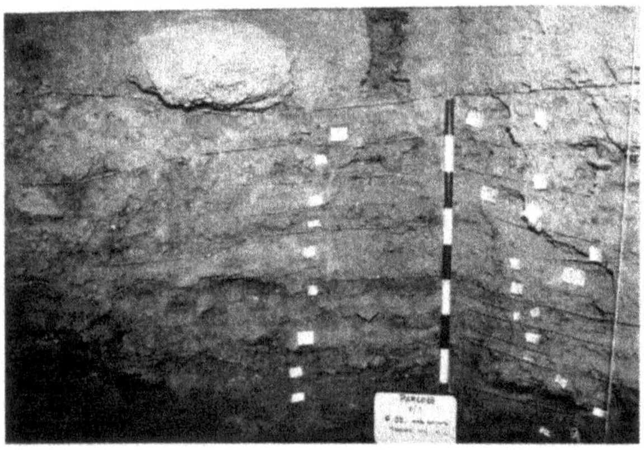

Fig. 4.22.- Localización de las secciones W y S. N.II-N.XII.

Descripción estratigráfica

Debido a las intervenciones arqueológicas realizadas desde el descubrimiento del yacimiento hasta la actualidad solamente se ha podido estudiar el sector de la cavidad que es donde el Dr. Maluquer hizo la intervención más intensa y por tanto donde se conservan los cortes dejados de sus excavaciones (Fig. 4.22 y Fig. 4.23). Desgraciadamente los niveles superiores correspondientes a la Edad de Bronce, Calcolítico y en buena parte al Neolítico fueron excavados en su totalidad por su descubridor, tal como hemos citado en el apartado *Antecedentes y registro arqueológico.*

La identificación de los niveles sedimentarios de la cavidad se hizo durante las campañas 1987-88, pero sobre todo en esta última donde también se realizó un sondeo y se identificaron tres nuevos niveles (XV, XIV y XIII). El resultado de los primeros estudios del relleno de la cueva constituyó nuestra tesis de licenciatura (Bergadà, 1989; 1991).

Para realizar este estudio del sector de la cavidad nos hemos centrado en el sector exterior, es decir en los perfiles oeste, sur y este que son los que constituyen y configuran la secuencia sedimentaria, ya que, al interior está formada por una gran acumulación de bloques de conglomerados.

Por lo que respecta al abrigo, hasta el momento solo se ha podido excavar y, por tanto estudiar, el nivel denominado Superficial. Está muy alterado por los procesos de tipo edáfico y es difícil reconstruir su historia evolutiva. Por eso, solo se han estudiado las estructuras y áreas de combustión que se encuentran en contacto con el nivel superficial y el nivel siguiente (N.I) y que culturalmente pueden corresponder al Neolítico o Bronce.

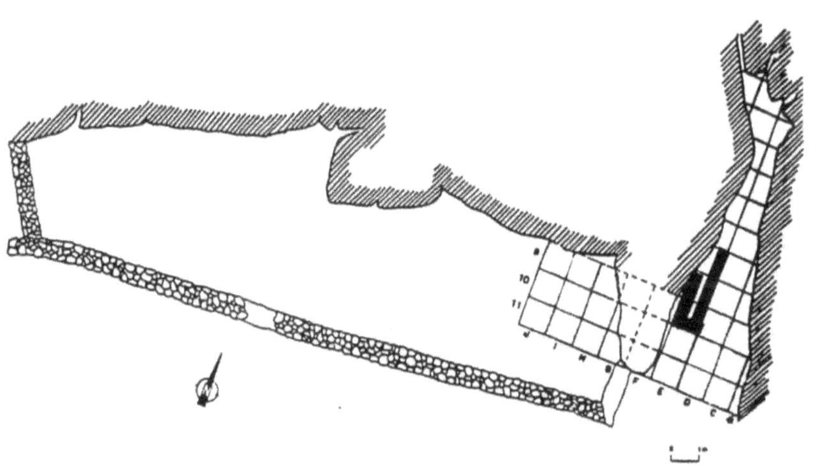

Situació dels perfils estudiats

(Fullola et al., 1993)

Fig. 4.23.- Planta y situación de los perfiles estudiados

Perfil W

Potencia total del perfil: 2,64 m

Arenas granuloclasificadas con bloques y cantos

N.I- Potencia 60 cm. Este nivel está formado por un 45% de fracción gruesa, generalmente son cantos y bloques que tienen una longitud que va desde 1 a 15 cm, presentan concreciones carbonatadas. La morfología es subredondeada. En la matriz domina la fracción arenosa y la coloración es marrón (7,5 YR 6/6).
Atribución cultural: Epipaleolítico.

Bloques y cantos con arenas limosas

N.II- Potencia 16 cm. En este nivel hay un aumento de la fracción de cantos respecto al nivel I, mayoritariamente son calizas y conglomerados de morfología angulosa que presentan fracturas y se encuentran muy concrecionadas. La longitud oscila entre 1 y 4 cm. La matriz presenta las mismas características que el nivel I, con un aumento de la fracción de limos. El color es marrón (7,5 YR 6/4).
Atribución cultural: Paleolítico Superior final/Epipaleolítico.
Datación radiocarbónica (E.C.1): 10.390±300 BP.

N.III- Potencia media 12 cm. Hay un aumento de la fracción gruesa (70%). Litológicamente, son calizas y tienen una longitud entre 1 y 6 cm. Esta fracción aparece muy concrecionada y con fisuras y su morfología es angulosa-subredondeada. La matriz es parecida a la del nivel II y hay presencia de abundantes manchas de carbón. La potencia disminuye en dirección al fondo de la cueva. Color marrón-gris (10 YR 5/2).
Atribución cultural: Paleolítico Superior final.
Datación radiocarbónica: 13.070±140 BP.

Arenas limosas granuloclasificadas con cantos

N.IV- Potencia 14 cm. La fracción gruesa (49%) aparece concrecionada. La litología sigue siendo la misma que en los niveles anteriores; la longitud máxima es de 4 cm. La matriz es de arenas limosas y la estructura grumosa. El color es marrón (7,5 YR 6/4).
Atribución cultural: Paleolítico Superior final.
Datación radiocarbónica: 12.900±130 BP.

N.V- La potencia oscila entre 3 y 13 cm aproximadamente. Texturalmente es parecido al nivel anteriormente descrito, la estructura es grumosa pero se observa un descenso de la fracción lutítica. Disminuye la fracción gruesa (cantos) pero su morfología es más subredondeada que la del nivel IV. Existen manchas carbonosas. El color es marrón-gris (7,5 YR 6/2).
Atribución cultural: Paleolítico Superior final.
Datación radiocarbónica 13.890±130 BP.

N.VI- Se divide en dos niveles: a y b.
N.VIa- Potencia 10 cm. Aumenta el contenido de cantos (52,5%) y su grado de evolución se incrementa; aparecen con concreciones. La matriz es muy parecida a la del nivel V. El color es marrón (7,5 YR 6/4).
N.VIb- Potencia entre 8 y 13 cm. Tiene las mismas características de composición granulométrica que el nivel anterior. La coloración es marrón-anaranjada (7,5 YR 6/8).
Atribución cultural: Paleolítico Superior final.
Datación radiocarbónica: 13.950±150 BP.

Arenas limosas de color gris con $CaCO_3$ y fragmentos carbonosos

N.VII- Potencia 7 cm. Hay un descenso de la fracción gruesa (27,2%) pero su morfología es subangulosa. En la matriz hay un aumento de la fracción de limos y de fragmentos carbonosos respecto al nivel anterior. También se observa acumulaciones de $CaCO_3$. La coloración es grisácea (5 YR 6/2). Este nivel va disminuyendo de potencia estratigráfica hacia el fondo de la cueva.
Atribución cultural: Paleolítico Superior final.
Datación radiocarbónica: 14.040±140 BP.

Arenas limosas con cantos y fragmentos carbonosos

N.VIII- Se divide en dos niveles: a y b.
N.VIII - Potencia 7 cm. Tiene las mismas características que el N.VIIIb. La diferencia está que en la fracción fina hay presencia de carbones. La coloración es marrón-gris (7,5 YR 6/2). Este nivel tiene forma de cuña como consecuencia de que la deposición del nivel superior lo ha erosionado.
N.VIIIb- Potencia 12 cm. La proporción de cantos aumenta con un 35,6% y el grado de evolución disminuye en comparación con el nivel anterior. No superan los 3 cm de longitud y presenta concreciones carbonatadas. En cuanto a la matriz disminuye la fracción lutítica. El color es marrón (7,5 YR 6/4).
Atribución cultural: Paleolítico Superior final.

Limos arenosos

N.IX- Potencia media 4 cm. La matriz está formada por limos arenosos. La fracción gruesa está prácticamente ausente (15,5%) comparándolo con los otros niveles descritos. La fracción de 1 a 2 cm presenta mucha concreción carbonatada y su morfología es subredondeada. Cabe destacar la poca presencia de material arqueológico. La coloración es marrón (7,5 YR 6/4). La forma de cuña demuestra la erosión a la que fue sometido.
Atribución cultural: Paleolítico Superior final.

Arenas limosas con cantos y fragmentos carbonosos

N.X- Potencia media 30 cm. Refleja un sensible descenso de la fracción gruesa. Litológicamente está formado por calizas y conglomerados, que presentan concreciones de carbonato cálcico. No superan los 3 cm, y hay un cambio en su morfología hacia un mayor grado de evolución. En cuanto a la matriz, hay un aumento de la fracción lutítica respecto a las arenas, la estructura es grumosa. La coloración continúa dentro de los tonos marrones (7,5 YR 6/4).
Atribución cultural: Paleolítico Superior final.

Perfil W

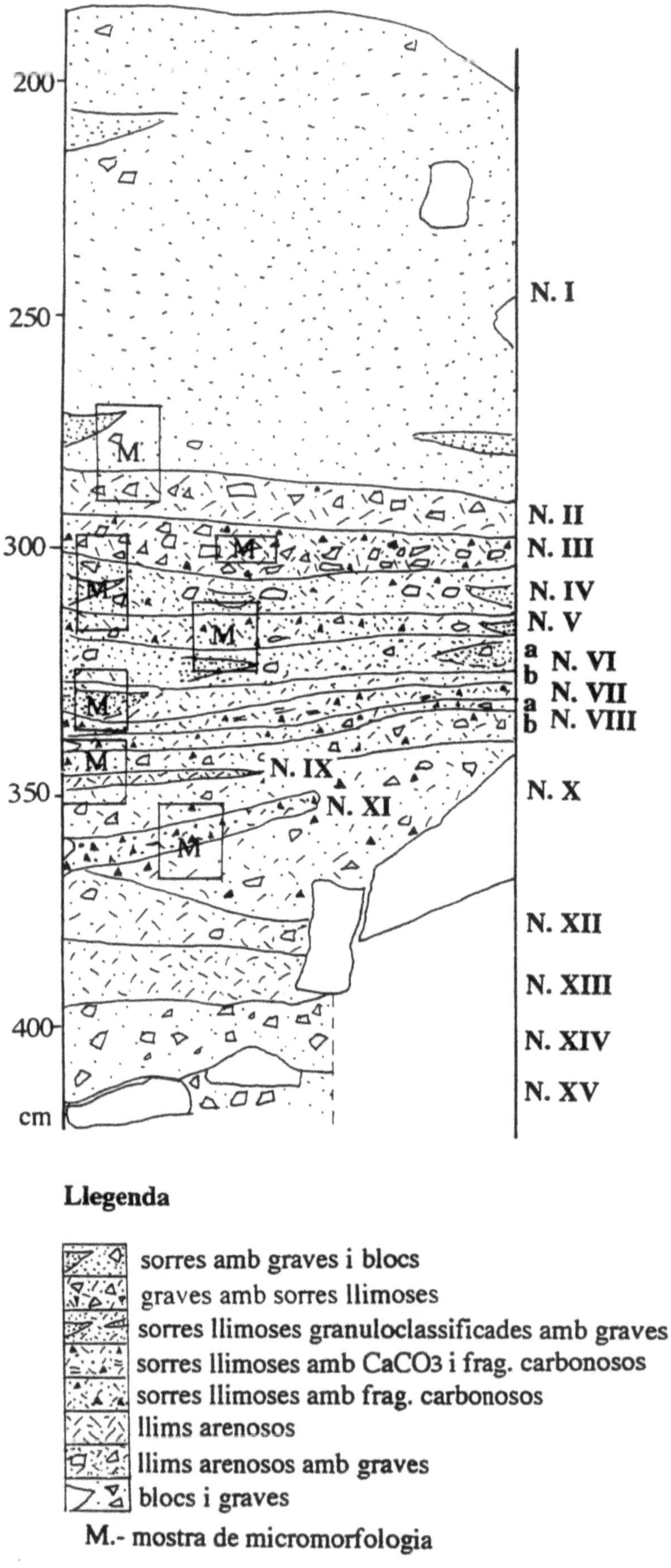

Fig. 4.24. Perfil estratigráfico W

N.XI- Potencia 5 cm. Hay un aumento de gravas y cantos (43,7%) de la misma litología que el resto de los niveles. La matriz sigue siendo de arenas limosas, de estructura grumosa. Aparecen también muchos restos de carbón. El color del nivel es gris marrón (5 YR 4/2). En este nivel se documentan señales de hogares. Contiene muchas raíces. Este nivel se localiza únicamente en la sección del cuadro 9E, está erosionado por el nivel superior (N.X).
Atribución cultural: Paleolítico Superior final.
Datación radiocarbónica: 14.300±150 BP.

Limos arenosos con cantos
N.XII- Potencia 18 cm. Predomina la fracción lutítica, de estructura grumosa. Coloración marrón (7,5 YR 6/4). Hay un sensible aumento de la fracción gruesa (29,5%), que no supera los 3 cm, de morfología subredondeada y con concreción carbonatada.
Atribución cultural: Paleolítico Superior final.

N.XIII- Potencia 13 cm. La matriz es igual al nivel XII; se observa un gran aumento de la fracción fina (89,1%) y su estructura es grumosa. El color es marrón claro (7,5 YR 6/6). No hay casi fracción gruesa que supere los 3 cm y toda se presenta con formas angulosas. Aparecen dos grandes bloques de caliza que se encuentran en la base del nivel, tienen una longitud de 30 cm.
Atribución cultural: Paleolítico Superior final?

Bloques y cantos
N.XIV- Potencia 24 cm. Predomina la fracción gruesa (85%) generalmente formada por cantos de caliza, que tienen una longitud que va de 1 a 6 cm aprox. Estos cantos tienen una morfología angulosa. Su matriz es lutítico-arenosa. La coloración es marrón (7,5 YR 6/4).
Arqueológicamente es estéril.

N.XV- Potencia indeterminada (15 cm a la vista). Está formado por bloques, que tienen una longitud máxima de 20 cm, y cantos de calizas y conglomerados que ocupan un 80 % del nivel. La morfología es angulosa. La matriz es lutítico-arenosa y el color es marrón (7,5 YR 6/4).
Arqueológicamente es estéril.

Perfil S

Potencia total del perfil: 1,81 m

Arenas granuloclasificadas con bloques y cantos
N.I- Potencia 45 cm. Cabe destacar la presencia de un gran bloque de conglomerado concrecionado que tiene una longitud de 45 cm situado en la base del nivel. La estructura es grumosa y muy compacta. Color marrón claro (7,5 YR 6/6). Presenta las mismas características que el N.I del perfil W.
Atribución cultural: Epipaleolítico.

Bloques y cantos con arenas limosas
N.II- Potencia 23 cm. Hay un ligero aumento de la fracción de cantos (60,2%) y también de la fracción de arenas. Los cantos no aparecen tan concrecionados. La potencia estratigráfica va aumentando en dirección Este. Color marrón (7,5 YR 6/4).
Atribución cultural: Paleolítico Superior final/Epipaleolítico.

N.III- Potencia 11 cm. Se acentúa más el contenido de fracción gruesa (62%) respecto al nivel II. La coloración es marrón-gris (10 YR 5/2). Está muy transformado por la actividad antrópica.
Atribución cultural: Paleolítico Superior final.

Arenas limosas granuloclasificadas con cantos
N.IV- Potencia 13 cm. Persisten las mismas características estratigráficas que el nivel anterior, la morfología de los cantos es angulosa y hay un aumento de la fracción de arenas. Aparecen gravas cubiertas de matriz fina. También se observa la existencia de plaquetas. El color es marrón (7,5 YR 6/4). Este nivel aparece alterado por la acción antrópica del nivel III.
Atribución cultural: Paleolítico Superior final.

N.V- Potencia 13 cm. En este nivel domina la fracción gruesa y se acentúan las particularidades que citábamos en el nivel IV. Se caracteriza por la presencia de restos carbonosos, hecho que hará que se confunda con el nivel III en el sector Este. La coloración es gris (7,5 YR 5/2).
Atribución cultural: Paleolítico Superior final.

N.VI- Potencia 12 cm. Hay un aumento de la fracción gruesa (45%), representada por cantos concrecionados que tienen una longitud máxima de 5 cm y morfológicamente son más angulosos. La litología es la misma que la de los niveles descritos. Disminución de la fracción lutítica frente a las arenas, la estructura es grumosa y compacta. El color es marrón claro (7,5 YR 6/6).
Atribución cultural: Paleolítico Superior final.

Arenas limosas de color gris con $CaCO_3$ y carbones
N.VII- potencia 8 cm. Se constata una disminución de la fracción gruesa. Existencia de actividad antrópica que hace que la coloración sea gris (7,5 YR 5/2). Se observan fragmentos de costras de $CaCO_3$ de color blanquecino.
Atribución cultural: Paleolítico Superior final

Arenas limosas y cantos con fragmentos carbonosos
Conjunto formado por los niveles VIII-X- Potencia 25 cm. Continúa con las mismas condiciones sedimentarias que el nivel anterior. Los niveles VIII-IX-X se mezclan en esta sección, creando un conjunto unitario. Color marrón-gris (7,5 YR 6/2).
Atribución cultural: Paleolítico Superior final.

N.XI- Potencia 8 cm. Continúa con las mismas características sedimentarias que los niveles anteriores, pero hay un aumento de la fracción gruesa (42%). La coloración es gris (7,5 YR 5/2). Este nivel se mezcla con el nivel VII en la parte Este de la sección (9C).
Atribución cultural: Paleolítico Superior final.

Limos arenosos con cantos
N.XII- Potencia 13 cm. Este nivel es casi una continuación del nivel XI, del cual es dificil diferenciar. Disminuye la fracción gruesa (21%). La única diferencia destacable es el color, que en este caso es marrón (7,5 YR 6/4).
Atribución cultural: Paleolítico Superior final.

Perfil Sud

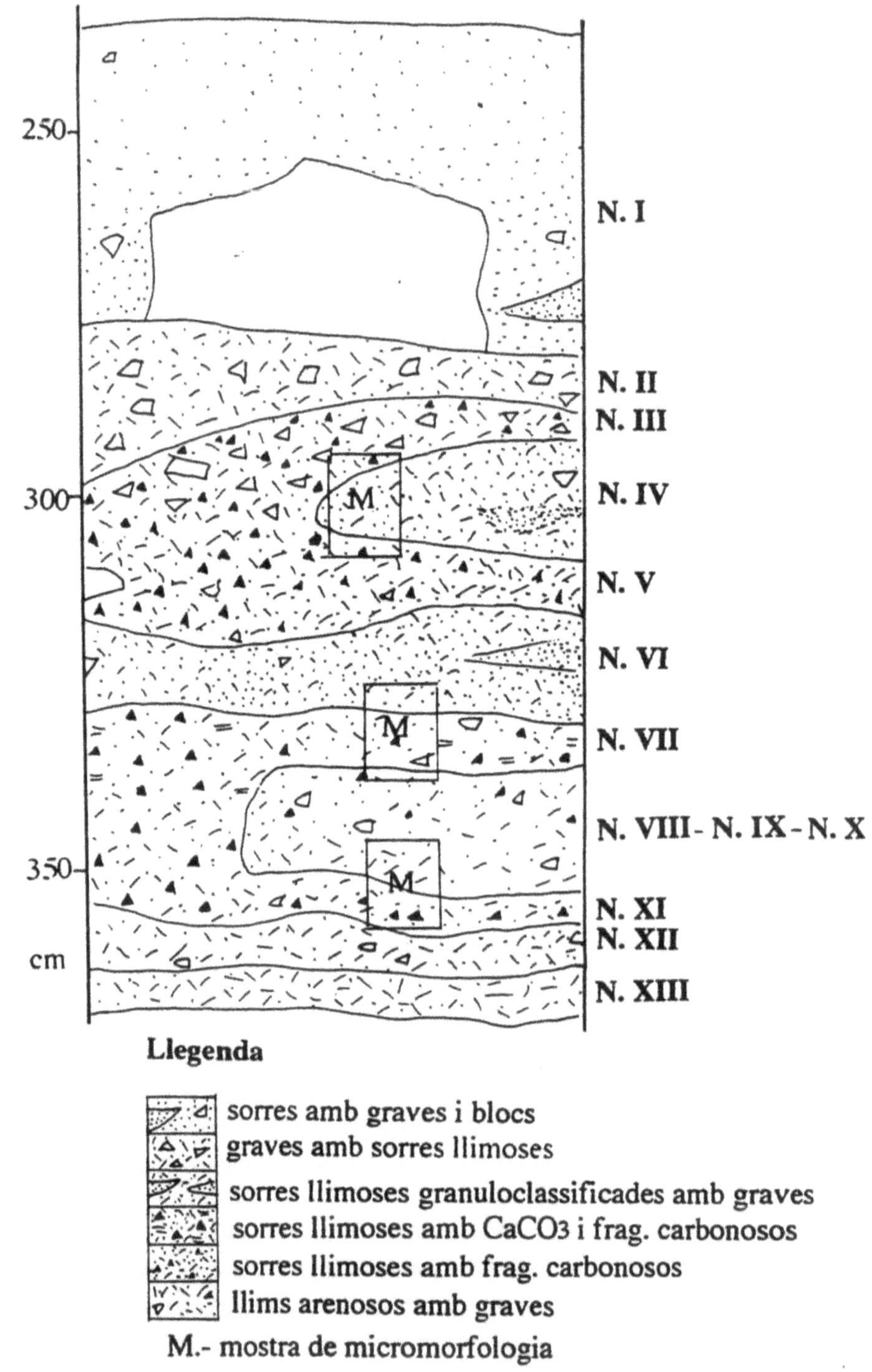

Fig. 4.25. Perfil estratigráfico S

N.XIII- Potencia 10 cm. Con este nivel finaliza una serie de niveles de matriz lutítico-arenosa y de estructura grumosa. El color es marrón claro (7,5 YR 6/6). La fracción gruesa representa un 12% del total, y está representada por cantos que no superan los 4 cm de longitud. Litológicamente son calizas y conglomerados de morfología redondeada.
Atribución cultural: Paleolítico Superior final?

Perfil E

Potencia total del perfil: 2,40 m

Arenas granuloclasificadas con cantos y bloques
N.I
N.Ia- Potencia 64 cm. En la fracción gruesa aparecen grandes bloques calizos de 30 cm de longitud. En la parte superior del nivel, presencia de una área de carbones y cenizas de 10 cm. Se acentúan los cantos con fisuras (z=165-185 cm) y aparecen concreciones carbonatadas, denominándose este subnivel Ia sup. A partir de una z= 185-220 cm, la matriz es arenosa de color marrón rojizo (7,5 YR 5/6) y en algunos lugares se observa granuloclasificación (N.Ia inf.I.
Atribución cultural: Epipaleolítico.
Datación radiocarbónica:
N.Ia sup. 10.190±101 BP y 10.420±110 BP
N. Ia inf. 10.770±110 BP y 10.930±100 BP
N.Ib- Potencia 14 cm. Este nivel está constiuido por una fracción areno-lutítica con cantos junto a una serie de manchas de cenizas y carbones. Color gris-marrón (7,5 YR 6/2). Suponemos que se localizan àreas de combustión u hogares.
Atribución cultural: Epipaleolítico?
N.Ic- Potencia 39 cm. La matriz y el color es igual al nivel Ia. Hay un aumento de la fracción gruesa, constituida por bloques y cantos (48%); cabe destacar un gran bloque de caliza muy concrecionado, que tiene una longitud de 48 cm. Los cantos también aparecen muy concrecionados y subredondeados.
Atribución cultural: Epipaleolítico?

Conjunto formado por los niveles III-XI- Potencia 75 cm. Hay un aumento de la fracción gruesa (54%). La morfología es angulosa. La matriz es de arenas limosas. Color gris (5 YR 5/2). En esta sección se confunden los niveles mencionados en los otros perfiles formando un conjunto unitario. Se observan fragmentos de costras de $CaCO_3$.
Atribución cultural: Paleolítico Superior final.

Limos arenosos con cantos
N.XII- Potencia 18 cm aproximadamente. Disminuye el contenido de fracción gruesa (24%) que tiene una longitud máxima centimétrica, con una morfología subredondeada. La matriz es lutítico-arenosa. Color marrón-rojizo (7,5 YR 5/6).
Atribución cultural: Paleolítico Superior final.

N.XIII- Potencia 31 cm. La fracción gruesa constituye un 45% del total, está formada por bloques de caliza y conglomerado, y por cantos que tienen una longitud máxima de 12 cm y se presentan subredondeado. La fracción fina está constituida por limos arenosos, de estructura grumosa. Color marrón-rojizo (7,5 YR 5/6).
Atribución cultural: Paleolítico Superior final?

Análisis micromorfológico

Por lo que respecta a los análisis micromorfológicos solamente hemos podido realizar los correspondientes a la cueva, a partir del N.XI hasta el N.I. Del nivel XII hasta el XV no se han podido estudiar debido a que las intervenciones que se están llevando a cabo en la actualidad afectan al sondeo y dificultan la extracción de muestras. Por eso, solo tendremos en cuenta el análisis sedimentario a partir del N. XI.

En las tablas de las descripciones micromorfológicas hemos creído conveniente adjuntar las descripciones de los perfiles Este, Sur y Oeste por lo que respecta a los niveles XI hasta el II pero en cambio, por lo que se refiere al N.I solo hemos descrito el perfil Este, ya que el registro es más completo.

Por lo que respecta al abrigo nos centraremos en las estructuras de combustión identificadas que ya hemos citado anteriormente en el apartado *Descripción sedimentaria*.

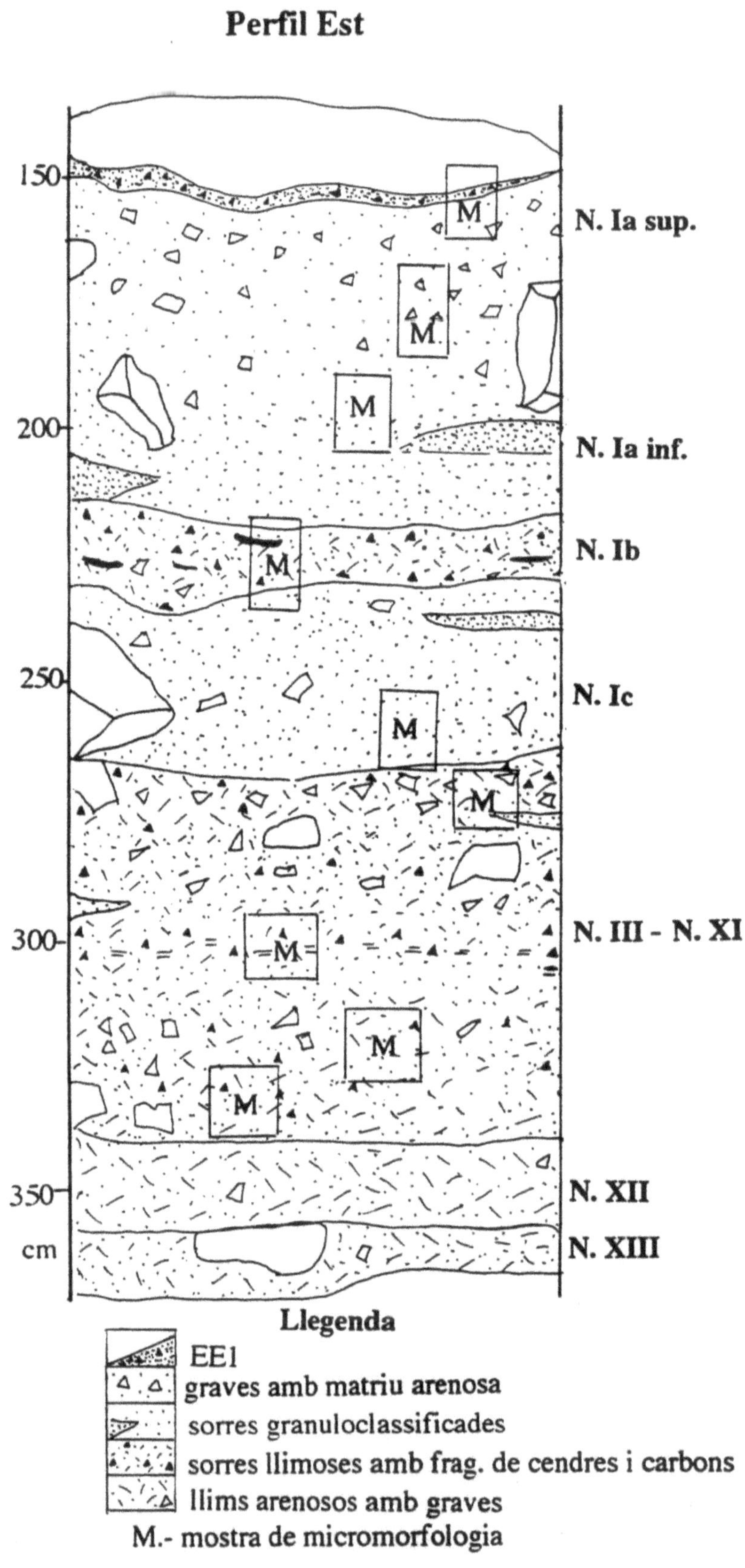

Fig. 4.26. Perfil estratigráfico E

Fig. 4.26

CUEVA DEL PARCO Descripción sedimentaria microscópica				
Niveles	**Porosidad**	**Microestructura**	**Masa basal**	**Componentes minerales**
N.II	30%	Granular poco desarrollada	FG/FF 2/1 Arenas 125 µm-1mm: 15% cantos, y Gravas: 45-50% Distribución relacionada Porfírica cerrada	Dominan los fragmentos de roca con trazas de disolución y presentan fisuras.
N.III	30%	Esponjosa/Laminar	FG/FF 3/1 Arenas 125 µm-1mm: 25% Cantos y Gravas: 60% Distribución relacionada Porfírica	Los cantos tienen una morfología subredondeada y tabular con fisuras y trazas de disolución. La fracción mineralógica tiene una morfología subangulosa.
N.IV	20%	Granular/Laminar	FG/FF 2/3 Arenas limosas Arenas de 125-250 µm: 10% Distribución relacionada Porfírica	--------
N.V	20%	Granular	FG/FF 1/1 Arenas 50-125 µm: 5% Cantos: 45% Distribución relacionada Porfírica	--------
N.VI	30%	Prismática/Laminar	FG/FF 4/1 Arenas de 250 µm-1mm: 60% Arenas de 63-250 µm: 10%, Cantos: 1% Gravas: 1% Distribución relacionada es Quitònica	La morfología de los minerales es subangulosa y la morfología de los fragmentos de roca es subredondeada.
N.VII	30%	Esponjosa/Migajosa	FG/FF 2/1 Arenas de 63-125 µm: 20% Distribución relacionada Enaúlica	Se observa disolución en las calizas y en la masa basal
N.VIII	25%	Granular	FG/FF 6/4 Arenas de 50-300 µm: 20% Cantos: 15% Distribución relacionada Enaúlica	La morfología de los cantos es subredondeada
N.IX	25%	Laminar	FG/FF 1/3 Limos arenosos Cantos y Arenas de 63-500 µm: 15% Distribución relacionada Porfírica	Los minerales angulosos, tabulares y los fragmentos de roca subredondeados y con trazas de disolución
N.X	40%	Granular	FG/FF 3/2 Arenas de 50-300 µm: 30% Gravas: 10%, Cantos: 5% Distribución relacionada Porfírica cerrada	La morfología del materia detrítico es subangulosa, tabular y redondeada. Frag. de roca desprendidos dela pared y con trazas de disolución.
N.XI	40%	Granular	FG/FF 1/1 Arenas de 63-325 µm: 25% Cantos: 5% Distribución relacionada Enaúlica	La morfología del material detrítico es subangulosa. Domina la fracción mineral.

La fracción litológica y mineralógica está formada por: fragmentos de caliza micrítica, caliza biogénica, calcarenitas, conglomerado, cuarzo, feldespato, plagioclasa, microclina y moscovita. En todos los niveles la matriz tiene una fábrica de birrefringencia cristalítica y calcítica.

Fig. 4.27

CUEVA DEL PARCO
Descripción sedimentaria microscópica
Componentes inorgánicos y orgánicos (de origen biológico-antrópico)

Niveles	Componentes de origen vegetal	Componentes de origen animal	Materiales antrópicos
N.II	- carbones (1%) aparecen muy fragmentados. No se distingue la estructura interna.	- huesos (1%) muy fisurados y de morfología redondeada. Dominan los de 250-500 µm de color amarillo y de débil birrefringencia, con rev. microesparíticos. - fragmentos de caracoles (1%).	---------
N.III	- carbones (7%). La mayoría están muy fragmentados aunque conservan la estructura interna y se localizan en huecos.	- huesos (2%). Dominan los de 125- 250 µm con trazas propias de combustión.	- fragmentos de sílex (1%)
N.IV	- carbones (4%) de 63-250 µm. Generalmente en forma de acumulaciones en los granos de arena.	- huesos (2%) de 125-500 µm de color amarillo con débil birrefringencia con revestimientos microesparíticos.	----------
N.V	- carbones (6%). * 250-500 µm disgregados y dispersos * < 63 µm mezclados en la masa basal * fragmentos de cenizas 500-625 µm.	- huesos (10%) de 125 µm- 1mm. Presentan diferentes grados de combustión.	- fragmentos de sílex (2%) con hiporrev. de óxidos-hidróxidos de hierro.
N.VI	- carbones (4%) de 63-250 µm. Se encuentran dispersos entre la masa basal y en forma de revestimientos.	- huesos (2%) de 125 µm- 2 mm, de color amarillo y de débil birrefringencia.	- fragmentos de sílex (1%) con rev. de óxidos-hidróxidos de hierro.
N.VII	- carbones (5%) 70 µm-2mm de color negro-marrón.	- huesos (10-20%) con diferentes trazas de combustión de 63 µm hasta tamaño centimétrico.	- fragmentos de sílex (2%) de tamaño centimétrico hasta 250 µm con rev. de óxidos-hidróxidos de hierro.
N.VIII	- carbones (2%) 70-80 µm.	- huesos (5%) con diferentes trazas debidas a la combustión.	----------
N.IX	- carbón (0,5%) de tamaño limo y de morfología subangulosa.	- fragmentos óseos (1%) de color amarillo y de débil birrefringencia.	- fragmentos de sílex (0,5 %) con fisuras y con rev. de óxidos-hidróxidos de hierro.
N.X	- carbones (2%).	- fragmentos óseos (2%) con diferentes trazas de fuego, algunos de temp.> 600 °C.	- fragmentos de sílex (5%).
N.XI	- carbones (5%) fragmentados de 50-250 µm, fitolitos de sílice y frag. de cenizas.	- fragmentos óseos (2%) de 500 µm con trazas de combustión.	- fragmentos de sílex (1%) de 2 mm.

CUEVA DEL PARCO
Descripción sedimentaria microscópica
Edaforrasgos

Niveles	Desplazamiento y acumulación de finos	Acumulación secundaria de $CaCO_3$	Oxidación-reducción
N.II	- en cantos o agregados: revestimientos de material muy fino.	- en la masa basal (micrita) y en forma de nódulos (microesparíticos) y en forma de pendent de 75 µm. - hiporrevestimientos calcíticos.	- nódulos e impregnaciones de óxidos-hidróxidos de hierro.
N.III	- en cantos o agregados: rev. e hiporrev. de material limo-arcilloso junto a material matricial. - en huecos: rev. en forma de micropan de material fino, en dominios orientados. - fragmentos de costras de tamaño centimétrico.	- masa basal con intercalaciones y en forma de nódulos. - en cantos: rev. en la parte inferior (pendent) junto a mat. fino de 375 µm), de tipo micrítico.	- en huecos: rev. e hiporrev. - impregnativos en la masa basal.
N.IV	- fragmento de costra de tamaño centimétrico hasta 2 mm granuloclasificados y no. - en agregados o cantos: rev. en forma de capping limo-arcilloso. - en huecos: fragmentos de micropan de limos y arcillas.	- masa basal en forma de calcita esparítica (nódulos) - acumulación de $CaCO_3$ en la parte inferior del material detrítico (pendent) de 375 µm de tipo micrítico.	- impregnativos en la masa basal. La mayoría en contacto con los frag. de roca.
N.V	--------	- en cantos: hiporrev. en la parte inferior de $CaCO_3$ de 300 µm. - en huecos cavitarios: rev. de tipo micrítico.	- en los granos de arena y en los fragmentos de sílex: hiporrev. de óxidos-hidróxidos de hierro.
N.VI	- en huecos: rev. de 375 µm. - fragmentos de costras y en agregados: rev. en forma de capping de 75 µm.	- masa basal: calcita esparítica; nódulos - en huecos y en huesos: rellenos y rev.	--------
N.VII	- en huecos: rev. en forma de micropanes de 2 mm y con partículas carbonosas.	- en huecos: rev. y hiporrev. - en la masa basal: nódulos e intercalaciones - en huesos: rev. micríticos y microesparíticos.	--------
N.VIII	- en huecos: rev. en forma de micropan con granuclasificación, revestimientos.	- en huecos y en la masa basal: rev. de microesparita y en la masa basal.	--------
N.IX	- en huecos: rev. de material fino en la parte inferior.	- en huecos: rev. de microesparita de 25 µm.	- nódulos de óxidos-hidróxidos de hierro.
N.X	- en huecos: rev. y micropanes de fracción de arenas y limos de 75-250 µm.	- en cantos: pendent de 250 µm - en huecos cavitarios: rev., - en la masa basal y huesos: nódulos e intercalaciones de microesparita.	--------
N.XI	- en huecos: rev. típicos de 75 µm en forma de micropan de mat. arcilloso con material carbonoso.	- en masa basal y huecos: nódulos calcíticos y microesparíticos y en aguja - en huesos: rev.	- nódulos de óxidos-hidróxidos de hierro. - mat. detrítico con revestimientos.

Fig. 4.28

CUEVA DEL PARCO
Descripción sedimentaria microscópica
Edaforrasgos

Niveles	Desplazamiento y acumulación de finos	Acumulación secundaria de $CaCO_3$	Oxidación -reducción	Actividad biológica
N.II	X	XX	X	XXX
N.III	X	X	XX	XXX
N.IV	XX	X	XX	XX
N.V	--------	XX	XXX	X
N.VI	XX	XXX	--------	XXX
N.VII	X	XXX	--------	XX
N.VIII	XX	XX	--------	XXX
N.IX	--------	XX	XXX	XXX
N.X	XXX	XX	--------	XXX
N.XI	XXX	X	X	XXX

X - Presentes XX - Frecuentes XXX - Abundantes

Fig. 4.29

CUEVA DEL PARCO. Perfil Este
Descripción sedimentaria microscópica

Niveles	Porosidad	Microestructura	Masa basal	Componentes minerales
N.Ia.Sup.	15%	Granular/Laminar	FG/FF 2/1 Cantos: 10% Arenas de 300- 625 µm: 25 % Arenas de 125-300 µm: 8% Arenas de 63-125 µm: 5% Distribución relacionada Porfírica	Los cantos de morfología subangulosa y subredondeada presentan fracturas y trazos de disolución.
N.Ia. Inf.	8%	Masiva	FG/FF 2/1 Arenas de 125- 500 µm: 40% Arenas de 63-125 µm: 15% Distribución relacionada Porfírica	Morfología subredondeada y subangulosa
N.Ib	20%	Esponjosa/Masiva	FG/FF 1/1 Cantos: 1% Arenas de 63-250 µm: 20% Distribución relacionada Porfírica	Los cantos presentan una forma tabular y trazas de alteración y de disolución.
N.Ic	8-15%	Bloques subangulares	FG/FF 2/1 Cantos de 1 a 2 cm: 5% Arenas de 250-500 µm: 30% Arenas de 63 125 µm: 15% Distribución relacionada Porfírica	Morfología subredondeada y subangulosa con trazas de disolución.

La fracción litológica y mineralógica está formada por: fragmentos de caliza micrítica, caliza biogénica, calcarenitas, conglomerado, cuarzo, feldespatos, plagioclasa, microclina y moscovita. En todos los niveles la matriz tiene una fábrica de birrefringencia cristalítica y calcítica.

Fig. 4.30

CUEVA DEL PARCO. Perfil Este
Descripción sedimentaria microscópica
Componentes inorgánicos y orgánicos (de origen biológico-antrópico)

Niveles	Componentes de origen vegetal	Componentes de origen animal	Materiales antrópicos
N.Ia.Sup.	- carbones (2%). Dominan los de 50 µm.	- fragmentos de malacología de 125-500 µm.	---------
N.Ia.Inf.	- carbones (0,5%) de 50 µm.	- huesos (0,2 %) de 2 mm de color amarillo pálido.	- fragmentos de sílex (0,5%) de 2mm.
N.Ib	- carbones (2%) de 75 µm. - fragmentos carbonizados de residuos vegetales parcialmente mineralizados entre 800 µm-2,45 mm.	- fragmentos óseos (1%) de 2 mm.	- fragmentos de sílex de 2 mm.
N.Ic	- carbones (5%) de tamaño de 125-250 µm.	- fragmentos óseos (1%) de color amarillo pálido de 1 a 2 mm.	- fragmentos de material de sílex (1%).

Fig.4.31

CUEVA DEL PARCO
Descripción sedimentaria microscópica
Edaforrasgos

Niveles	Desplazamiento y acumulación de finos	Acumulación secundaria de $CaCO_3$	Oxidación-reducción
N.Ia.Sup.	- rev. en cantos con granuloclasificación de 25-50 µm.	- en cantos: rev. en forma de pendent junto a mat. fino de 375 µm de tipo micrítico.	- nódulos de óxidos-hidróxidos y rev. en granos de arena de forma impregnativa.
N.Ia.Inf.	- rev. de material fino alrededor del material detrítico (25 µm). - fragmentos de costras de 375 µm de fracción arenosa.	---------	- nódulos de óxidos-hidróxidos de 50 µm y de forma impregnativa.
N.Ib	- rev. en agregados, cantos y en huecos de forma horizontal (micropanes) de 250 a 500 µm de arenas finas/limos y arcillas con partículas carbonosas de 25 µm.	- hiporrev. calcíticos de tipo micrítico en huecos de 500 µm.	- nódulos de óxidos-hidróxidos de 25 a 50 µm.
N.Ic	- rev. e hiporrev. alrededor de cantos (cappings) de 25 a 500 µm. Abundan los que son formados de material matricial. -fragmentos de costras de tamaño centimétrico hasta 625 µm.	- rev. de $CaCO_3$ y material fino en la parte inferior (pendent) de 875 µm en cantos. De tipo micrítico.	----------

Fig.4.32

CUEVA DEL PARCO. Perfil Este
Descripción sedimentaria microscópica
Edaforrasgos

Niveles	Desplazamiento y acumulación de finos	Acumulación secundaria de $CaCO_3$	Oxidación-reducción	Actividad biológica
N.Ia.Sup.	X	--------	XX	XX
N.Ia.Inf.	---------	--------	X	XXX
N.Ib	XXX	X	X	XXX
N.Ic	XX	X	--------	XXX

X - Presentes XX - Frecuentes XXX - Abundantes

Fig. 4.33

4.4.3. Análisis sedimentario

Para el estudio sedimentario se han utilizado los perfiles W, S y E para todos los niveles menos para el N.I que se ha usado el perfil E.

N.XI

Descripción: Este nivel está formado por una masa calcítica y microesparítica de color grisáceo junto a una fracción de arenas 325-63 μm (25%) y un 5% de cantos de calizas biogénicas. Entre la fracción mineral hay cuarzo, plagioclasa, feldespato, calcita y mica de morfología subangulosa; entre los fragmentos de roca hay caliza biogénica y micrita, también de morfología subangulosa. La porosidad es elevada 40% y la estructura es de tipo granular. Por lo que respecta a los carbones (5%) aparecen muy disgregados; también hay fitolitos de sílice y cenizas (no muy abundantes). Los fragmentos óseos (2%) presentan diferentes trazas de alteración debidas a la combustión, aunque estos efectos no aparecen en los componentes minerales.

En cuanto a los procesos postdeposicionales, cabe destacar la actividad biológica (raíces y fauna del suelo) que se traduce en la porosidad y en la estructura granular; y las circulaciones hídricas, que dan lugar a la acumulación secundaria de $CaCO_3$ en forma de agujas de microesparita y la acumulación de material fino (limos/arcillas y material carbonoso) en los huecos (Fig. 4.34 a).

Interpretación: La formación de este nivel está muy condicionada por la actividad antrópica (combustión); los procesos postdeposicionales han actuado de forma intensa. Cabe destacar:

- la actividad biológica

- la circulación hídrica que ha removilizado los productos de la combustión y provocado la erosión del material fino, ya que la matriz que domina es la arenosa. También ha producido disgregación y fragmentación de los materiales carbonosos y la acumulación posterior de estos en los huecos de la matriz.

Estos mecanismos han ocasionado acumulaciones de carbonato cálcico en forma de agujas de microesparita en los huecos, propio de un medio donde la percolación de aguas es de débil intensidad y la evaporación rápida.

Desde un punto de vista paleoambiental, las condiciones que se observan son propias de un medio con una humedad importante y unas temperaturas templadas.

N.X

Descripción: Está constituido por una matriz de arenas 300-50 μm (30%) junto a cantos (5%) que oscilan entre 1-2 cm y gravas (10%). Mineralógicamente está constituida por cuarzos, feldespatos de morfología subangular y microclina de morfología tabular. Los fragmentos de roca son calcarenitas, calizas biogénicas y calizas micríticas. La morfología va entre subangular-tabular y redondeada, y con trazos de disolución: contornos irregulares y porosidad que se desarrolla en las fisuras. La estructura es granular y la porosidad del 40%. Entre los componentes de origen antrópico se distingue los fragmentos de carbón (2%), huesos (2%) y los fragmentos de sílex (5%). La matriz es de color marrón y está constituida por una fracción calcítica microesparítica.

Con referencia a los procesos postdeposicionales, señalamos la acumulación de material fino (limos/arcillas y material carbonoso) en los huecos (Fig. 4.34 b). Aparecen acumulaciones de $CaCO_3$ en huesos, huecos y en la masa basal en forma de microesparita, así como junto a material fino en la parte inferior de los elementos gruesos. También en este nivel la actividad biológica es importante.

Interpretación: Es un nivel originado por un proceso de escorrentía de débil intensidad (sin granuloclasificación en la fracción arenosa). Presenta una agregación de la matriz de tipo abierto y una porosidad importante, hecho que permite la percolación de material fino con una cierta granuloclasificación, propio de unas condiciones de humedad importante, corroborado por las trazas de disolución observadas en el material calizo.

N.IX

Descripción: Formado por una matriz fina (limos arenosos) con una estructura laminar (Fig. 4.34 c). La porosidad representa el 25%. La fracción gruesa es del 15% (cantos, arenas medianas y finas). La litología es de tipo calizo micrítico. Entre los minerales cabe destacar cuarzo, moscovita y calcita de morfología subangulosa y tabular y entre los fragmentos de roca, caliza esparítica de morfología subredondeada. Entre los componentes antrópicos, los carbones no son muy abundantes, de dimensiones muy pequeñas (tamaño limo) de morfología subangulosa y se encuentran entre la masa basal. La matriz es de color marrón-rojizo y está constituida por una fracción calcítica microesparítica.

Entre los procesos postdeposicionales, destacamos la acumulación de $CaCO_3$ en los huecos y entre la masa basal, la acumulación de material fino dentro de los huecos, la actividad de los lumbrícidos y los nódulos de óxidos de hierro como resultado de procesos de oxidación-reducción.

Interpretación: El origen sedimentario de este nivel, que está muy bien representado en el perfil W del yacimiento, se debe a un proceso de escorrentía de muy débil intensidad (fracción limo-arenosa). La estructura que se desarrolla es de tipo laminar propia de unas condiciones de hielo-deshielo (Van Vliet-Lanöe, 1987; Mücher *et alii*, 1990). Esta agua de deshielo tiene unas condiciones óptimas para movilizar los óxidos de hierro formando nódulos mediante fenómenos de oxidación-reducción. Estos ciclos de hielo-deshielo comportan por una parte, que el material detrítico presente una morfología subredondeada y por otra, que el material detrítico o antrópico se encuentre en una posición inclinada o vertical.

N.VIII

Descripción: Este nivel se caracteriza por una estructura de tipo granular y una porosidad del 25%. Domina la fracción gruesa, dentro de esta predomina la arena (300-50 μm) (20%) y a continuación destacan los cantos de conglomerado calizo y de morfología subredondeada (15%). Los cantos de caliza presentan la morfología típica de disolución: contornos irregulares y de débil birrefringencia y una porosidad que se inicia en las fisuras (Fig. 4.34 d). Entre los fragmentos carbonosos (2%) destacan los de 70-80 μm que se encuentran en huecos y recubriendo las partículas arenosas y los de 250-500 μm muy disgregados y en proceso de dispersión. Los fragmentos óseos, 5%, aparecen con diferentes trazas de combustión. La matriz es de color marrón y está constituida por una fracción calcítica y microesparítica.

Respecto a los procesos postdeposicionales predominan las acumulaciones de material fino en los huecos de la matriz que, algunas veces, aparecen con cierta granuloclasificación. También encontramos acumulaciones de $CaCO_3$ en forma microesparítica y la actividad biológica está fuertemente representada.

Interpretación: Se originó en unas condiciones físico-químicas parecidas a las del N.X; aunque, en este nivel la humedad es más importante, ya que, las trazas de disolución son más marcadas. Cabe señalar, también, la presencia de numerosas acumulaciones de material fino revistiendo huecos propio de circulación de agua en un momento postdeposicional. También es interesante citar que las formaciones de microesparita en la masa basal se presentan bajo la forma de intercalaciones, típico de unas condiciones de percolación de aguas que disuelven el carbonato existente y precipita en forma de microesparita en un momento de evaporación, indicando unas condiciones templadas y húmedas.

N.VII

Descripción: Presenta una estructura esponjosa/migajosa. La porosidad representa el 30%. Dentro de la fracción gruesa destaca la presencia de material antrópico de tamaño centimétrico (fragmentos de sílex y restos óseos), aunque la fracción que domina más son las arenas finas (125-63 μm). La matriz es de color gris, calcítica microesparítica. No se observan diferencias respecto a la litología en comparación con los niveles anteriormente descritos. Aparecen también en el material calizo trazas evidentes de disolución. Los restos carbonosos representan el 5% y el tamaño que domina se encuentra entre los 2 mm y 70 μm, de color negro-marrón. Por lo que se refiere a los fragmentos óseos (10-20%) se distinguen de diferentes tamaños (centimétricos hasta 63 μm) con diferentes trazas de combustión. También se han documentado fragmentos de coprolitos de herbívoros de 1,25 mm, de morfología alargada y de color marrón, con una masa cristalítica y fosfatada formada por esferolitas y fitolitos de sílice de formas articuladas. Los fragmentos de sílex aparecen muy fragmentados y con una serie de impregnaciones de óxidos e hidróxidos de hierro.

Uno de los procesos que afectan más al relleno es la acumulación secundaria de $CaCO_3$ en forma de microesparita o micrítica repartida entre la masa basal (Fig. 4.34 e) y en forma de revestimientos en los huecos, los agregados o los componentes óseos y carbonosos, llegando a disgregar los fragmentos de carbones y fragmentar los huesos (Fig. 4.34 f). Igualmente aparecen acumulaciones de material fino (limos-arenas finas y partículas carbonosas) en los huecos.

Interpretación: La formación está muy condicionada por la actividad antrópica ya que dominan los componentes de origen vegetal y animal.

Las condiciones que se dieron durante la formación de este nivel fueron de humedad oscilante, hecho corroborado por la estructura sedimentaria de tipo esponjoso, así como los rasgos de disolución de la fracción de caliza, y también por la acumulación de material fino en los huecos (muy abundantes).

La acumulación de $CaCO_3$ se debe posiblemente a que los carbonatos presentes en las cenizas sufrieron una disolución parcial y reprecipitan bajo una forma micrítica o microesparítica y quedan libres de partículas carbonosas. Estas condiciones se dan en aquellos niveles que están sometidos a una alternancia de procesos de humectación y evaporación; en este caso la reprecipitación es in situ y comporta la formación de una costra micrítica densa de color blanquecino. Los fragmentos carbonosos aparecen en forma de revestimientos o en forma de polvo carbonoso dando al nivel un color gris oscuro (Courty, 1984; Wattez, 1992).

N.VI

Descripción: Este nivel se distingue por una estructura prismática con un 30% de porosidad. Domina la fracción gruesa quedando distribuida de la siguiente forma: 1% de cantos de unas dimensiones que oscilan entre 1-2 cm, las gravas con un 1%, a continuación las arenas 250 μm-1mm con un 60% y finas con un 10%. La morfología de los minerales es subangulosa; en cambio la morfología de los fragmentos de roca es subredondeada. La litología es la misma que los niveles anteriormente descritos. Entre los componentes de origen antrópico destacamos los fragmentos carbonosos de tamaño entre 63-250 μm distribuidos entre la masa basal y los fragmentos óseos de color amarillo con la estructura ósea bien identificada y sin trazas de combustión.

La matriz es de color rojizo-marrón y está constituida por una fracción calcítica microesparítica. También hay fragmentos de costras (375 μm - 1 mm de grosor) de limos arcillosos con granuloclasificación, con una estructura de tipo laminar y muy alteradas por la actividad de la fauna.

Entre los procesos postdeposicionales se distinguen acumulaciones de material fino (limos y arcillas, arenas finas y partículas carbonosas) en huecos y en la parte superior de cantos y granos de arena (25 μm) (Fig. 4.34g). En cuanto a las acumulaciones de $CaCO_3$ disminuyen respecto al nivel anterior.

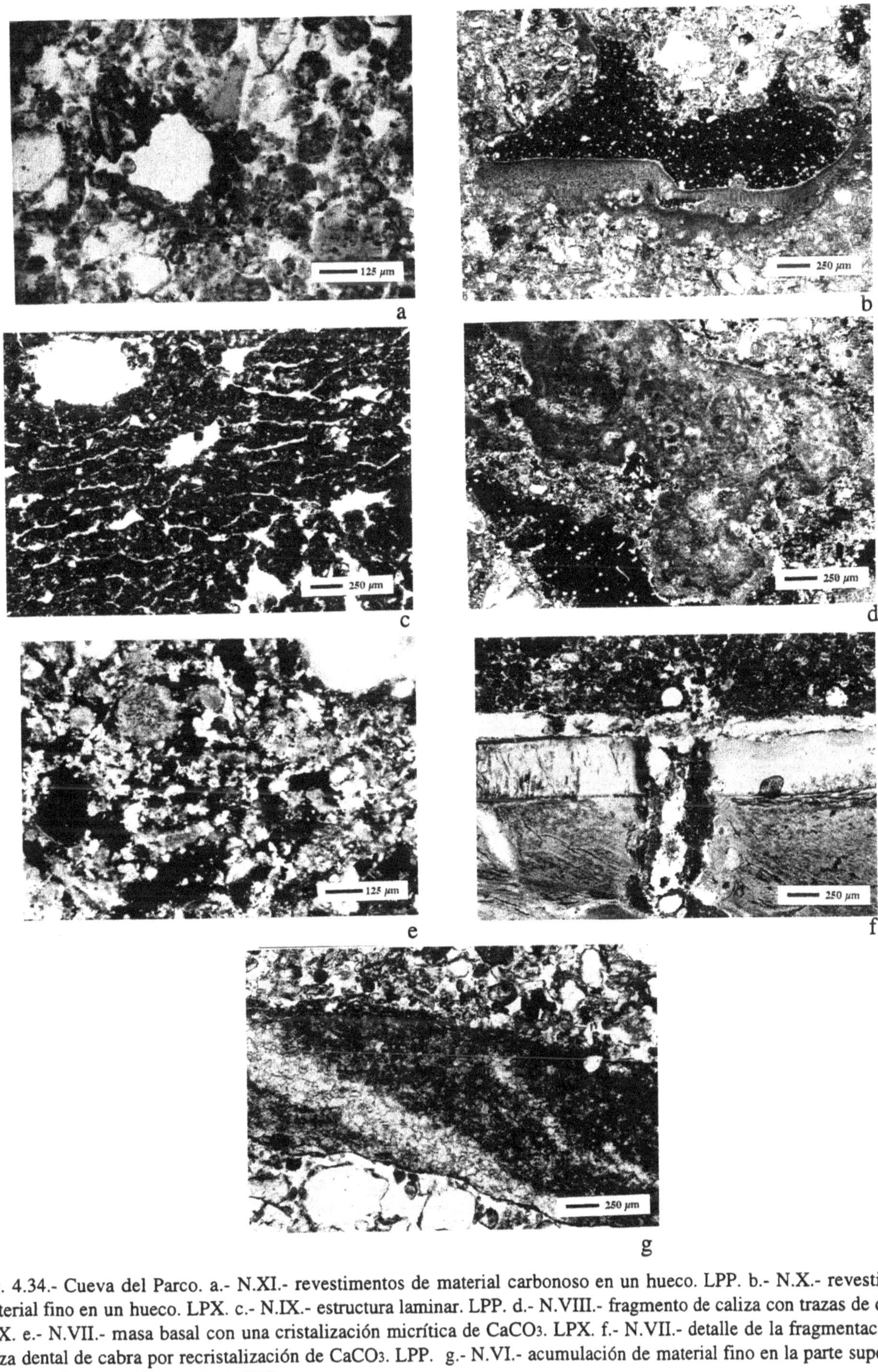

Fig. 4.34.- Cueva del Parco. a.- N.XI.- revestimentos de material carbonoso en un hueco. LPP. b.- N.X.- revestimiento de material fino en un hueco. LPX. c.- N.IX.- estructura laminar. LPP. d.- N.VIII.- fragmento de caliza con trazas de disolución. LPX. e.- N.VII.- masa basal con una cristalización micrítica de $CaCO_3$. LPX. f.- N.VII.- detalle de la fragmentación de una pieza dental de cabra por recristalización de $CaCO_3$. LPP. g.- N.VI.- acumulación de material fino en la parte superior de un fragmento de canto (silt capping). LPP.

También se observa la actividad de la fauna con la presencia de agregados producto de la actividad de los lumbrícidos.

Interpretación: Este nivel se ha formado por un proceso de escorrentía de mayor energía que los niveles anteriores, ya que la fracción de arenas aparece granuloclasificada. Uno de los rasgos a destacar es la aparición de costras sedimentarias de fracción limo-arcillosa y algunas de limos y arenas finas de un grosor de 375 µm, que según Fédoroff se dan en zonas con condiciones semiáridas/áridas (Fédoroff *et alii,* 1987). Estas aparecen con una estructura laminar que indica ciclos de hielo-deshielo. También cabe citar la aparición de revestimientos en la parte superior de la fracción gruesa, rasgos típicos de la existencia de ciclos periglaciares (hielo-deshielo) de fuerte intensidad y periódicos (Van Vliet-Lanoë, 1987).

Por todos estos rasgos creemos que con este nivel se inicia un cambio de dinámica sedimentaria (precipitaciones de tipo más tormentoso) con unas condiciones paleoambientales semiáridas y frías.

N.V

Descripción: Tiene estructura granular aunque poco desarrollada. La porosidad representa un 20%. La fracción de cantos es un 45% del total y el resto de la fracción gruesa son mayoritariamente arenas 50-125 µm (5%). La matriz es de color gris y de calcita microesparítica. Respecto a la mineralogía y la litología, no se observan diferencias con los niveles anteriores. Se observan trazas de disolución.

Los restos carbonosos representan el 6% y el tamaño que domina se encuentra entre los 250 y los 500 µm; aparecen disgregados y dispersos entre la masa basal. También hay cenizas de color blanco que oscilan entre 500-625 µm. Por lo que se refiere a los fragmentos óseos (10%) se distinguen de distintos tamaños (entre 125 µm y 1 mm) y con diferentes trazas de combustión. Se han localizado fragmentos de coprolitos de herbívoro de 750 µm de color marrón con residuos vegetales en el interior. Aparecen fragmentos de sílex (2%) con impregnaciones de color marrón-rojizo (óxidos de hierro) en la parte superior.

Uno de los procesos postdeposicionales que afecta al nivel es la acumulación secundaria de $CaCO_3$ que se manifiesta impregnando la masa basal en forma de microesparita, en los huecos de tipo cavitario y en la parte inferior de los cantos (pendents) de 300 µm de grosor. Además aparecen hiporrevestimentos de óxidos-hidróxidos de hierro en los granos de arena y en el material silíceo.

El material detrítico aparece con unos rasgos de oxidación propios de zonas de combustión.

Interpretación: El origen de este nivel ha sido, también, por procesos de escorrentía. Se trata de una zona donde ha habido procesos de combustión en unas condiciones de buena oxigenación y que ha alcanzado temperaturas superiores a los 500°C. Paleoambientalmente se observan unas condiciones más húmedas (disolución de los materiales detríticos) que el nivel anterior.

N.IV

Descripción: Presenta las mismas características estructurales que el nivel anterior; localmente aparece una estructura secundaria de tipo laminar. La porosidad representa un 20%. Domina la fracción fina, de color marrón y está constituida por una fábrica calcítica microesparítica. Entre los componentes de fracción gruesa cabe destacar los cantos de conglomerado y las arenas de 125-250 µm. La litología dominante está constituida por calcita esparítica, calcita microesparítica y cuarzos. También aparecen fragmentos de costras de tamaño centimétrico con granuloclasificaciones (Fig. 4.35a) y con una estructura de tipo laminar.

Los carbones disminuyen (4%) y están distribuidos en la masa basal o formando parte de acumulaciones de arenas. Se localizan algunos de 250 µm fragmentados y en un inicio de dispersión.

Entre los fragmentos óseos (2%) dominan los huesos de color amarillo, de débil birrefringencia de 250-500 µm de tamaño y con revestimientos microesparíticos en su interior.

En cuanto a los procesos postdeposicionales es importante la presencia de acumulaciones de material fino en la parte superior del material detrítico. También se observan acumulaciones de $CaCO_3$ en la parte inferior de los cantos junto a material fino (pendents) de un grosor de 375 µm.

Interpretación: La formación es parecida a la del nivel VI, es decir, debido a un proceso de escorrentía superficial.

Las condiciones son frías y semiáridas, como lo denotan la estructura laminar en las costras sedimentarias (hielo-deshielo) y la formación de pendents.

N.III

Descripción: Este nivel tiene una estructura esponjosa. La porosidad es de un 30%. Predomina la fracción gruesa con cantos y gravas que representan un 60% y a continuación sigue la fracción de arenas gruesas (25%). Los cantos tienen morfología tabular y contornos subredondeados con señales de disolución (irregulares), también aparecen con fragmentaciones. La matriz es de color marrón-rojizo con una fabrica de birrefringencia cristalítica. Se encuentran fragmentos de costras de tamaño centimétrico con una estructura laminar.

Por lo que respecta a los componentes de origen antrópico, hay un aumento de carbones (7%) respecto al nivel anterior. La mayoría conservan la estructura interna a pesar de que están altamente fragmentados y se encuentran mayoritariamente en los huecos.

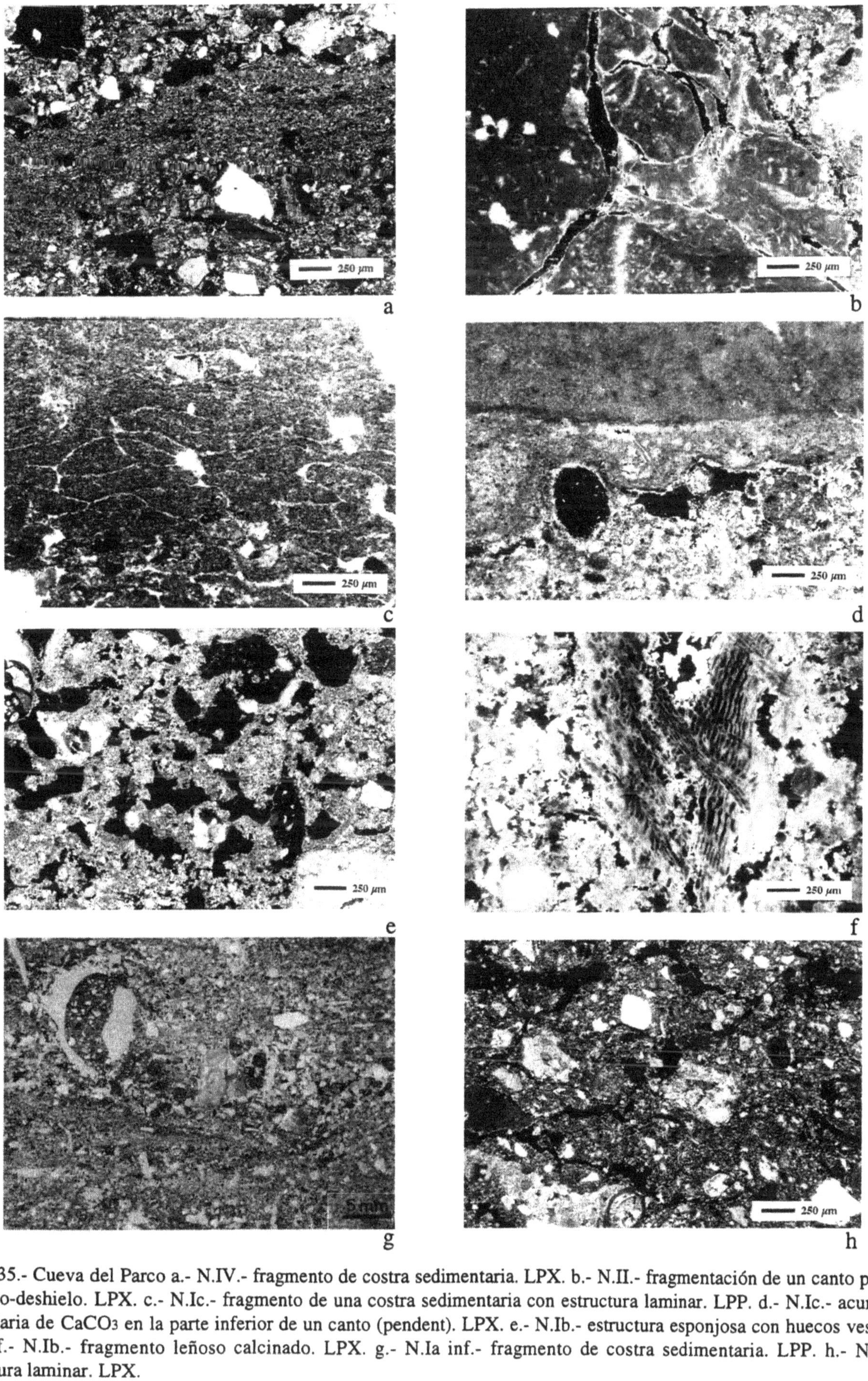

Fig. 4.35.- Cueva del Parco a.- N.IV.- fragmento de costra sedimentaria. LPX. b.- N.II.- fragmentación de un canto por efecto de hielo-deshielo. LPX. c.- N.Ic.- fragmento de una costra sedimentaria con estructura laminar. LPP. d.- N.Ic.- acumulación secundaria de $CaCO_3$ en la parte inferior de un canto (pendent). LPX. e.- N.Ib.- estructura esponjosa con huecos vesiculares. LPX. f.- N.Ib.- fragmento leñoso calcinado. LPX. g.- N.Ia inf.- fragmento de costra sedimentaria. LPP. h.- N.Ia sup.- estructura laminar. LPX.

En cuanto a los procesos postdeposicionales, destaca la actividad biológica que se manifiesta en la presencia de agregados de excrementos de larvas de insectos.

Interpretación: Este nivel se debe a una disgregación de la pared o techo de la cueva. La abundancia de cantos y gravas indica un ambiente frío y se observa una cierta fragmentación de los elementos gruesos.

Aparecen costras sedimentarias de arenas de tamaño centimétrico propias de un ambiente semiárido. La estructura sedimentaria es de tipo esponjoso, propio de unas condiciones húmedas; los fragmentos carbonosos alargados y los signos de disolución del material detrítico corroboran este medio.

En este nivel los pendents de $CaCO_3$ disminuyen respecto al nivel anterior, pero aparecen junto a matriz arcillosa, lo que significa que las aguas que percolaron no son puras sino con material fino implicando un ligero aumento de la humedad.

Desde el punto de vista paleoambiental se darían unas condiciones de tipo semiárido con una pulsación fría y un ligero aumento de la humedad.

N.II

Descripción: La estructura es granular poco desarrollada. La porosidad representa un 30%. Predomina la fracción gruesa con un 45-50% de cantos y gravas con trazas evidentes de disolución, y con signos de fragmentación (Fig. 4.35b); a continuación está representada la fracción de limos y arcillas con una fábrica cristalítica de color anaranjado. En este nivel hay muchos fragmentos de roca. Los carbones (1%) disminuyen respecto al N.III, aparecen muy fragmentados y no se distingue su estructura interna. Poca presencia de huesos (1%) que aparecen muy fragmentados y de morfología redondeada. También cabe citar fragmentos de malacología.

Por lo que se refiere a los procesos postdeposicionales destacamos:

- acumulaciones de $CaCO_3$ en forma de revestimientos e hiporrevestimientos (125 μm) en huecos y en cantos en forma de pendent de 75 μm.

- actividad biológica que se manifiesta en la presencia de agregados resultado de la actividad de los lumbrícidos.

Interpretación: Es un nivel formado como el N.III por la disgregación de la pared de la cueva con fragmentaciones en los cantos propias de unas condiciones de gelifracción y por escorrentía de débil energía. Se encuentra representado sobre todo en los perfiles W y Sur.

En general en este nivel hay un aumento de la humedad respecto al nivel III en un ambiente frío (de menor intensidad que el nivel anterior).

N.Ic

Descripción: La estructura es de bloques subangulares, con una porosidad que representa entre el 8 y el 15%. Domina la fracción gruesa concretamente las arenas (500-250 μm) 30% con la misma litología vista en los niveles anteriormente citados. Los cantos tienen una longitud de 1 a 2 cm (5%) con una morfología subredondeada. La morfología de la fracción mineral es subangulosa y los fragmentos de roca tienen una morfología subangulosa/subredondeada con algunas trazas de disolución. Se documenta una importante presencia de fragmentos carbonosos que representan el 5%; la mayor parte de un tamaño que oscila entre 125-250 μm, se hallan distribuidos por la masa basal de forma redondeada y tabular y no se distingue su estructura vegetal. Por lo que respecta a los fragmentos óseos (1%) aparecen de un tamaño entre 1-2 mm de color amarillo con ligeras fragmentaciones. Se localizan fragmentos de sílex (1%).

La masa basal es de color marrón-rojizo y es cristalítica y calcítica. Aparecen fragmentos de costras de material fino con estructura laminar de tamaño centimétrico hasta 625 μm (Fig.4.35 c).

Entre los procesos postdeposicionales cabe citar:
- la actividad biológica que se manifiesta en la presencia de pellets fecales y agregados producidos por la actividad de los lumbrícidos.
- acumulaciones de material fino en forma de revestimientos-hiporrevestimientos (500 μm) en los granos de arenas y en las gravas.
- alguna presencia de acumulaciones de $CaCO_3$ junto a material fino (arenas finas) en la parte inferior en los cantos (pendents) de 875 μm (Fig. 4.35 d).

Interpretación: La sedimentación se debe a circulaciones hídricas (escorrentía) con variaciones de intensidad en el flujo. En la base del nivel y sobre todo en el perfil sur se localizan una serie de bloques. La formación de costras sedimentarias indica unas condiciones semiáridas donde el régimen de precipitación es de tipo tormentoso. Al mismo tiempo, se dan condiciones de humedad (disolución en el material detrítico) y de frío por la estructura de tipo laminar y, en este caso, por la acumulación de carbonato cálcico en la parte inferior de los cantos.

N.Ib

Descripción: Tiene una estructura esponjosa con algunos huecos vesiculares y localmente masiva (Fig. 4.35 e). La porosidad representa un 20%. Domina la fracción de arenas de 63-250 μm de la misma litología que los niveles anteriores. La fracción de cantos (1%) está representada por calizas de morfología subredondeada; algunas presentan alteraciones como señales de combustión y trazas de disolución. La masa basal es de color gris-marrón de tipo cristalítico y calcítico. Encontramos en la parte superior del nivel costras sedimentarias formadas por arenas medianas con cierta granuloclasificación y con una estructura laminar.

Por lo que respecta a los fragmentos de carbón, aparecen en poca cantidad, solamente un 2%, de color negro y de unos 75 µm. Los fragmentos óseos (1%) son de unos 2 mm, de color amarillo y sin trazas de fragmentación. También aparecen fragmentos de sílex de unos 2 mm. Los elementos que aparecen en mayor proporción son unos fragmentos, probablemente de origen vegetal (comunicación oral Mª T. Ros), de un tamaño que oscila entre los 2,45 mm-800 µm, que se encuentran mineralizados o parcialmente (Fig. 4.35f). También se hallan fitolitos de sílice.

Entre los procesos postdeposicionales cabe destacar las acumulaciones de 500 µm de grosor de arenas finas y limos alrededor de los huecos. Hay algunas acumulaciones de $CaCO_3$ en huecos en forma de hiporrevestimientos de 500 µm, así como nódulos de óxidos-hidróxidos de hierro repartidos en la masa basal originados por combustión. La actividad biológica es importante y se manifiesta con cámaras formadas por organismos.

Interpretación: La formación de este nivel está muy condicionada por la actividad antrópica, como lo demuestra la abundancia de residuos de origen vegetal. Los fragmentos documentados parece que correspondan mayoritariamente a materiales leñosos y por las trazas de combustión podrían haber alcanzado unos 450-500°C.

Desde el punto de vista paleoambiental, se puede decir que hubo unas condiciones de humedad y de frío importantes, datos confirmados tanto por la estructura sedimentaria de tipo esponjoso-vesicular, como por las acumulaciones de material fino que se documentan en los huecos, así como por las trazas de disolución del material detrítico.

En la parte superior del nivel se reactivan las condiciones de escorrentía y aparecen costras sedimentarias con una estructura laminar (propia de unas condiciones de hielo-deshielo).

N.Ia

En este nivel se han distinguido una serie de subniveles:

N.Ia inf

Descripción: La estructura es de tipo masivo con una cierta agregación. La porosidad representa el 8%. Domina la fracción gruesa y concretamente la fracción de arenas (125-500 µm) que representan el 40%. La fracción de cantos disminuye respecto al nivel anterior. Aparecen en este nivel costras sedimentarias de 375 µm formadas por arenas finas y medianas sin matriz fina y con una cierta granuloclasificación (Fig. 4.35 g). La matriz es de color marrón con una fabrica cristalítica y calcítica.

Los carbones disminuyen considerablemente respecto al nivel anterior con un 0,5% y domina la fracción de 50 µm; también aparecen fragmentos óseos (0,2%) de unos 2 mm y fragmentos de sílex (0,5%) de unos 2 mm.

En cuanto a los procesos postdeposicionales aparecen acumulaciones de material fino en los granos de arena y nódulos de óxidos-hidróxidos en la masa basal.

Interpretación: La sedimentación se debe a un proceso de escorrentía de fuerte intensidad y como resultado de esta dinámica se producen costras sedimentarias bien desarrolladas. Esta dinámica explica tanto la acumulación de material fino alrededor de las arenas propia de un proceso de lavado de finos en el momento de la deposición, como también, la poca presencia de material antrópico que probablemente se haya erosionado.

Las condiciones ambientales serían de aridez.

N.Ia. sup

Descripción: La estructura es granular con tendencia a bloques subangulares poco desarrollada. Localmente se observa una estructura laminar (Fig. 4.35h). Domina la fracción de cantos con un 10%, tienen morfología subredondeada y están fragmentados; el tamaño oscila entre 1-2 cm y son conglomerados y calizas. Presentan concreciones carbonatadas que pueden ser heredadas, probablemente proceden de la pared de la cueva. También presentan diferentes trazas de disolución. En la matriz domina la fracción de arenas de 300-625 µm (25%) y es de color marrón y de fábrica cristalítica y calcítica.

Respecto a los carbones (2%) dominan los de 50 µm. Prácticamente los fragmentos óseos no están representados. Aparecen fragmentos de malacología de 125-500 µm.

Destaca la actividad biológica que se manifiesta en la estructura y en la formación de agregados. Hay acumulación de material fino en forma de revestimientos en la fracción detrítica incluso con grosores 25-50 µm. Además encontramos acumulaciones de $CaCO_3$ con una matriz fina por debajo de los fragmentos detríticos de 375 µm. Aparecen nódulos de óxidos-hidróxidos de hierro y revestimientos de forma impregnativa en granos de arena.

Interpretación: Es resultado de la disgregación de la pared de la cueva. Probablemente se debe a unas condiciones frías (hielo-deshielo) y húmedas, tal como nos lo demuestra la presencia de actividad biológica y la estructura laminar, la morfología redondeada y la fragmentación de la fracción detrítica.

4.4.4. Caracteres generales de la sedimentación

La sedimentación de la cueva del Parco está formada por una serie de facies:

- Facies de arenas limosas y cantos con fragmentos carbonosos. Está constituida por una matriz de arenas limosas y cantos junto a una gran cantidad de material de origen antrópico. Está representado sobre todo en los N.XI, X y VIII. Su origen está relacionado con un proceso de escorrentía superficial de débil intensidad. El material detrítico presenta numerosas trazas de disolución. Este rasgo es importante ya que denota unas condiciones de humedad importante.

- Facies de limos arenosos. Esta facies está representada en el N.IX. La formación se debe a un proceso de escorrentía superficial de muy débil energía. Además se caracteriza por presentar una estructura laminar propia de ciclos de hielo-deshielo (Van Vliet-Lanoë, 1987; Mücher *et alii,* 1990). El material detrítico presenta una morfología redondeada (disolución).

- Facies de arenas limosas de color gris con $CaCO_3$ y fragmentos carbonosos. Esta facies está representada en el N.VII. Se caracteriza por una gran acumulación de material de origen antrópico (carbones y restos óseos principalmente) y por la acumulación de fragmentos de costras de $CaCO_3$. El origen también corresponde a un aporte de escorrentía superficial de débil intensidad.

- Facies de arenas limosas granuloclasificadas con cantos. La sedimentación de este depósito se debe a escorrentía superficial de mediana intensidad; el material aparece granuloclasificado debido a un aporte hídrico importante. También hay fragmentos de costras sedimentarias. Las condiciones serían semiáridas y frías. Esta facies se encuentra representada en los niveles VI, V y IV.

- Facies de bloques y cantos con arenas limosas. Está formada por un aporte de escorrentía de débil energía y por cantos que proceden de la disgregación de la pared (N.III y N.II). Los cantos presentan una serie de fracturas y fisuras propias de unas condiciones de hielo-deshielo, aunque tanto la estructura sedimentaria como la disolución del material detrítico sugieren unas condiciones húmedas que aumentan sobre todo en el N.II.

- Facies de arenas granuloclasificadas con bloques y cantos. Esta última facies está representada en el N.I. Uno de los aspectos a destacar de este nivel es la potencia sedimentaria (117 cm) en el perfil Este. Está formada por bloques y cantos con arenas medianas y finas granuloclasificadas. Como el material detrítico presenta una serie de fracturas propias de unas condiciones de hielo-deshielo y el nivel tiene estructura laminar, creemos que las caídas de bloques son debidas a causas de tipo climático. También se observan costras sedimentarias de potencia considerable. Por tanto creemos que el origen de la facies corresponde, en general, a aportes de escorrentía de fuerte intensidad con algunos momentos de menor flujo (costras sedimentarias), caídas de bloques y disgregación de la pared provocada por unas condiciones semiáridas y frías con alguna pulsación de humedad.

4.5. ESTRUCTURAS Y ÁREAS DE COMBUSTIÓN

4.5.1. Estructura E.E.1

Durante la campaña de excavaciones de 1992 se reiniciaron los trabajos correspondientes a los niveles post-paleolíticos de la zona interior de la cueva (cuadros 9C, 9D, 10C y 10D) y se halló una estructura que se denominó E.E.1. Se encontró seccionada vertical y horizontalmente por las antiguas excavaciones efectuadas del Dr. Maluquer, por eso no se conocen las dimensiones totales, no obstante se dedujo una forma subcircular de base aplanada de la cual se conservó una profundidad máxima de 26 cm (Fullola *et alii,* 1992; Bartrolí *et alii,* 1994) (Fig.4.36).

Las unidades que se han distinguido se detallan en la fig. 4.37

Análisis micromorfológicos

Los análisis micromorfológicos que hemos realizado tratan, por una parte, del relleno de la estructura y por otra, de los grumos de material fino con improntas vegetales que aparecieron, sobre todo, en la unidad superior.

Para realizar este estudio se tomaron dos muestras de la estructura E.E.1 (Fig. 4.36), de manera que en cada muestra se podían observar las tres unidades identificadas. La descripción micromorfológica se resume en los cuadros de las Fig. 4.37 y 4.38).

Interpretación

Para analizar el relleno de la estructura E.E.1 creemos que hay que tener en cuenta dos elementos importantes: por una parte, los componentes y por otra la organización o disposición de las unidades identificadas.

Por lo que respecta a los componentes se observa que el relleno de la estructura está constituido mayoritariamente por una acumulación de residuos, tanto vegetales (fragmentos carbonosos, cenicientos y cenicientos fosfatados, restos vegetales humificados quemados, fitolitos de gramíneas...) como animales (masas fosfatadas que proceden de fragmentos de coprolitos de herbívoros y pequeñas astillas de hueso).

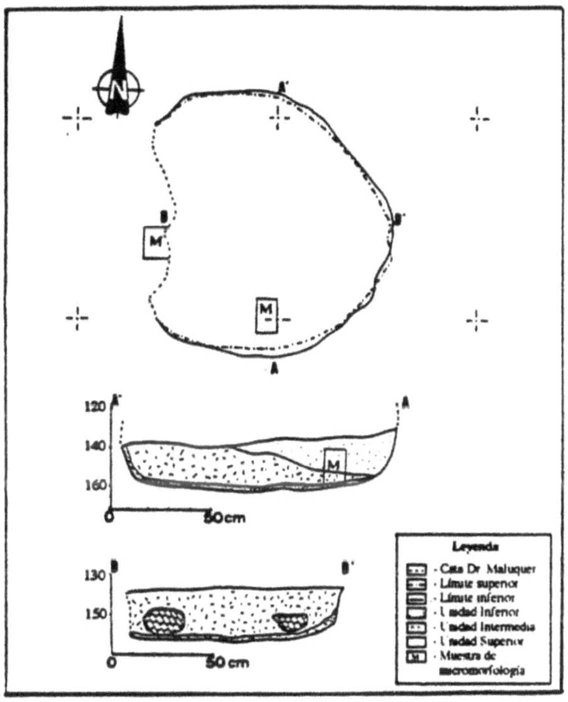

Fig. 4.36

Descripción microestratigráfica	Descripción micromorfológica: Microestructura	Descripción micromorfológica: Masa basal
Unidad Superior.- Potencia 13 cm. Localizada en el sector SE. Acumulación limosa de color grisáceo (7,5 YR 5/2) mezclada en algunos sectores con un sedimento de arenas limosas de color marrón. Hay que destacar la presencia de huesos quemados, carbones, fragmentos de cerámica, sílex, así como pequeños fragmentos de grumos de arcilla con improntas vegetales	Porosidad 25%. Granular con canales.	Matriz gris-marrón carbonatada de tipo micrítico. Formada por un 8% de arenas finas y limos detríticos (25-125 μm) y por residuos de origen vegetal y animal.
Unidad Intermedia.- Potencia 10 cm. Se localizó en el sector norte de la estructura. Matriz de arenas limosas de color marrón (7,5 YR 5/6) con bloques y cantos de conglomerado.	Porosidad 25%. Granular con huecos de tipo cavitario.	FG/FF 2/1. Domina la arena (150-500 μm) con un 20%. Formada por cuarzo, plagioclasa, ortoclasa, calcita y caliza. La fracción fina está constituida por una fábrica birrefringente cristalítica y calcítica.
Unidad Inferior.- Potencia 3 cm. Matriz limosa de color gris (7,5 YR 6/2), con carbones y cantos de caliza	Porosidad 20%. Granular.	Matriz gris-marrón carbonatada de tipo micrítico. Formada por un 5% de arenas finas y limos detríticos (25-125 μm) y por residuos de origen vegetal y animal

Fig. 4.37. Descripción microestratigráfica y micromorfológica de la E.E.1.

Unidades	Componentes de origen vegetal	Componentes de origen animal	Componentes minerales
U. Superior	- fábricas cristalinas blancas formadas por cristalizaciones calcíticas subredondeadas con fuerte birrefringencia - fábricas cristalinas formadas por romboedros de calcita de 25 µm - fábricas cristalinas formadas por esferolitas de 250 µm - fragmentos de vegetales humificados de color marrón-anaranjados asociados con esferolitas de 125 µm - carbones y cenizas (gris-negro) (15%) de 25 µm-2 mm	- fragmentos de masas fosfatadas cristalíticas con la misma composición que los de la unidad Inferior - fragmentos de masas fosfatadas cristalítica de forma esférica formada por fitolitos de sílice articulados por esferolitas con residuos humificados de 375 µm - fragmento de hueso de 25-75 µm (1%) de color blanquecino	En esta unidad se presentan los mismos componentes minerales que en la unidad Inferior. Los fragmentos calizos aparecen con trazas típicas de disolución, es decir, los contornos irregulares, porosidad en las fisuras ...
U. Intermedia	- fábricas cristalinas formadas por esferolitas de 625 µm con microestructura vesicular - fragmentos cenicientos fosfatados - fragmentos cenicientos de color gris-negro 375 µm - fragmentos de vegetales humificados de color marrón-anaranjado asociados con esferolitas de 750 µm - fragmentos carbonosos (5%) de 25-125 µm	- fragmentos de masas fosfatadas de color marrón-negro que presentan una composición idéntica a la de los residuos de la unidad Inferior, pero éstos se caracterizan por un color diferente, resultado de una combustión de menor intensidad - fragmentos de masas fosfatadas de color amarillo de morfología redondeada con pequeños fragmentos óseos en el interior. Seguramente se trata de un fragmento de coprolito de carnívoro de 625 µm de diámetro - fragmentos óseos 3% de 63-250 µm	- fragmentos de roca carbonatada, micrítica fragmentada - agregados de sedimento limo-arcilloso de color marrón-rojizo de 3 mm de morfología redondeada - nódulos de óxidos-hidróxidos de hierro de 250 µm
U. Inferior	- fábricas cristalinas blancas formadas por cristalizaciones calcíticas subredondeadas con fuerte birrefringencia - fábricas cristalinas formadas por esferolitas de 1 mm - cenizas fosfatadas de 750 µm - fragmentos de cenizas leñosas de 375 µm - fragmentos carbonosos 20% (25 µm- 2 mm) - fitolitos de sílice de formas alargadas que seguramente corresponden a gramíneas - esqueletos de sílice de 250 µm	- fragmentos de masas fosfatadas cristalíticas de color gris-amarillo de 400 µm de sección con porosidad abierta, rica en esferolitas y en fitolitos desarticulados con una estructura fibrosa identificados como coprolitos quemados de herbívoros (Courty et alii, 1991; Wattez, 1992) que corresponden a ovicaprinos (450-500°C) - fragmentos de huesos (63 µm - 2 mm) 10%. Los de mayor tamaño de color amarillo-anaranjado, porosos y en proceso de fragmentación y los de menor tamaño de color blanquecino y cristalizados resultado de una combustión elevada	La fracción detrítica está constituida por fragmentos de caliza micrítica, cuarzo y plagioclasa alterados por el fuego. Esta alteración se traduce por la fragmentación así como por la impregnación de óxidos de hierro. También se localizan agregados de sedimento limo-arcilloso de color marrón-rojizo de 125 µm de diámetro y nódulos de óxidos-hidróxidos de hierro de 75 µm

Fig. 4.38.

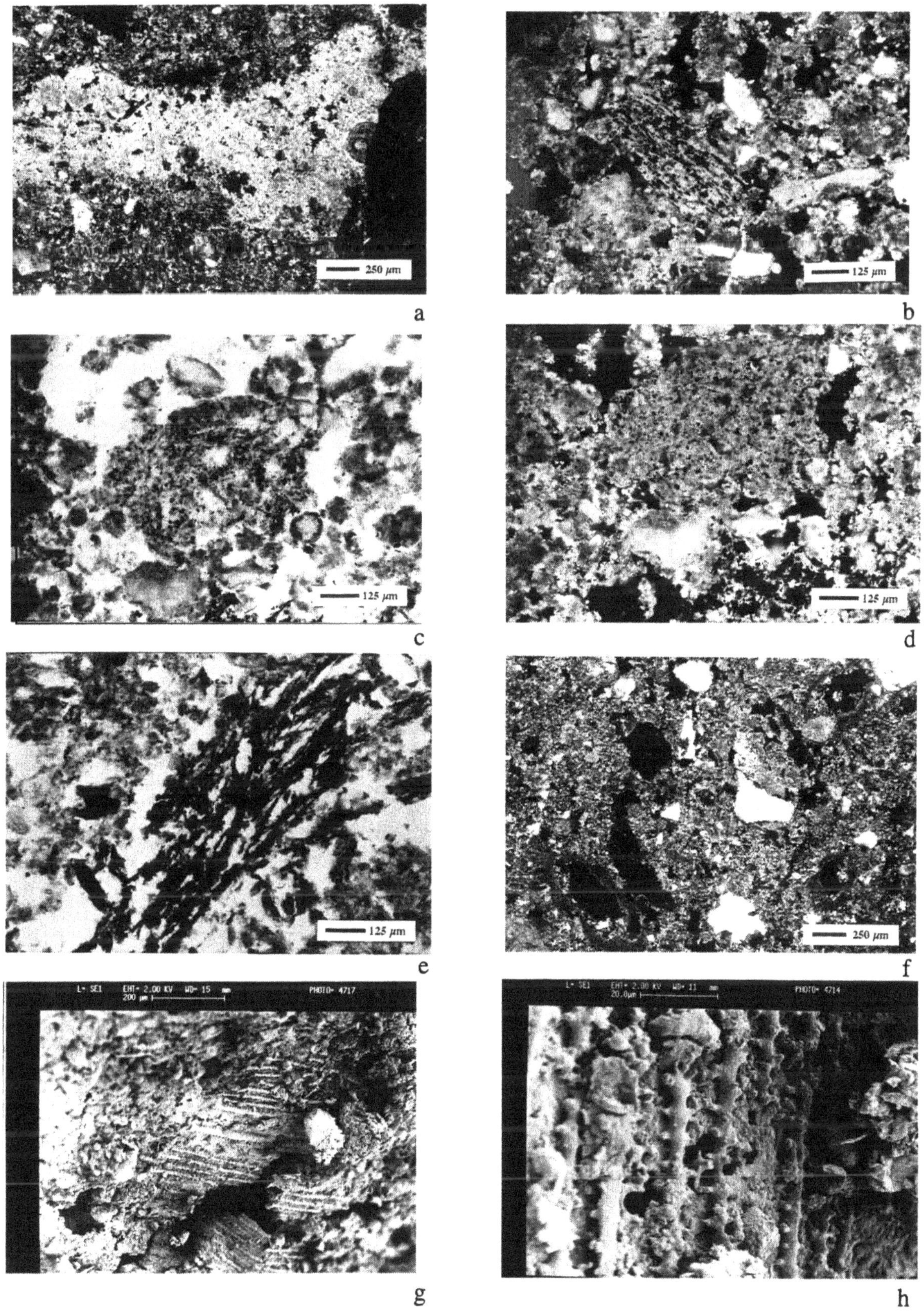

Fig. 4.39.- Estructura E.E.1
a.- Acumulación cenicienta (cristalizaciones calcíticas). LPX. b.- Carbón parcialmente mineralizado. LPX. c.- Fragmento de coprolito de herbívoro (ovicaprino). LPP. d.-Fragmento de coprolito de herbívoro (ovicaprino). LPX. e.- Fragmento de residuo vegetal humificado. LPP. f.- Acumulación de material (hiporrevestimientos) en huecos de la matriz. LPX. g.- Esqueletos de sílice de formas alargadas (probablemente corresponden a gramíneas) localizados en las improntas vegetales de los grumos de material fino. h.- Detalle de los esqueletos de sílice.

Las unidades Inferior y Superior han sido sometidas a la acción del fuego. Esta combustión se manifiesta, principalmente, por acumulaciones cenicientas de color blanquecino (fábricas cristalinas formadas por cristalizaciones calcíticas con fuerte birrefringencia) (Fig. 4.39 a) y por otras de color gris (formadas por cristales de carbonato cálcico con partículas negras) (Fig. 4.39 b), que nos muestran como ha habido una mineralización parcial o total de los elementos vegetales en unas condiciones oxidantes, características propias de una combustión de fuerte intensidad alrededor de los 500°C (Courty, 1984; Wattez, 1988; 1992). También se han observado, especialmente en la unidad Superior, algunos residuos vegetales humificados (Fig. 4.39 e) que presentan una coloración marrón-anaranjada específica del calentamiento a elevadas temperaturas de materiales orgánicos putrefactos (Wattez, 1992).

Se constatan estas trazas de fuego en la fracción detrítica, mayoritariamente formada por fragmentos de caliza micrítica (cristales de calcita de un tamaño inferior a 10 µm). Las transformaciones y modificaciones que se observan son:
- la presencia de fisuras que provocan la fragmentación y la disgregación de la roca.
- el cambio de coloración hacia unas tonalidades marrones y opacas en la caliza micrítica (Wattez, 1992).
- la presencia de partículas de óxidos-hidróxidos de hierro que impregnan las partículas micríticas.
- neoformación de partículas de óxidos-hidróxidos de hierro que están distribuidas por la masa basal.

Uno de los componentes a destacar en el relleno es la aparición de masas fosfatadas de origen animal que pertenecen a fragmentos de coprolitos, la mayoría de herbívoros, concretamente ovicaprinos (Fig. 4.39 c y d). Estas masas aparecen calcinadas o parcialmente calcinadas y se identifican por los siguientes rasgos (Courty *et alii,* 1991; Wattez, 1992):
- unidades subredondeadas de color marrón-amarillo/marrón-negro
- porosidad abierta
- microestructura fibrosa
- fracción orgánica: soluciones compuestas de fosfatos de color amarillo pálido que constituyen la masa basal.
- fracción vegetal: rica en esferolitas y en fitolitos de gramíneas.

Otro elemento importante a tratar es la organización de las unidades; de hecho, la disposición que adoptan (Fig. 4.36), en forma cruzada, hace pensar que el relleno se debe a diferentes vertidos intencionados en el interior de la estructura. También nos lo corrobora el hecho que el material arqueológico aparecido no seguía la pendiente de la unidad, dato que sugiere que la posición del material es secundaria. El análisis micromorfológico también nos confirma esta hipótesis:

- la base de la unidad no ha sufrido ningún tipo de transformación propia de una combustión elevada temperatura (~500°C), es decir, no se observa ningún tipo de fisuración en la matriz, ni cambio en la coloración del sedimento (tonalidades rojizas), datos que indicarían la posición primaria del fuego.

- no se conservan los rasgos diagnósticos de una combustión realizada en la estructura (unidad de acumulación de residuos vegetales en relación con el soporte sedimentario donde se ha realizado el fuego) (Wattez, 1992).

Según todos estos datos nos planteamos dos hipótesis sobre el origen del relleno:
1.- es un depósito de acumulación, en posición secundaria, de una área ligada a la estabulación de animales. La abundancia de restos de combustión podría estar estar ligada a prácticas de saneamiento de estas zonas.
2.- se podría tratar de restos de hogares, en posición secundaria, donde el combustible que se utilizó fue mayoritariamente excrementos de animales.
Nosotros nos decantamos por la primera hipótesis, ya que, en el relleno hay una gran variedad de residuos vegetales y de origen animal: hay restos vegetales humificados, masas fosfatadas que pertenecen a coprolitos de herbívoros en diferentes estados de calcinación (ovicaprinos), fragmentos cenicientos fosfatados, fitolitos, restos de cenizas que probablemente corresponden a hojas, gran cantidad de fragmentos carbonosos-cenicientos que algunos de ellos pertenecen a plantas leñosas (árboles)...; es un material más propio de un estercolero que no de la combustión de excrementos de animales.

Otros asentamientos, con una cronología similar al nuestro, donde también se han identificado niveles ligados a la estabulación de animales son: l'Abri Pendimoun (Alpes) y el yacimiento de Arene Candide (Ligúria, Italia) (Courty *et alii*, 1991; Wattez, 1992).

Posteriormente al relleno se sucedieron una serie de procesos postdeposicionales debidos a infiltración de aguas que percolaron a través del sistema de huecos del sedimento, arrastrando partículas carbonosas y elementos finos (limos y arcillas) que se acumularon en huecos o alrededor de elementos gruesos originando revestimientos e hiporrevestimientos (Fig. 4.39 f). También cabe destacar la actividad biológica (raíces y lumbrícidos), que se traduce en una porosidad constituida por canales y cámaras y en la presencia de material fecal de lumbrícidos.

Grumos de material fino con impresiones vegetales

Uno de los componentes más interesantes aparecidos en el interior de la estructura y sobre todo en su Unidad Superior han sido unos grumos (de unos 3 cm) de material fino con improntas vegetales.

Las características micromorfológicas indican que han sido preparados mezclando con agua: limos finos y arcillas; hojas y tallos de gramíneas (a juzgar por los fitolitos documentados) (Fig. 4.39 g y h) y fragmentos cerámicos. La microestructura sedimentaria masiva y la porosidad que está representada por huecos vesiculares y cavitarios muestran la adición de agua. El hecho de que aparezcan rasgos calcíticos de tipo hiporrevestimiento significa que ha habido una alternancia de procesos de humectación y desecación. Todos estos caracteres son propios de materiales de construcción no cocidos (Courty *et alii*, 1989). Posteriormente estas masas fueron sometidas al efecto del fuego, ya que se observa una coloración anaranjada en la masa basal que indica la formación de óxidos de hierro.

Otros yacimientos donde se ha registrado este tipo de materiales relacionados con estructuras similares son la cueva 120 (Sales de Llierca, Gerona) (Agustí *et alii*, 1987), la cueva de Can Sadurní (Begues, Barcelona) (Edo *et alii*, 1992) y el asentamiento al aire libre de Bruyères (Ardèche, Francia) (Gilles, 1975), todos ellos de cronologías similares a nuestro depósito.

La morfología y la aparición de estos grumos nos sugiere la hipótesis de que la función inicial de la estructura E.E.1 fue probablemente de almacenaje. Creemos que pueden estar relacionados con algún tipo de tapa o con un recubrimiento para la impermeabilización de las paredes. Las trazas de combustión que presentan podrían indicar algún tipo de práctica de saneamiento de la estructura.

4.5.2. Estructura E.C.7

Durante la campaña de excavación de 1992 en el sector del abrigo (cuadro 11-J) se localizó una estructura de combustión en contacto entre el Superficial y el N.I (z = 163-179 cm) que por los materiales arqueológicos aparecidos en su interior corresponden probablemente a un horizonte neolítico.

Esta estructura era de forma casi circular, sin delimitación y con un diámetro entre 70-80 cm.(Fig. 4.41 a y b).

La secuencia del relleno estaba formada por una sola unidad constituida por una matriz limosa de color gris (5 YR 5/2) y con algunos cantos de conglomerado. La potencia oscilaba entre los 15-18 cm. En el interior aparecían restos óseos con señales de combustión, así como fragmentos de cerámica informe, material lítico y pequeños fragmentos de grumos de material fino con improntas vegetales.

Descripción micromorfológica

Para realizar el análisis micromorfológico se tomó una muestra (Fig. 4.40).
Este depósito estaba formado por una matriz organo-mineral con una microestructura masiva y una porosidad en forma de huecos de tipo cavitario. Está constituida por una sola unidad, de color gris blanca y de tipo calcítico. Entre los componentes que forman parte del relleno de la estructura dominan los de origen vegetal y los de origen animal.

Entre los componentes detríticos aparecen calizas, conglomerados calizos y fragmentos de roca metamórfica con fisuraciones e impregnaciones de óxidos de hierro, así como nódulos de 250 µm de óxidos-hidróxidos de hierro, propios del efecto de combustión. Uno de los rasgos más interesantes es la presencia de trazas de disolución que tanto se manifiestan en unos nódulos de calcita (2 mm) como en los fragmentos de caliza que forman parte de la zona de combustión.

Interpretación

Esta estructura estuvo sometida a alta temperatura (~600°C), ya que el material aparece casi totalmente mineralizado. También cabe decir que se dieron buenas condiciones de oxigenación, debido a que aparecen trazas de óxidos de hierro que se presentan o bien formando parte de los revestimientos del material detrítico o bien en forma de nódulos.

Estructura de combustión E. C. 7	
Componentes de origen vegetal	**Componentes de origen animal**
- masas cristalinas formadas por romboedros de calcita microcristalizadas de 25 µm de sección. - masas cristalinas formadas por esferolitas de 500 µm. - carbones (3%) de 25 µm - 2 mm. Presentan una estructura vegetal identificable y en proceso de calcinación. - fitolitos de sílice de formas alargadas probablemente correspondientes a gramíneas. - cenizas grises junto a partículas carbonosas de 125-325 µm. - carbones en proceso de calcinación de 800 µm.	- fragmentos óseos (2%). * 2 mm de color anaranjado con fisuras * 250 µm de color amarillo * < 250 µm de color blanquecino - fragmentos de malacología (1%) de color blanquecino.

Fig. 4.40.- Componentes de origen vegetal y animal de la E.C.7

a

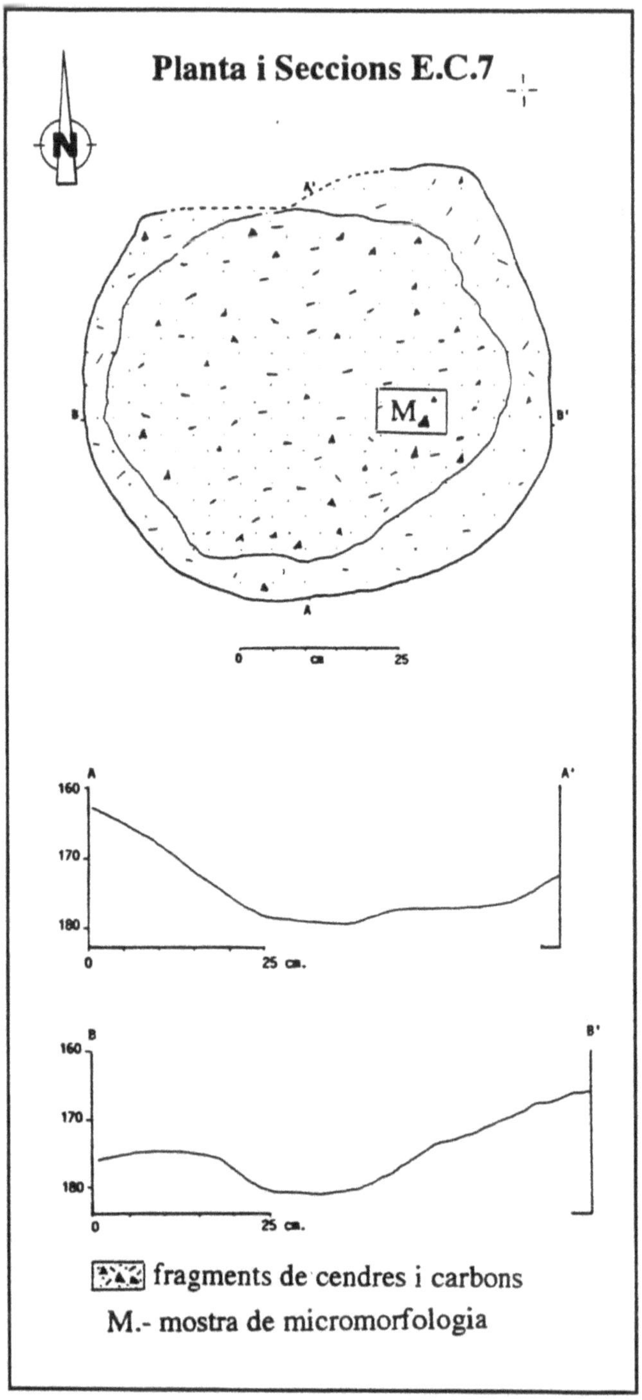

b

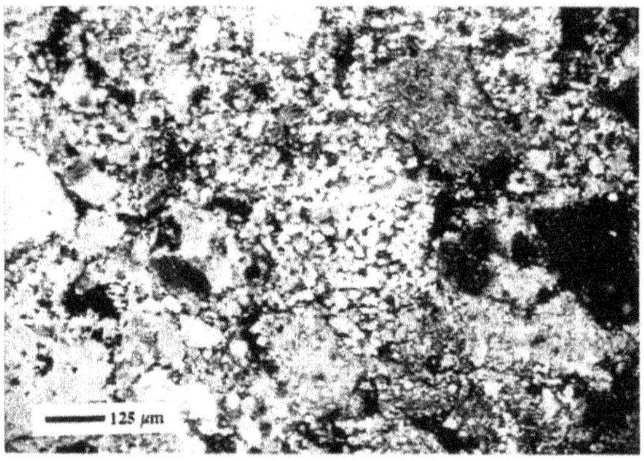

c

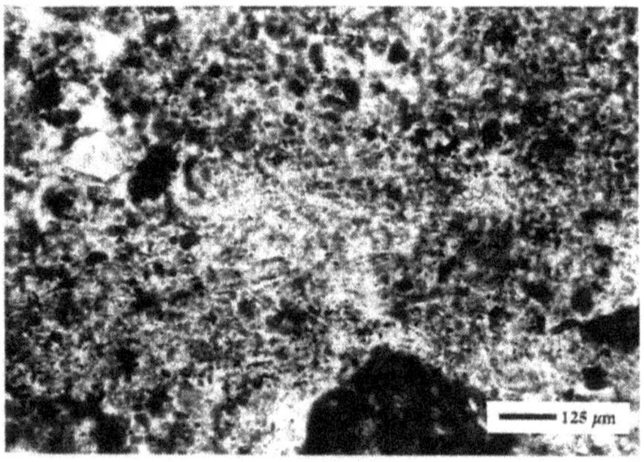

d

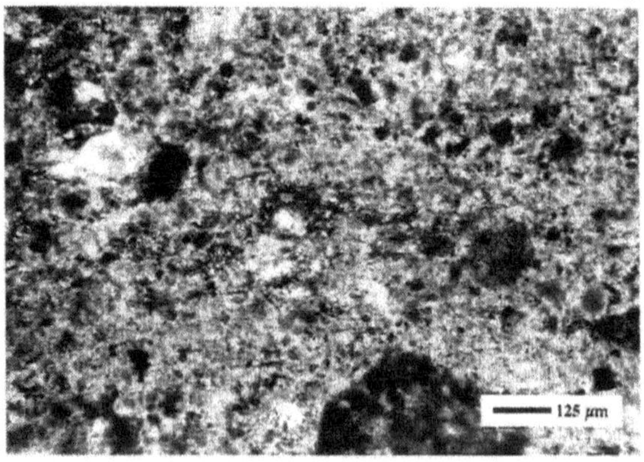

e

Fig. 4.41.- Estructura E.C.7
a.- Vista de la estructura E.C.7. b.- Planta y secciones. c.- Masas cristalinas formadas por romboedros de calcita. LPX. d.- Fitolitos de sílice. LPP. e.- Fitolitos de sílice. LPX.

Por lo que respecta al tipo de combustible utilizado indicar que era de origen vegetal, ya que se observa la presencia de masas cristalinas formadas por romboedros de carbonato cálcico (Fig. 4.41 c) así como masas de esferolitas y también fitolitos de sílice de formas alargadas distribuidos por la masa basal (Fig. 4.41 d y e). Según Wattez (Wattez *et alii*, 1987, Wattez, 1992) por este tipo de componentes podría corresponder a hojas y gramíneas.

La microestructura y la porosidad denotan que han habido unas condiciones de humedad importante. Esta humedad también está corroborada por la presencia de rasgos propios de disolución en el material calizo como son los contornos irregulares, la porosidad en las fisuras,... También se observan trazas de actividad biológica en un momento posterior al relleno de la estructura.

4.5.3. Área de combustión E.C.9

Esta área de combustión fue identificada durante la campaña de 1992 y se localizó en el sector del abrigo, concretamente en los cuadros 8 (H-I-J) y 9 (H-I-J) (Fig. 4.43b). Se encontró a una z~161-175 cm, en contacto entre el N. Superficial y el N.I. Sus dimensiones totales no se han podido conocer ya que se prolongaba hacia la zona donde anteriormente había excavado el Dr. Maluquer. En su interior apareció gran cantidad de materiales: fragmentos de cerámica, piezas de sílex, restos óseos y fragmentos carbonosos. Tiene una coloración gris-marrón (5 YR 4/2). Para realizar el análisis micromorfológico se tomó una muestra del cuadro 9-H (z=161-175 cm) (Fig. 4.43a).

Descripción micromorfológica

Esta área de combustión está formada por una masa organo-mineral con una microestructura de canales. La porosidad (2-3%) está constituida por unos huecos de tipo canal y cavitario. Está compuesta mayoritariamente por material carbonatado y por una matriz limosa-arenosa (50 µm) que representa el 5% y algunos cantos. El material detrítico está constituido por fragmentos de roca (calizas, conglomerado calizo, rocas metamórficas como cornubianita). También aparecen fragmentos de cerámica de 3 mm (Fig. 4.43 c), así como fragmentos de sílex de 875 µm.

Mayoritariamente dominan los componentes orgánicos. Esta unidad está compuesta por residuos de origen vegetal y por residuos de origen animal. Entre estos destacamos los indicados en la fig. 4.42.

Entre los componentes detríticos aparecen calizas y conglomerados calizos con fragmentaciones e impregnaciones de óxido de hierro, así como nódulos de óxidos-hidróxidos de hierro de 250 µm, propios de la actividad de combustión. En esta área también se observa la presencia de trazas de disolución del material detrítico, así como, acumulación secundaria de carbonato cálcico microesparítico (25 µm) en huecos y alrededor del material. Se documenta actividad biológica que se manifiesta en forma de agregados y por la estructura en forma de canales.

Interpretación

Creemos que esta área de combustión es el resultado de una zona donde ha habido una concentración de coprolitos de animales herbívoros concretamente de bóvidos (Fig. 4.43 e y f). Junto a estos restos de excrementos se localizan restos de vegetales humificados, de coloración marrón-anaranjada, indicativa del calentamiento a elevadas temperaturas de materiales orgánicos putrefactos (Wattez, 1992). También aparecen fragmentos de cenizas parcialmente calcinadas, masas cristalinas y fitolitos de sílice (Fig. 4.43 d); estos datos nos sugieren dos hipótesis: la primera, que se trataría de una área propia de estabulación de animales, concretamente de bóvidos y, la segunda que se habría realizado una combustión utilizando excrementos de estos animales.

Área de combustión E. C. 9.	
Componentes de origen vegetal	**Componentes de origen animal**
- fragmentos vegetales humificados de color negro-anaranjado (375 µm). - fitolitos de sílice de formas alargadas repartidos entre la masa basal. - esqueletos de fitolitos de sílice de formas alargadas dentadas (75 µm). - cenizas parcialmente carbonizadas (500 µm). - carbones (20%) entre 25 - 50 µm, de color negro y de morfología redondeada y tabular.	- fragmentos de masas fosfatadas cristalíticas de microestructura fibrosa de color marrón con fitolitos de sílice articulados con formas alargadas con una masa calcítica Entre 500 µm y 1 mm. Corresponde a fragmentos de coprolitos de bóvidos. Morfología alargada. - fragmentos de masas fosfatadas cristalíticas de color amarillo de morfología esférica, en el interior aparecen fitolitos de sílice y oxalatos de calcio. Tamaño 2 mm. Corresponden a coprolitos de un animal con una dieta herbívora. -fragmentos óseos de color amarillo de 375 µm a 4 mm fragmentados debido a la combustión.

Fig. 4.42.- Componentes de origen vegetal y animal de la E.C.9.

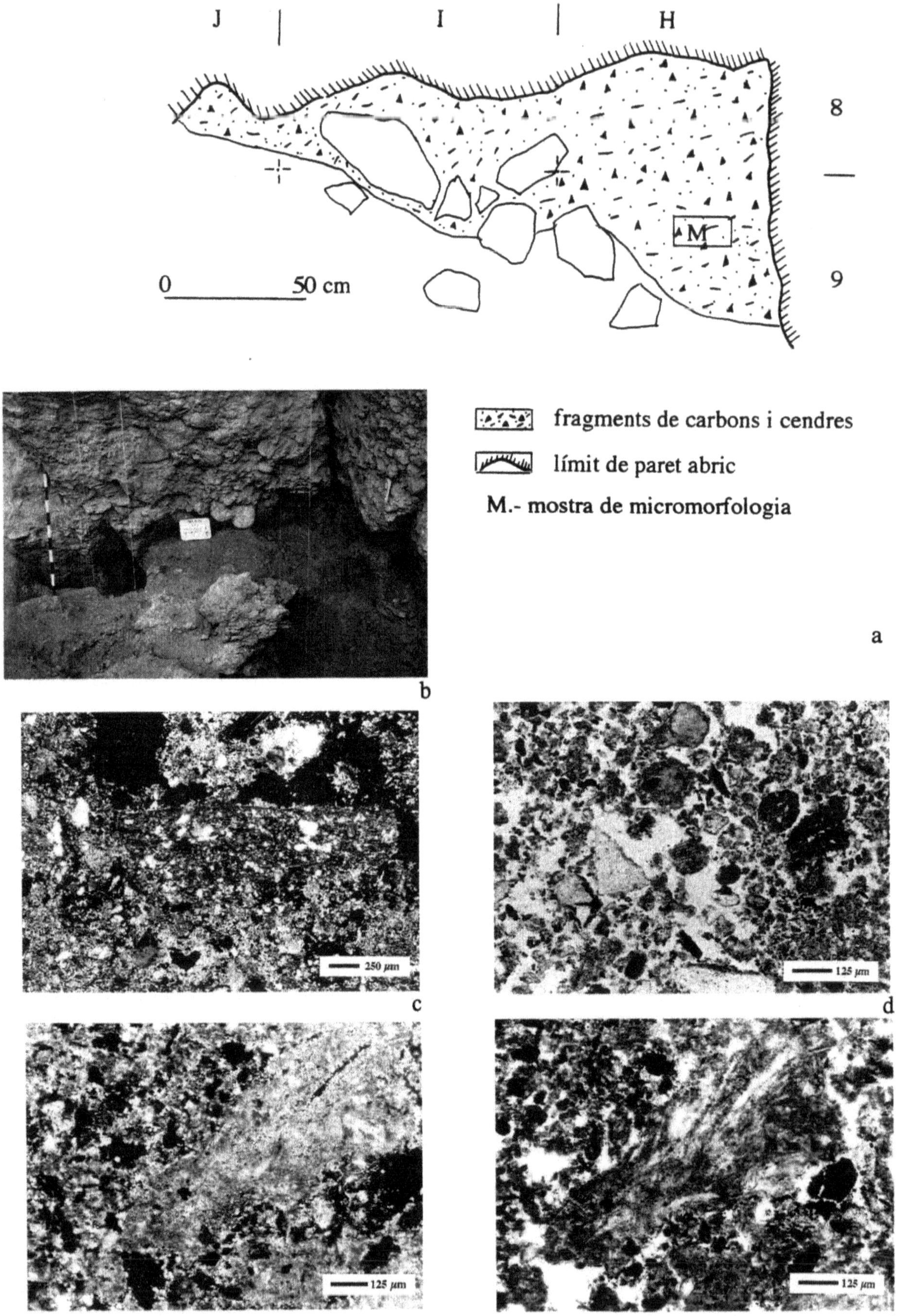

Fig. 4.43.- Área de combustión E.C.9

a.- Planta. b.- Situación del área de combustión E.C.9. c.- Fragmento de cerámica. LPX. d.- Esqueletos de sílice. LPP. e.- Fragmento de coprolito de bóvido. LPX. f.- Fragmento de coprolito de bóvido. LPP.

Por lo que respecta a la temperatura hay algunos residuos que podrían haber alcanzado los 600°C.

Esta área de combustión se caracteriza por estar muy alterada por los procesos postdeposicionales. En primer lugar, la actividad biológica (raíces y organismos) que se manifiesta por una porosidad en forma de fisuras y canales y una degradación mecánica de la estructura formando agregados de morfología redondeada. Como resultado se observa una homogeneización de la estructura. Posteriormente, hay una percolación de agua que provoca la disolución parcial de los carbonatos producto de la combustión y de los materiales calizos del relleno que reprecipita bajo una forma micrítica o microesparítica como resultado de la evaporación de las soluciones cargadas de carbonato. Estos procesos han provocado una homogeneización débil y parcial de los conjuntos originales y una ligera cimentación de la matriz que ha contribuido a preservar los componentes.

4.5.4. Estructura E.C.5

Durante las campañas de 1990 y 1991 fue localizada la estructura E.C.5 en el N.II. Esta estructura apareció en los cuadros 10-G/10-H del abrigo y tenia una morfología irregular y sin delimitación (Fig. 4.45 a). Sus dimensiones eran las siguientes: 1 m de longitud por 1,50 m de anchura y 7-10 cm de potencia estratigráfica (Fig. 4.45 b) (Fullola *et alii,* 1992b).

Esta zona de combustión presentaba acumulaciones limosas de color gris claro (5 YR 7/1) y una matriz limosa de color rojizo (2,5 YR 4/8) que en algunos sectores aparecen mezcladas. También hay cantos de caliza, conglomerado y cuarcita afectados por la actividad del fuego. Prácticamente no aparecía material arqueológico.

Se observó que las manchas de carbones y de materiales cenicientos únicamente se localizaban bajo el material detrítico (bloques y cantos), hecho que nos sugirió que con posterioridad a la actividad de combustión habían habido procesos de erosión de tipo hídrico o eólico.

Solamente se pudo muestrear la parte inferior de la estructura (E.C.5 inf.), entre las cotas z=281 y 289,5 cm (Fig. 4.45b).

Descripción micromorfológica

Esta estructura estaba formada por dos unidades: la primera, superior, una masa cristalítica de 2 cm de potencia, con una microestructura constituida por fisuras horizontales, con una porosidad del 5% formada por canales y vesículas; y la segunda, inferior, con una potencia de 6 cm, una matriz limosa con arenas de 250-625 µm calcíticas y de cuarzo, de color rojizo con una microestructura también constituida por fisuras horizontales con huecos de tipo vesicular y canales (10%).

Los componentes tanto de origen vegetal como de origen animal quedan reflejados en el siguiente cuadro de la fig. 4.46.

Por lo que respecta a los componentes minerales cabe decir que en la unidad inferior, el material detrítico, sobre todo el conglomerado, aparece con impregnaciones de óxidos-hidróxidos de hierro.

Interpretación

Es difícil interpretar una estructura parcialmente excavada, pero intentaremos proponer una hipótesis apoyándonos en los datos que disponemos.

La unidad superior se caracteriza por una capa importante de cenizas blancas, resultado probablemente de una combustión de intensidad relativamente elevada (>600°C) de un combustible vegetal no leñoso (Fig. 4.45 c, d y e). En su parte superior aparecen fragmentos carbonizados, dato que nos confirmaría que habría un descenso de temperatura. Las condiciones de la combustión fueron oxidantes (rubefacción en el nivel inferior de la estructura).

Por lo que respecta a la funcionalidad no parece en un primer momento que haya tenido un uso de tipo culinario, ya que los fragmentos óseos no están prácticamente representados. Creemos que podría estar relacionada con una actividad que precise humo, como por ejemplo el tratamiento de la piel o el ahumado de los alimentos.

Estructura de combustión E. C. 5		
	Componentes de origen vegetal	**Componentes de origen animal**
U. Superior	- cenizas de 1 mm de color blanquecino - carbones (8%) de tamaño centimétrico hasta 75 µm (en proceso de dispersión) - fitolitos de sílice	----
U. Inferior	- cenizas de 500 µm - carbones (3%) de 75 - 375 µm	- fragmentos óseos de 500µm de color amarillo

Fig. 4.44.- Componentes de origen vegetal y animal de la E.C.5

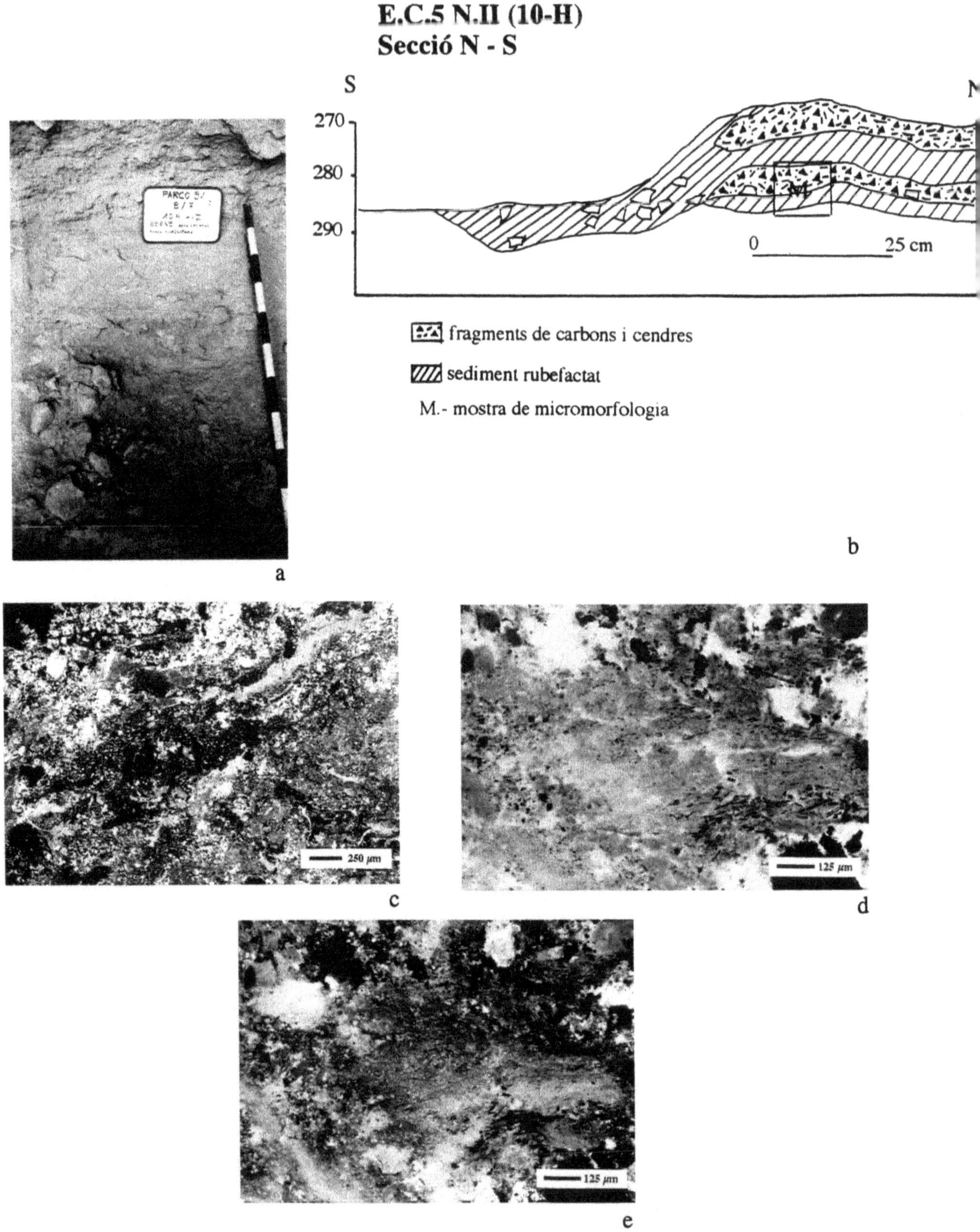

a b c d e

Fig. 4.45.- Estructura E.C.5
a.- Situación de la estructura E.C.5. b.- Sección E.C.5 c.- Acumulación cenicienta. LPX. d.- Detalle de fragmento ceniciento. LPP. e.- Detalle de fragmento ceniciento. LPX.

En el nivel donde se realizó la combustión había mucha humedad, tal como demuestra la estructura del sedimento.

Los procesos postdeposicionales, principalmente las circulaciones hídricas y la actividad biológica, son los responsables de la redistribución que se observa del material carbonoso y ceniciento.

4.6. CONCLUSIONES

La secuencia estratigráfica que nos ofrece el yacimiento de la cueva del Parco se enmarca en el Pleistoceno Superior final y el Holoceno.

En toda la secuencia evolutiva del relleno intervienen dos tipos de procesos:
- sedimentarios: escorrentía y caídas de bloques
- postdeposicionales: circulaciones de agua (carbonataciones secundarias y acumulaciones de finos en huecos y cantos) y actividad biológica (aumento de la porosidad, movilización de elementos, disgregación de carbones y cenizas, etc.).

Uno de los problemas que presenta la secuencia sedimentaria y estratigráfica de la cueva del Parco es la delimitación de los niveles estratigráficos, debido a que los contactos entre niveles no son netos en algunos cortes, sobre todo en el Perfil Este.

Creemos que este hecho viene dado, principalmente por tres factores:
a - disolución-reprecipitación de $CaCO_3$
b - actividad biológica
c - actividad antrópica

a -disolución-reprecipitación de $CaCO_3$
Afectan a niveles que están sometidos a condiciones de alternancia de procesos de humectación y evaporación. En algún caso la reprecipitación es in situ y comporta la formación de una costra micrítica o microesparítica densa de color blanco y la trituración de fragmentos carbonosos que aparecen en forma de revestimientos o de polvo carbonoso dando al nivel un tono gris (Courty, 1984; Wattez, 1992), se observa especialmente en el N.VII.

b - actividad biológica
Se documenta en todos los niveles y consiste principalmente en la modificación de la estructura sedimentaria. El retrabajamiento del material por la fauna y el mayor grado de agregación debido a la proporción de materia orgánica, se traduce en una estructura primaria migajosa y en una porosidad constituida por canales y cámaras (Bergadà *et alii,*. 1994).

c - actividad antrópica
En la cueva del Parco es importante en los niveles XI, VII, V, III y Ib, pero sobre todo en los N.XI y VII. Como se observa en la estratigrafía, los contactos entre los niveles no son netos en algunos perfiles como el Sur y Este, sobre todo los N.XI-N.VII y N.V-N.III del perfil Sur y en el perfil Este es difícil de hacer la distinción a partir del N.III. Creemos que es debido a la actividad antrópica (formación de fosas, pisoteo ...). De todas modos se corroborará esta hipótesis cuando se realice la excavación de estos niveles.

4.6.1. Secuencia estratigráfica, evolución sedimentaria y paleoambiental

Los primeros niveles detectados en la cueva corresponden a una sedimentación que se debe a una caída de bloques (N.XV-XIV) y que culturalmente no se puede definir, ya que en la intervención efectuada durante el año 1988 se constató que eran estériles. A continuación, a partir del nivel XIII se inician procesos de escorrentía de débil intensidad hasta el N.VI. En éstos se documenta una gran actividad antrópica. Desde un punto de vista climático, los niveles del XI (14.300±150 BP) al VII (14.040±140 BP), se caracterizarían por un ambiente húmedo (disolución, acumulación de material fino en huecos y disolución-reprecipitación de $CaCO_3$ en zonas de combustión) a excepción del nivel IX (estructura laminar) donde se detecta una pulsación fría.

Desde un punto de vista polínico (Fullola *et alii,* 1997), en el N.XII se darían unas condiciones templadas y húmedas con la presencia del roble y de esporas de helechos. Estas condiciones también se detectan en los niveles VIII y VII, donde se documenta otra vez la presencia de robles y la primera aparición del avellano y del sauce. En cambio, los N.X y IX son fríos y secos con una baja cobertura arbórea y la sola presencia de coníferas (*Pinus* y cf.*Juniperus*).

La sedimentación continúa en la cueva (N.VI hasta el N.Ia) con una dinámica de aportes de escorrentía de fuerte intensidad y caídas de bloques debidas a la disgregación de la pared y techo de la cueva. En el nivel VI, datado en 13.950 BP., se inicia este cambio con un régimen sedimentario caracterizado por procesos de escorrentía de mediana energía y por la formación de costras sedimentarias y continúa hasta el N.IV, datado en 12.900 BP. En estos niveles se darían unas condiciones de aridez y unas pulsaciones frías más intensas respecto a los niveles anteriores. Desde un punto de vista cultural estos niveles se atribuirían al Magdaleniense Superior.

En los N.III y N.II, pero especialmente en el N.III (13.070±140 BP), hay un depósito formado mayoritariamente por cantos y bloques de caliza y conglomerado, que presentan una serie de fisuras propias de unas condiciones periglaciares, debido a la disgregación de la pared y el techo de la cavidad. El N.II está datado en 10.390 BP., y es en este nivel donde se documenta un aumento de la humedad, como también se refleja en la estructura E.C.5. Culturalmente este nivel se atribuye a un momento Magdaleniense Superior final (Epimagdaleniense).

Seguidamente, en contacto con el nivel superior (N.I) y concretamente en los perfiles S, W y en menor proporción en el perfil E se observan bloques de caliza y de conglomerado que proceden del techo o de la pared de la cavidad, dato que nos indica una caída de bloques que también se documenta en el abrigo y que creemos es de tipo climático.

Sigue la sedimentación en el N.I representado en el perfil Este de la cavidad (en el testigo dejado por el Dr. Maluquer). Este nivel se caracteriza, tal como citábamos en el apartado *4.4.3 Caracteres de la sedimentación*, fundamentalmente por una potencia sedimentaria considerable (117 cm). Este nivel está originado por procesos de escorrentía. Se aprecian fases de diferente intensidad en el flujo hídrico, en el N.Ia inf. (z= 220-185 cm), datado en 10.770±110 y 10.930±100 BP., y en el N.Ic es de fuerte intensidad, en cambio en el N.Ib es de débil energía y está más condicionado por la actividad antrópica.

Posteriormente se localizan procesos de crioclastia seguidos de una pequeña caída de bloques y disgregación de la pared, que quedan registrados en el Ia sup. (z= 185-165 cm), datado en su parte inferior en 10.190±100 y 10.420±110 BP. Culturalmente el N.I es de atribución epipaleolítica. Las condiciones ambientales serían semiáridas/áridas con pulsaciones de humedad y de frío. Éste se acentúa en el N.Ia sup.

Dentro de la cueva, y con posterioridad, los grupos neolíticos excavaron estructuras de hábitat en los niveles epipaleolíticos (estructura E.E.1, 6.120 BP.). Por el relleno de estas estructuras creemos que serían grupos con unas prácticas iniciales de estabulación de animales. Por lo que respecta al abrigo, también se documentan estructuras excavadas en niveles epipaleolíticos, con rellenos de difícil atribución cultural (neolíticas o del bronce) que esperamos precisar con el resultado de unas dataciones radiocarbónicas. Estas estructuras, E.C.7 y E.C.9, se encuentran muy alteradas en su parte superior por procesos postdeposicionales (actividad biológica, circulaciones hídricas...) y por el contacto con el N.Superficial. Todo esto dificulta deducir los rasgos primarios; pero por el relleno parece que correspondan, al igual que la estructura detectada en la cueva, a grupos con prácticas iniciales de estabulación de animales. Los rasgos sedimentarios creemos que indican unas condiciones húmedas y templadas.

Desde un punto de vista paleoambiental nos planteamos, por los datos que disponemos de la cueva del Parco, que del 14.300 al 14.000 años BP se localiza un ambiente húmedo y templado con una pulsación fría. A partir del 13.950 BP (N. VI) se detecta un medio semiárido (régimen de precipitaciones tormentosas) con pulsaciones frías. Posteriormente hacia el 13.070 BP (N.III) aún están presentes las condiciones frías pero se inicia un ligero aumento de la humedad que se manifiesta en el N.II. En el N.I, de ~11.000 al ~10.000 años BP, se observa un aumento de las precipitaciones tormentosas, que provocan la erosión de las laderas (elevada tasa de sedimentación), en unas condiciones semiáridas con pulsaciones de humedad y de frío. Posteriormente hay un hiatus sedimentario hasta el Neolítico que se caracterizaría por una sedimentación muy enriquecida en componentes de tipo antrópico en unas condiciones ambientales húmedas y templadas.

5. BALMA DEL GAI

5.1. INTRODUCCIÓN

5.1.1. Antecedentes y registro arqueológico

Este yacimiento fue descubierto en el año 1975 por el Sr. J. Surroca y durante los años 1977 y 1978 fue excavado bajo la dirección del Sr. M. Llongueras y del Dr. Guilaine. El asentamiento ha sufrido alteraciones por los trabajos agrícolas, así como por la construcción de una cabaña de piedra (Llongueras *et alii*, 1982). Sólo se conservó la parte del depósito en contacto con la pared del abrigo con una anchura que oscila entre 0,50 y 1 m. Los primeros trabajos se centraron en dos sectores: la zona "Aval" (mantenemos esta denominación, adoptada por el equipo francés para referirse al sector de aguas abajo) y la zona "Exterior del abrigo" (Estrada *et alii*, 1990). En esta primera intervención se determinó la secuencia estratigráfica del yacimiento. Se distinguieron 4 capas, pero su distinción no obedece a criterios litoestratigráficos sino arqueológicos. La descripción sedimentaria de las capas es la siguiente (Llongueras *et alii*, 1982):

"- Superficial, de 20 a 30 cm de grosor y formada por un sedimento amarillo, limoso y compacto.

- Capa 1, de una potencia de 25 cm que presentaba la misma composición que la anterior pero contiene fragmentos calizos.

- Capa 2, de 10 a 15 cm de grosor, el sedimento presenta una coloración más oscura.

- Capa 3, de 10 cm de potencia. El sedimento era más migajoso que en las capas anteriores y contenía abundantes restos de carbones.

- Capa 4, correspondería a un potente nivel muy homogéneo de bloques y fragmentos calizos desprendidos de la pared del abrigo por acción del frío."

El material arqueológico se documentó en las capas 1, 2 y 3. Por lo que respecta a la industria lítica cabe decir que correspondería, según los autores, a un momento epipaleolítico dentro de una facies aziloide tipo Sant Gregori con algunos elementos sauveterrienses que se correlacionaría con el nivel 8-9 del Filador (Barbaza *et alii*, 1979-80; Barbaza, 1984; Guilaine *et alii*, 1982; Llongueras *et alii*, 1982). Posteriormente, la Dra. P. García-Argüelles revisó el material arqueológico que procede de estas excavaciones y de la colección Surroca. En el material destaca la presencia de numerosos raspadores, microlitos (puntas, segmentos y triángulos), algunos denticulados y piezas sobre lascas. Este estudio sitúa el material por su composición industrial (dominio de los raspadores, elementos de dorso y geométricos) en el complejo microlaminar tipo Sant Gregori del Epipaleolítico Mediterráneo peninsular (Estrada *et alii*, 1990; García-Argüelles *et alii*, 1992a). Entre otros restos minerales de procedencia antrópica se señala la presencia de colorante (ocre), así como de cantos con señales de haber sido utilizados como percutores. Durante el año 1994 se reiniciaron los trabajos de excavación bajo la dirección de la Dra. P. García-Argüelles, del Sr. J. Nadal y la Sra. A. Estrada, para contrastar las posibilidades arqueológicas que ofrece el yacimiento.

5.1.2. Datos paleoecológicos

Fauna y malacología

En los trabajos efectuados en las campañas de excavación del Sr. M. Llongueras y el Dr. J. Guilaine se documentó una fauna compuesta por conejo y liebre y, en menor proporción, jabalí, ciervo, cabra salvaje, rebeco y uro (Barbaza *et alii*, 1979-80; Guilaine *et alii*, 1982). También se encontraron varios restos de caparazones de caracoles *(Cepaea nemoralis)* (Barbaza, 1984) y numerosos restos de microfauna (pequeños roedores, pájaros, batracios, etc.) (Llongueras *et alii*, 1982). Posteriormente, en el estudio efectuado por el Sr. J. Nadal (Estrada *et alii*, 1990) se constató la presencia de conejo *(Oryctolagus cuniculus)* siendo la especie más representada y con algunos fragmentos que presentan señales de fuego (García-Argüelles *et alii*, 1992a). También aparece la cabra (*Capra*), un cánido de considerable tamaño y, en menor cantidad, restos de microfauna indeterminada (seguramente roedores o insectívoros). Hay que destacar los elementos de malacología continental terrestre, con un predominio de *Cepaea nemoralis* y la aparición testimonial de *Rumina decollata* y *Helix aspersa.*

De la campaña efectuada durante el año 1994 (García-Argüelles, 1994) se han recuperado diferentes restos que corroboran las especies anteriormente identificadas; es decir, se constata la presencia de *Oryctolagus cuniculus, Cervus elaphus, Capra pyrenaica, Rupicapra rupicapra, Vulpes vulpes, Lynx sp., Sus scrofa* y *Erinaceus europaeus.* Por lo que respecta a la malacología, de los restos encontrados cabe destacar los que pertenecen al género *Cepaea.* También se han recuperado especies acuáticas como *Columbella rustica, Glycymeris violascens* y *Hinia reticulata.*

Antracología

Se documentó en la capa 2 la presencia de *Amygdalus* y *Prunus* y en la capa 3, *Pinus sylvestris* y *Betula verrucosa* (Guilaine *et alii*, 1982; Barbaza, 1984).

5.1.3. Dataciones absolutas

De las excavaciones efectuadas por Llongueras y Guilaine en los años 1977-78, se obtuvieron las siguientes dataciones radiocarbónicas (Barbaza *et alii*, 1979-80):

Capa 1: MC 1478: 9.860±400 BP
Capa 1: MC 2141: 10.030±160 BP
Capa 2: MC 2140: 11.050±160 BP

De las intervenciones arqueológicas que se están llevando a cabo actualmente se han obtenido las siguientes dataciones radiocarbónicas:

N.I. Gif 10028 cuadro F-4 (z=126-131 cm) 8.930±140 BP
N.I. Gif 10029 cuadro F-4 11.170±160 BP

5.2. MARCO GEOGRÁFICO

5.2.1. Situación geográfica

La Balma del Gai está situada en el término municipal de Moiá (Bages, Barcelona) (Fig. 5.1 a). Geográficamente se enmarca en el altiplano del Moianés donde la máxima altura corresponde al Puig Rodó (1.057 m) y que se localiza en el margen sudeste de la Depresión del Ebro. Este altiplano está constituido por areniscas y calizas del Eoceno y del Oligoceno y con cuñas de conglomerados en el sector meridional dispuestos de forma horizontal, que desde el punto de vista morfológico le dan el aspecto de un paisaje tabular. Este tipo de relieve hace que los torrentes y arroyos aparezcan encajados y que haya abundantes fuentes en los valles; en el sector central del Moianés hay el torrente del Mal y el Riu-Sec y los arroyos de Moiá o de Castellnou, del Gai y del Om que confluyen con el arroyo de Calders.

El yacimiento se localiza en el margen derecho del arroyo del Gai (Fig. 5.1 b) que circula de NE a SO y se encaja en las calizas eocenas. El abrigo está situado en la parte inferior de la vertiente del Serrat del Masot, a 760 m sobre el nivel del mar y a 8 m del arroyo. Su orientación es de NO-SE.

Las coordenadas geográficas son las siguientes:
Longitud: 2° 08' 19" E
Latitud: 41° 49' 00"N
UTM: 31TDG284297

(Según: Hoja nº 363. Moiá del Mapa topográfico del Instituto Geográfico Nacional. 1985. 1:25.000. Proyección U.T.M. según meridiano de Greenwich).

5.2.2. Vegetación

De la vegetación de la zona cabe destacar el roble *(Quercus pubescens)* que se localiza en toda el área, en especial en las vertientes del Coll de la Pollosa, en Castellterçol y en el Estany. El robledal con boj *(Buxo-Quercetum pubescentis)* es propia de las comarcas interiores de clima frío en invierno; es decir, de zonas submediterráneas con una cierta tendencia a la continentalidad. Ocupa grandes extensiones, especialmente sobre sustrato calizo, entre los 1.000 y los 1.600-1.700 m (Folch, 1981).

La estructura y composición florística básica de esta comunidad en esta área es la siguiente:

Estrato arbóreo:
- roble *(Quercus pubescens)*
- roble cerrioide *(Quercus cerrioides)*
- acirón *(Acer opalus)*
- pino albar *(Pinus sylvestris)*
- carrasca *(Q. ilex ssp. rotundifoliae)*

Estrato arbustivo:
- boj *(Buxus sempervirens)*
- endrino *(Prunus spinosa)*
- enebro *(Juniperus communis)*
- avellano *(Corylus avellana)*
- hiedra *(Hedera helix)*

Estrato herbáceo:
- viola *(Viola sp.)*
- fresa *(Fragaria vesca)*
- raspalengua *(Rubia peregrina)*
- euforbia *(Euphorbia amygdaloides)*
- musgo *(Hylocomium, Hypnum, etc.)*

De hecho se trata de un bosque de roble, generalmente con algún pino albar y algún acirón mezclado. El roble dominante es el *Quercus pubescens* y también se encuentra algún ejemplar de roble cerrioide, que es un híbrido de *Q. pubescens* y de hoja pequeña. En algunos lugares hay bosques de encinas (600-900m), de carácter mediterráneo, especialmente en los puntos de contacto entre los pinos albares y los piñoneros.

En el sotobosque, el dominio del boj es total y el avellano sólo aparece en las vertientes más húmedas.

5.2.3. Clima

En la realización del estudio climático de la zona de Moiá se han tratado los datos de temperaturas y precipitaciones de la estación de Moiá. El observatorio se encuentra a 800 m de altitud en las coordenadas siguientes:
Longitud: 5° 47' 00" E
Latitud: 41° 49' 00" N

Los datos han sido facilitados por el Centro Zonal de Barcelona del Instituto Nacional de Meteorología.

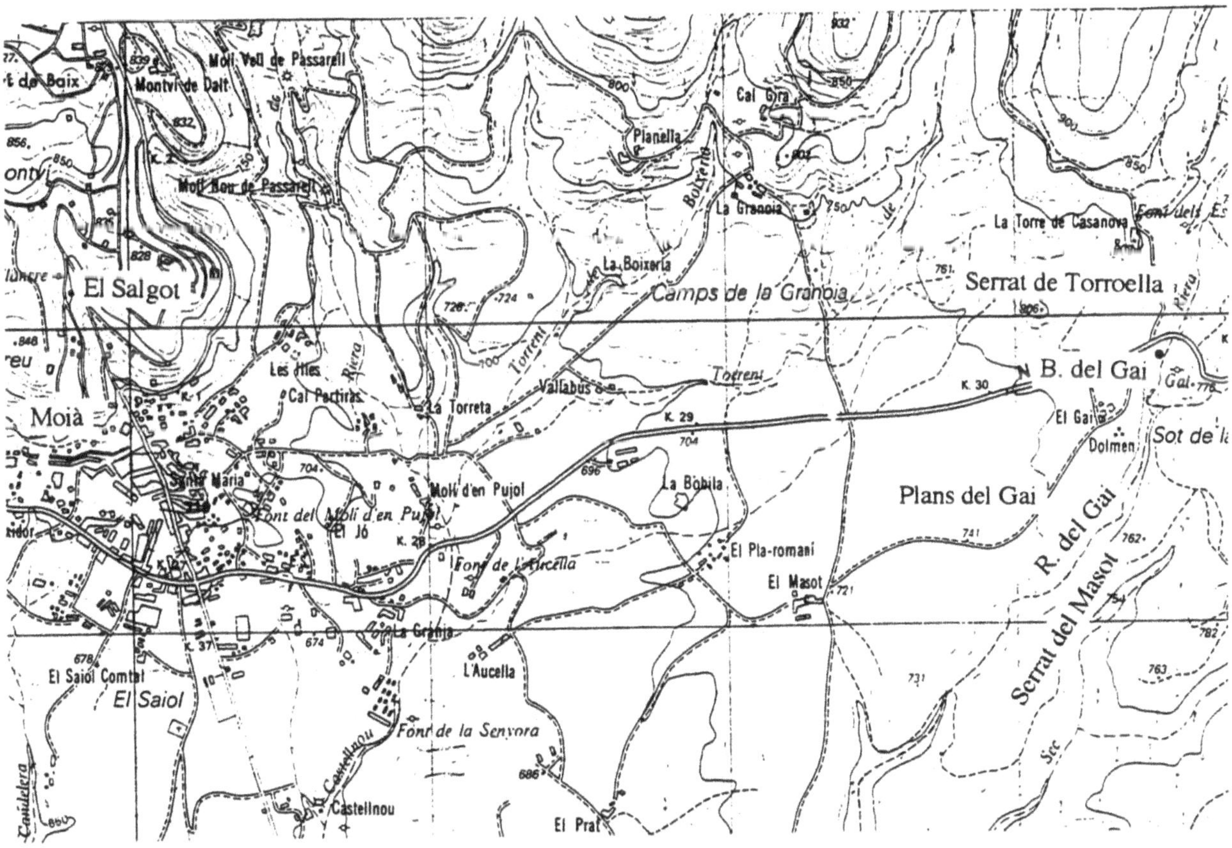

Mapa topogràfic: Full núm. 363. Moià. Instituto Geográfico Nacional, 1985.
Quadrícula U.T.M. de 2 km

a

b

Fig. 5.1.- Situación de la Balma del Gai
a.- Situación geográfica. b.- Localización del yacimiento.

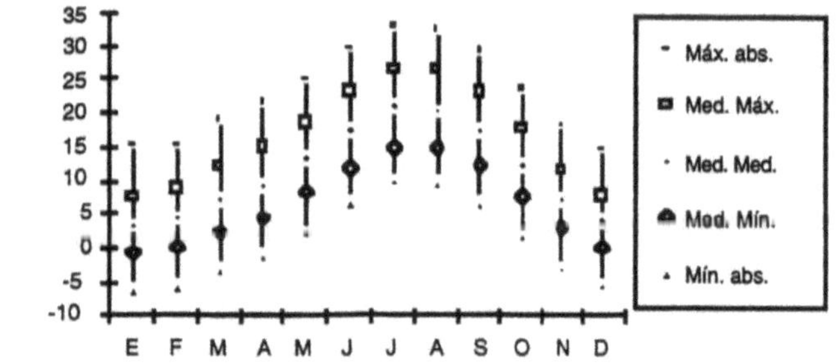

Fig. 5.2.- Distribución de las medias mensuales de temperatura

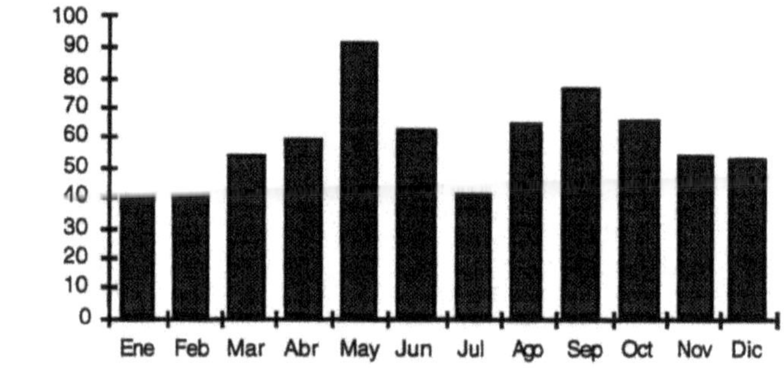

Fig. 5.4.- Medias de precipitación mensual

La serie termométrica comprende de 1950 a 1992 y la pluviométrica de 1916 a 1991.

También hemos tenido en cuenta el trabajo realizado por Casallarch (1991) donde la serie termométrica es más larga y comprende desde el año 1913 hasta el 1990.

Régimen termométrico

- Temperaturas

La distribución mensual de las medias presenta un mínimo invernal en el mes de enero (3,23°) y un máximo estival en el mes de julio (20,9°), puntualizaciones que son claramente perceptibles en el gráfico de temperaturas de la figura 5.2.

Por lo que respecta a las temperaturas mínimas extremas se dan con mayor intensidad y frecuencia durante el mes de enero con registros inferiores a los 0°, con tabulaciones que, a veces, llegan a valores realmente extraordinarios (Fig. 5.3). En cuanto a las máximas absolutas extremas se observa que llegan a valores que superan los 40°.

Régimen pluviométrico

- Precipitaciones medias

La precipitación anual es de 699,07 mm. La pluviosidad máxima se registra en el mes de mayo (90,82 mm). En cambio, los máximos secundarios se centran en los meses de otoño (septiembre con 75,95 mm y octubre con 65,71 mm).

En cuanto a las mínimas de precipitación, el mínimo se alcanza en el periodo invernal (enero con 39,5 mm y febrero con 40,33 mm) y en pleno verano (julio con 41,03 mm).

En la gráfica de la figura. 5.4 se muestran las medias de precipitación mensual.

Mes	T. Mín. abs.	Fecha	T. Máx. abs.	Fecha
Enero	**- 15**	**7.01.85**	25	1914
Febrero	- 11,5	2.02.54	22	28.02.60
Marzo	- 9	9.03.64	26	22.03.90
Abril	- 8	5.04.70	27	1924
Mayo	- 3	8.05.70	30	1922 y 1929
Junio	2	1914	38	27.06.86
Julio	2	1923	**41,5**	**6.07.82**
Agosto	- 4	14.08.46	40	15.08.87
Septiembre	1	29.09.71	35	25.09.83
Octubre	- 2	26.10.64 y 1931	29	1.10.80
Noviembre	- 9	27.11.71	26	28.11.79
Diciembre	- 14	27.12.62	23	2.12.79

Fig. 5.3.- Temperaturas máximas y mínimas absolutas

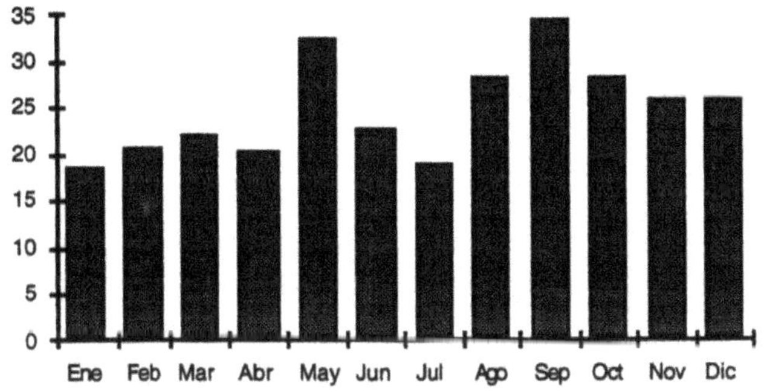

Fig. 5.5.- Gráfica de precipitaciones máximas en 24 horas

- Precipitaciones máximas en 24 horas

En la gráfica (Fig. 5.5) se muestran las medias de las precipitaciones máximas en 24 horas.

El mes que presenta el máximo es septiembre con 34,24 mm.

También se registran excepcionalidades como las que se muestran en la tabla siguiente:

Mes	Precip. 24 h.	Fechas
Enero	81	1977
Febrero	117,5	1944
Marzo	68	1984
Abril	77,5	1957
Mayo	101	1977
Junio	72,5	1981
Julio	100	1963
Agosto	105	1975
Septiembre	105	1971
Octubre	53,7	1970
Noviembre	85	1982
Diciembre	112,7	1943

Fig. 5.6.- Precipitaciones excepcionales en 24 horas

Estudio comparativo: precipitación y temperatura

En el análisis del diagrama ombrotérmico de Gaussen de Moià se observa como el periodo seco solamente es el mes de julio.

Para analizar otros fenómenos meteorológicos nos hemos basado en el estudio realizado por Casallarch (1991). Los datos corresponden a la última década (1981-1990).

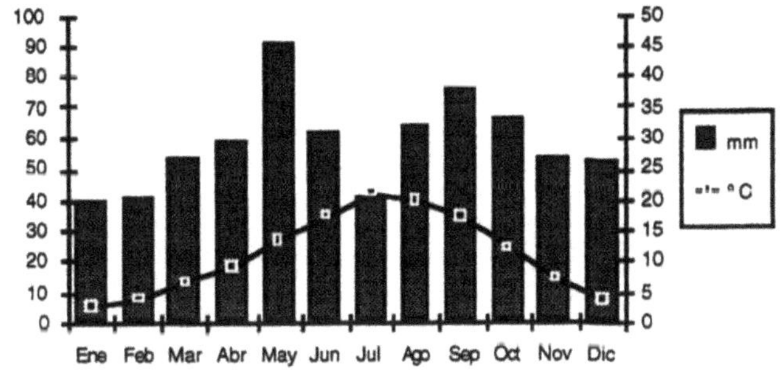

Fig. 5.7.- Diagrama ombrotérmico

- Nieve

El máximo mensual es de 0,9 días, y por lo que respecta a los meses más nivosos: marzo (0,9 días), enero y febrero (0,7), octubre (0,3), abril (0,2) y noviembre y diciembre (0,1).

- Granizo

Las principales precipitaciones en forma de granizo se producen en la primavera y en el verano (mayo: 0,6 días; junio: 0,4; julio y agosto: 0,5). No se documentan en otoño (septiembre-noviembre) ni en el mes de febrero.

- Tormenta

Las tormentas se concentran sobre todo los meses de verano (agosto: 6,8 días; junio: 4,7; julio: 3,9), seguidos por septiembre (4,1 días) y los de primavera (mayo: 3,2 días; abril: 2,0). El mínimo en invierno: diciembre-febrero (0,1 días).

- Niebla

En cambio, los días de niebla afectan al otoño y al invierno con unos máximos de 6,3 días en el mes de noviembre y de 5,3 en febrero. Los mínimos, para el mes de junio y julio, con 0,8 y 0,9 días, respectivamente.

- Rocío

El período del año en que el rocío se encuentra más presente en esta zona es al final de verano y durante todo el otoño: agosto (10,8 días), septiembre (15,4), octubre (15,1), noviembre (13,1). El mínimo se registra en el mes de julio con 5 días.

- Escarcha

Fenómeno estrictamente invernal y de inicio de primavera, solamente tiene lugar en los siguientes meses: enero (10,4 días), diciembre (9,4), febrero (7,5), noviembre (4,0), marzo (2,7) y abril (0,8).

Índices y clasificaciones climáticas

A partir de la información de los apartados anteriores se elaboran los índices y clasificaciones climáticas que figuran a continuación.

- Índice de Lang
  I = 60,78 ZONA HÚMEDA

- Índice de Emberger
  I = 103,17 PISO MEDITERRÁNEO HÚMEDO

- Índice de Dantin-Cereceda
  I = 1,64 HÚMEDO

- Clasificación Unesco-Fao
  temperatura media del mes más frío (t)
  t = 3,23° CLIMA TEMPLADO MEDIANO
  temperatura media de las mínimas del mes más frío (tm)
  tm = -0,78° CLIMA INVIERNO MODERADO
  El mes más seco es julio.

Según la clasificación de Albentosa (1973) de los climas de Catalunya, esta zona correspondería a un clima de interior de tipo mesotérmico y subhúmedo, con un reducido déficit de agua en el mes de julio.

Para Martín Vide (1992), según las características climáticas que presenta la zona de Moiá:

- Precipitación anual: 699 mm
- Régimen pluviométrico estacional: mínimo invernal
- Temperatura media anual: 11,2 °C
- Amplitud térmica media anual: 18,1 °C

Correspondería a un clima mediterráneo continental de tipo húmedo u oriental.

5.3. MARCO LITOLÓGICO Y GEOMORFOLÓGICO

La Balma del Gai se sitúa en los materiales calizos eocenos que pertenecen al miembro de Calizas de Moià (Sáez, 1987). Está formado por una serie de capas de calizas con niveles de lutitas interestratificadas, y en otros tramos se registra la alternancia de lutitas rojizas con niveles de areniscas (Fig. 5.8).

Estos materiales se presentan formando una serie monoclinal de dirección constante hacia el NO y, escasamente, se encuentran afectados por fallas normales de salto poco apreciable.

Geomorfológicamente, el relieve de la zona estudiada está asociada a las características de las regiones subtabulares, es decir, a las alternancias de rocas de diferente cohesión: rocas duras y resistentes (calizas) y blandas y poco coherentes (lutitas). Estas últimas se presentan más erosionadas que las primeras y se originan cerros testigo ("butte") y gradas (Fig. 5.9). Los estratos resistentes forman cerros testigo y los estratos blandos quedan por debajo, protegidos por los escarpes que coinciden con afloramientos de rocas duras. Cuando el último resto de la roca resistente somital es erosionada se forman los cerros cónicos, como por ejemplo el Serrat de Torroella; éstos evolucionan a domos suaves formados por los restos de rocas blandas que quedan sobre el estrato resistente, hecho que se puede observar en los Plans del Gai. Prosiguiendo la transformación, también pueden desaparecer, observándose un nuevo llano de cota inferior a la plataforma originaria como en los Plans de Castellnou. De esta manera, esta área ha quedado elevada y presenta un relieve notablemente contrastado, debido a las incisiones de la red hídrica. Este sistema está formado por cursos esporádicamente funcionales, prácticamente secos durante la mayor parte del año que dan lugar a formas producidas por su encajamiento; sin llanura aluvial, con pendientes fuertes y laderas generalmente modificadas antrópicamente por la formación de bancales.

Morfológicamente diferenciamos:
- formas de fondo de valle
- laderas
- formaciones kársticas

5.3.1. Formas de fondo de valle

El fondo de valle de tipo plano es el elemento morfológico que domina más en la zona. Sus vertientes son rectilíneas aunque la mayoría han sido transformadas por el hombre para las actividades de cultivo.

5.3.2. Laderas

La mayoría de las laderas asociadas a la cuenca de drenaje actual presentan modificaciones de tipo antrópico que alteran y cubren la morfología natural. Todas las modificaciones se deben a la construcción de bancales que tienen por objeto regularizar la pendiente y conservar el suelo para su aprovechamiento agrícola.

El tipo de ladera que se ha reconocido en la zona es el rectilíneo. Este tipo se modela directamente sobre el sustrato rocoso y su inclinación depende de la litología. Las pendientes máximas se dan en materiales duros (calizas). En la zona de la Balma del Gai se da este tipo de ladera. El proceso morfodinámico dominante es la escorrentía superficial y la formación de cárcavas.

5.3.3. Formaciones kársticas

La alimentación de la circulación subterránea de la zona procede de la infiltración del agua de lluvia. La precipitación

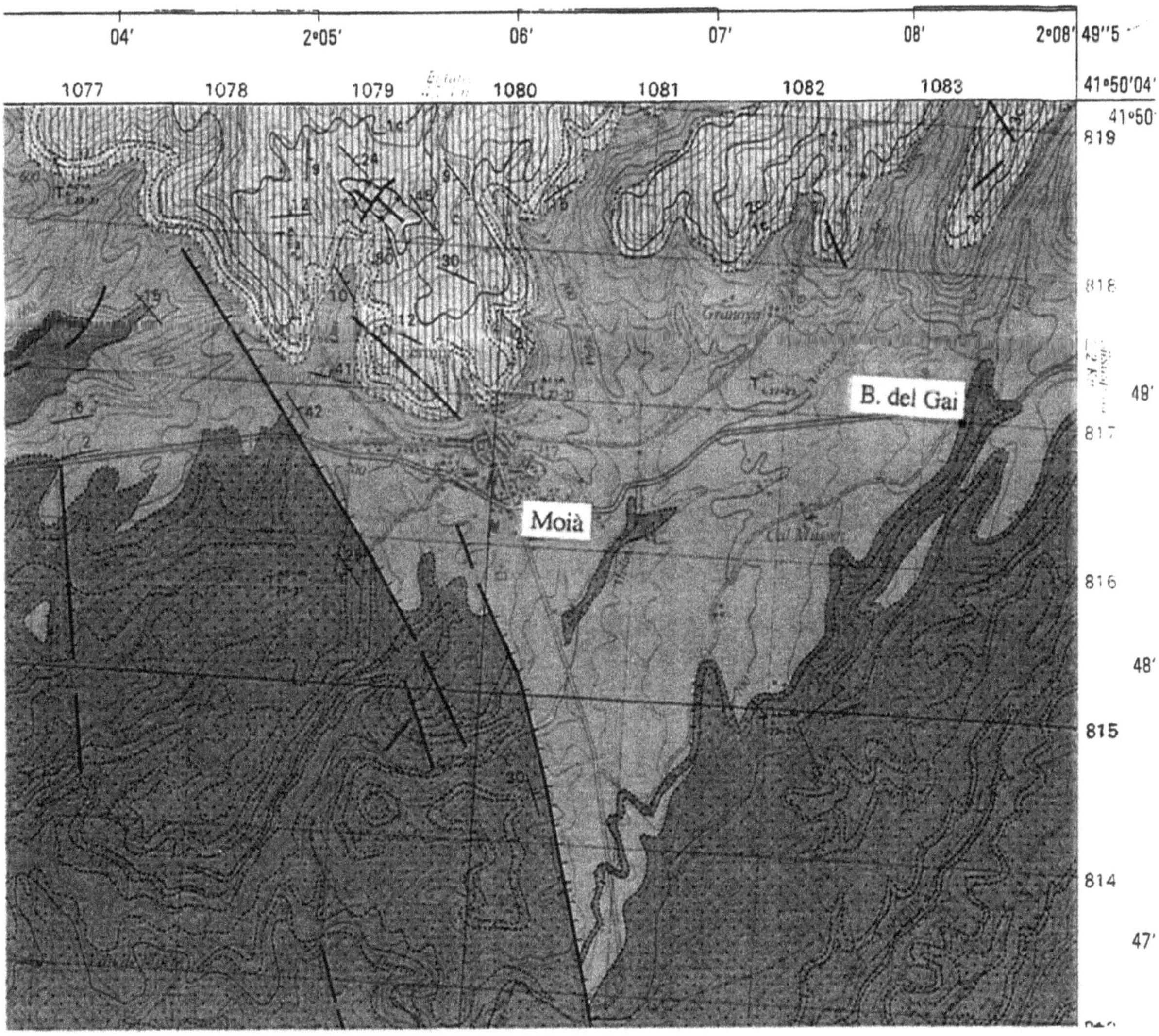

Mapa geològic: Full núm.363. Manresa. IGME, 1973
Quadrícula U.T.M. d'1 km

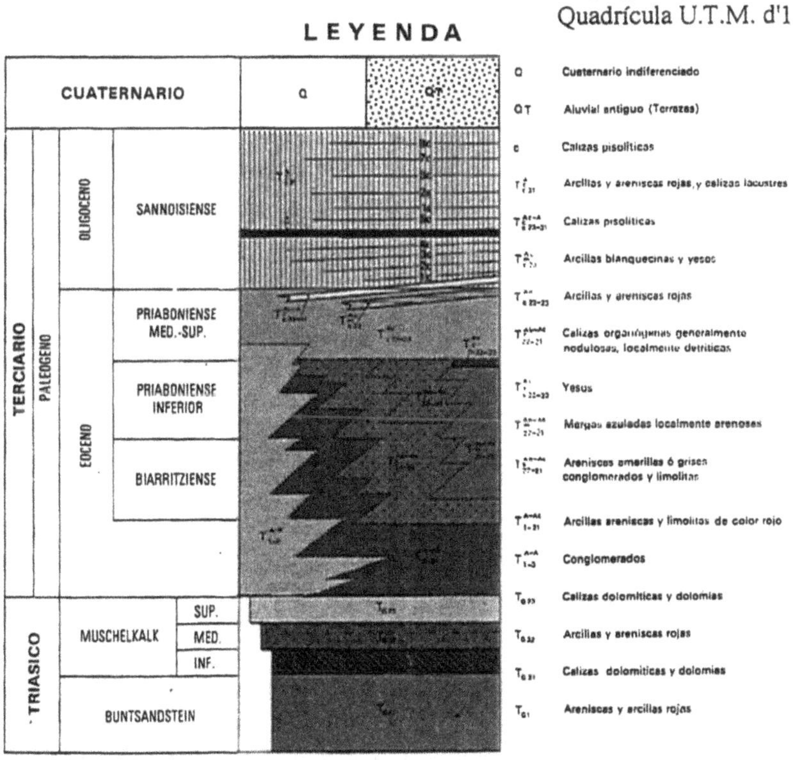

Fig. 5.8.- Mapa geológico. Zona de Balma del Gai

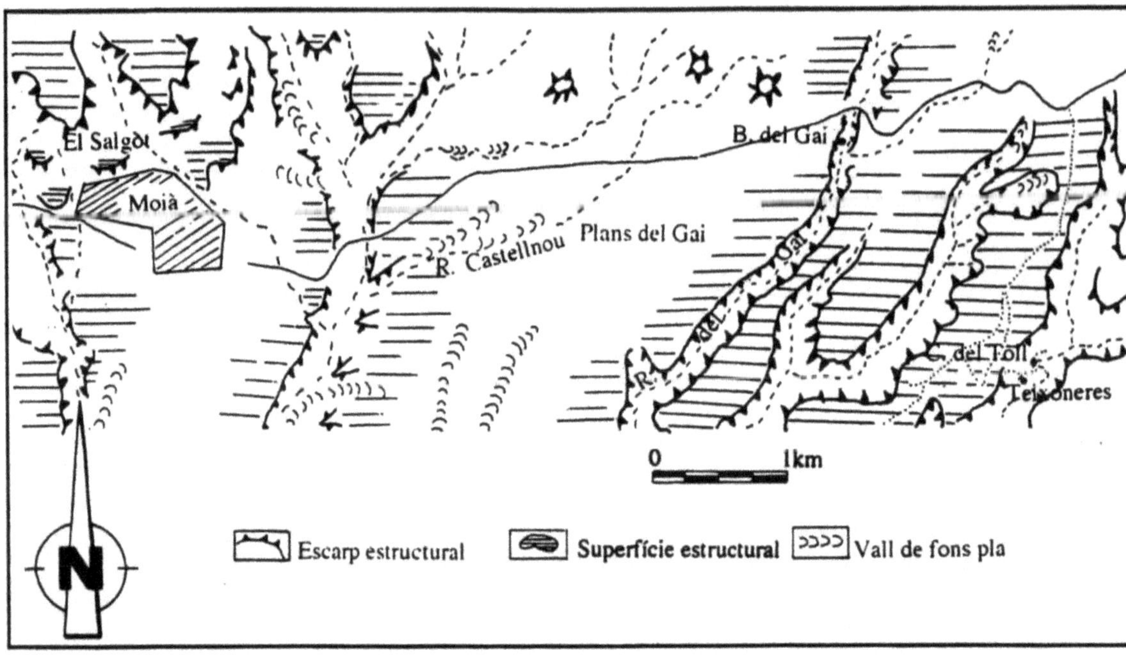

Fig. 5.9.- Esquema fotogeomorfológico. Balma del Gai.

media anual de la zona es de 699,07 mm. Las fuentes permanentes y temporales se localizan en diferentes sectores del área: la fuente de L'Aucella y la fuente de la Senyora en el arroyo de Castellnou; la fuente del Molí d'En Pujol en el arroyo de Passarell; la fuente del Gai en el arroyo del Gai; la fuente Mosquera en el torrente Sec; y, la fuente de L'Alba en el torrente del Mal. Todas estas fuentes se localizan a partir de los 700 m sobre el nivel del mar.

En el margen derecho del torrente del Mal se dan unas condiciones más favorables a la existencia de acuíferos subterráneos, ya que hay potentes depósitos detríticos con pocas intercalaciones de sedimentos finos impermeables y una estructura favorable a la infiltración (diaclasa NS-EO), hecho que da lugar al complejo kárstico de las cuevas del Toll.

5.3.4. Dinámica actual

La dinámica actual está determinada por la litología, el clima y el uso del suelo. Los fenómenos que se dan en los materiales duros son: meteorización y movimientos de masa. La meteorización se debe principalmente al efecto cuña de las raíces que aprovechan las grietas de las rocas y las amplían progresivamente preparándolas para los procesos controlados por la gravedad. En referencia a los movimientos de masa predominan los desprendimientos y caídas de bloques, generalmente de pequeña amplitud.

Por lo que respecta a los materiales blandos incoherentes, predominan los procesos de erosión-sedimentación controlados por la escorrentía. La escorrentía superficial se da cuando hay un excedente de agua sobre el suelo. El resultado final suele ser una erosión en las partes altas y intermedias de las laderas acompañada de un aumento de la pedregosidad y una deposición y acumulación de elementos finos en los puntos más bajos.

5.4. EL DEPÓSITO SEDIMENTARIO

5.4.1. Morfología

La Balma del Gai es un abrigo que se localiza y se configura al pie de una pared caliza vertical (Fig. 5.1 b). Su morfología está condicionada por las actividades de cultivo y resulta difícil reconstruir los rasgos originales de la Balma. La superfície total es de 57,75 m^2, con una planta de 5,5 por 10,5. En la roca de la pared hay una densa red de diaclasas que ocasiona la caída de bloques y cantos de morfología tabular en el asentamiento.

El concrecionamiento por precipitación y recristalización del $CaCO_3$ es pobre. Está representado por pequeñas coladas pavimentadas que se hallan entre las fracturas. No se observa en la actualidad una circulación hídrica regular, solamente algunos pequeños aportes pluviales estacionales que ocasionan eventuales entradas de agua por las fisuras del techo del abrigo. Los materiales sedimentarios que han formado el relleno tienen diversas procedencias y han seguido diferentes vías de introducción. Los de origen auctóctono son cantos y bloques que se deben a la meteorización física y los sedimentos alóctonos son materiales finos que se incorporan por escorrentía superficial. Los niveles sedimentarios presentan un buzamiento en dirección NE (fondo del abrigo), especialmente en el nivel Superficial.

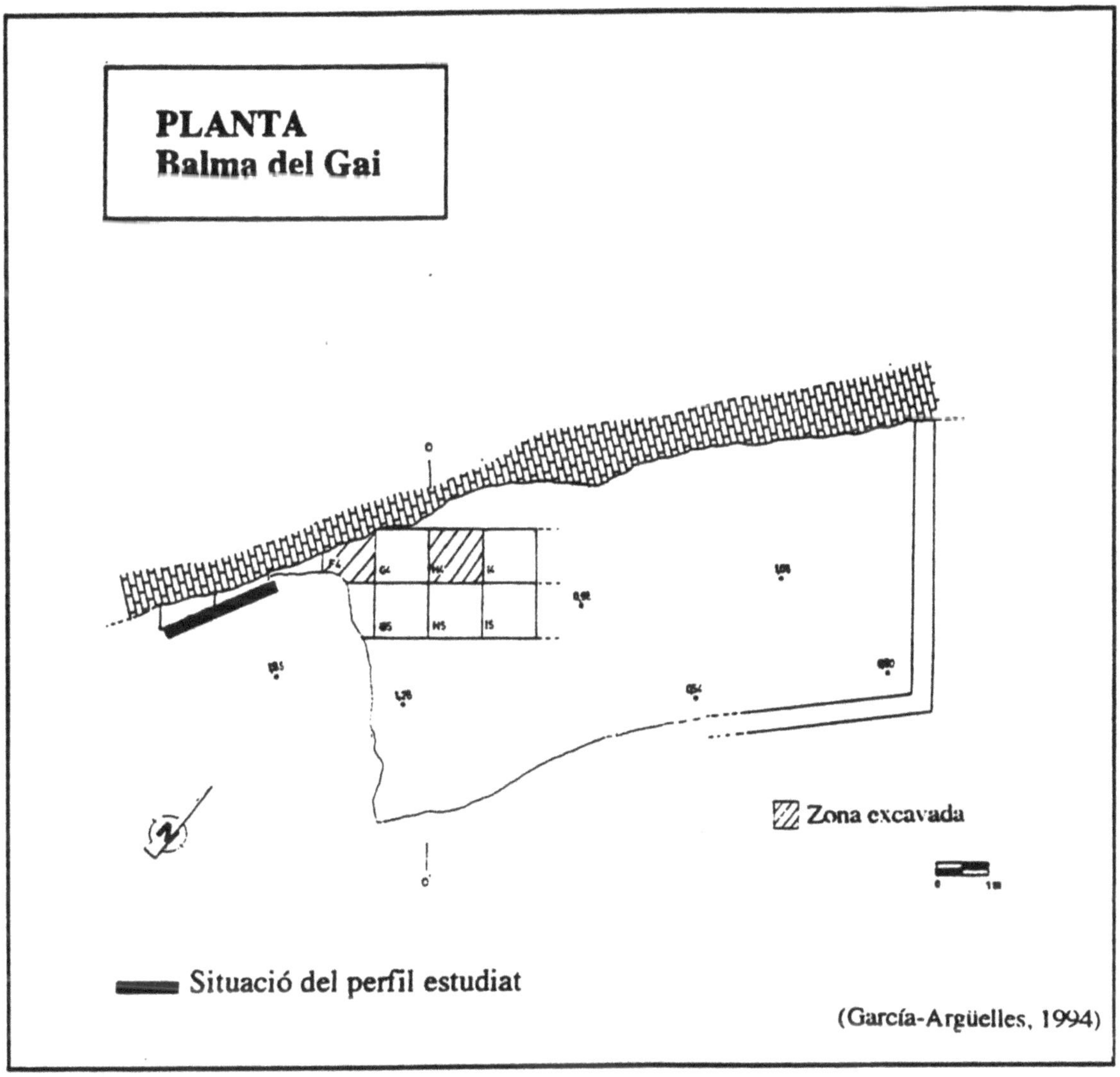

a

b

Fig. 5.10.- Balma del Gai.
a.- Planta del yacimiento y situación del perfil. b.- Perfil estudiado.

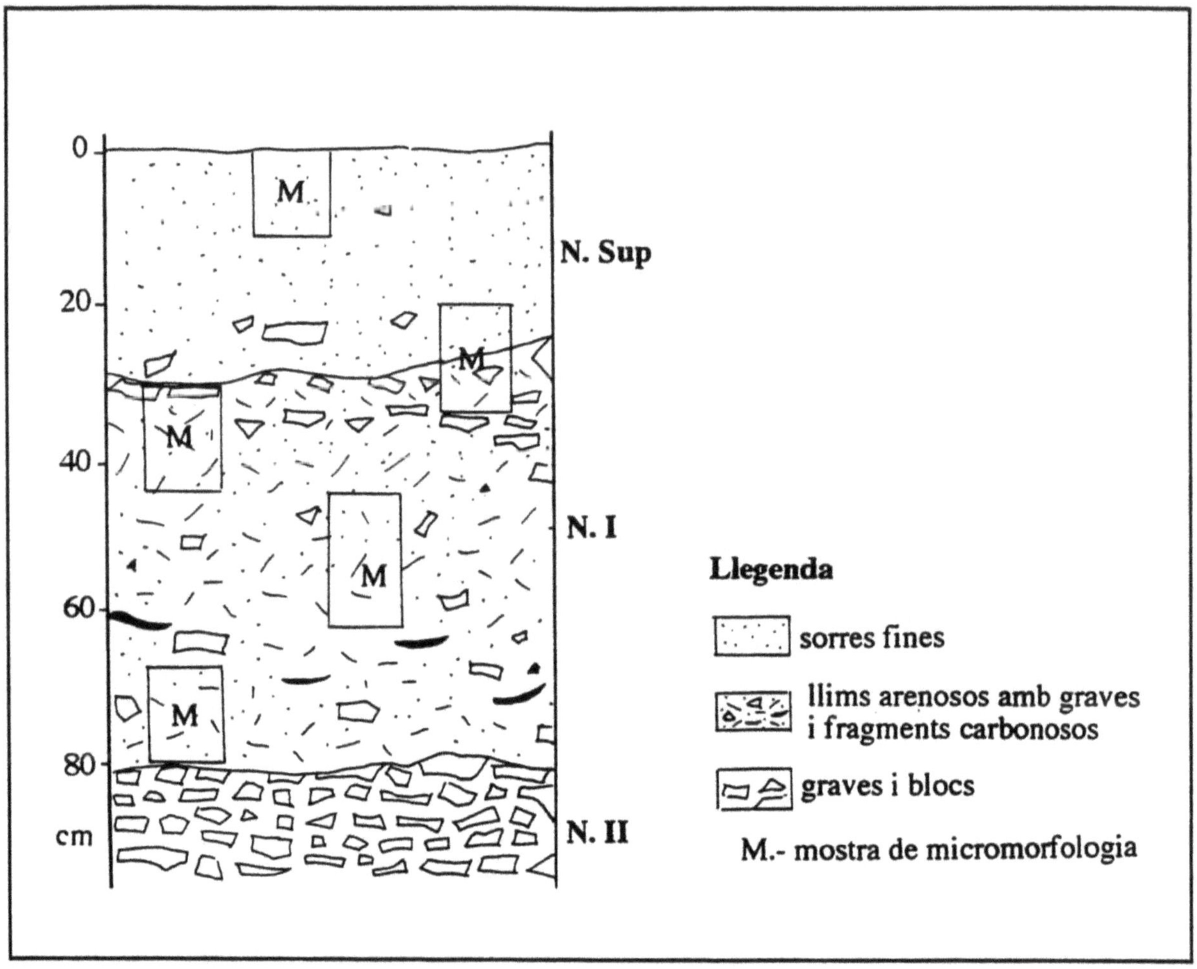

Fig. 5.11.- Perfil estratigráfico

5.4.2. Descripción sedimentaria

Nos hemos basado en las descripciones realizadas a diferentes niveles de observación que nos han permitido examinar los diferentes atributos del relleno de la Balma del Gai.

Debido a las intervenciones arqueológicas realizadas hasta el momento se ha podido estudiar el perfil sedimentario N-S del asentamiento (Fig. 5.10 a y b).

Descripción estratigráfica

El perfil estratigráfico se presenta en la figura 5.11.

Potencia del perfil: 97 cm

Arenas finas de color marrón

N. Superficial - Potencia máxima 30 cm. Está formado por una matriz de arenas limosas de color marrón (5 YR 6/4) con un 13 % de fracción gruesa (cantos y gravas) formada por caliza de morfología subredondeada y de un tamaño entre 1 y 2 cm. La estructura es de tipo laminar/granular. Hay mucha actividad biológica actual.

Arqueológicamente es estéril (aunque aparezcan algunos elementos mezclados procedentes del nivel anterior)

Limos arenosos de color marrón grisáceo con cantos y abundantes restos carbonosos

N.I.- La potencia es de 52 cm. Domina la fracción de cantos con un 60%. El tamaño oscila entre 1 cm y 10 cm de morfología subangulosa y la litología es de calizas, no aparecen señales de concreción. La matriz de limos arenosos es de color marrón oscuro (5 YR 6/2). La estructura es de tipo granular. Entre la cota de 30-40 cm del perfil aparecen un alto contenido de cantos. En el tramo entre 43-64 cm hay la presencia más intensa de restos carbonosos y óseos.
Atribución cultural: Epipaleolítico microlaminar (con algunos elementos geométricos en la parte superior).
Datación radiocarbónica: 8.930±140 BP y 11.170±160 BP

Cantos y bloques

N.II.- Potencia indeterminada (15 cm vistos). Compuesto exclusivamente por cantos de 2 a 13 cm y bloques de caliza de morfología angulosa, sin señales de concreción de $CaCO_3$.
Arqueológicamente es estéril.

Análisis micromorfológico

Las descripciones de los análisis micromorfológicos las presentamos en forma de tablas, señalando los rasgos más destacados (Fig.5.12, 5.13, 5.14 y 5.15).

Se ha muestreado el N. Sup. y el N. I, ya que, el N. II está formado exclusivamente por cantos y bloques. También debemos precisar que de cada nivel se han tomado varias muestras, tal como se puede observar en las siguientes figuras.

5.4.3. Análisis sedimentario

De los datos que hemos obtenido en la descripción estratigráfica de campo y en los análisis micromorfológicos hemos distinguido los siguientes niveles sedimentarios:

N. II

Descripción: Está formado exclusivamente por cantos de caliza microesparítica y bioclástica de 2 a 13 cm, de morfología angulosa-tabular sin matriz fina.

Interpretación: Es el resultado de una intensa meteorización mecánica de la pared y techo del abrigo en un ambiente frío. El grosor y el tamaño de los cantos hace que creamos que obedecen a frecuentes ciclos de hielo-deshielo y con suficiente intensidad de la helada para desprenderse estacionalmente crioclastos de tamaño considerable.

N. I

Descripción: Está constituido por arenas finas de 63- 250 µm, formadas por cuarzo, calcita y feldespatos, y cantos de 1 a 10 cm, de caliza microesparítica y bioclástica y calcarenita de morfología subredondeada, con una estructura primaria de tipo esponjoso con huecos vesiculares (Fig. 5.16 a) y localmente se observa una estructura secundaria de tipo granular. La matriz es de color marrón con una fábrica de birrefringencia cristalítica. En la parte superior del nivel, ésta presenta una estructura secundaria de tipo laminar y aumentan los cantos de caliza de morfología subredondeada en que se puede observar fisuración (Fig. 5.16 b). Es un depósito heterométrico.

Desde el punto de vista arqueológico es en este nivel donde se concentra el material, especialmente entre las cotas de 43 y 64 cm del perfil. Éste presenta diferentes estados de alteración térmica que se observan sobre todo en los huesos (Fig. 5.16 c) y en los restos carbonosos. También se han documentado agregados de 500 µm de sedimento rubefactado repartidos por la masa basal.

En los huecos del sedimento se localizan acumulaciones de material fino (arenas finas, limos y arcillas con material carbonoso) (Fig. 5.16 d), que frecuentemente están granuloclasificados y los más finos orientados. Igualmente hay acumulaciones secundarias de carbonato cálcico (Fig. 5.16 e) en huecos formados por la actividad biológica (Fig. 5.16 f), así como nódulos de óxidos e hidróxidos de hierro repartidos por la masa basal.

Interpretación: Las condiciones sedimentarias corresponden a un proceso de escorrentía con cierto deslizamiento de materiales (solifluxión) junto a la disgregación de la cornisa. Para que se produzca este tipo de depósito tiene que haber unas condiciones climáticas propicias de humedad, para que se generalice el desplazamiento, y de frío, para que se produzca la acción de los ciclos de hielo-deshielo que amplía las fisuras de las rocas e impide la existencia de importantes mantos de vegetación que dificulta estos desplazamientos. Son importantes en el proceso de disgregación de la cornisa, por una parte, la dinámica de hielo-deshielo y por otra, la caída de bloques por acción de la gravedad. En la parte superior del nivel aparece un aumento de cantos debido a una intensificación de las condiciones de hielo-deshielo.

Tanto la estructura sedimentaria de tipo esponjoso del nivel, como los huecos de tipo vesicular y las trazas de disolución de las calizas nos corroboran que cuando se formó el depósito había unas condiciones húmedas y frías. También hay que decir que la actividad biológica (lumbrícidos y raíces) es importante, hecho que también es indicativo de estas condiciones de humedad y, además, de una sedimentación lenta.

Respecto al material de origen antrópico se encuentra en gran cantidad pero distribuido de forma heterogénea y no conserva los caracteres propios de una posición primaria debido a los procesos de solifluxión y de los postdeposicionales.

Los procesos postdeposicionales de tipo físico-químico que dominan son los desplazamientos y acumulaciones de material fino. Estos procesos estarían provocados por la infiltración del agua a través de los huecos del sedimento, que producen la acumulación de partículas finas (incluso carbones disgregados por la actividad biológica) alrededor de agregados, huecos y fragmentos gruesos. El material arcilloso que forma parte de estos revestimientos se encuentra orientado, hecho que indica que la circulación fue lenta (Van Vliet-Lanoë, 1987). Se detectan acumulaciones secundarias de $CaCO_3$ en huecos, mayoritariamente de tipo cavitario, es decir, huecos formados por la penetración de raíces u otra actividad biológica. Alrededor de esta porosidad precipita el carbonato cálcico. Cabe destacar la presencia de nódulos de óxidos e hidróxidos de hierro debido a que las aguas de deshielo tienen unas condiciones óptimas para movilizarlos formando estas acumulaciones mediante fenómenos de óxido-reducción.

Fig. 5.12

BALMA DEL GAI
Descripción sedimentaria microscópica

Niveles	Porosidad	Microestructura	Masa basal	Componentes minerales
N.SUP. M.1 (0-12 cm)	8%	Laminar /Canal	FG/FF 2/1 Arenas de 63-250 µm: 60% Arenas de 250-500 µm: 2% Distribución de tipo Porfírica	La morfología es subredondeada.
M.2 (20-35 cm)	15%	Subangular	FG/FF 1/1 Arenas de 63-250 µm: 20% Arenas de 250-500 µm: 5% Gravas 2mm-1cm: 2% Cantos: 1% Distribución de tipo Porfírica	La morfología es subredondeada.
N.I M.3 (30-42 cm)	20%	Esponjosa/Laminar	FG/FF 2/1 Arenas de 250-500 µm: 20% Arenas de 63-250 µm: 5% Gravas 2mm-1 cm: 10% Cantos: 15% Distribución de tipo Quitónica/Gefúrica	Los cantos de caliza presentan fisuras.
M.4 (43-64 cm)	35%	Esponjosa/Canal	FG/FF 1/1 Arenas de 63-250 µm: 15% Arenas 250-500 µm: 3% Cantos: 0,2% Distribución de tipo Porfírica	La morfología es subredondeada.
M.5 (68-80 cm)	25%	Granular muy desarrollada	FG/FF 1/1 Arenas de 63-250 µm: 10% Arenas de 250-500 µm: 3% Cantos: 2% Distribución de tipo Porfírica cerrada	La morfología es subredondeada.

La fracción litológica y mineralógica está formada por: caliza microesparítica, caliza bioclástica, calcarenita, cuarzo, calcita y feldespato. En todos los niveles la matriz es de color marrón y con una fábrica de birrefringencia cristalítica y calcítica.

BALMA DEL GAI
Descripción sedimentaria microscópica
Componentes inorgánicos y orgánicos (de origen biológico-antrópico)

Niveles (Muestras)	Componentes de origen vegetal	Componentes de origen animal	Materiales antrópicos
N.SUP. M.1 (0-12 cm)	- carbones (3%) de color negro. Tamaño entre 25-200 µm.	- caracoles (1%).	--------
M.2 (20-35 cm)	- carbones (2%), de color negro. Tamaño entre 75-500 µm. Estan fragmentados y en proceso de dispersión. No se distingue la estructura vegetal.	- huesos (0,1%) de tamaño entre 2 mm y centimétrico. Amarillos y birrefringentes. - caracoles (0,1%).	--------
N.I M.3 (30-42 cm)	- carbones (8%), de color negro. Tamaño entre 25 µm-2 mm, dominan entre 200-250 µm. Estan fragmentados pero no en proceso de dispersión. - cenizas con partículas negras.	- hueso (10%) de tamaño entre 250 µm y centimétrico con diferentes trazas de combustión y cristalizaciones. - caracoles (1%).	--------
M.4 (43-64 cm)	- carbones (12%), de color negro. Tamaño entre 25 µm-2 mm, dominan los de 250 µm. Estan muy fragmentados y en proceso de dispersión. - fragmentos de cenizas (750 µm-2mm) con pigmentaciones negras.	- huesos (15%) de tamaño entre 75 µm y centimétrico con diferentes trazas de combustión. - caracoles (1%) de 2 mm. - masas fosfatadas de 75 µm.	- Presencia de sílex (2%) de 2 mm de coloración blanca y con una serie de fracturas.
M.5 (68-80 cm)	- carbones de color negro (4%). Tamaño entre 25 µm-1 mm se distingue la estructura vegetal se encuentran en proceso de dispersión. - cenizas (75-370 µm) de color gris con una serie de pigmentaciones negras.	- huesos (10%). Tamaño 75 µm-2 mm, presentan diferentes trazas de combustión: color amarillo con fisuras, color anaranjado y color gris. Presentan cristalizaciones. - caracoles (0,5%) de tamaño centimétrico y algunos en posición vertical.	- Presencia de sílex (0,5%), de tamaño entre 850 µm y centimétrico.

Fig. 5.13

BALMA DEL GAI
Descripción sedimentaria microscópica
Edaforrasgos

Niveles	Desplazamiento y acumulación de finos	Acumulación secundaria de $CaCO_3$	Oxidación-reducción
N.SUP. M.1 (0-12 cm)	- en huecos: revestimientos de matriz arcillosa con dominios orientados de 75 µm.	--------	--------
M.2 (20-35 cm)	- en huecos: rev. de 50-100 µm. - en cantos: rev.	--------	--------
N.I M.3 (30-42 cm)	- en huecos: rev. típicos de tipo "crescent" y en forma de micropan de arenas finas y limo-arcillosas granuloclasificadas con material carbonoso. Tamaño de 250 µm hasta centimétrico. - rellenos de 2 mm con mat. limo-arcilloso orientado y con partículas carbonosas.	--------	- nódulos de óxidos-hidróxidos de hierro (150-370 µm) repartidos entre la masa basal.
M.4 (43-64 cm)	- en huecos: rev. típicos de tipo "crescent" y en forma de micropan de arenas finas y limo-arcillosas granuloclasificadas con material carbonoso, de 30-220 µm. El material arcilloso es birrefringente. - rellenos de 500 µm.	- en huecos mayoritariamente cavitarios: hiporrev. microesparíticos de 450-850 µm, - nódulos (mícriticos) de 250 µm. - en huesos.	--------
M.5 (68-80 cm)	- en huecos: rev. típicos de tipo "crescent" y en forma de micropan de arenas finas y limo-arcillosas granuloclasificadas con material carbonoso, de 350-700 µm. El material arcilloso es birrefringente. - rellenos de 300 µm.	- en huecos: rev: esparíticos de 370 µm e hiporrev. microesparíticos de 250 µm en huecos vesiculares y cavitarios. - nódulos mícriticos. - en los huesos y en la masa basal.	--------

Fig. 5.14

BALMA DEL GAI
Descripción sedimentaria microscópica
Edaforrasgos

Niveles (Muestras)	**Desplazamiento y acumulación de finos**	**Acumulación secundaria de $CaCO_3$**	**Oxidación-reducción**	**Actividad biológica**
N.SUP M.1 (0-12 cm)	X	--------	--------	XXX
M.2 (20-35 cm)	X	--------	--------	XXX
N.I M.3 (30-42 cm)	XXX	--------	X	XX
M.4 (43-64 cm)	XXX	XX	X	XX
M.5 (68-80 cm)	XXX	XXX	X	XX

X - Presentes XX - Frecuentes XXX - Abundantes

Fig. 5.15

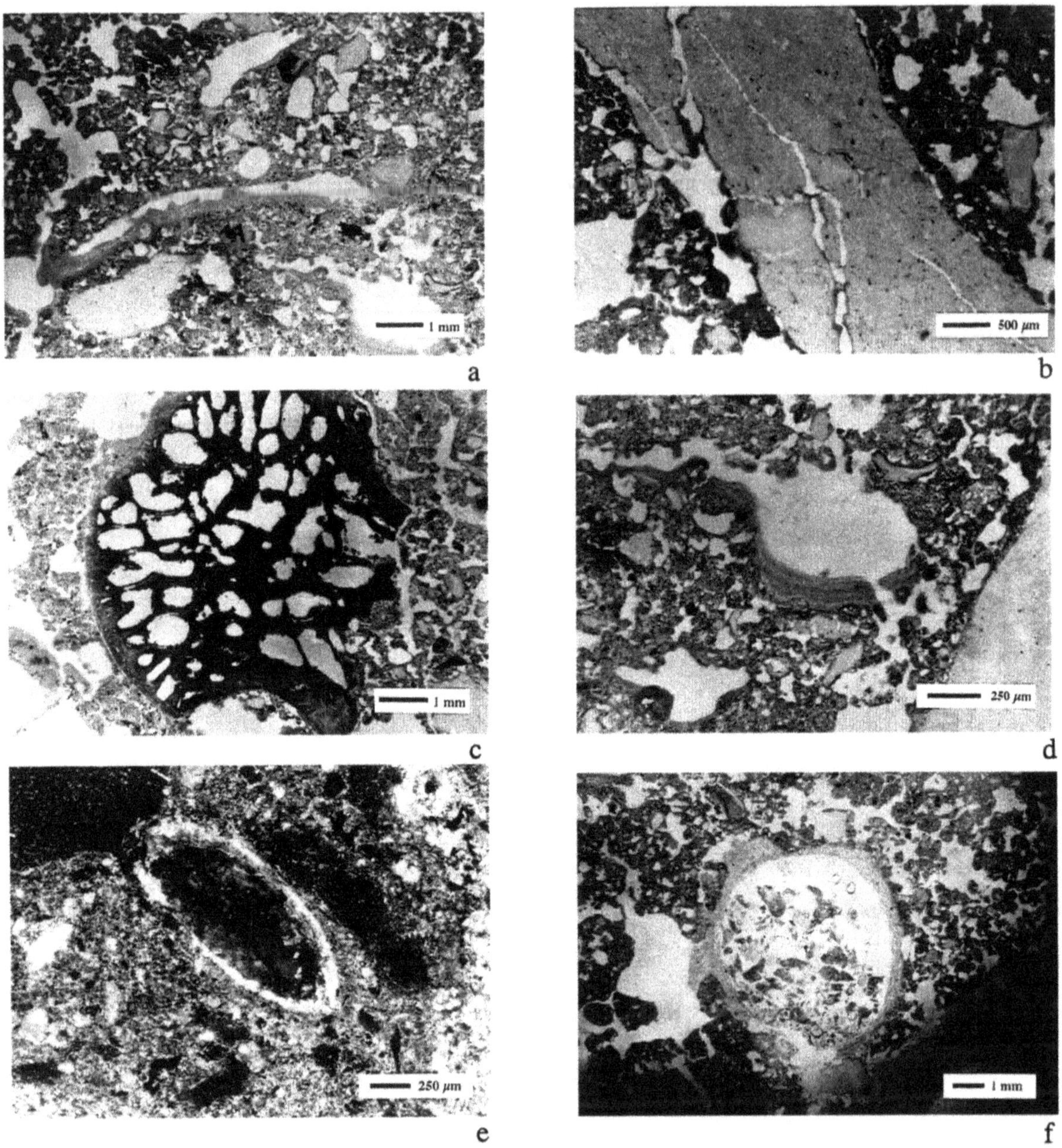

Fig. 5.16.- Balma del Gai
a.- N. I.- Estructura esponjosa con huecos vesiculares. LPP. b.- N. I parte superior.- Fisuración de los cantos por efectos de hielo-deshielo. LPP. c.- N. I.- Fragmento óseo (epífisis) alterado por efectos de combustión. LPP. d.- N. I.- Acumulación de material fino en huecos (revestimiento). LPP. e.- N. I.- Acumulación secundaria de $CaCO_3$ microesparítica en un hueco (revestimiento). LPX. f.- N. I.- Cámaras formadas por la actividad biológica. LPP.

N. Superficial

Descripción:
El N. Superficial está constituido mayoritariamente por una fracción de arenas finas de un tamaño entre 63-125 µm (cuarzo, calcita y feldespatos) con una ligera granuloclasificación. La estructura primaria es de tipo laminar y localmente se observa una estructura secundaria de tipo granular/subangular. La matriz es marrón y de fábrica de birrefringencia cristalítica. No hay prácticamente restos de material antrópico.

Se ha documentado una importante actividad biológica con canales producidos por raíces, cámaras y material fecal de lumbrícidos, estructura secundaria de tipo granular, ...

Interpretación: La formación de este nivel se debería a un proceso de escorrentía superficial poco competente. Este nivel está afectado por procesos de hielo-deshielo.

La actividad biológica, muy acentuada en este nivel, produjo intensas modificaciones en gran parte de la estructura original.

5.4.4. Caracteres generales de la sedimentación

La sedimentación de la Balma del Gai está formada por una serie de facies:

- Facies de cantos y bloques. Se forma por caídas de bloques y por la disgregación de la pared del abrigo. Esta facies está caracterizada en el N. II. La fragmentación y las fisuras que presentan los cantos y los bloques están ocasionadas por procesos de hielo-deshielo.

- Facies de limos arenosos de color marrón grisáceo con cantos y abundantes restos carbonosos. Esta facies se encuentra representada en el N. I. Es un nivel formado por una matriz limo-arenosa de color marrón grisáceo y con cantos. La fracción de cantos presenta trazas de disolución y en la parte superior del nivel a una profundidad de 30-42 cm aparecen fisuradas. La estructura sedimentaria que es de tipo esponjoso con huecos de tipo vesicular en la parte inferior del nivel y en la parte superior aparece localmente una estructura de tipo laminar, propia de ciclos de hielo-deshielo. Cabe destacar la abundante presencia de material de origen antrópico. La sedimentación corresponde a aportes de escorrentía con desplazamiento (solifluxión) en un ambiente húmedo y frío.

- Facies de arenas finas de color marrón. Se origina por un proceso de escorrentía de débil intensidad en unas condiciones ambientales frías (estructura laminar) y húmedas.

5.5. CONCLUSIONES

En la historia evolutiva del relleno sedimentario de la Balma del Gai cabe considerar la sucesión de diferentes procesos:

- procesos de sedimentación: una sedimentación detrítica resultante de procesos de escorrentía superficial y procesos de desplazamiento de materiales y por la acumulación de los productos de la disgregación de la pared de la Balma.

- procesos postdeposicionales condicionados por el ambiente físico-químico del medio (removilización de finos, precipitación secundaria de carbonatos y oxidación-reducción de hierro) y por la actividad biológica.

5.5.1. Secuencia estratigráfica, evolución sedimentaria y paleoambiental

La secuencia estratigráfica que nos ofrece la Balma del Gai se enmarca en el Pleistoceno Superior final y en el Holoceno. Los resultados de las dataciones radiocarbónicas del N. I obtenidas tanto de las intervenciones arqueológicas anteriores como de las actuales apoyan esta hipótesis. Las dataciones obtenidas de las excavaciones del Sr. M. Llongueras son (Llongueras *et alii*, 1982):

9.860±400 BP
10.030±160 BP
11.050±160 BP

De las excavaciones de la Dra. P. García-Argüelles:

N. I. cuadro F-4 (z=126-131 cm)	8.930±140 BP
N. I. cuadro F-4	11.170±160 BP

La primera unidad (N. II) detectada corresponde a un material detrítico generado por procesos de gelifracción, en un periodo de características frías y secas. No se documenta ocupación humana.

La sedimentación continua en el abrigo, N. I, con materiales finos y con cantos y bloques. Este material heterométrico corresponde a un proceso consistente en la movilización lenta de materiales detríticos saturados en agua (solifluxión) en unas condiciones frías que podría corresponder a un momento de fusión del hielo (Francou, 1989). Es en este nivel donde se documenta la ocupación antrópica, pero tanto por los procesos de formación del depósito como por los procesos postdeposicionales que han afectado a la estructura y la posición original del material arqueológico, es difícil reconocer los niveles de ocupación del asentamiento. Este nivel corresponde a un momento de condiciones muy húmedas en un contexto frío, sin embargo hay un aumento de cantos que presentan una serie de fisuras por efectos de crioclastia que denotan unas condiciones más secas. Desde el punto de vista paleoambiental, este nivel corresponde a un periodo con ciclos de hielo-deshielo que son más intensos en la parte superior (z=30-42 cm). Culturalmente, corresponde a un horizonte del Epipaleolítico microlaminar con elementos geométricos (en la parte superior del nivel).

Finalmente, el nivel Superficial se manifiesta con un relleno de materiales finos aportados por un proceso de escorrentía superficial. El clima sería frío y húmedo.

6. CUEVA DE LA GUINEU

6.1. INTRODUCCIÓN

6.1.1.Antecedentes y registro arqueológico

El yacimiento fue descubierto en el año 1961 por Pere Giró, aficionado local, el cual documentó algunos restos arqueológicos en superficie.

Desde el año 1979 hasta el año 1982 unos aficionados del lugar expoliaron la cueva. Estas actuaciones afectaron a los niveles cerámicos (desde un momento ibérico hasta los niveles del Neolítico Antiguo) del interior de la cueva. En 1983 Josep Mestres realizó un sondeo de 2 x 2 m en el yacimiento con tal de contextualizar los materiales recuperados por los aficionados y obtener una secuencia estratigráfica del asentamiento, además de poder extraer muestras para realizar análisis de tipo paleoecológico (Mestres et *alii*, 1988).

En el año 1988 se inician las excavaciones arqueológicas que han continuado hasta la actualidad, bajo la dirección de A. Cebrià y R. Doce el año 1988, A. Cebrià, M. M. Bergadà y G. Ribé de 1989 a 1990 y, A. Cebrià, G. Ribé y R. Bartrolí de 1991 a la actualidad. Estos trabajos están incluidos dentro del programa de investigación "El Paleolítico Superior y Epipaleolítico en la Cataluña meridional y tierras de poniente" coordinado desde el SERP desde la Cátedra de Prehistoria de la Universitat de Barcelona.

De estas excavaciones arqueológicas se ha podido obtener la siguiente secuencia cultural (Equip Guineu, 1995):

N.Superficial.- Ocupaciones esporádicas de época medieval y moderna.

N.Ia.- La cronología de esta fase se situaría en un momento del Ibérico reciente (finales del siglo II y principios del I a.C.).

N.Ib.- Culturalmente se podría datar en el Bronce Medio (el elemento más significativo de los aparecidos es una asa de apéndice de botón). Este nivel está datado en 3.280±70 BP (1.528 cal BC Tucson).

N.Ic.- Este nivel estuvo muy afectado por la acción de los clandestinos, pero se ha podido deducir que sería un lugar de enterramiento colectivo. Se han distinguido dos espacios: el espacio funerario (cavidad), la cámara sepulcral, vaciada en gran parte por la intervención clandestina y el espacio exterior delimitado por una losa sepulcral. Según el equipo Guineu (1995), ésta sería el límite entre la zona de enterramientos y la zona de posibles ofrendas (básicamente alimentarias de las cuales se tienen abundantes indicios de fauna quemada). El material cerámico más significativo de este nivel es el de tipo campaniforme (Neolítico Final). Este nivel está datado en 2.830 ± 80 BP (1.250, 819 cal BC Gif sur Yvette), aunque esta datación es muy reciente a juzgar por el material arqueológico aparecido.

N.Id-Ie-II.- Cronológicamente corresponde a un momento de Neolítico Antiguo cardial y evolucionado. De momento es difícil precisar el uso y la actividad que se desarrollaron en estos niveles debido a que se encuentran aún en proceso de excavación. De todos modos, los investigadores (Equip Guineu, 1995) se plantean la hipótesis de que se hubiera utilizado como un espacio para almacenar probablemente productos alimenticios o bien que se trate de un punto de paso ganadero.

N.III.- En este nivel se han localizado varias evidencias de ocupación del hombre en la cavidad, concretamente dos niveles y varias estructuras de combustión. La industria lítica, básicamente en sílex (91%), es una industria claramente adscribible al complejo Epipaleolítico microlaminar. En el primer nivel de ocupación aparecen raspadores, elementos de dorso, raederas, denticulados que tendrían una tendencia al aziliense; en cambio, en el segundo nivel de ocupación dominan los retoques abruptos con los elementos de dorso con una tendencia a la facies de tipo Mallaetes del complejo microlaminar. El N.IIIa está datado en 9.850±80 BP (Bartrolí *et alii*, 1992).

N.IV-N.XII.- Esporádicas presencias de material faunístico, fragmentos de carbones y de sílex. De momento es difícil precisar la cronología de estos niveles. La identificación y localización de estos niveles son el resultado de un sondeo que se realizó a partir del año 1988 en el cuadro E5.

6.1.2. Datos paleoecológicos

Fauna y malacología

- Microfauna

Los estudios de microfauna han sido realizados por Manuel Millán (Mestres *et alii*, 1988) del Laboratori de Paleoecologia del Museu Arqueològic de Barcelona y por Àngel Galobart de l'Institut Paleontològic de Sabadell (Galobart *et alii*, 1991). Los resultados de los análisis quedan reflejados en la siguiente tabla (Fig 6.1).
De éstos se desprende que la fauna correspondiente a los niveles epipaleolíticos se puede encontrar actualmente tanto en los bosques bajos submediterráneos y mediterráneos como en la montaña mediana mediterránea o atlántica, a excepción de

Microtus duodecimcostatus, presente en la montaña baja mediterránea, y de *Microtus arvalis* habitante de la alta montaña. Hay que tener en cuenta que las especies *(Sciurus vulgaris, Clethrioronomys glareolus, Eliomys quercinus, Apodemus, Microtus arvalis* y *Microtus agrestis)* son habitantes de la alta montaña, hecho importante para creer en un enfriamiento climático durante el Epipaleolítico. El conjunto de estas especies nos hace pensar en un paisaje en el cual se combinarían los pinares de pino albar y bosques caducifolios con el encinar de montaña y bosques semicaducifolios con un grado de humedad más elevado que en la actualidad. Por lo que respecta a la fauna del nivel Neolítico aparecida en la excavación de 1983, se vuelve más mediterránea y desaparecen las especies de hábitats más fríos y más húmedos (Galobart *et alii*, 1991).

- Macrofauna

Los análisis de la macrofauna son de M. Millán del Laboratori de Paleoecologia del Museu Arqueològic de Barcelona. Concretamente, los niveles estudiados son los correspondientes al Epipaleolítico, Neolítico y Eneolítico/Neolítico final de las campañas efectuadas por J. Mestres (Fig. 6.1). Actualmente el estudio de los restos faunísticos ha sido realizado por J. Nadal en su tesis doctoral.

Según Millán (1991), los restos de los grandes mamíferos de los niveles epipaleolíticos y neolíticos configuran una biocenosis mediterránea similar a la actual, con algunas diferencias determinadas por especies que se encuentran en cada nivel.

En el nivel epipaleolítico se ha constatado la presencia de dos taxones indicadores de un clima ligeramente más frío que el actual (*Capra pyrenaica* y *Lynx pardellus*). Estas especies se encuentran en la actualidad habitando en zonas frías de alta montaña. Por lo que respecta al nivel neolítico, la ausencia de restos de cabra y lince indican una moderación de las temperaturas que no afectaron sensiblemente el entorno principalmente boscoso de la cueva. La gran diferencia respecto del nivel epipaleolítico es la aparición de especies domesticadas como la oveja, el buey y el perro.

Durante el Eneolítico/Neolítico final, la fauna no aparece con tanta abundancia. Desaparece el ciervo y la fauna doméstica (oveja y cerdo) es dominante.

Las características actuales (N. Superficial) mantienen la degradación del encinar hacia el pinar, que actualmente ocupa la zona. La fauna se degrada en la misma dirección y sentido.

- Avifauna

El estudio de la avifauna ha sido realizado por Lluís García. El material estudiado pertenece a los niveles epipaleolíticos y neolíticos (Galobart *et alii*, 1991).

- Malacología

Los análisis malacológicos de los niveles epipaleolíticos, neolíticos y eneolíticos correspondientes a la campaña 1983 (Mestres *et alii*, 1988) han sido elaborados por M. Millán en el año 1988. Posteriormente Assumpció Güell y Gustau Serrano durante el año 1991 estudiaron el N.III (Epipaleolítico) y el N.II (Neolítico) de las campañas 1988, 1989 y 1990. Los resultados quedan resumidos en la Fig. 6.2

Antracología

Hasta el momento se ha analizado antracológicamente el N.III. Los fragmentos de carbones que se han estudiado pertenecen a los cuadros D-5, E-5, D-4 y E-4, y corresponden a las campañas 1983, 1988 y 1989. El análisis se debe a Mª Teresa Ros del Laboratori de Paleoecologia del Museu Arqueològic de Barcelona. Los taxones identificados quedan expuestos en la Fig. 6.2.

Según estos datos, la flora del conjunto más antiguo (N.IIIb) viene marcada por un componente notorio de pino albar-negral *(Pinus sylvestris-salzmanni)*, acompañado por *Juniperus*, rosáceas (*Prunus*, ...), boj (*Buxus sempervirens*), arce (*Acer opalus*) y robles (*Quercus sp. caducifolio*) (Galobart *et alii*, 1991). Este conjunto nos indica la existencia de un tipo de vegetación abierta, con cobertura arbórea poco densa, dominado por los pinos y con acompañamiento de *Juniperus* y rosáceas; en las hondonadas de ambiente más húmedo y sobre suelos profundos se desarrollarían espacios de bosque más denso, tipo robledal.

En el nivel superior (N.IIIa), la flora identificada presenta ciertas variaciones respecto al tipo de vegetación del nivel inferior. Destaca el elevado porcentaje de roble, acompañado de otros taxones submediterráneos como el arce (*Acer opalus*) y el tejo (*Taxus baccata*); al mismo tiempo han disminuido las frecuencias de pino albar y *Juniperus*. Según Ros estas modificaciones en el paisaje se deben a cambios climáticos. Este momento se correspondería con la llegada de unas condiciones más templadas que potenciarían la extensión del bosque submediterráneo de robles, en detrimento de los espacios abiertos con pino. Se denota la aparición de nuevos taxones: chopo (*Populus sp.*), encina-coscoja (*Quercus ilex-coccifera*), madroño (*Arbutus unedo*) y brezos (*Erica sp.*). La encina-coscoja, el madroño y los brezos son especies mediterráneas, que empezarían a jugar un papel muy importante en los lugares secos y lindes de bosques, quedando aún el encinar muy subordinado al roble (Galobart *et alii*, 1991).

También se estudió el conjunto de carbones que se encuentran asociados directamente a estructuras de combustión del nivel epipaleolítico. Los taxones identificados se presentan en la fig. 6.3. El contenido en carbones del Hogar 2 y del Fuego 3 es monoespecífico: todos los fragmentos pertenecen al taxón pino albar-negral. Diferente es el caso de los Hogares 1 y 5, donde un elevado número de restos de pino albar va acompañado de la presencia de dos submediterráneas: *Prunus mahaleb* (Hogar 1) y el roble (Hogar 2) (Galobart *et alii*, 1991).

DATOS PALEOCOLÓGICOS DE LA CUEVA DE LA GUINEU (I)			
CULTURA	**MICROFAUNA**		**MACROFAUNA**
	Millán (1988)	Galobart (1991)	Millán (1988,1991)
ENEOLÍTICO/ NEOLÍTICO FINAL	*Bufo calamita* *Rattus rattus* *Rana ridibunda* *Mustela nivalis*		*Sus scropha* *Meles meles* *Martes foina* *Ovis aries*
NEOLÍTICO	*Apodemus sylvaticus* *Rattus rattus* *Rana ridibunda* *Bufo bufo* *Elaphe scalaris* *Erinaceus eupaeus* *Mus musculus* *Lacerta lepida* *Mustela nivalis*	*Arvicola sapidus* *Microtus duodecimcostatus* *Apodemus sylvaticus* *Crocidura russula* *Oryctolagus cuniculus* *Rana ridibunda* *Bufo bufo* *Lacerta lepida*	*Canis familiaris* *Cervus elaphus* *Capreolus capreolus* *Sus scropha* *Oryctolagus cuniculus* *Ovis aries* *Felis sylvestris* *Vulpes vulpes* *Canis familiaris* *Bos taurus*
EPIPALEOLÍTICO	*Sciurus vulgaris* *Clethrioronomys glareolus* *Micomys minutus* *Crocidura russula* *Arvicola sapidus* *Eliomys quercinus* *Pithymis duodecimcostatus* *Mus musculus* *Microtus agrestis* *Erinaceus europaeus* *Mustela nivalis* *Barbastella barbastella* *Apodemus sylvaticus* *Lacerta viridis* *Rana ridibunda* *Bufo bufo*	**N.III a:***Apodemus sylvaticus* *Arvicola sapidus* *Microtus duodecimcostatus* *Rana sp.* *Colubridae* **N.III b:***Apodemus sylvaticus* *Arvicola sapidus* *Microtus duodecimcostatus* *Crocidura russula* *Eliomys quercinus* *Oryctolagus cuniculus* *Rana sp.* *Podarcis muralis* **N.III c:***Apodemus sylvaticus* *Arvicola sapidus* *Microtus duodecimcostatus* *Eliomys quercinus* *Oryctolagus cuniculus* *Rana sp.* *Podarcis muralis* *Colubridae* *Miotys miotys* *Lacerta lepida* **N.III d:***Apodemus sylvaticus* *Arvicola sapidus* *Microtus duodecimcostatus* *Eliomys quercinus* *Oryctolagus cuniculus* *Rana sp.* *Bufo bufo* *Lacerta lepida* *Colubridae* *Crocidura russula* *Lacerta viridis* **N.V:***Eliomys quercinus* *Oryctolagus cuniculus* *Rana sp.* *Microtus arvalis*	*Capreolus capreolus* *Oryctolagus cuniculus* *Cervus elaphus* *Sus scropha* *Felis sylvestris* *Lynx pardellus* *Mustela putorius* *Capra pirenaica*

Fig. 6.1.- Análisis de microfauna y de macrofauna de la cueva de la Guineu

DATOS PALEOCOLÓGICOS DE LA CUEVA DE LA GUINEU (y II)				
CULTURA	**AVIFAUNA** Garcia (1991)	**MALACOLOGÍA** Millán (1988)	Güell-Serrano(1991)	**ANTRACOLOGÍA** Ros (1991)
ENEOLÍTICO/ NEOLÍTICO FINAL		*Ciclostoma elegans*		
NEOLÍTICO	galliforme faisánido *Alectoris sp.* *Columba sp.* pequeño paseriforme *Pica pica* Indeterminado	*Helix aspersa* *Ciclostoma elegans*	*Cepaea nemoralis* *Pomatia elegans* *Helix sp.* *Ena obscura* *Columbella rustica* *Mytylus sp.* *Glycymeris violasc.* *Abida polyodon* *Helicigona lapicida* Indeterminado	
EPIPALEOLÍTICO	*Falco naumanni* galliforme faisánido *Alectoris sp.* *Alectoris graeca/rufa* *Alectoris barbara* *Picus viridis* pequeño paseriforme Indeterminado	*Helix aspersa* *Helix hortensis* *Ciclostoma elegans* *Glycimeris glycimeris* *Pecten jacobeus* *Helix nemoralis*	*Cepaea nemoralis* *Pomatia elegans* *Helix sp.* *Xeroplexa sp.* *Jaminia quadridens* *Glycymeris violasc.* *Pecten jacobaeus* *Pseudotachea splendida* *Vitre contracta*	**N.III a** *Pinus sylvestris-salzm.* *Juniperus sp.* *Acer opalus* *Quercus sp.cad.* *Taxus baccata* *Populus sp.* *Quercus ilex-cocc.* *Arbutus unedo* *Erica sp.* Indeterminados **N.III b** *Pinus sylvestris-salzm.* *Juniperus sp.* *Prunus sp* Rosáceas *Buxus sempervirens* *Acer opalus* *Quercus sp. cad.* Indeterminados

Fig. 6.2.- Análisis de avifauna, malacología y antracología de la cueva de la Guineu.

	Cuadro D-5		**Cuadro E-5**	
Taxones	**Hogar 1** (175-182 cm)	**Hogar 5** (218-225 cm)	**Hogar 2** (198-205 cm)	**Fuego 3** (223-227 cm)
Pinus sylvestris	40	37	20	13
Quercus sp. cad.		2		
Prunus mahaleb	1			
Total (113)	41	39	20	13

Fig. 6.3.- Datos antracológicos de los hogares epipaleolíticos de la cueva de la Guineu.

6.1.3. Dataciones absolutas

Las dataciones que se han obtenido hasta el momento son las siguientes:

- N.Ib.- UBAR - 258. 3.280±70 BP

- N.Ic.- 2.830±80 BP. (Calibrada BC 1.250, 819). Centre des Faibles Radioactivités. Laboratoire Mixte CNRS. Gif-sur-Yvette (France).

- N.IIIa.- Gif 8.439. 9.850±80 BP

6.2. MARCO GEOGRÁFICO

6.2.1 Situación geográfica

La cueva de la Guineu está situada en el término municipal de Font-rubí (Alt Penedès, Barcelona). El yacimiento se encuentra en el Puig de Plana Pineda (735,4 m) en la Sierra de Font-rubí (Fig. 6.4 a). Morfológicamente este territorio presenta zonas muy montañosas y escarpadas correspondientes a la vertiente meridional de la Cordillera Prelitoral con altitudes superiores a los 700 m en las Sierras de Font-rubí y del Avellà. La Sierra de Font-rubí está situada al Sur de Mediona y forma parte de la continuación oriental del Bloque del Macizo de Gaià y de los relieves del Montmell.

El yacimiento se localiza en la parte superior de la vertiente SE del Puig de Plana Pineda (Fig. 6.4 b), orientado al SE, a 734 m sobre el nivel del mar y a su izquierda se sitúa el torrente de la Font del Llinàs.

Las coordenadas geográficas del asentamiento son:

Long 1° 34' 29" E
Lat 41° 26' 25" N
(Según Ortofotomapa nº. 419-4-3, El Coll de la Barraca. E. 1:5.000. Proyección UTM según el meridiano de Greenwich. Servei Cartogràfic de la Generalitat de Catalunya)

UTM: 31TCF811884
(Según: Hoja nº 419. Vilafranca del Penedés del Servicio Geográfico del Ejército, 1978. E. 1:50.000. Proyección U.T.M. según meridiano de Greenwich).

6.2.2. Vegetación

Durante el año 1992 se realizó un análisis florístico del entorno (dentro de un radio de 2 Km) de la cueva de la Guineu. El estudio fue realizado por la Dra. Carme Cubero del Centre per a la Gestió de Patrimoni cultural i natural de Martorell.

De éste se desprende que en el entorno inmediato de la cueva hay acebo (*Ilex aquifolium*), hiedra (*Hedera helix*), y en boca de la cavidad algunos ejemplares de helechos, como la doradilla (*Ceterach officinarum*), que evidencian las condiciones de humedad y umbría. En la roca se instalan una incipiente vegetación rupícula, aunque de momento la dominante es la nitrófila.

La composición florística es la siguiente (Cubero, 1993):

- estrato arbóreo: pino carrasco (*Pinus halepensis*), pino albar (*Pinus sylvestris*), encinar (*Quercus ilex*) y serbal (*Sorbus domestica*). También cabe decir que cerca de la cueva hay un roble (*Quercus pubescens*).

- estrato arbustivo: aliaga (*Genista sp*), enebros (*Juniperus communis* y *J. oxicedrus*), falsa aladierna (*Phillyrea media*), coscoja (*Quercus coccifera*) y durillo (*Viburnum timus*).

- estrato herbáceo: fenazo (*Brachypodium sp*), lechetrezna (*Euphorbia characias*), hiedra (*Hedera helix*) y heléboro (*Helleborus foetidus*).

El pinar ocupa extensamente las áreas de los alrededores de la cueva a excepción de la zona sudeste ocupada por el encinar. La especie más numerosa es el pino carrasco, pero también hay algunos ejemplares de pino albar. Es una formación poco concentrada, con un sotobosque pobre y poco sombrío, común en la tierra baja mediterránea, tanto sobre sustrato calizo como silíceo.

El encinar de montaña ocupa una zona situada al sudoeste de la cueva de forma muy fragmentada, entre los 550 y los 725 m. Es una comunidad sombría más densa que el pinar, con un estrato arbóreo monoespecífico y algún árbol caducifolio o algún pino. Los arbustos y lianas de sotobosque son de hoja perenne.

Entre el pinar y el encinar y entre los 650 y 750 m encontramos una maleza natural que constituye la transición entre las dos formaciones.

La actividad del hombre está claramente marcada en los campos de cultivos herbáceos, los huertos familiares, los cultivos arbustivos de viña, las plantaciones de frutales y finalmente, la vegetación nitrófila herbácea, los plátanos... que aparecen en los senderos y vías de comunicación.

Según Cubero (1993), la vegetación es la propia de un ámbito montañoso medio mediterráneo con pinares y poco sotobosque, con la excepción de enebro, coscoja y asociados. Es posible que la vegetación potencial sea el encinar de montaña (*Quercetum mediterraneo-montanum*), y este pinar sea una vegetación transitoria de degradación o de recuperación.

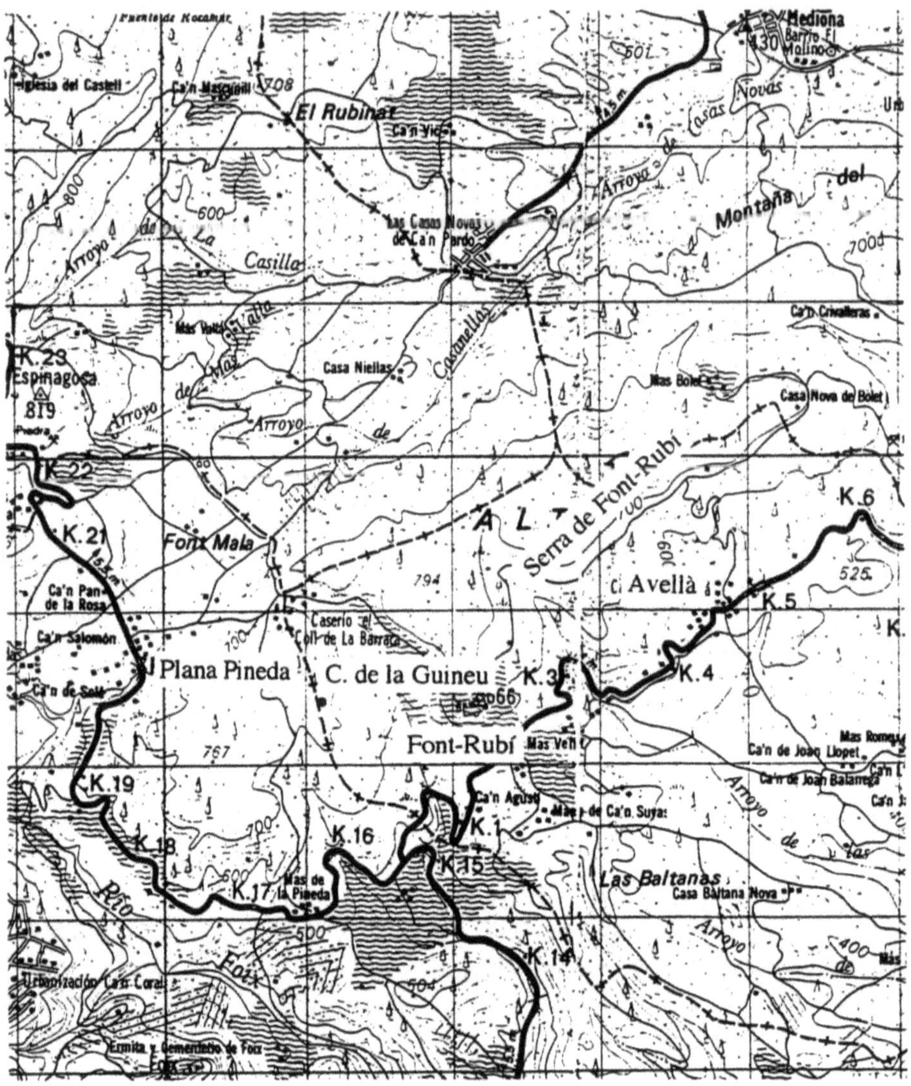

Mapa topogràfic: Full núm. 419. Vilafranca del Penedés. Servicio Geográfico del Ejército, 1978.
Quadrícula U.T.M. d'1 km.

a

b

Fig. 6.4.- Situación de la cueva de la Guineu
a.- Situación geográfica. b.- Localización del yacimiento.

6.2.3. Clima

Para realizar el estudio climático hemos obtenido datos de las estaciones de Torrelles de Foix y Pontons, pero las series no son adecuadas para realizar una aproximación del clima de la zona: en el caso de Torrelles la estación funcionó desde el año 1931 al 49 y del año 1985 al 92; por lo que respecta a Pontons la serie va del año 1984 a la actualidad. Por la fragmentariedad de los datos nos basaremos en estudios y trabajos realizados sobre el clima de la zona.

Según Albentosa (1973) esta área estaría comprendida climáticamente en la comarca mediterránea central. Esta comarca incluye tanto la Cordillera Prelitoral como la Cordillera Litoral. La Cordillera Prelitoral actúa como una pantalla protectora respecto a los vientos fríos del Norte que son frecuentes durante el invierno, primera parte de la primavera y finales del otoño. También actúa como aislante de las influencias continentales de la península; durante los tiempos anticiclónicos centrados, muy estables, las masas frías ocupan la Depresión central y desarrolla la función de auténtica presa de contención. El efecto de abrigo realizado por el relieve, junto con la presencia del Mediterráneo, al que la comarca esté ampliamente abierta, determina la suavidad térmica del clima; durante el invierno, los flujos marinos, con frecuencia, turbios templan el ambiente, y en cambio durante el verano actúan de refrigerantes. Por otra parte, las montañas facilitan la condensación del vapor de agua que transportan los vientos húmedos de levante.

Por lo que respecta a la temperatura, en líneas generales, la comarca presenta una notable uniformidad térmica. La zona queda enmarcada en su interior con 14 °C como media. En líneas generales destaca la suavidad de los caracteres térmicos en el curso del año. En invierno las medias de las mínimas se encuentran lejanas de los 0°C. En el verano, de las máximas normalmente llegan a los 30°C.

La distribución de las precipitaciones refleja claramente la condición de un área de transición entre la Cataluña húmeda y la seca. En la zona de Vilafranca del Penedès se registran 510 mm. El máximo estacional se presenta siempre en el otoño y el mínimo de verano nunca es acentuado e incluso en algunas estaciones supera el total del invierno, que en el régimen mediterráneo típico registra su máximo. La distribución estacional presenta una estrecha relación con la dinámica atmosférica regional, modificada por las condiciones que resultan de la posición geográfica. Las máximas absolutas de otoño (septiembre y octubre) y secundarias de primavera dependen de la mayor frecuencia de corrientes perturbadas procedentes del SW y E, en relación con las masas de aire frío y del desequilibrio térmico mar-continente.

En resumen, los rasgos más característicos del clima de la comarca pueden resumirse en los siguientes puntos:
- el máximo pluviométrico es en otoño con un secundario en primavera.
- dos mínimos pluviométricos parecidos en invierno y verano, con un ligero predominio del primero. Pero cada uno comprende un mes (enero y julio) con precipitaciones próximas y en algunas estaciones inferiores a 30 mm.
- temperatura media comprendida entre 14 y 16°C, que permite clasificar el clima como templado-cálido (tipo "C" de Köppen).
- dos meses con temperaturas medias superiores a 22°C (subtipo "A" de Köppen).
- solamente una estación, el verano, puede ser considerada relativamente seca.

Según Martín Vide (1992), en la Cordillera Prelitoral catalana, las áreas con altitudes elevadas, se caracterizan por gozar de unas temperaturas estivales moderadas y pasan a ser un poco rigurosas o francamente frías en invierno.

6.3. MARCO LITOLÓGICO Y GEOMORFOLÓGICO

6.3.1. Litología y estructura

El área donde se localiza el yacimiento de la cueva de la Guineu está constituida por materiales del Triásico de la facies Muschelkalk Inferior, Medio y Superior; y Keuper, sin que en esta zona aparezca la facies Buntsandstein. Los materiales jurásicos también están ampliamente representados (Fig. 6.5).

El Muschelkalk está formado por dos tramos carbonáticos marinos con un nivel rojo continental intermedio. La facies del Muschelkalk Inferior está constituida por una serie carbonática cuya mitad superior se encuentra dolomitizada (Amigó, 1983). La potencia de la serie es de 65 metros. El contacto con el tramo rojo del Muschelkalk Medio es plano y concordante. Las dolomías presentan una serie de nódulos de sílex grises. La facies del Muschelkalk Medio tiene, en el área de la Font del Llinàs, una potencia total aproximada de 50 metros (Amigó, 1983). Litológicamente, este tramo rojo intermedio está constituido por areniscas, limos y arcillas. Las areniscas tienen cemento calizo y son de grano fino, los elementos detríticos son predominantemente silíceos; los limos y las arcillas tienen un color rojo oscuro y pueden tener yeso fibroso y alabastrino distribuido irregularmente. El Muschelkalk Superior se encuentra plenamente representado en la zona de la cueva de la Guineu. Litológicamente está constituido por calizas micríticas en la base y por dolomías de grano fino en la parte superior (Amigó, 1983). La potencia total de este tramo en este sector es de 50 m. Su parte superior está formada por dolomicritas de color rosado.

La estructura de esta zona está condicionada casi exclusivamente por la fracturación. Dominan las fallas con orientación NE-SW y forman parte del accidente tectónico denominado de Sant Quintí, que delimita la Depresión del Penedès de la Cordillera Prelitoral. Estas fallas corresponden a antiguas fracturas desarrolladas durante las etapas preorogénica (Mesozoico) y compresiva (Paleógeno) y que durante el Neógeno actuaron principalmente como fallas normales. Dentro de este grupo hay dos fallas subparalelas que atraviesan

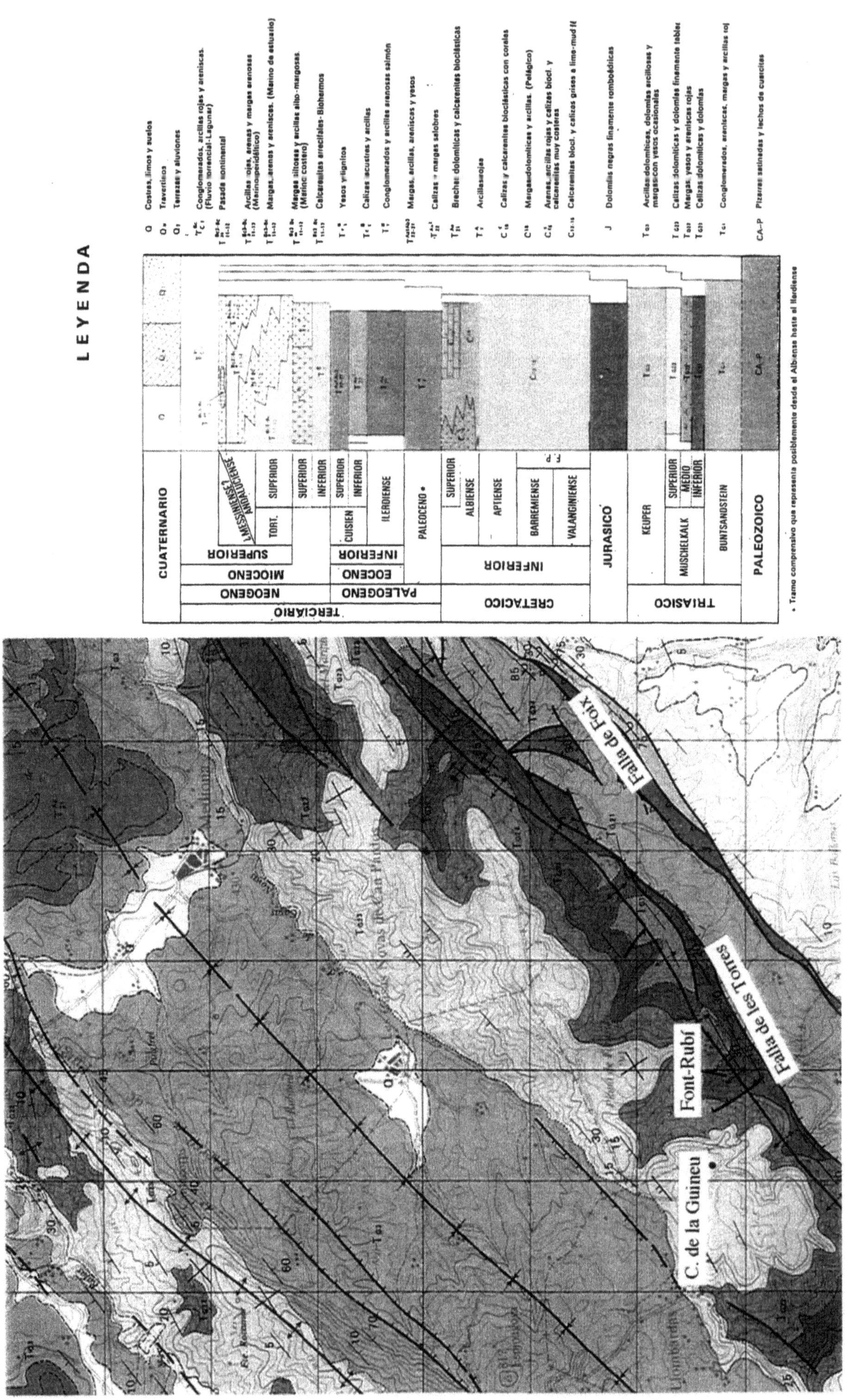

Fig. 6.5.- Mapa geológico: hoja nº 419. Vilafranca del Penedès. IGME, 1972. Cuadrícula U.T.M. de 1 km

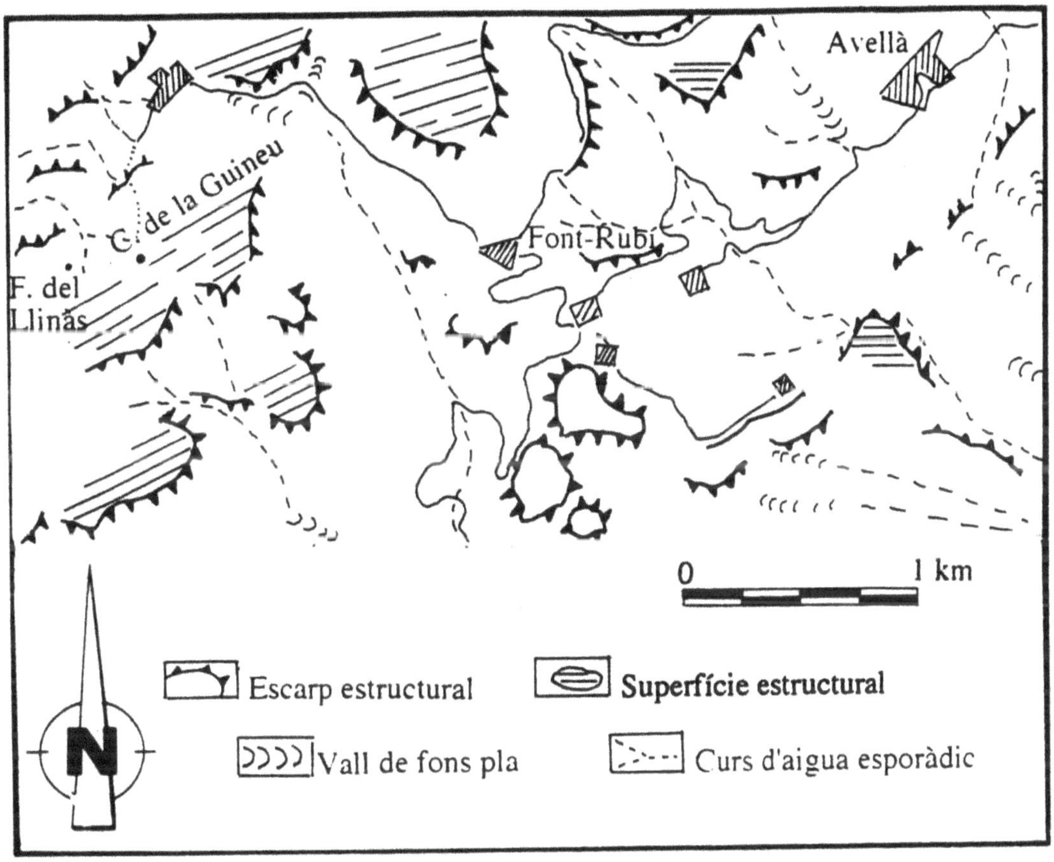

a

b

Fig. 6.6.- Geomorfología de los alrededores de la cueva de la Guineu.
a.- Esquema fotogeomorfológico. b.- Detalle del lapiaz de tipo kamenitzes.

parte de la zona de estudio: la Falla de las Torres y la Falla de Foix. Otra orientación que aparece a la zona es la NW-SE; estas fallas presentan una menor orientación que las anteriormente descritas. La mayoría se sitúan al Norte de la Falla de las Torres; las importantes son las del torrente de Font-rubí, al Oeste del Mas de la Pineda y al NW del Mas de la Riera, que afectan los materiales del Muschelkalk Inferior y Medio (Amigó, 1983).

6.3.2. Geomorfología

El aparato kárstico desarrollado en esta masa dolomítica y caliza presenta un estado de evolución importante. Son numerosas las formas de absorción, favorecidas por la tectónica de la zona. Uno de los tipos de morfología resultante observados en esta zona son los lapiaces.

Los lapiaces que aparecen son de varios tipos:

a.- Kamenitzes (Sweeting, 1972).
Se trata de pequeñas depresiones cerradas, de fondo plano y paredes verticalizadas o cóncavas, muy rugosas por efecto corrosivo. Pueden ser circulares, elípticas o irregulares. En nuestra área de estudio se han observado de dimensiones generalmente pequeñas. El interior de las depresiones suele estar ocupado por materia orgánica (hojas...). Según Montoriol (1954), Ullastre (1970), Sweeting (1972) y Garay (1990), estas formas son producto de la corrosión provocada por las aguas almacenadas en pequeñas depresiones después de llover, a causa del CO_2 atmosférico que acumulan; también debe contribuir la materia orgánica que contienen en su interior (Fig. 6.6b). Este tipo de morfologías pueden aparecer en cualquier tipo de clima y su crecimiento es, generalmente, muy rápido.

b.- Lapiaz microestructural (Garay, 1990).
Se ha utilizado este término para hacer referencia a dos tipos de micromodelado especialmente abundante y característico en el estrato dolomítico. Uno de estos tipos corresponde a superficies con abundantes resaltes redondeados separados por una densa red de fisuras. El origen se debe (Garay, 1990) a una disolución preferencial según una red de pequeñas fisuras. Cuando las dolomías están muy trituradas se observa el mismo proceso. El resultado corresponde a superficies muy irregulares, con acusadas protuberancias y entrantes que tienden a aislar las porciones más compactas de la roca.

c.- Lapiaz formado por acción directa de la vegetación (Garay, 1990).
Las raíces de las plantas que crecen en el lapiaz a veces dejan señales en la roca, llegando a formar surcos de trazados sinuosos.

También se localizan depresiones que obedecen genéticamente a la existencia de accidentes de tipo tectónico y que su evolución tiene como punto de partida los fenómenos de disolución. Una de estas depresiones es la que configura la cueva de la Guineu, que recoge las aguas de la vertiente del Pujol de Plana Pineda (Fig. 6.6b). Estas aguas contribuyen, probablemente, a alimentar la fuente del torrente de la Font del Llinàs (situada a unos 82,6 m de desnivel). Otros puntos de surgencia están situados al pie de la colina de Plana Pineda como son el Pou Carboner, el Forat Bujador y también al pie de la Plana de Font-Rubí como es el Pou del Borit; todos ellos se sitúan en la zona de contacto entre el Muschelkalk Medio (areniscas, limos y arcillas) y el Muschelkalk Superior (dolomías y calizas muy tectonizadas).

Todo este gran conjunto de absorción y emisión del aparato kárstico lleva asociadas numerosas formas de conducción, actualmente relictas y puestas al descubierto por el retroceso de las laderas. La aparición de ciertos niveles en los que abundan estas galerías se debe a su situación en la zona de contacto entre bancos calizos y dolomíticos.

En conjunto, el karst desarrollado en los bancos calizo-dolomíticos que forman el Pujol de Plana Pineda presenta una evolución muy avanzada, policíclica, con formas residuales propias de condiciones ambientales diferentes a las actuales.

6.4. EL DEPÓSITO SEDIMENTARIO

6.4.1. Morfología

La cueva de la Guineu se localiza en el interior de una depresión casi circular, con un diámetro que oscila entre los 15 y 20 m, en su centro hay un gran roble y varias galerías que se encuentran colmatadas de bloques (Fig. 6.7 a). La boca de la cueva de la Guineu tiene 5 x 12 m y está orientada al SE. La superficie actual del yacimiento es de 47 m^2.

La cavidad está formada por un conjunto de diaclasas que siguen la misma dirección que la del conducto kárstico.

En su interior de la cueva, aunque es muy húmedo, no se observa una circulación hídrica regular. Tan sólo hay pequeños regueros y zonas de goteo que se forman a partir de fisuras del techo y paredes que se extienden de forma radial y difusa sin llegar a formar un flujo importante (Fig. 6.7 b).

La cueva de la Guineu presenta un buzamiento hacia el interior debido a la propia inclinación de los estratos de dolomías y de calizas. Esto ha favorecido el desplazamiento de los materiales sedimentarios que por acción de la gravedad o del flujo hídrico se han ido acumulando en zonas del interior de la cueva. La exploración de sectores marginales revela la existencia de galerías inferiores, aunque su acceso está cerrado por todo tipo de materiales detríticos.

Los materiales sedimentarios que han formado el relleno del yacimiento tienen diversas procedencias. Los de origen autóctono se deben principalmente a caídas de bloques. La roca se estructura en una densa red de diaclasas, fracturas y fisuras que compartimentan techo y paredes, este hecho ha facilitado el desprendimiento de grandes bloques. Estas caídas han provocado y originado cambios en la morfología original del depósito e incluso, en determinados momentos, han ocasionado una diferenciación de ámbitos en la zona habitable; como por ejemplo en el N.Ic. También han sido responsables de la formación de diferentes aberturas que han facilitado la integración de materiales alóctonos. Éstos se deben a aportaciones de circulaciones hídricas de escorrentía más o menos organizadas.

a

b

Fig. 6.7.- Morfología de la cueva del Guineu
a.- Entrada de la cavidad. b.- Interior de la cueva, se observan pequeños surcos y zonas de goteo.

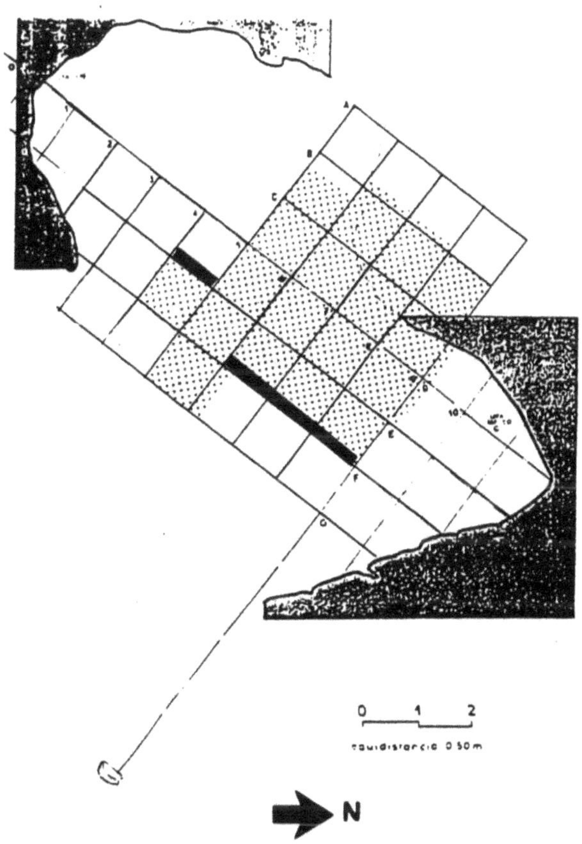

Situació dels perfils estudiats

(Equip Guineu, 1993)

Fig. 6.8.- Planta del yacimiento y situación de los perfiles estudiados

6.4.2. Descripción sedimentaria

Para estudiar el relleno de la cavidad nos hemos basado en dos sectores (Fig. 6.8): el sondeo (cuadro E5) (Fig. 6.9 d) que abarcaría del nivel II hasta el XII (Fig. 6.9 b, c y e), y en el perfil F9-F7 localizado en el exterior y que nos ha permitido describir la secuencia superior, concretamente el N.I (Fig. 6.9 a).

Descripción estratigráfica

Perfil F9-F7
Sondeo E5
Potencia total: 2,49 m

Bloques y cantos con limos arenosos de color marrón oscuro

N.Superficial.- Potencia sedimentaria oscila entre 80-100 cm. Está formado por un 68% de cantos (de 1 a 7 cm) y de bloques de caliza dolomítica y arenisca. La morfología es subredondeada. La matriz está formada por limos arenosos con arcillas con un alto contenido de materia orgánica (hojas, raíces...). El color es marrón muy oscuro (10YR 3/2). La estructura es de bloques angulares. En el perfil C-D-E/9 aparecen más bloques y algunos de grandes dimensiones.
Atribución cronológica: Ocupaciones esporádicas de época medieval y moderna.

N.I.-

N.I.a.- Potencia sedimentaria 30-40 cm. Texturalmente está constituido por bloques y cantos (45%) de morfología subredondeada y presentan concreciones carbonatadas. La litología es la misma que la del nivel anterior. Cabe destacar que en la superficie de los bloques aparecen trazas de disolución. La matriz está formada por limos arenosos con arcillas de color marrón muy oscuro (10 YR 3/2) con un alto contenido de materia orgánica (hojas, raíces...). La estructura es de bloques subangulares. Es un nivel muy parecido al Superficial.
Atribución cronológica: Ibérico tardío (finales del siglo II y principios del I a.C).

N.I.b.- Potencia sedimentaria 32 cm. Está compuesto por un 80% de cantos (de 1 a 12 cm) de morfología subangulosa y con concreciones carbonatadas con la misma litología que antes citábamos. La matriz es de limos arenosos con arcillas de color marrón oscuro (10 YR 3/3). La pendiente de este nivel sigue dirección W. La estructura es de bloques subangulares. En el perfil C-D-E/9 aparecen más bloques sin prácticamente matriz.
Atribución cronológica: Bronce Medio (3.280 BP).

N.I.c.- Potencia sedimentaria máxima 23 cm. Disminuye la fracción gruesa respecto al nivel Ib. Por lo que respecta a la matriz también está constituida por una fracción de limos arenosos con arcilla pero hay un aumento de la fracción de arenas. El color de la matriz es marrón-negro (10 YR 3/1). La estructura es de bloques subangulares. En este nivel se hallan dos grandes bloques que se desprendieron del techo con lo que cambió completamente la morfología de la cavidad.
Atribución cronológica: Neolítico Final (enterramiento col.lectivo).

N.I.d.- Potencia sedimentaria máxima 54 cm. Formado por un 50% de bloques y cantos pero los tamaños disminuyen respecto al nivel anterior (de 1 a 6 cm). La morfología es subredondeada. En este nivel, la matriz es de limos arenosos con arcillas. El color de la matriz es marrón (7,5 YR 3/2). La estructura es de bloques subangulares.
Atribución cronológica: Neolítico Antiguo cardial y evolucionado.

Perfil E-5

Potencia total: 6,05 m

Bloques y cantos con limos arenosos de color marrón oscuro

N.II.- Potencia media 75 cm. Constituido por bloques y cantos (5%) de caliza dolomítica de morfología subredondeada. La matriz está formada por limos arenosos de color marrón (7,5 YR 3/2). Se observa la presencia abundante de componentes de origen antrópico (carbones, cenizas...). La estructura es de bloques subangulares. Con contacto erosivo respecto al nivel III.
Atribución cronológica: Neolítico Antiguo cardial y evolucionado.

Cantos y bloques con limos arenosos y arcillas

N.III.-

N.III.a.- Potencia sedimentaria 34 cm. Texturalmente predomina la fracción de cantos (55%) de la misma litología que los niveles descritos anteriormente. Los tamaños van de 1 a 6 cm, de morfología subangulosa, aunque los de tamaño entre 1 y 2 cm están en un proceso de descarbonatación. La matriz es de limos arenosos de color marrón claro (7,5 YR 6/4) con arcillas. La estructura es de bloques angulares. Este nivel sigue una pendiente en dirección SE.

Datación radiocarbónica: 9.850±80 BP

N.III.b.- Potencia sedimentaria 54 cm. Es como el nivel anterior, la única diferencia es que hay bloques y cantos de tamaño mayor.

N.III.c.- Potencia sedimentaria 31 cm. Compuesto por un 59% de cantos subangulosos que tienen una longitud de 1 a 6 cm. Algunas fracciones aparecen con concreciones carbonatadas. La matriz continúa siendo de limos arenosos, de color marrón claro (7,5 YR 6/4). La dirección de la pendiente sigue siendo la misma que en niveles anteriores.

N.III.e.- Potencia media 20 cm. Este nivel se registra en el perfil E5/D5. Texturalmente está formado por una matriz de limos arenosos de color marrón (7,5 YR 4/6). La fracción de cantos disminuye considerablemente respecto al nivel anterior

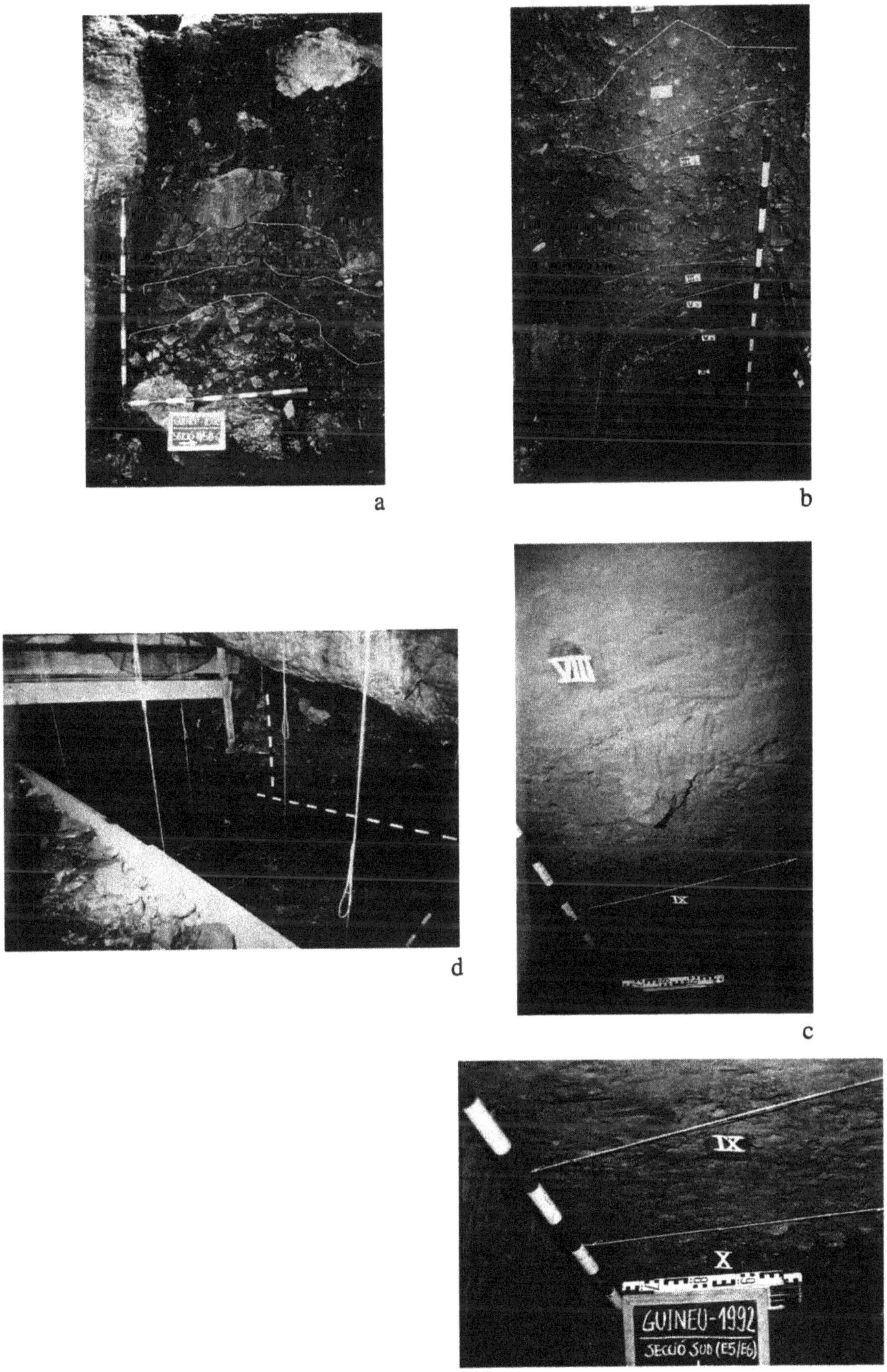

Fig. 6.9.- Perfiles estratigráficos
a.- Perfil F9-F8 b.- Sondeo E5. Perfil Sur N.II-N.VII c.- Sondeo E5. Perfil Sur. N.VIII-N.X. d.- Sector del interior en curso de excavación. e.- Sondeo E5. Perfil Sur. N.IX-N.X.

Perfil F9 - F7

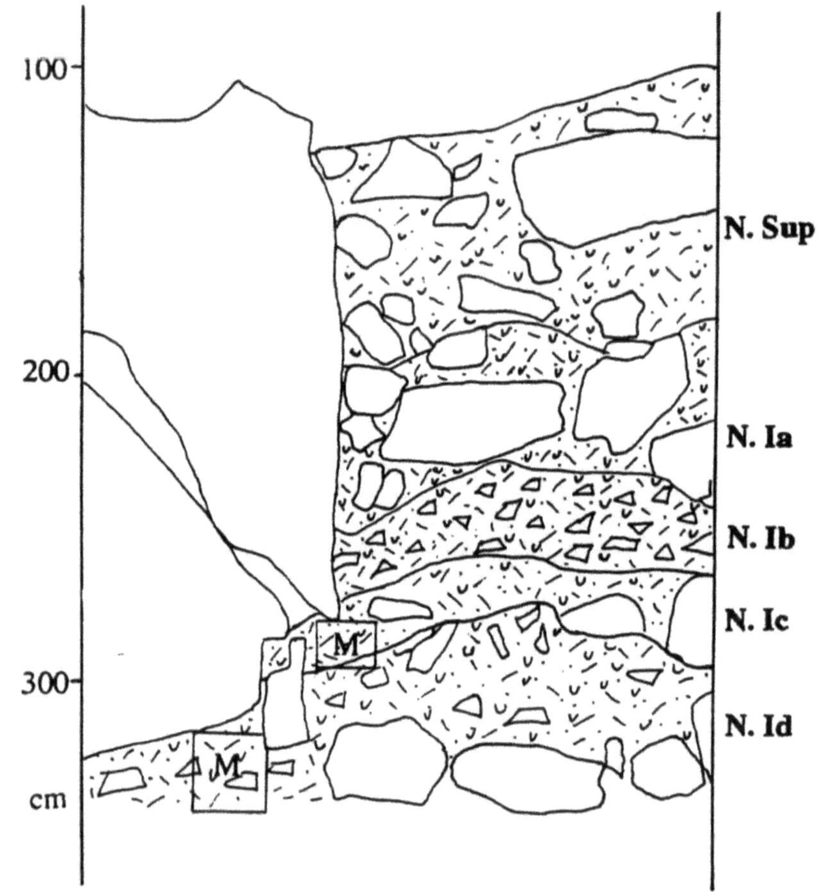

Llegenda

blocs i graves amb llims arenosos i mat. orgànica

graves subanguloses amb llims arenosos i mat. orgànica

M.- mostra de micromorfologia

Fig. 6.10.- Perfil estratigráfico F9-F7

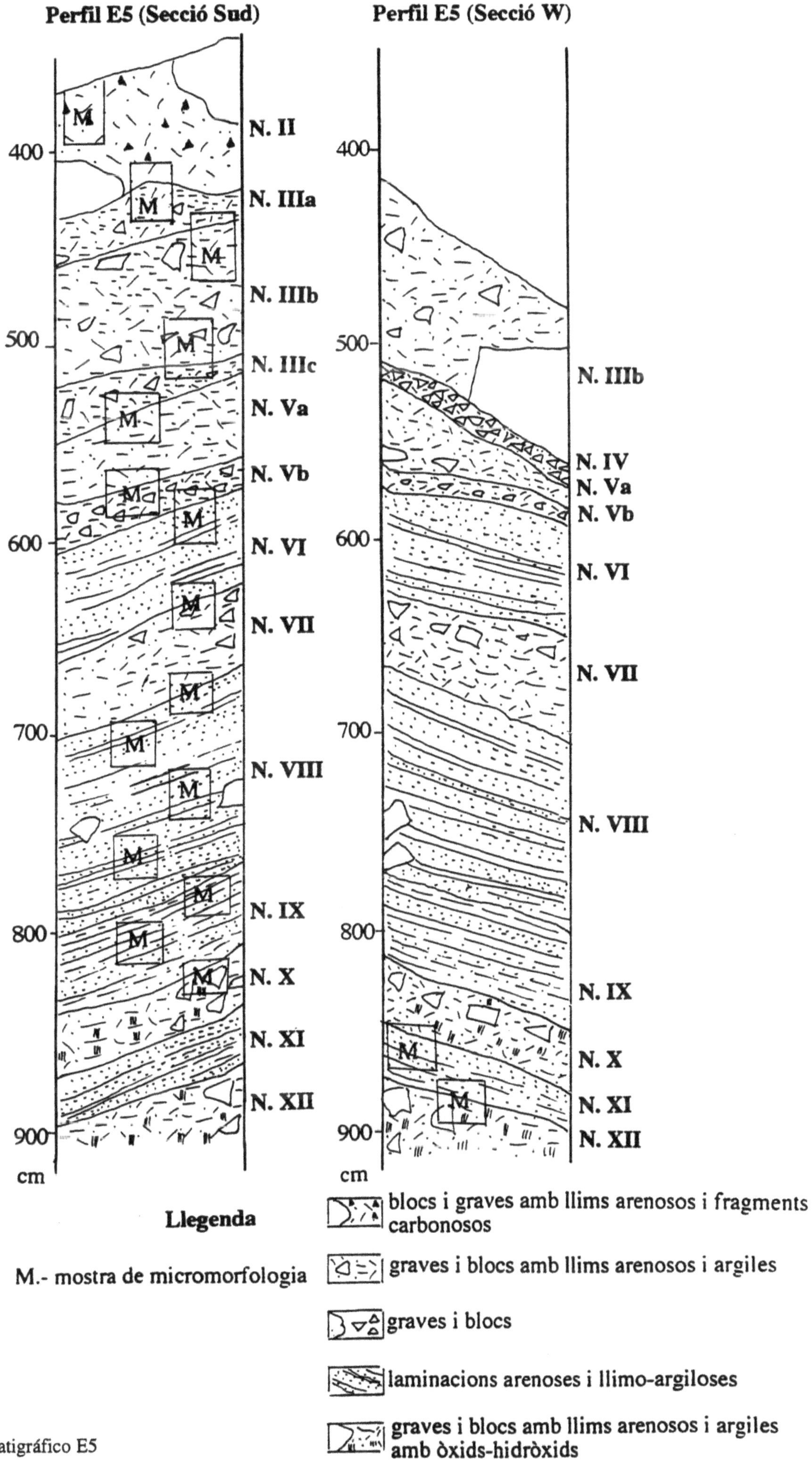

Fig. 6.11.- Perfil estratigráfico E5

(3%). Domina la fracción de 1 a 2 cm de tamaño, con trazas de disolución con concreciones carbonatadas. Con contacto erosivo respecto al nivel IV.
Atribución cronológica: Epipaleolítico microlaminar.

Cantos y bloques

N.IV.- Potencia sedimentaria media 15 cm. Este nivel se encuentra representado en el perfil E5-D5 y E5-F5. Dominan los cantos entre 1 y 3 cm, con abundantes trazas de disolución. La matriz es de limos arenosos de color marrón (7,5 YR 5/4). La estructura es de bloques angulares. En la parte superior del nivel aparecieron grandes bloques. A partir de este nivel es difícil precisar la cronología, ya que aparecen esporádicos restos arqueológicos de difícil atribución cultural.

Cantos y bloques con limos arenosos y arcillas

N.V.-

N.V.a.- Potencia sedimentaria 30 cm. Texturalmente está compuesto por limos arenosos de color marrón (7,5 YR 5/4). Desde el punto de vista arqueológico aparece poco material. Está muy concrecionado.
N.V.b.- Potencia sedimentaria 32 cm. Hay un aumento de la fracción de cantos (14%) y algún bloque, los tamaños oscilan entre 1 y 4 cm y son de morfología subredondeada. La litología es caliza dolomítica. La matriz es la misma que la del nivel anterior. La estructura es de tipo prismático.

Laminaciones arenosas y limo-arcillosas

N.VI.- Potencia sedimentaria 53 cm. La matriz está constituida por laminaciones de arenas y limo-arcillosas. El color es marrón-anaranjado (7,5 YR 5/6). La proporción de cantos representa un 10% del total. Tienen una longitud media de 1 a 2 cm. Presentan trazas de disolución. Hay restos de raíces de plantas.

Cantos con limos arenosos y arcillas

N.VII.- Potencia sedimentaria 40 cm. Formado por limos arenosos. El color es marrón (5 YR 5/6). En este nivel la fracción gruesa disminuye, aunque en el perfil E5-F5 aumenta considerablemente. La litología es caliza dolomítica. Los tamaños que dominan son de 1 a 2 cm. El material aparece muy concrecionado. En este nivel, la pendiente se suaviza en dirección N (fondo de la cueva).La estructura es de bloques angulares de tipo medio.

Laminaciones arenosas y limo-arcillosas

N.VIII.- Potencia 115 cm. Compuesto por una serie de laminaciones de gravas, de arenas y limo-arcillosas. También aparecen algunos bloques de considerables dimensiones (35 cm) de morfología subangulosa. Por lo que respecta a la pendiente del nivel cabe decir que es la misma que la de los niveles anteriores. Color marrón (10 YR 6/6).

N.IX.- Potencia 41. Está formado también por una serie de laminaciones, a diferencia del nivel anteriormente descrito, éstas están formadas por una matriz más arcillosa. Aparecen entre las laminaciones algunas impregnaciones de óxidos-hidróxidos de hierro. La pendiente es la misma que el N.VIII. El color es marrón (10 YR 6/6).

Cantos y bloques con limos arenosos y arcillas con óxidos-hidróxidos

N.X.- Potencia 33 cm. Compuesto por cantos y bloques de dolomía de unas dimensiones que oscilan entre 15 y 20 cm, morfología subangulosa (25%). La matriz está formada por limos arenosos con un contenido de arcillas, de color marrón (10 YR 6/4). Respecto al buzamiento sigue siendo el mismo que el resto de los niveles. Se localizan impregnaciones de óxidos-hidróxidos de hierro y de manganeso. La estructura es de bloques angulares.

Laminaciones arenosas y limo-arcillosas

N.XI.- Potencia 20 cm. Constituido por limos arenosos de color marrón (10 YR 6/4). En este nivel disminuye considerablemente la fracción de cantos. El buzamiento sigue el mismo que el resto de los niveles anteriores, es decir SW a NE. La estructura es de bloques angulares de tipo medio-grande.

Cantos y bloques con limos arenosos y arcillas con óxidos-hidróxidos

N.XII.- Potencia indeterminada (12 cm.vistos). En este nivel aparecen de nuevo las características del N.X, aunque la fracción de bloques y cantos aumenta. Los cantos y bloques son de morfología subangulosa y de la misma litología que el resto de los niveles anteriormente descritos. La matriz es limo-arenosa de color marrón claro (7,5 YR 6/4). La estructura es de bloques angulares de tipo medio-grande. En este nivel se localizó un fragmento de mandíbula de zorro.

Análisis micromorfológico

Los análisis micromorfológicos se presentan en forma de tablas en las figuras 6.12 a 6.18.

Fig. 6.12

CUEVA DE LA GUINEU
Descripción sedimentaria microscópica

Niveles	Porosidad	Microestructura	Masa basal	Componentes minerales
N.Ic	40%	Granular	FG/FF 3/1 arenas 63-125 µm: 5% arenas 125-175 µm: 20% cantos de 1-2 cm: 60 %	Los cantos presentan trazas de disolución y una morfología subangulosa.
N.Id	25%	Granular muy desarrollada	FG/FF 2/1 arenas de 63 -125 µm: 15% cantos: 40%	--------
N.II	30%	Bloques subangulares	FG/FF 1/2 arenas de 63-125 µm: 8% arenas de 125-250 µm: 3% arenas de 250-300 µm: 5% cantos:10 %	Los cantos y el material detrítico presentan muchas trazas de disolución.
N.III a	15%	Bloques subangulares localmente prismática	FG/FF 2/1 limos arenosos arenas de 63-250 µm: 15%	--------
N.IIIb	20%	Estructura no muy desarrollada en bloques subangulares localmente laminar	FG/FF 2/1 limos arenosos cantos:20%	La fracción gruesa tiene morfología redondeada. También hay presencia de costras carbonatadas.
N.IIIc	15-20%	Estructura no muy desarrollada en bloques subangulares localmente laminar/granular	FG/FF 2/1 Limos arenosos arenas de 75-150 µm: 20%	--------
N.IIIe	7-8%	En canales localmente laminar/granular	FG/FF 1/2 limos arenosos arenas de 75-125 µm: 10%	--------
N.IV	10-15%	Laminar/Granular	FG/FF 3/1 limos arenosos cantos 1-3 cm: 70%	Los cantos aparecen fisurados y algunos en posición vertical. Aparecen costras carbonatadas.
N.V	15%	Apedial con canales/Prismática	FG/FF 2/1 arenas de 50-70 µm: 25% cantos: 10%	Los cantos presentan trazas de disolución.

La distribución relacionada es de tipo porfírica. La mineralogía está formada por cuarzo, calcita, dolomita, mica y feldespatos de morfología subangulosa y caliza dolomítica de morfología subredondeada y subangulosa.

Fig. 6.13

CUEVA DE LA GUINEU
Descripción sedimentaria microscópica

Niveles	Porosidad	Microestructura	Masa basal	Componentes minerales
N.VI	5%	Apedial (con canales)	FG/FF 1/2 arenas de 75-125 µm: 30% cantos: 2%	En los cantos aparecen trazas de disolución. Dominan los fragmentos de roca.
N.VII	7%	Apedial (con canales) localmente laminar	FG/FF 1/2 arenas 63-250 µm: 15% arenas 250-500 µm: 5% cantos: 5%	En los cantos aparecen trazas de disolución. Dominan los fragmentos de roca.
N.VIII	3-7%	Masiva/Canal	FG/FF 1/1 arenas de 63-250 µm: 15% gravas: 5%	--------
N.IX	5%	Masiva/Canal	FG/FF 1/2 arenas de 75 µm :30% cantos: 2%	En los cantos aparecen trazas de disolución.
N.X	10%	Bloques subangulares localmente vesicular	FG/FF 1/1 arenas de 63-250 µm : 25% arenas de 250-500 µm: 5% cantos de 1- 4 cm: 10%	En los cantos aparecen trazas de disolución.
N.XI	2-5%	Masiva/Cavitaria	FG/FF 1/2 arenas de 50-150 µm: 45%	Las arenas tienen una morfología subangulosa.
N.XII	5%	Canal/Bloques subangulares	FG/FF 1/1 arenas de 50-125 µm: 15% cantos de 1-5 cm: 20%	--------

La distribución relacionada es de tipo porfírica. La mineralogía está formada por cuarzo, calcita, dolomita, mica y feldespatos de morfología subangulosa y caliza dolomítica de morfología subredondeada y subangulosa.

CUEVA DE LA GUINEU Descripción sedimentaria microscópica Componentes inorgánicos y orgánicos (de origen biológico-antrópico)			
Niveles	**Componentes de origen vegetal**	**Componentes de origen animal**	**Materiales antrópicos**
N.Ic	- carbones de color negro (4%). El tamaño es 63-250 µm.	- huesos de color rojizo. No se distingue la estructura ósea. Tamaño de 250-500 µm. - caracoles (1%) de 2 mm.	--------
N.Id	- carbones (5%). El tamaño que domina es de 63-250 µm. Los mayores de 1 mm no aparecen tan fragmentados.	- huesos de tamaño entre 2 mm y 1 cm con señales de combustión.	- sílex de entre 1,25 mm y tamaño centimétrico.
N.II	- carbones (20-25%). El tamaño que domina es de 63-125 µm. - cenizas de 250-625 µm. Algunas formadas por romboedros de calcita. - cenizas formadas por esferolitas de 375 µm.	- huesos (8%). Dominan los de 250-500 µm con diferentes trazas de combustión. Algunos huesos con $CaCO_3$. - fragmentos de caracoles (2%). - excrementos de herbívoros (ovicaprinos) con fitolitos de sílice y esferolitas de 500 µm de morfología ovalada y material detrítico con inclusiones fosfatadas y en proceso de calcinación. No son abundantes.	- sílex de 250 µm. - cerámica de 625-875 µm de morfología redondeada y algunas de tamaño centimétrico.
N.IIIa	- carbones (3%) de 250 µm-1 mm de morfología tabular y laminar.	- huesos(2%) de tamaño centimétrico con diferentes trazas de combustión.	--------
N.IIIc	- carbones (5%) de 125 µm de morfología tabular y en proceso de disgregación.	- huesos (1%).	- sílex (1%) de tamaño entre 1-1,5 mm.
N.IIIe	- carbones (4%) de tamaño de limo de morfología tabular.	- huesos (0,5%) de 63-125 µm.	--------
N.IV	- carbones (1%) de tamaño < 63 µm.	--------	--------
N.V	- carbones (2%) de 100 µm-2 mm de color negro de morfología redondeada y tabular en proceso de disgregación.	--------	- sílex (0,5%).

Fig. 6.14

CUEVA DE LA GUINEU
Descripción sedimentaria microscópica
Componentes inorgánicos y orgánicos (de origen biológico-antrópico)

Niveles	Componentes de origen vegetal	Componentes de origen animal	Materiales antrópicos
N.VI	- carbones (0,2%) de tamaño 63 µm, sin estructura vegetal identificable. De morfología tabular o redoneada.	- huesos (0,1%) de tamaño 1 mm, de morfología redondeada, con trazas de combustión. - fragmentos de malacología (0,1%) de 125 µm en posición inclinada.	---------
N.VII	- carbones (2%), de tamaño de 63 µm y arena fina de morfología redondeada distribuidos por la masa basal, de morfología tabular.	- huesos (1%) de 125 µm-1mm de morfología subredondeada, con trazas de combustión y en posición vertical. - fragmentos de malacología (1%) de 1mm.	- sílex (0,5%) de 1 mm, de morfología subangulosa y con fracturas por la superficie.
N.VIII	---------	- fragmentos de caracoles (1%) de 1mm.	---------
N.IX	- carbones (0,5%) de 75 µm.	- huesos de 3 mm de color amarillo. - fragmentos de malacología de 1-2 mm en posición vertical.	---------
N.X	---------	- huesos (0,5%) de 1-2 mm de morfología tabular y de color amarillo.	- sílex de 1-2 mm de morfología angulosa, se observa una serie de fracturas e impregnaciones de óxidos de hierro.
N.XI	---------	---------	- sílex de 750 µm de morfología angulosa-tabular.
N.XII	- carbones (1%) de 250-500 µm de color negro. Se distingue la estructura vegetal. De morfología tabular.	- huesos de tamaño 250-500 µm con manchas de óxidos-hidróxidos de hierro.	- sílex de 7 mm de morfología subangulosa y tabular con impregnaciones de óxidos-hidróxidos.

Fig. 6.15

CUEVA DE LA GUINEU
Descripción sedimentaria microscópica
Edaforrasgos

Niveles	Desplazamiento y acumulación de finos	Acumulación secundaria de $CaCO_3$	Oxidación-reducción
N.Ic	- en granos de arena: revestimientos de 25 µm con dominios orientados. - en huecos: rev. de material fino y de material carbonoso.	--------	- en cantos: rev.-hiporrev.
N.Id	- en huecos de tipo cavitario, en canales y en fisuras de los cantos: rev. e hiporrev. de 50 µm de material arcilloso con dominios orientados.	--------	--------
N.II	- en granos de arena, carbones y huesos: hiporrev. de material matricial. - en huesos y en huecos: hiporrev. carbonosos.	- intercalaciones de microesparita de 220 µm. - nódulos de 230 µm. - en huecos cavitarios: rev. de 25-75 µm. - en huesos: rev. e hiporrev.	- impregnaciones de óxidos-hidróxidos de hierro en la masa basal.
N.IIIa	- en huecos y cantos: acumulaciones en la parte superior de 50-75 µm de material fino (limo-arcilloso) orientado y de carbón.	- inclusiones en la masa basal y en los huesos y en huecos (150 µm). Sobre todo como resultado de la actividad biológica de tipo micrítico.	- nódulos de 75 µm e impregnaciones de óx.-hidróx.
N.IIIb	--------	- en cantos:acumulación en la parte inferior de 1,3 mm junto a mat. arcilloso.	- nódulos de óx.-hidróx. de hierro.
N.IIIc	- en huecos hiporrev. en la parte superior, en cantos en la parte sup. y entre los agregados de 125-250 µm de mat. arcilloso con dominios orientados.	--------	--------
N.IIIe	- en huecos: rev. de material fino junto a partículas carbonosas con dominios orientados. - acumulaciones carbonosas.	- rellenos en huecos de actividad biológica: 75 µm.	--------
N.IV	- en huecos: rev. e hiporrev. - en cantos: rev. de mat. arcilloso junto a mat. carbonoso de 50-125 µm con dominios orientados, e hiporrev. cappings de 150 µm.	- en huecos cavitarios: de 50 µm.	- nódulos de óx.-hidróx. de hierro de 1 mm. Los huecos planares los fragmentan.
N.V	- en huecos hiporrev. de arcillas en la parte inferior y en granos de arena de 125-250 µm. - en orificios de cantos: hiporrev. de mat. arcilloso de 125 µm con dominios orientados.	- en huecos cavitarios: hiporrev. de 75 µm de tipo micrítico.	- nódulos de óx.-hidróx. e intercalaciones.

Fig. 6.16

CUEVA DE LA GUINEU
Descripción sedimentaria microscópica
Edaforrasgos

Niveles	Desplazamiento y acumulación de finos	Acumulación secundaria de $CaCO_3$	Oxidación-reducción
N.VI	- en huecos: rev. e hiporrev. de mat. fino con dominios orientados de 75-100 µm. - rellenos de material arcilloso con dominios orientados.	- en huecos cavitarios: rev. e hiporrev. con material matricial de microesparita de 75 µm. - inclusiones en la masa basal.	- nódulos de óxidos-hidróxidos e impregnaciones en los cantos.
N.VII	- en huecos: rev. de material fino, en la parte inf., hiporrev. con material carbonoso de 75 µm. - en cantos: rev. de 175 µm de mat. fino en forma de capping. - rellenos de material fino.	- inclusiones en material matricial. - en huecos cavitarios: rev. de tipo microesparita de 125 µm.	- nódulos de óxidos-hidróxidos. - en cantos: rev. de 25 µm.
N.VIII	- en cantos: rev. de material fino orientado de 25-50 µm. - en huecos: hiporrevestimientos de 500 µm.	- en cantos: rev. en forma de pendent de 1 mm con manganeso y con matriz de 75 µm.	- en cantos: impregnaciones de manganeso de 250 µm y en forma de pendent de óxidos-hidróxidos de 75 µm. - nódulos de 175 µm.
N.IX	- en huecos: rev. de material fino orientado. - en cantos y huesos: rev. e hiporrev. de 175 µm.	- percolaciones en la masa basal.	- en huecos: rev. junto a material arcilloso. - en cantos y agregados: rev., hiporrev. y en forma de impregnaciones de manganeso de 125 µm- 2,5 mm.
N.X	- en huecos: rev. de arcilla con dominios orientados (en la part. inferior más grosor) de 100-275 µm. - en agregados: rev. con óxidos de hierro.	--------	- nódulos de óxidos-hidróxidos de 25 µm-2 mm e impregnaciones.
N.XI	- en huecos y agregados: rev. de arcilla con dominios orientados de 50 µm.	- en huecos cavitarios: rev. de esparita.	- nódulos de óxidos-hidróxidos de forma impregnativa de 75 µm.
N.XII	- en huecos: rev. de arcilla con dominios orientados de 125 µm.	- en huecos cavitarios: rev. e hiporrev. de 250 µm-2 mm. - en cantos: hiporrev. esparíticos junto a la masa basal de 250 µm.	- nódulos, impregnaciones en cantos. - huecos: rev. e hiporrev.

Fig. 6.17

CUEVA DE LA GUINEU
Descripción sedimentaria microscópica
Edaforrasgos

Niveles	Desplazamiento y acumulación de finos	Acumulación secundaria de $CaCO_3$	Oxidación-reducción	Actividad biológica
N.Ic	X	--------	X	XXX
N.Id	XX	--------	--------	XXX
N.II	X	XXX	X	XXX
N.IIIa	XX	X	X	XXX
N.IIIb	--------	XX	X	XXX
N.IIIc	XXX	--------	--------	XXX
N.IIIe	XXX	X	--------	XXX
N.IV	XXX	X	XXX	X
N.V	XXX	--------	X	XXX
N.VI	XX	X	XXX	XX
N.VII	XX	XX	XX	XXX
N.VIII	X	X	X	XX
N.IX	XXX	X	XXX	X
N.X	XX	--------	XX	XX
N.XI	X	X	XX	XX
N.XII	X	XX	XXX	XXX

X - Presentes XX - Frecuentes XXX - Abundantes

Fig. 6.18

6.4.3. Análisis sedimentario

N.XII

Descripción: Está formado por una matriz limo-arenosa con arcillas y cantos (20%) que oscilan entre 1 y 5 cm. La fracción mineralógica está constituida por cuarzo, feldespato y calcita de morfología subangulosa. Los fragmentos de roca son calizas dolomíticas. La morfología es entre subangular y subredondeada. La microestructura es de tipo canal y localmente de bloques subangulares y la porosidad del 5%. La matriz es de color marrón-rojizo con una fábrica de birrefringencia moteada ("mosaic speckled").

Por lo que respecta a los componentes de origen antrópico no son demasiado frecuentes, pero hemos de destacar los carbones (1%) de morfología tabular y algún fragmento de sílex.

En cuanto a los procesos postdeposicionales, cabe señalar la acumulación de material fino (arcillas con dominios orientados) en los huecos. Aparecen acumulaciones de $CaCO_3$ en huecos de tipo cavitario y en los cantos en forma de esparita, así como nódulos e impregnaciones de óxidos-hidróxidos de hierro en cantos. La actividad biológica es importante y se manifiesta en la formación de huecos de tipo cavitario y cámaras.

Interpretación: Originado por procesos de circulación hídrica de débil intensidad y también por la disgregación de la pared y techo de la cueva. Las acumulaciones de óxidos-hidróxidos no parece que sean primarias, ya que se encuentran en forma de impregnaciones en cantos. Los hiporrevestimientos de tipo calcítico en huecos ligados a actividad biológica atestiguan un déficit de humedad en la estación seca (Courty *et alii*, 1985). También hay que añadir que la presencia de revestimientos de tipo esparítico de $CaCO_3$ en cantos significa que se dieron unas condiciones de precipitación elevada con una fuerte evaporación (Fédoroff *et alii*, 1987). Se observa una gran actividad biológica en este nivel.

Las acumulaciones de material fino con dominios orientados indican la percolación de aguas en un régimen tranquilo. Este rasgo se manifiesta prácticamente en toda la secuencia del yacimiento.

Desde el punto de vista paleoambiental creemos por los rasgos citados que se darían unas condiciones templadas con momentos o periodos de déficit de agua en la estación seca.

N.XI

Descripción: Se caracteriza por una microestructura de tipo masivo y localmente de tipo cavitario y una porosidad que representa el 2-5%. Domina la fracción fina (limos arenosos) (Fig. 6.19 a). La fracción más gruesa está formada por arenas (50-150 µm) (45%). La litología es de tipo calizo dolomítico de morfología subangular y subredondeada. Entre los minerales cabe destacar cuarzo, calcita, dolomita y mica de morfología tabular y subangulosa. La matriz es de color marrón y con una fábrica birrefringente cristalítica y calcítica.

En este nivel no se documenta la existencia de componentes de origen antrópico.

Entre los procesos postdeposicionales, cabe destacar la presencia de nódulos de óxidos-hidróxidos de hierro repartidos por la masa basal y también la acumulación de $CaCO_3$ en forma de esparita en huecos de tipo cavitario, así como la acumulación de material fino con dominios orientados entre los agregados y huecos.

Interpretación: El origen sedimentario se debe a un aporte de agua de escorrentía organizada. Este flujo hídrico no es demasiado intenso, ya que el material está formado por una matriz fina. El hecho que la morfología de la matriz sea tabular y subangulosa denota que la distancia de recorrido de las partículas no fue demasiada larga.

N.X

Descripción: La matriz es limo-arenosa con arcillas. La fracción gruesa mayoritariamente son arenas (63-250 µm) (25%). A continuación destacan los cantos (10%) de caliza dolomítica de 1 a 4 cm de longitud, de morfología subangulosa y subredondeada y presentan trazas de disolución (contornos irregulares). La microestructura es de bloques subangulares y localmente vesicular (Fig. 6.19 b). La matriz es de color marrón y está constituida por una fábrica de birrefringencia granoestriada (Fig. 6.19 c y d).

Los huesos (0,5%) son de color amarillo, de 2 mm y presentan una morfología tabular. Aparecen esquirlas de sílex de 1 a 2 mm presentan una serie de fracturas e impregnaciones de óxidos-hidróxidos de hierro.

En los procesos postdeposicionales destacan las acumulaciones de material fino (arcillas con dominios orientados) (Fig. 6.19 e) en la parte inferior de los huecos y las acumulaciones de óxidos-hidróxidos de hierro y manganeso en forma de impregnaciones en la masa basal (Fig. 6.19 f y g; Fig. 6.20) y en rellenos y revestimientos en los huecos junto a material arcilloso.

Interpretación: Las condiciones de formación de este nivel son similares a las del N.XII. Lo que difiere es la existencia de una serie de huecos vesiculares indicadores de un medio con unas condiciones húmedas y de frío (Fédoroff *et alii*, 1990; Van Vliet-lanoë, 1985). Las vesículas son burbujas del aire segregado por el hielo (Fitzpatrick, 1956; Van Vliet-Lanoë, 1985). Generalmente este tipo de porosidad se desarrolla en pequeñas depresiones o en lugares donde ha nevado y están saturadas de agua durante el deshielo. Como consecuencia de esta humedad hay una percolación de materiales finos en los huecos y agregados. El agua del deshielo tiene unas condiciones óptimas para movilizar los óxidos-hidróxidos de hierro y manganeso formando nódulos e impregnaciones mediante fenómenos de oxidación-reducción (hidromorfismo).

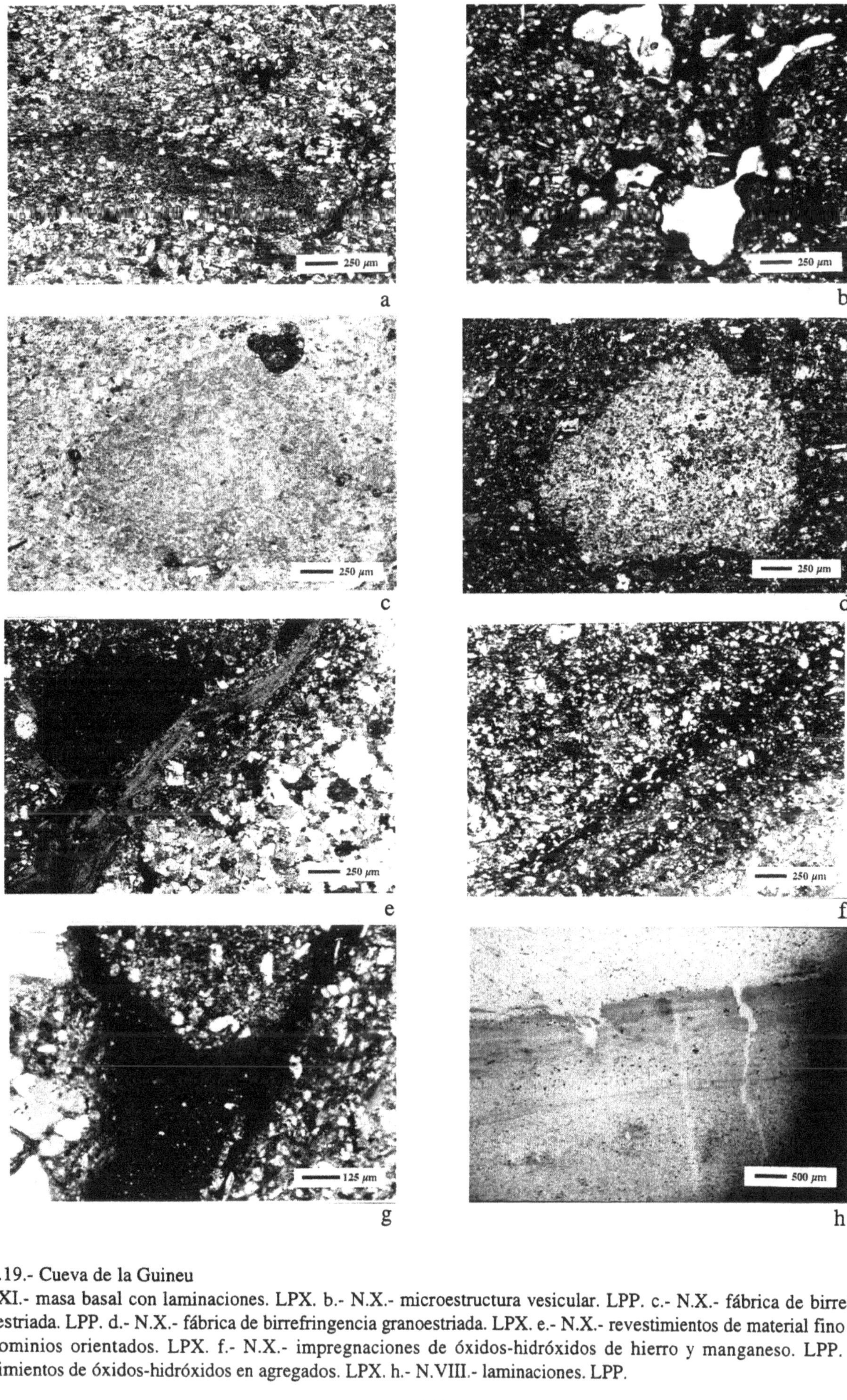

Fig. 6.19.- Cueva de la Guineu
a.- N.XI.- masa basal con laminaciones. LPX. b.- N.X.- microestructura vesicular. LPP. c.- N.X.- fábrica de birrefringencia granoestriada. LPP. d.- N.X.- fábrica de birrefringencia granoestriada. LPX. e.- N.X.- revestimientos de material fino en huecos con dominios orientados. LPX. f.- N.X.- impregnaciones de óxidos-hidróxidos de hierro y manganeso. LPP. g.- N.X.- revestimientos de óxidos-hidróxidos en agregados. LPX. h.- N.VIII.- laminaciones. LPP.

N.IX

Descripción: Se caracteriza por la sucesión de laminaciones milimétricas de arenas muy finas (75 µm) de morfología subangulosa y tabular y de limos arcillosos; también, en menor proporción aparecen cantos (2%) de caliza dolomítica de morfología subredondeada y con los contornos irregulares. La fracción mineralógica es la misma que la de los niveles anteriores. La microestructura es de tipo canal y masiva.

La matriz es de color marrón y está constituida por una fábrica cristalítica y calcítica.

Los componentes antrópicos no son muy abundantes; destacan los carbones (0,5%) de pequeño tamaño (< 75 µm) y se encuentran por la masa basal.

Entre los procesos postdeposicionales se hallan acumulaciones de material fino (arcilla con dominios orientados) mayoritariamente en huecos, y acumulaciones de óxidos-hidróxidos de hierro en forma de revestimientos en los huecos junto a material arcilloso.

Interpretación : La formación de este nivel es el resultado de una reactivación de las aguas de escorrentía.

También se observa que hay zonas de masa basal de un color azul-verdoso que es debido a que los compuestos férricos (Fe^{3+}) en ausencia de oxígeno se transforman en ferrosos (Fe^{2+}) y junto a otros compuestos originan estas coloraciones (gleyzación) (Van Vliet-Lanoë *et alii*, 1995). Generalmente se dan estas condiciones en depresiones y superficies planas con drenaje deficiente.

N.VIII

Descripción: Está constituido por una sucesión de laminaciones centimétricas y milimétricas de gravas, arenas y limo-arcillas con una microestructura masiva (Fig. 6.19 h). La mineralogía y la litología del material detrítico es la misma que la de los niveles anteriormente descritos. Hacia la parte superior estas laminaciones se degradan, las poblaciones granulométricas se mezclan y aparece una microestructura de tipo laminar/prismática.

La matriz es marrón y está constituida por una fábrica birrefringente cristalítica y calcítica.

Por lo que respecta a los componentes de origen antrópico, cabe decir que son prácticamente inexistentes y solamente aparecen fragmentos de malacología.

Uno de los procesos postdeposicionales que afectan más al nivel son las acumulaciones de óxidos-hidróxidos de hierro y manganeso, así como también la acumulación de material fino en cantos, granos de arena y huecos.

Interpretación: Es resultado de un aumento del flujo hídrico pero de diferente intensidad (forma discontinua) ya que ha que ha generado laminaciones. La buena clasificación granulométrica en cada laminación nos indica que ha habido un aporte constante, pero en los materiales más finos se localizan acumulaciones de óxidos-hidróxidos de hierro y de manganeso propias de unas condiciones de hidromorfismo

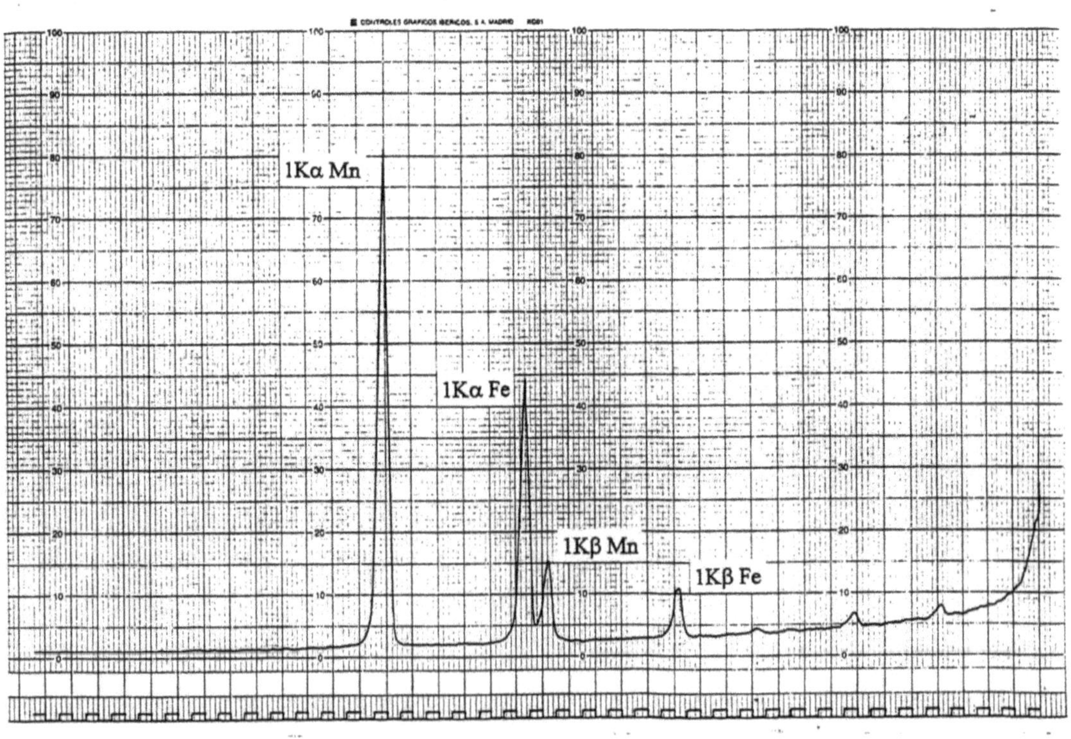

Fig. 6.20.- Espectro de FRX de las impregnaciones de óxidos-hidróxidos de Fe y Mn del N. X

originadas en momentos de saturación de aguas.

La deficiente granuloclasificación de las laminaciones de la parte superior del nivel indica que el aporte va perdiendo energía. También es importante destacar la microestructura laminar/prismática de la matriz, que es propia de unas condiciones de hielo-deshielo en un medio donde el agua está saturada en arcillas o arenas arcillosas no compactadas (Mücher *et alii*, 1990).

N.VII

Descripción: Presenta una microestructura apedial con canales y localmente de tipo laminar (Fig. 6.21 a). Domina una matriz limo-arenosa con arcillas. Por lo que respecta a la fracción gruesa predominan las arenas de 63-250 µm (15%) y a continuación destacan los cantos de caliza dolomítica (5%). La matriz es de color marrón y está constituida por una fábrica moteada ("mosaic speckled").

Respecto a los anteriores niveles hay un aumento considerable de los componentes de origen antrópico respecto a los anteriores.

En cuanto a los procesos postdeposicionales encontramos acumulaciones de material fino en los huecos, que dominan sobre todo en su parte inferior, y también en la parte superior de los cantos en forma de capping. También aparecen acumulaciones de tipo impregnativo de óxidos-hidróxidos de hierro en el material detrítico en forma de nódulos. Cabe destacar la actividad biológica (lumbrícidos y raíces) que comporta acumulaciones secundarias de carbonato cálcico.

Interpretación: En este nivel, el flujo hídrico disminuye y no es tan intenso como en el nivel anterior, ya que las poblaciones granulométricas se mezclan y las laminaciones se degradan, tal como se observaba en la parte superior del nivel VIII.

En la matriz se observa claramente la microestructura de tipo laminar indicativa de procesos de hielo-deshielo. También aparecen acumulaciones de material fino en la parte superior de los cantos (cappings) que se localizan cuando hay procesos de lavado ligados a momentos de deshielo (Van Vliet-Lanoë *et alii,* 1983; Van Vliet-Lanoë, 1987). También tendrían este origen los revestimientos en la parte inferior de huecos que denotan procesos de lavado progresivo (Van Vliet-Lanoë, 1987).

Se observa actividad de fauna con la presencia de agregados producto de la actividad de lumbrícidos.

N.VI

Descripción: Tiene una microestructura apedial con canales con un 5% de porosidad. Domina la fracción de arenas (75-125 µm) con un 30% y de cantos. La litología y la morfología de los elementos detríticos es la misma que la de los niveles anteriormente descritos. Se hallan laminaciones de matriz arcillosa. La matriz es de color marrón y está constituida por una fábrica de birrefringencia cristalítica y calcítica. Entre los componentes de origen antrópico se identifican fragmentos carbonosos de tamaño entre 63-125 µm de morfología tabular o nodular distribuidos entre la masa basal y fragmentos óseos que presentan trazas de combustión.

Por lo que respecta a los procesos postdeposicionales, se distinguen acumulaciones de arcillas orientadas en huecos y también de $CaCO_3$ en los huecos producidos por la actividad biológica.

Interpretación: Las condiciones de escorrentía se reactivan, ya que aparecen laminaciones con poblaciones granulométricas bien clasificadas, pero no con la intensidad del N.VIII.

N.V

Descripción: Este nivel presenta las mismas características microestructurales que el nivel anterior; localmente aparece una microestructura secundaria de tipo prismático. La porosidad representa el 15%. Domina la fracción fina y arenas de 50-70 µm que representan el 25%. En los perfiles W, S y E del sondeo E5 aparecen casi en contacto con el N.VI un aumento de fracción gruesa sobre todo cantos de caliza dolomítica. La mineralogía y morfología del material detrítico es el mismo que el resto de los niveles comentados. La matriz es de color marrón y está constituida por una fábrica moteada ("mosaic speckled").

Aumentan los componentes de origen antrópico especialmente los carbones (2%) entre 100 µm y 2 mm de morfología redondeado y tabular, que se encuentran en proceso de disgregación.

Entre los procesos postdeposicionales, dominan las acumulaciones de material arcilloso (500 µm) con dominios orientados, preferentemente en los huecos en forma de revestimientos y rellenos (Fig. 6.21 b); pero también en los agregados y en los cantos. La actividad biológica está muy presente.

Interpretación: Se dan unas condiciones similares al N.VII. También en este caso el material procede de circulaciones hídricas de débil intensidad (escorrentía), donde el material granulométrico se mezcla. También cabe añadir que la microestructura es de tipo prismático corto propia de unas condiciones de hielo-deshielo que se da en zonas saturadas de agua (Mücher *et alii*, 1990).

Uno de los rasgos a destacar y que es frecuente en el nivel es la acumulación de material arcilloso en los huecos (iluviación) formando revestimientos que podrían ser debidos a procesos de lavado progresivo en momentos de deshielo (Van Vliet-Lanoë, 1987). Los cantos que aparecen son resultado de la disgregación de la roca.

Debido a estos rasgos, creemos que las condiciones de tipo paleoambiental serían frías y húmedas.

N.IV

Descripción: Formado por cantos de 1 a 3 cm con trazas de disolución y fisurados (Fig. 6.21 c). La litología es caliza dolomítica, pero también aparecen fragmentos de costras carbonatadas. La microestructura es laminar y granular. La porosidad representa entre un 10 y un 15 %. La matriz es de color marrón y está constituida por una fábrica cristalítica y calcítica.

Entre los componentes antrópicos, los carbones disminuyen respecto el nivel V y son de dimensiones muy pequeñas (tamaño limo) y se encuentran dispersos en la masa basal.

Destacamos entre los procesos postdeposicionales, las acumulaciones de óxidos-hidróxidos en forma de nódulos, así como las acumulaciones de material arcilloso en la parte superior de los cantos (cappings) y en huecos.

Interpretación: El origen sedimentario de este nivel, que está bien representado en los perfiles E5-D5 y E5-F5 del sondeo, se debe a un proceso de disgregación de la pared y caída de bloques (Fig. 6.21 d). El material detrítico presenta fracturas y fisuras. La microestructura que se desarrolla es de tipo laminar propia de unas condiciones de hielo-deshielo (Van Vliet-Lanöe, 1987; Mücher *et alii,* 1990). El agua de deshielo tiene unas condiciones óptimas para movilizar los óxidos de hierro formando nódulos. También estas condiciones se manifiestan en la formación de acumulaciones de material fino en la parte superior del material detrítico.

Algunos cantos están en posición vertical o inclinada debido a que los procesos de hielo-deshielo comportan movimientos en el material detrítico (Van Vliet-Lanöe, 1985).

N.III

Descripción: Se ha dividido en 5 subniveles: a, b, c, d y e (el subnivel d no lo hemos podido estudiar ya que no está presente en ningún perfil), aunque entre ellos no existen unos límites definidos. Las diferencias son la proporción de fracción gruesa (cantos y bloques) y de tipo microestructural.

En general, domina una fracción fina (limos arenosos con arcillas) en todos los subniveles. En el N.IIIe, la fracción gruesa está formada por arenas de 75-125 µm (10%) y la microestructura es de canales, aunque localmente se observa una microestructura laminar/granular. La porosidad representa un 8%. En el nivel IIIc, dentro de la fracción gruesa dominan las arenas de 75-150 µm (20%) y la fracción de cantos de morfología subredondeada de 1-3 cm de caliza dolomítica. La microestructura es de tipo subangular no muy desarrollada, y localmente de tipo laminar/granular (Fig. 6.21 e). La porosidad aumenta considerablemente respecto al nivel anterior con un 15-20%. En el N.IIIb hay un aumento considerable de la fracción de cantos (20 %) de morfología redondeada de la misma litología que el resto de la secuencia. La microestructura es subangular no muy desarrollada y localmente laminar/granular. La porosidad se mantiene como en el nivel anterior (20%). En el N. IIIa disminuye la fracción de cantos y aumenta la fracción de arenas de 63-250 µm (15%). La microestructura es de bloques subangular y localmente es de tipo prismático. La matriz es de color marrón y está constituida por una fábrica moteada ("mosaic speckled").

En todo el N.III aumentan los componentes de origen antrópico, los carbones oscilan entre 3-5 % de 125 µm y la morfología que domina es de tipo tabular. Por lo que respecta a los huesos (~2%) tienen tamaño centimétrico y aparecen con trazas de combustión. Empiezan a aparecer en mayor cantidad los fragmentos de sílex.

Por lo que respecta a los procesos postdeposicionales, se observa como en el N.IIIe en la parte inferior de los huecos se presentan unas acumulaciones de material arcilloso con dominios orientados. En cambio, en el N.IIIc aparecen acumulaciones de arcilla en la parte superior de los elementos detríticos y en el N.IIIb dominan las acumulaciones de $CaCO_3$ en la parte inferior de los cantos (Fig. 6.21 f). En el N.IIIa dominan las acumulaciones de material fino en huecos y en cantos. Hay que añadir que en todos estos subniveles está presente la actividad biológica y la descarbonatación.

Interpretación: Es un nivel originado, en líneas generales, por procesos de escorrentía no canalizada con cierto deslizamiento de materiales (solifluxión) y de disgregación de la pared. Los subniveles documentados y descritos anteriormente se localizan de forma parcial en los perfiles.

En el N.IIIe se darían unas condiciones de hielo-deshielo, tal como lo denotan la microestructura sedimentaria de tipo laminar, así como las acumulaciones de material fino (iluviación) propias de un medio húmedo y frío.

En el N.IIIc, el ambiente sería similar al del N.IIIe pero se iría acentuando la humedad, hecho que se corrobora por la presencia de acumulaciones en la parte superior de los elementos detríticos (cappings) que, tal como hemos señalado en otros niveles, indicaría unos episodios de deshielo importante.

En cuanto, al N.IIIb domina la acumulación de carbonato cálcico bajo los cantos, lo que interpretamos como un descenso de la humedad, en un clima similar al anterior pero más semiárido.

En el nivel IIIa vuelve a aumentar la humedad tal como lo confirman la microestructura prismática (zonas saturadas de agua donde se dan procesos de hielo-deshielo) y las acumulaciones de finos en huecos.

N.II

Descripción: Presenta una microestructura en bloques subangulares y la porosidad representa el 30%. La matriz es de limos arenosos y dentro de la fracción gruesa dominan las arenas de 250-300 µm (5%). Los cantos de 1 a 3 cm de material calizo dolomítico presentan una morfología subredondeada. Este material detrítico presenta trazas de disolución: contornos irregulares y de débil birrefringencia y una porosidad que se inicia en las fisuras (Fig. 6.21 g).

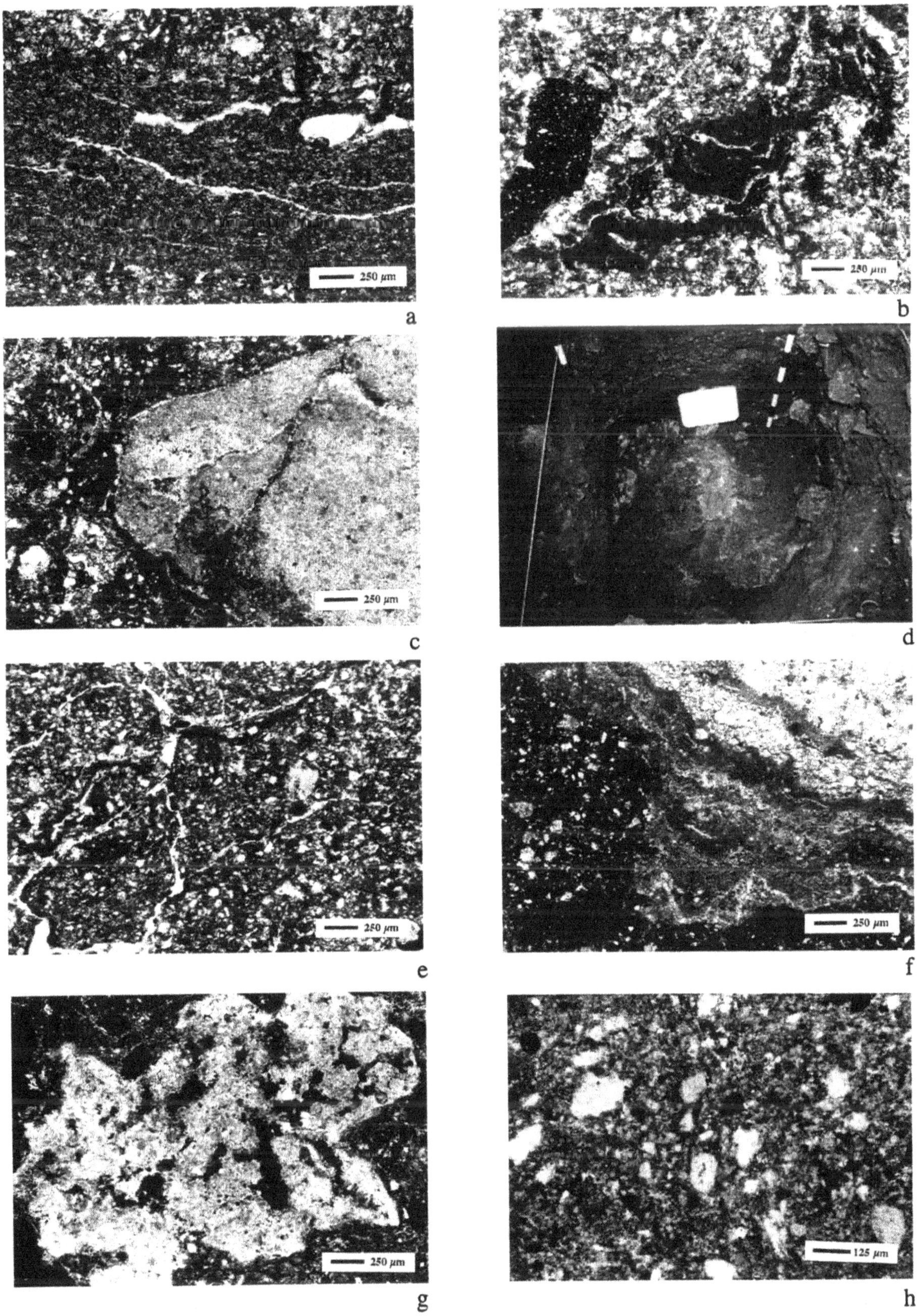

Fig. 6.21.- Cueva de la Guineu
a.- N.VII.- microestructura laminar. LPP. b.- N.V.- relleno en un hueco con dominios orientados. LPX. c.- N.IV.- fisuración de cantos por efectos de hielo-deshielo. LPX. d.- N.IV.- detalle de la caída de bloques. Cuadro E-5 e.- N.IIIc.- microestructura laminar. LPX. f.- N.IIIb.- acumulación secundaria de $CaCO_3$ bajo un canto (pendent). LPX. g.- N.II.- disolución de un fragmento de caliza. LPX. h.- N.II.- acumulación secundaria de $CaCO_3$ en forma de nódulos. LPX.

Se localizan, sobre todo en el inicio del nivel, una serie de grandes bloques que se sitúan casi en contacto con el N.III. La matriz es de color marrón y está constituida por una fábrica de birrefringencia cristalítica y calcítica.

Los componentes de origen antrópico aumentan considerablemente respecto a los niveles anteriores. Entre los carbones (20-25%) dominan los de 63-125 µm de morfología subredondeada y subangulosa. También aparecen fragmentos de cenizas en menor proporción. Por lo que respecta a los componentes de origen animal, se localizan huesos (8%) de 250-500 µm que presentan diferentes trazas de combustión, así como excrementos de herbívoros (ovicaprinos) distribuidos entre la masa basal. Además de estos componentes de origen antrópico, cabe señalar la numerosa presencia de fragmentos de cerámica de morfología redondeada que se encuentra, también, por toda la masa basal.

En cuanto a los procesos postdeposicionales dominan, a diferencia de los anteriores, las acumulaciones de $CaCO_3$ que se hallan mayoritariamente en forma de nódulos y en forma de intercalaciones entre la masa basal (Fig. 6.21 h).

Interpretación: Es un depósito heterométrico resultado de aguas de escorrentía superficial en un proceso de coluvionamiento. Desde el punto de vista paleoambiental, a diferencia de los otros niveles, se dan unas condiciones muy húmedas (disolución importante del material detrítico) pero con unas temperaturas más benignas, como indicaría la presencia de nódulos de $CaCO_3$.

Desde el punto de vista antrópico, el material documentado se encuentra en posición secundaria, ya que la mayoría presenta una morfología subredondeada o redondeada debido a las circulaciones hídricas, que también han provocado la disgregación del material carbonoso y la acumulación de estas partículas carbonosas alrededor de huecos y de fragmentos óseos. El hecho de documentar la presencia de excrementos de herbívoros (ovicaprinos) dispersos por la masa basal nos hace plantear la hipótesis de que serían ocupaciones de los inicios de la estabulación de animales.

N.I.

Se ha dividido en varios subniveles pero las diferencias que se observan son de tipo edáfico. De los niveles Ia y Ib no se pudieron obtener muestras para los análisis micromorfológicos.

N.Id

Descripción: Está formado por una matriz limo-arcillosa con arenas de 63-125 µm (15%), cantos y bloques con una microestructura granular muy marcada. En su parte superior se detecta una gran acumulación de bloques. La matriz es de color marrón y está constituida por una fábrica moteada ("mosaic speckled").

Desde el punto de vista de los componentes antrópicos hay una disminución de los carbones (5%) pero éstos no aparecen tan fragmentados.

El proceso postdeposicional que domina es la actividad biológica de lumbrícidos que modifica la microestructura original del nivel. Es un nivel descarbonatado. Se localizan pigmentos de materia orgánica y algún fragmento de raíz.

Interpretación: La sedimentación se debe a la acumulación de materiales procedentes de la disgregación de la roca junto a los aportados por procesos de escorrentía superficial en pendiente, muy enriquecidos en materia orgánica y una intensa actividad biológica constituyendo un horizonte edáfico en un ambiente húmedo.

Los bloques que se localizan en la parte superior del nivel constituyen una caída de bloques que cambió la topografía del lugar. Esta caída, por las características que presenta la matriz y los componentes detríticos, no creemos que sea debida a causas de tipo climático.

N.Ic

Descripción: Este subnivel está compuesto por una matriz de limos y arcillas con un aumento de la fracción gruesa 40%. Los cantos, de morfología subredondeada y con trazas de disolución, aparecen con fisuras concoides. La fracción de arenas de 125-175 µm es un 20%. La litología es la misma que en el resto de la secuencia. La microestructura es granular. La matriz es negra-marrón y está constituida por una fábrica moteada ("mosaic speckled").

Por lo que respecta a la materia orgánica, está constituida por fragmentos de raíces y pigmentos de materia orgánica. Los componentes de origen antrópico disminuyen ligeramente respecto al nivel anterior. En cuanto a los procesos postdeposicionales, destaca la actividad biológica (lumbrícidos y raíces), la acumulación de material fino en huecos y cantos y las impregnaciones de óxidos-hidróxidos de hierro.

Interpretación: Las condiciones son similares al nivel anterior. En este subnivel a diferencia del N.Id, hay más concentración de materia orgánica, así como de óxidos-hidróxidos de hierro; esto nos indica que ha habido unas condiciones muy húmedas. También es un horizonte que, junto al anterior nivel, están constituyendo un suelo desarrollado en dolomías.

Uno de los rasgos a destacar es la fragmentación del material detrítico por las raíces que crecen en las fisuras, ensanchándolas y formando surcos de trazado sinuoso sobre la superficie.

6.4.4. Caracteres generales de la sedimentación

La sedimentación de la cueva de la Guineu está formada por una serie de facies:

- Facies de cantos y bloques con limos arenosos y arcillas con óxidos-hidróxidos. Compuesta por bloques y cantos de caliza dolomítica junto a una matriz limo-arenosa. Está representada sobre todo en los N.XII y N.X. Es el resultado de un proceso de escorrentía superficial de débil intensidad y de la disgregación de la pared y techo de la cavidad.

- Facies de laminaciones arenosas y limo-arcillosas. Localizada en los N.XI, N.IX, N.VIII y N.VI. Se caracteriza por una sedimentación formada por laminaciones de material limo-arcilloso hasta una fracción de gravas. Estas laminaciones presentan una buena granuloclasificación. En el N.VIII es quizás donde esta mejor representada esta facies.

- Facies de cantos y bloques. Constituida por cantos y bloques que proceden de la disgregación de la pared. Junto a los cantos se encuentran plaquetas que presentan una serie de fracturas y fisuras propias de unas condiciones de hielo-deshielo. Esto también se corrobora por la microestructura sedimentaria de tipo laminar. Esta facies está representada en el N.IV.

- Facies de cantos y bloques con limos arenosos y arcillas. Esta facies está representada por el N.VII, N.V y N.III. Formada por bloques y cantos con una matriz de limos arenosos. El origen se debe a procesos de escorrentía de débil intensidad con disgregación de la pared y techo de la cavidad. Se observa una serie de procesos que nos indican unas condiciones de humedad y frío.

- Facies de bloques y cantos con limos arenosos de color marrón oscuro. Esta facies está definida en el N.II y el N.I. El nivel II se caracteriza fundamentalmente por la gran representación de componentes de origen antrópico (cenizas, excrementos, material cerámico, carbones...). El N.I se distingue por la presencia de materia orgánica (humus) parcialmente mineralizada. La sedimentación del N.II se debe a un proceso de disgregación del techo de la cavidad y un proceso de escorrentía en forma de coluvión. Las condiciones ambientales serían húmedas y templadas. La formación del N.I se debería a sucesivas caídas de bloques, sobre todo en el N.Ic, escorrentía superficial de débil intensidad y acumulación de materia orgánica (edafogénesis).

6.5. CONCLUSIONES

La secuencia estratigráfica que hemos podido estudiar de la cueva de la Guineu se enmarca en el Pleistoceno Superior y en el Holoceno.

El relleno sedimentario de la cavidad se debe a cuatro tipos de aportes:

a - Caídas de bloques. Generalmente asociadas a otros procesos, como los niveles XII, X, VII, V, III, II y I, menos en el caso del N.IV.

b - Aportes de aguas de escorrentía organizada. Se caracteriza por una buena granuloclasificación del material y la configuración de laminaciones en el material sedimentario. La fábrica de birrefringencia del material fino es de tipo cristalítico calcítico. Este proceso se encuentra representado en los siguientes niveles: XI, IX, VIII y VI.

c - Aportes esporádicos de aguas de escorrentía no canalizada, de baja energía (aguas encharcadas) y en algunas ocasiones con deslizamiento de materiales. Este proceso se manifiesta en los niveles XII, X, VII, V y III. Los niveles originados por este proceso se caracterizan por presentar unas condiciones de hidromorfismo (reducción-segregación local de hierro y manganeso), es decir, son áreas donde ha habido un mal drenaje. También se observan procesos de hielo-deshielo y caídas de bloques.

d - Escorrentía superficial. Este proceso está representado a partir del N.II hasta el N.Ic.

6.5.1. Secuencia estratigráfica, evolución sedimentaria y paleoambiental

El primer nivel detectado en la cueva, N.XII, corresponde a una sedimentación que se debe a una disgregación del techo de la cueva con un débil proceso de escorrentía y se caracteriza por un medio de aguas encharcadas. Las circulaciones hídricas se activan dando lugar al N.XI, pero vuelven a disminuir en un segundo momento de disgregación de la pared, N.X, en unas condiciones frías y húmedas. Se reactivan las circulaciones hídricas en el N.IX y el N.VIII, sobre todo en este último donde se refleja un flujo importante en un ambiente fresco. En el N.VII la energía de la escorrentía cede, disminuyendo el grado de clasificación del material sedimentario; las condiciones ambientales son frías. A continuación se reactivan las circulaciones hídricas en el N.VI. Posteriormente, en el N.V hay una disgregación de la pared y techo de la cavidad y las circulaciones hídricas son de menor intensidad. El medio es frío y húmedo. Seguidamente se produce una caída de bloques, N.IV, que creemos provocada por causas de tipo climático. A partir de este nivel hay un cambio en la topografía de la cavidad. La secuencia continúa con el N.III, donde se observa un aumento de la tasa de sedimentación. Se trata de un depósito con un deslizamiento lento de materiales (solifluxión) que refleja un ambiente frío y muy húmedo, como también se manifiesta por los análisis faunísticos y antracológicos. Desde el punto de vista arqueológico, este nivel se atribuye al Epipaleolítico microlaminar, datado por radiocarbono en 9.850±80 BP. Sigue una caída de bloques que aparece en los perfiles D5/D6 y E5/E6. Entre el N.III y el N.II hay un hiato tanto desde el punto de vista sedimentario como cultural. El depósito del N.II (Neolítico Antiguo evolucionado) está formado por un proceso de escorrentía (coluvionamiento) y entre el material detrítico se documentan muchos componentes de origen antrópico. Entre éstos destacamos la presencia de excrementos de herbívoros, que corresponden a ovicaprinos y que nos hace pensar que se trate de ocupaciones con inicios de estabulación de animales. Por las características sedimentarias que presenta el depósito nos planteamos la hipótesis que la posición del material pueda ser secundaria. Las condiciones ambientales serían húmedas y templadas. Posteriormente, la sedimentación continúa con el N.I formado por un depósito detrítico compuesto de bloques y cantos con una matriz propia de la disgregación de estos elementos y por materia orgánica que se acumula en la depresión kárstica originando procesos de tipo edáfico. Uno de los rasgos a destacar de este nivel u horizonte es la caída de bloques generalizada que se produce entre el Neolítico Antiguo evolucionado y el Neolítico Final, la causa sería probablemente por sismicidad o colapso.

7. BALMA DE LA GRIERA

7.1. INTRODUCCIÓN

7.1.1. Antecedentes y registro arqueológico

Los primeros trabajos arqueológicos que se efectuaron en la Balma de la Griera se remontan al año 1932 bajo la dirección del Padre Martí Grivé, aficionado local. El descubrimiento del yacimiento se debe a su alumno Hans Hellmuth. De estos primeros trabajos no se tiene constancia de las intervenciones ni de los resultados obtenidos. En el año 1951 A. Ferrer y J. Bellmunt retomaron las excavaciones hasta el año 1953. Durante estas intervenciones se trabajó en varios sectores (I, II, III y IV) (Cebrià *et alii*, 1993). A partir de este momento hubo varios expolios de clandestinos hasta el año 1989 que se iniciaron las excavaciones arqueológicas bajo la dirección de A. Cebrià y J. Miret. Posteriormente, en el año 1990 R. Bartrolí sustituyó en la codirección a J. Miret y en el año 1994 se incorporó J. Nadal.

La secuencia cronocultural es la siguiente (Cebrià *et alii*, 1993; Fullola *et alii*, 1994):

N.Ia-Ib-Ic.-En este nivel se pueden incluir diferentes restos sin un contexto estratigráfico claro:
- fragmentos de cerámicas vidriadas
- fragmentos de cerámicas alto-medievales, vinculadas probablemente a la ocupación del castillo de Calafell.
- fragmentos de cerámica común pintada con motivos semicirculares concéntricos, correspondientes al periodo ibérico tardío.

N.II.- Se puede adscribir a un horizonte epipaleolítico. De hecho, ya había sido documentado en los trabajos anteriores de Ferrer. En las primeras campañas de excavación se localizó material lítico (en posición secundaria y en posición primaria) que permitió una adscripción al Epipaleolítico geométrico. Aparecieron microlitos y geométricos (un triángulo, un segmento y un microburín) y láminas de dorso. Aunque por las intervenciones recientes se cree que este horizonte cultural pueda corresponder a un Epipaleolítico microlaminar avanzado (Cebrià, comunicación oral).

N.III.- Corresponde al Paleolítico Superior. Dentro del material arqueológico recuperado destaca la industria lítica. Se han recuperado 1.561 elementos líticos, de los cuales 41 son piezas retocadas (2,6%) (Cebrià *et alii*, 1993; Fullola *et alii*, 1994). Todas estas piezas son monotipos y se corresponden con 41 tipos primarios. El retoque simple es el más importante, con una representación del 87,8% del total de las piezas retocadas. El 12,2% restante corresponde al retoque abrupto. Dentro del retoque simple, el grupo de las raederas es el más numeroso con un 69,4% del total de los simples, seguido del grupo de los denticulados (27,7%) y de los raspadores, con un único ejemplar. En el retoque abrupto, las láminas de dorso y los abruptos indiferenciados dominan la serie con el mismo número de efectivos.

La materia prima utilizada es el sílex, aunque se constata la presencia de otros materiales como por ejemplo el cuarzo.

Se han localizado elementos óseos trabajados, de los cuales cabe destacar un objeto decorado elaborado sobre un soporte óseo plaquiforme probablemente un omóplato de macrofauna. Debido a su fragmentación y a su estado de conservación es difícil definirlo tipológicamente. Se preservan unas incisiones profundas que se disponen únicamente en una de las caras como un motivo decorativo. Estas incisiones son típicas del Solutrense y del Magdaleniense final Cantábrico, pero tienen un origen Gravetiense. Según D. Farell (Cebrià *et alii*, 1993; Fullola *et alii*, 1994) podría tratarse de un objeto de ornamento del tipo placa-colgante, paralelizable a otros encontrados en contextos gravetienses y solutrense.

7.1.2. Datos paleoecológicos

Análisis faunísticos

El estudio de los restos faunísticos ha sido realizado por J. Nadal y forma parte de su tesis doctoral. Los taxones identificados se detallan en la figura 7.1 (Cebrià *et alii*, 1993; Fullola *et alii*, 1994).

La fauna epipaleolítica (N.II) se caracteriza por la presencia de lagomorfos (*Oryctolagus cuniculus*) y la presencia puntual de jabalí (*Sus sp.*), ciervo (*Cervus elaphus*) y lince (*Lynx sp.*), además de algunos taxones de roedores e insectívoros (*Apodemus* y *Crocidura*), anfibios y reptiles de clara aportación biológica.

Por lo que respecta al nivel IIII de Paleolítico Superior dominan los restos de macrofauna especialmente el ciervo (*Cervus elaphus*) y el caballo (*Equus sp.*), aunque también hay restos de lagomorfos y algunos ejemplares de malacología marina.

La mayoría del material se encuentra con un alto grado de fragmentación que junto con la concreción de $CaCO_3$ dificulta la determinación de los restos.

Niveles	Especies
N.III **C. H5**	*Cervus elaphus* *Equus sp.* *Oryctolagus cuniculus*
N.II **C. E2, F2, E3**	*Oryctolagus cuniculus* *Crocidura russula* *Apodemus sylvaticus* *Lynx sp.* *Cervus elaphus* *Sus sp.*

Fig. 7.1.- Datos faunísticos correspondientes al Paleolítico Superior (N.III) y al Epipaleolítico (N.II)

Fig. 7.2.- Localización de la Balma de la Griera

7.1.3. Dataciones absolutas

De momento, solamente hay una sola datación absoluta que corresponde al N.III (Fullola *et alii,* 1994). Esta datación se realizó sobre hueso y el resultado es el siguiente:

AA - 8649. 21.255 ± 350 BP

7.2. MARCO GEOGRÁFICO

7.2.1. Situación geográfica

La Balma de la Griera está situada en el termino municipal de Calafell (Baix Penedès, Tarragona); concretamente se encuentra en la Costa de la Grallera, una discreta elevación que se incluye en la Cordillera Litoral Catalana. El abrigo se localiza en el margen derecho de un desfiladero excavado por el arroyo de La Cobertera, en la carretera que une Calafell con Bellvei (Fig. 7.2 y 7.3). Se localiza a 3 Km de la línea de costa actual. La morfología del desfiladero está muy alterada debido a la explotación de la zona como cantera.

Se encuentra a 85 m s.n.m. y a 25 m sobre el arroyo de La Cobertera.

Las coordenadas geográficas son:
Longitud: 1° 34' 56" E
Latitud: 41° 13' 21" N
U.T.M : 31 TCF 806647
(Según: Hoja n° 447. Vilanova y la Geltrú del Mapa topográfico del Servicio Geográfico del Ejército, 1959. E.1:50.000. Proyección U.T.M. según meridiano de Greenwich)

7.2.2. Vegetación

La formación arbórea de la zona está constituida por pinares de pino carrasco (*Pinus halepensis*) y por maquia de coscoja con palmito (*Querco-Lentiscetum*).

La estructura y composición fundamental es la siguiente:

Estrato arbustivo
- lentisco (*Pistacia lentiscus*)
- coscoja (*Quercus coccifera*)
- palmito (*Chamaerops humilis*)
- acebuche (*Olea europaea*)
- algarrobo (*Ceratonia siliqua*)
- espárrago (*Asparagus acutifolius*)

Estrato herbáceo
- cárex (*Carex halleriana*)
- fenazo (*Brachypodium retusum*)

La vegetación potencial de la zona correspondería a una formación arbórea de encina litoral o encina con durillo (*Quercetum ilicis galloprovinciale*). Es un bosque presidido por la encina (*Quercus ilex* ssp.*ilex*) y compactado por la abundante presencia de arbustos y lianas. Este bosque esclerófilo es característico del mediterráneo septentrional peninsular (Folch, 1981).

En la actualidad esta formación arbórea está degradada por las actividades de cultivo de viña y algarrobo.

7.2.3. Clima

Para realizar este estudio se han utilizado los datos de los observatorios de Vilanova y la Geltrú y Cubelles, ya que en la zona no hay estaciones meteorológicas. Estos registros han sido proporcionados por el Centro Zonal de Barcelona del Instituto Nacional de Meteorología.

Los datos de los observatorios y los periodos de las series son los siguientes:

Cubelles
Longitud 1° 38' 59" E
Latitud 41° 12' 02" N
Altitud 6 m
Precipitaciones 1953-93

Vilanova i la Geltrú
Longitud 1° 43' 28" E
Latitud 41° 13' 10" N
Altitud 22 m
Precipitaciones 1941-70
Temperaturas 1941-69

Régimen termométrico

El estudio se ha realizado en base al observatorio de Vilanova y la Geltrú que es la única estación que tiene datos de temperatura, a pesar de que la serie solamente comprende los años 1941-69.

- Temperaturas

En la gráfica siguiente se muestran las temperaturas medias mensuales (máximas, medias y mínimas).

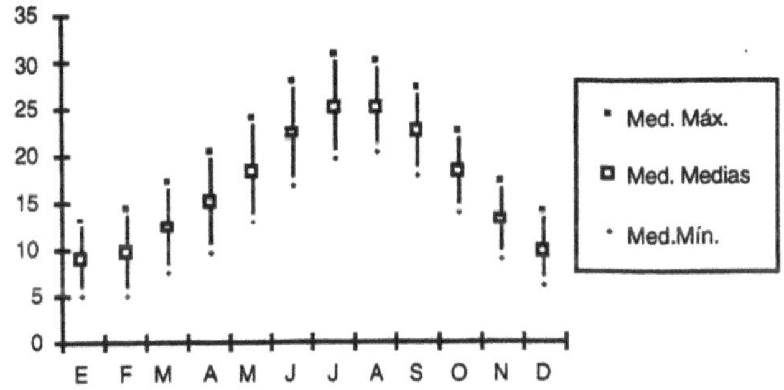

Fig. 7.4.- Gráfica de la distribución mensual de temperaturas medias de Vilanova y la Geltrú

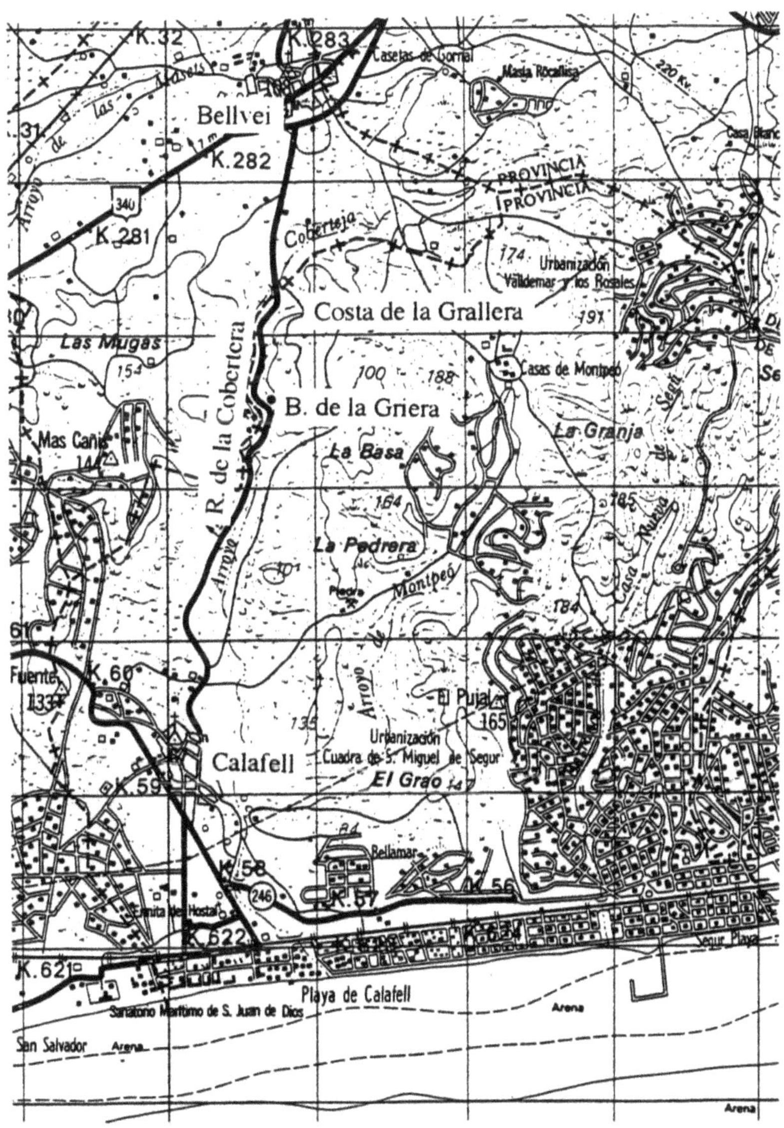

Fig. 7.3.- Situación geográfica de la Balma de la Griera.
Mapa topográfico: Hoja nº. 447. Vilanova i la Geltrú. Servicio Geográfico del Ejercito, 1950. Cuadrícula UTM de 1 Km.

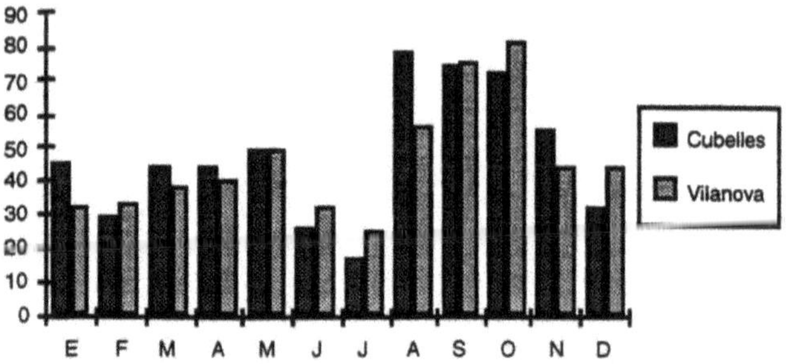

Fig. 7.5.- Gráfica de precipitaciones medias mensuales de Cubelles y Vilanova y la Geltrú

Régimen pluviométrico

El estudio pluviométrico se ha realizado mediante los datos de las estaciones de Cubelles (les Salines) y Vilanova y la Geltrú. Para los datos de precipitaciones medias mensuales el periodo del observatorio de Cubelles está comprendido entre los años 1953-93, en cambio en Vilanova entre 1941-70. Para las precipitaciones alcanzadas en 24 horas solamente disponemos de la serie de la estación de Cubelles.

- Precipitaciones medias

En la gráfica de la figura 7.5 se muestran los datos de precipitaciones medias mensuales.

La pluviosidad máxima se registra en el mes de agosto en la estación de Cubelles (78,7 mm), en cambio, en la estación de Vilanova se registra este máximo en el mes de octubre (82 mm). El máximo secundario se centra en el mes de septiembre (Cubelles 74,3 mm y Vilanova 76 mm). Por lo que respecta a las mínimas observamos tanto en un observatorio como en el otro que los valores se centran en el mes de julio (Cubelles 16,6 mm y Vilanova 25 mm).

	Precip. 24 h.	Datos
Enero	57	1977
Febrero	41,5	1962
Marzo	127,6	1974
Abril	55	1992
Mayo	76,6	1954
Junio	98	1976
Julio	65	1966
Agosto	88	1955
Septiembre	102	1987
Octubre	**205**	**1969**
Noviembre	66,5	1968
Diciembre	63	1954

Fig. 7.7.- Precipitaciones excepcionales en 24 horas de Cubelles

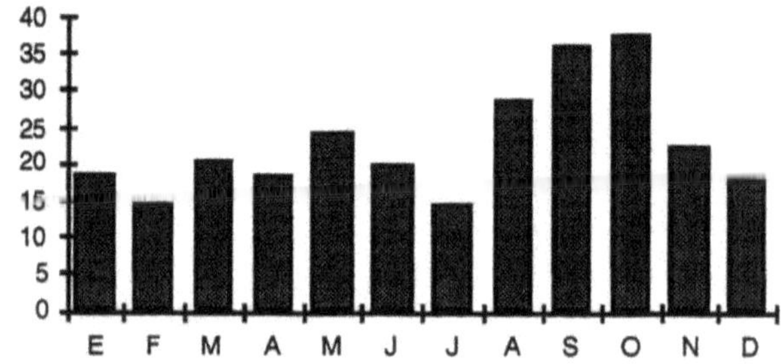

Fig. 7.6.- Gráfica de medias de precipitación en 24 horas

La precipitación anual media en Cubelles es de 570,7 mm y en Vilanova de 554 mm.

- Precipitaciones máximas en 24 horas.

En la gráfica siguiente se muestran las medias mensuales de la estación de Cubelles.

El mes que presenta un máximo en el observatorio de Cubelles es octubre con 37,9 mm.

En cuanto a excepcionalidades pluviométricas se muestran en el cuadro de la figura 7.7.

Estudio comparativo: precipitación y temperatura

El estudio comparativo de los elementos climáticos de pluviometría y temperatura de la estación de Vilanova y la Geltrú, nos permite determinar un período estival seco. En el diagrama ombrotérmico de la figura 7.8 se observa como el déficit de lluvia se da en junio y julio.

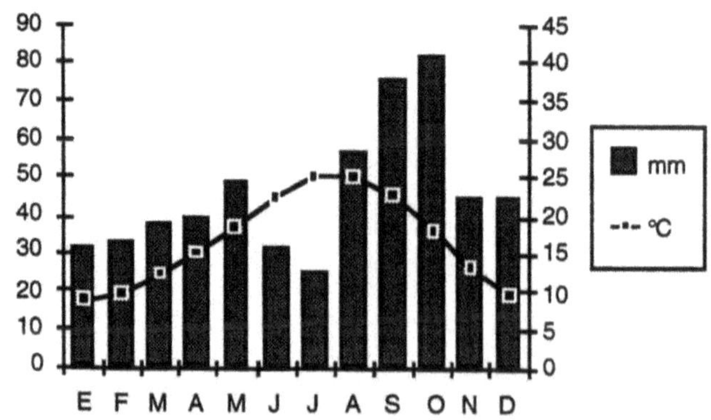

Fig. 7.8.- Diagrama ombrotérmico de Vilanova y la Geltrú

Índice y clasificaciones climáticas

- Índice de Lang
I = 2,27 ZONA DESÉRTICA

- Índice de Emberger
I = 14,46 PISO MEDITERRÁNEO ÁRIDO

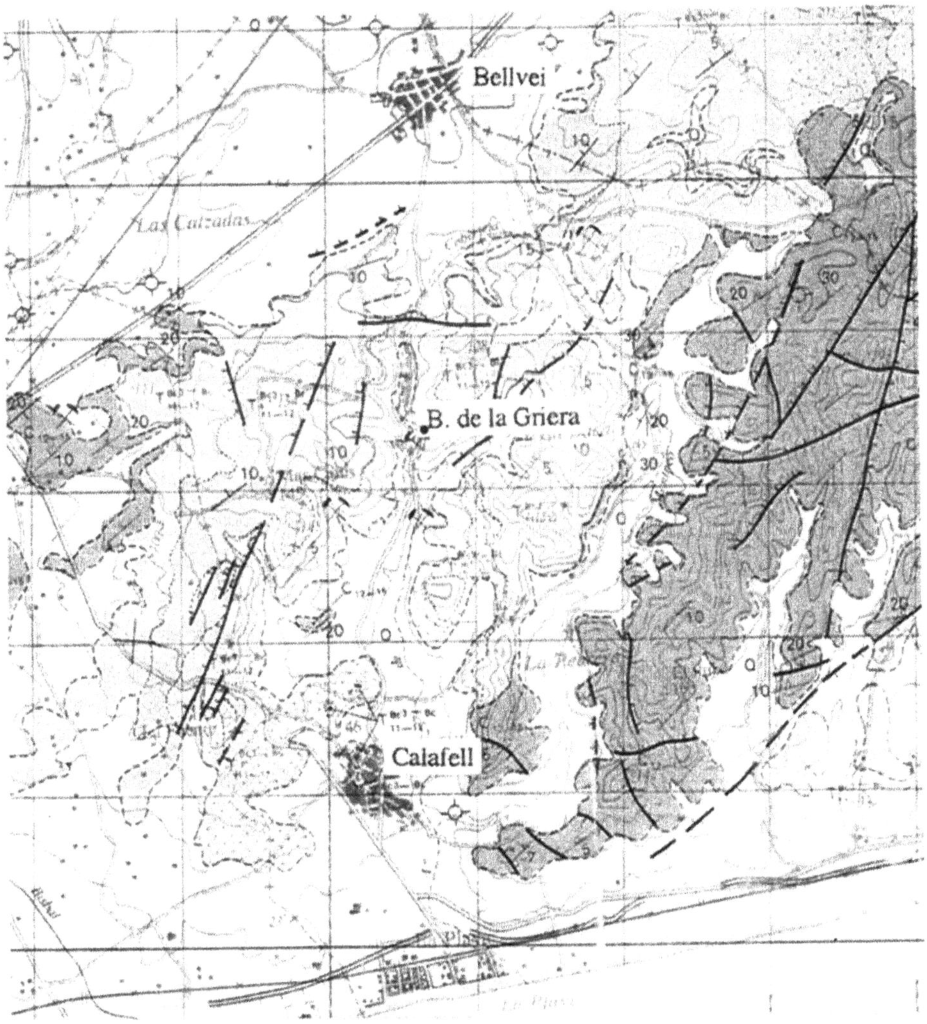

LEYENDA

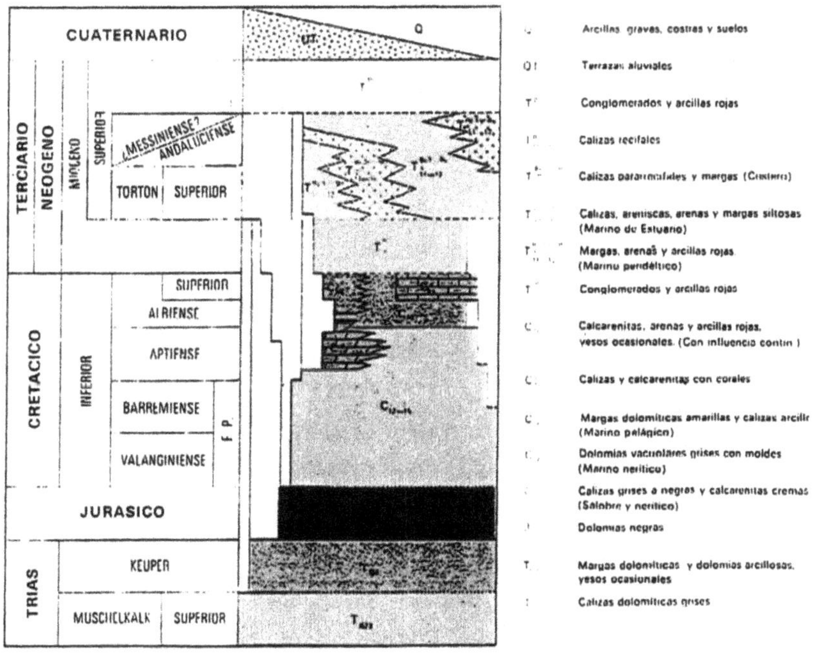

Fig. 7.9.- Mapa geológico: Hoja nº 447. Villanueva y Geltrú. IGME, 1972. Cuadrícula UTM de 1 Km.

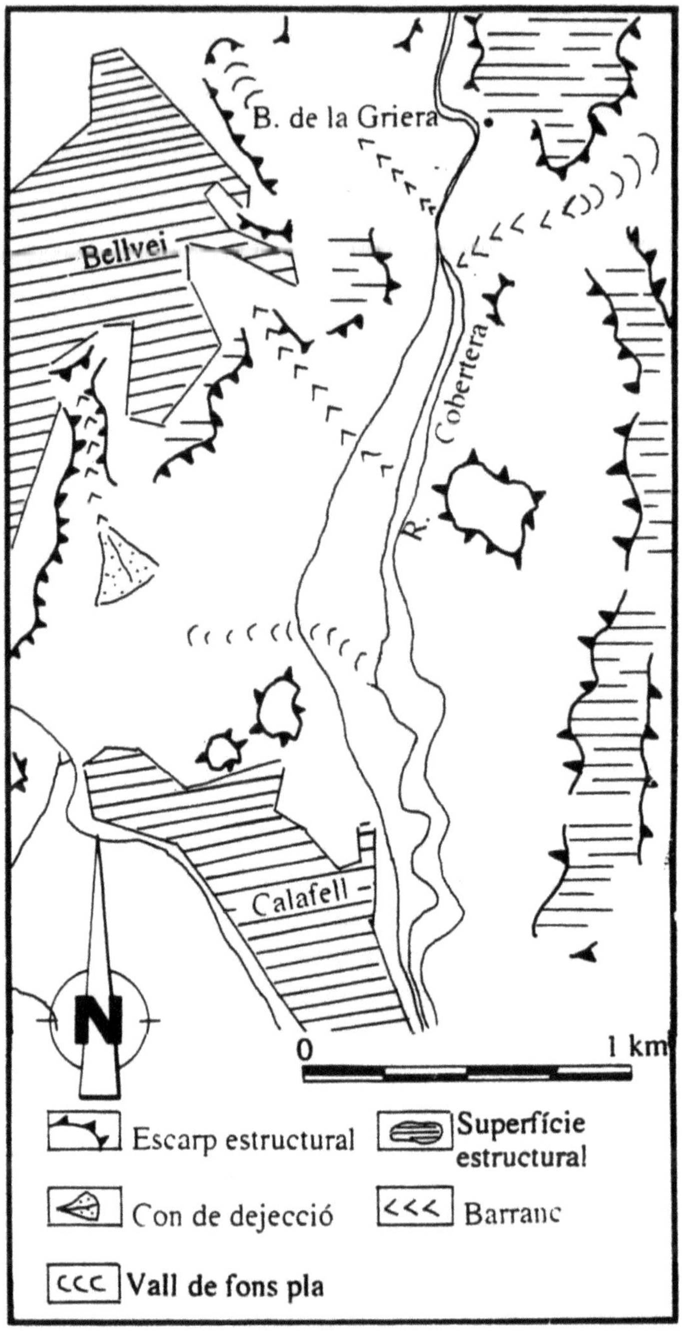

Fig. 7.10.- Esquema fotogeomorfológico.

- Índice de Dantin-Cereceda
I = 36,04 SUBDESÉRTICA

- Clasificación Unesco-Fao
temperatura media del mes más frío (t)
t = 8,9° CLIMA TEMPLADO MEDIO
temperatura media de las mínimas del mes más frío (tm)
tm = 4,7 ° CLIMA INVIERNO SUAVE
Los meses secos son dos: junio y julio.

Por todas estas características, según Albentosa (1973) esta zona correspondería a un área de clima mediterráneo central.

Para Martín Vide (1992), según las características climáticas que presenta el área de Vilanova y la Geltrú:
Precipitación anual: 544 mm
Régimen pluviométrico estacional: máximo en otoño
Temperatura media anual: 16,6°C
Amplitud térmica media anual.: 16,3 °C
Correspondería a un clima mediterráneo de tipo litoral meridional.

7.3. MARCO LITOLÓGICO Y GEOMORFOLÓGICO

El relieve general se incluye estructuralmente en las estribaciones meridionales de la Cordillera Litoral Catalana. Los materiales litológicos que configuran esta área son calizas con tramos de margas y areniscas intercalados (Fig. 7.9). La zona donde se localiza la Balma de la Griera está formada por calizas bioclásticas y coralinas del Mioceno (Burdigaliense Superior- Languiense). El arroyo de La Cobertera se encaja en estas calizas bioclásticas que forman parte de la vertiente SW de la Costa de la Grallera.

El modelado cuaternario ha dejado sus huellas en los depósitos de acumulación alrededor de La Cobertera y del arroyo de Montpeó. Los depósitos del entorno se reparten de forma irregular. Estas acumulaciones están formadas mayoritariamente por materiales distribuidos a partir de los conos de deyección desarrollados al pie de los barrancos que disectan los relieves circundantes (Fig. 7.10).

Las laderas de la Costa de la Grallera tienen un perfil convexo. Desde el punto de vista de la dinámica actual existen dos zonas diferenciadas:

- la zona superior, donde se localiza la Balma de la Griera: está representada por un tramo de calizas donde el grado de karstificación es importante y presenta una gran variedad de formas (lapiaces y abrigos) consecuentes con los procesos erosivos y de alteración de la caliza, propiciados por la intensa tectónica de la zona.

- la zona inferior: los depósitos están formados por clastos muy angulosos con matriz lutítica carbonatada que origina algunas costras. Estas laderas presentan unos horizontes edáficos de poca potencia formados por material fino y humus.

7.4. EL DEPÓSITO SEDIMENTARIO

7.4.1. Morfología

La Balma de la Griera adopta una planta semicircular de 6 m de ancho por 8 m de longitud (Fig.7.11). Su orientación es de SW y se halla en el tramo superior de una ladera.

Es un abrigo formado por procesos de disolución kárstica, originados por circulación de aguas superficiales, que aún pueden observarse cuando llueve en las fisuras de la pared (Fig. 7.12 a). Su morfología está condicionada por la acción antrópica actual, ya que en la zona hay una importante explotación de canteras.

7.4.2. Descripción sedimentaria

Para realizar el estudio del relleno de la Balma de la Griera nos hemos basado en los perfiles (E/F 2, 3, 5, 6 y 7) que nos ha ofrecido la excavación actualmente en curso (Fig. 7.12 b, c, d y e).

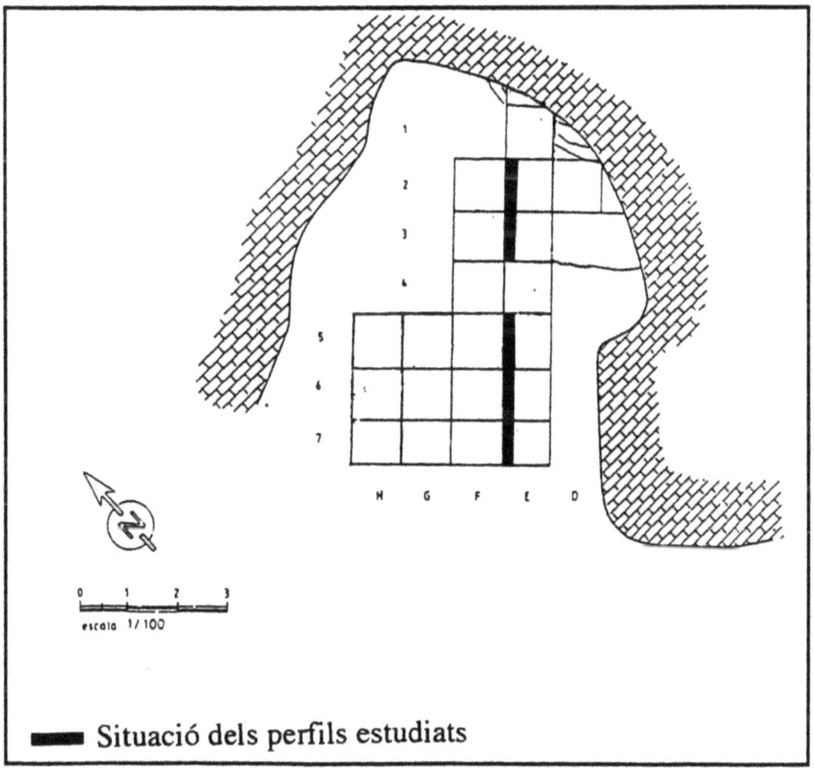

Fig. 7.11.- Planta y situación de los perfiles estudiados (Cebrià *et alii,* 1993).

Descripción estratigráfica

Perfil E / F 2-7
Potencia 1,63 m (Fig.7.13)

Arenas limosas con materia orgánica
N.I
N.Ia.- La potencia oscila entre 6 y 18 cm. Es un nivel de humus de color marrón oscuro (10 YR 3/2) de matriz de arenas limosas y con un 30% de cantos. La estructura es de tipo prismático subangular. Hay muchas raíces.
N.Ib.- De potencia variable, oscila entre 3 y 20 cm aunque en algunos sectores no está representado. Está formado por una matriz de arenas limosas con un ligero aumento de la fracción de cantos. También hay numerosas raíces. Se localizan trazas de remoción debidas a prácticas de cultivo. Se localiza en el sector comprendido entre E/F 5, 6 y 7.
N.Ic.- De potencia variable con 25 cm en el sector SW y va disminuyendo hacia el NW hasta llegar los 8 cm. Está compuesto por una matriz de arenas limosas de color marrón (7,5 YR 5/2) con un 15 % de cantos. Presencia de numerosas raíces. Solamente se localiza en el sector E/F 2 y 3. El material arqueológico registrado en este nivel incluye desde cerámicas vidriadas hasta cerámicas grises medievales.

Fig. 7.12.- Morfología y perfiles sedimentarios
a.- Morfología de la Balma. b.- Perfil E / F 5-7. c.- Muestreo micromorfológico N.I y N. III. d.- Perfil E / F 2-3. e.- Muestreo N.II

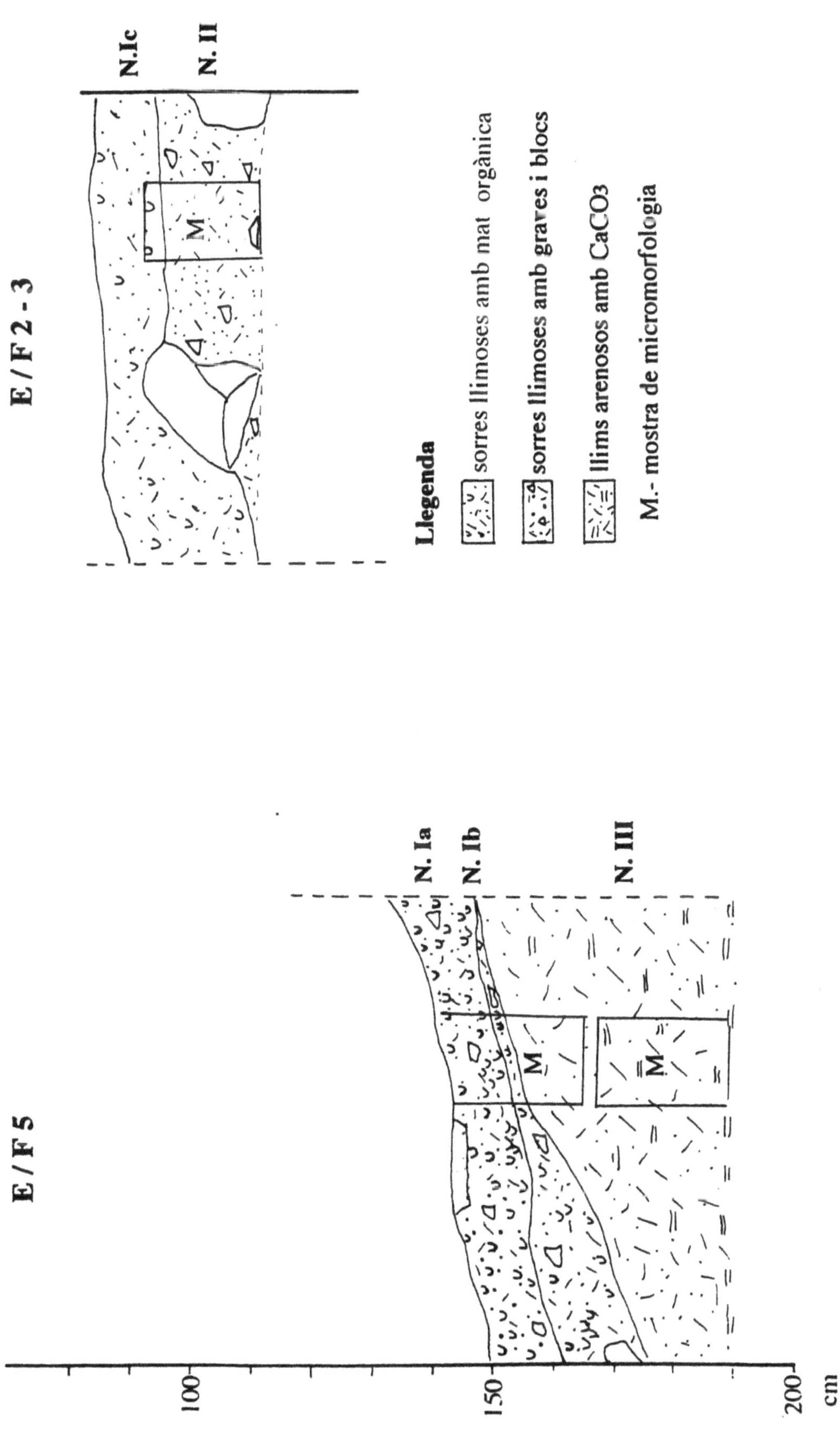

Fig. 7.13.- Perfil estratigráfico.

Arenas limosas de color marrón oscuro con cantos y bloques
N.II.- Potencia 20 cm. Está formado por una matriz de arenas limosas de color marrón (10 YR 5/4) e incluye un 20% de bloques y cantos de caliza de morfología subangulosa con trazas de disolución. En profundidad van aumentando los cantos y disminuyen los bloques. Se encuentra en contacto erosivo con el nivel I. De momento, solamente se ha localizado en el sector E/F 2 y 3. La estructura tienen tendencia a ser subangular. Abundante presencia de raíces.
Atribución cultural: Epipaleolítico microlaminar avanzado.

Limos arenosos con costras de $CaCO_3$
N.III.- Potencia indeterminada (30-80 cm a la vista). En este nivel disminuye considerablemente la proporción de cantos con un 8%. Litológicamente son calizas de morfología subredondeada con trazas de disolución. La matriz está formada por limos arenosos de color marrón claro (10 YR 6/4). Aparecen encostramientos calizos. Se observa un contacto erosivo respecto al nivel superior. Abundan también las raíces. La estructura es de tipo granular. Este nivel se localiza en todo el perfil.
Atribución cultural: Paleolítico Superior (Gravetiense)
Datación radiocarbónica: 21.255±350 BP.

Análisis micromofológico

Las descripciones micromorfológicas las presentamos en forma de tablas, señalando los rasgos más importantes, en las figuras 7.14, 7.15, 7.16 y 7.17.

Se ha muestreado especialmente el perfil E/F 2-5 ya que es el sector donde se podía observar mejor el relleno del asentamiento.

7.4.3. Análisis sedimentario

N.III

Descripción: Este nivel está formado por una matriz de limos arenosos cuya mineralogía consiste en cuarzo, feldespato de morfología subangulosa y cantos de caliza (8%) de morfología subredondeada con algunas fisuras. Se apoya directamente sobre el roquedo calizo. La microestructura de la matriz es de tipo laminar y localmente granular.

Los componentes de origen antrópico que dominan son huesos (250-500 µm) en los que se observan fragmentaciones debidas a la combustión. Es interesante señalar que la mayoría presenta una morfología subredondeada con los contornos irregulares y cierta porosidad y algunos se encuentran en posición vertical (fig.7.18 a). Aparecen representados, aunque en baja proporción, materiales de origen vegetal (carbones) de un tamaño entre 50-125 µm. Por lo que respecta a otros componentes de tipo arqueológico se documenta algún sílex con revestimientos de óxidos-hidróxidos de hierro.

Cabe destacar que se localiza carbonato cálcico impregnando la matriz y sobre todo rellenando los huecos de tipo planar y formando revestimientos en los huecos del sedimento (Fig. 7.18 b). Se observan acumulaciones de material fino con $CaCO_3$ en los cantos y óxidos-hidróxidos de hierro en forma de nódulos que están distribuidos por la masa basal y también formando revestimientos de 25 µm de grosor en el material detrítico y óseo.

Interpretación: Compuesto por una matriz de limos arenosos, resultado de un proceso de escorrentía de débil energía. Las características que presenta, tanto por la estructura de la matriz de tipo laminar/granular (Van Vliet-Lanöe, 1987; Mücher *et alii*, 1990) así como por algunas fisuras aparecidas en el material detrítico, nos hacen pensar que esta sedimentación se dio en un ambiente frío. También se localizan materiales tanto de origen antrópico como detrítico en posición vertical o inclinada debido a procesos de hielo-deshielo que comportan movimientos en el material (Butzer, 1982).

Posteriormente, hubo una percolación de aguas carbonatadas que impregnó el sedimento. Esta cimentación es posterior ya que fosiliza las estructuras originadas por el frío. Además se observa que en las fisuras de estas acumulaciones carbonatadas aparecen rasgos de disolución que se manifiestan en una porosidad incipiente. Esto se debería a un episodio posterior de circulación de aguas con un menor contenido de $CaCO_3$ que redisolvería parte de esta carbonatación.

N.II

Descripción: Constituido mayoritariamente por arenas finas (125-250 µm) y limos con un 20% de cantos y bloques de caliza de morfología subredondeada que presentan trazas propias de disolución: contornos irregulares y porosidad en las fisuras (Fig. 7.18 c). Este nivel aparece de forma fragmentaria en el registro. Se observa que a medida se descendiende en profundidad aumenta progresivamente la fracción de cantos y disminuyen los bloques. Estos cantos aparecen fragmentados y con fisuras. La fracción de arenas no calizas tiene una morfología subangulosa. La microestructura sedimentaria es subangular, pero a medida que descendemos aparece localmente una microestructura laminar-granular.

Se localiza material antrópico pero en poca proporción.

Por lo que respecta a los procesos postdeposicionales se observan acumulaciones secundarias de carbonato cálcico tanto en forma de revestimientos como de hiporrevestimientos, especialmente en los huecos y también hiporrevestimientos en algún canto. En cuanto a la movilización de material fino hay acumulaciones con dominios orientados formando revestimientos en los materiales detríticos y rellenando las fisuras de los cantos y en menor proporción en huecos. La actividad biológica es muy patente en este nivel.

Interpretación: Ha sido formado por un flujo de mayor intensidad que el N.III. Se caracteriza por una matriz areno-

BALMA DE LA GRIERA
Descripción sedimentaria microscópica

Niveles	Porosidad	Microestructura	Masa basal	Componentes minerales
N.Ia	15%	Subangular fina	FG/FF 1/1 arenas 63 - 250 µm: 20% arenas 250 - 500 µm: 6% arenas 500 µm- 1 mm: 1% Distribución de tipo Porfírico	La fracción mineral tiene una morfología subangulosa y la litológica subredondeada.
N.II	8%	Subangular/ Granular-Laminar	FG/FF 1/1 arenas 63 - 250 µm: 25% arenas 250 µm- 1 mm: 15% gravas (2 mm- 1 cm): 2% cantos: 3% Distribución de tipo Porfírico	La fracción mineral tiene una morfología subangulosa y la litológica subredondeada. Se observan trazas de disolución en los cantos, pero en profundidad aparecen con fisuras y fragmentados.
N.III	10-15%	Laminar/Granular	FG/FF 1/2 Domina la fracción de limos arenas 63 - 250 µm: 8% arenas 250 µm- 1 mm: 5% Distribución de tipo Porfírico	La fracción mineral tiene una morfología subangulosa y la litológica subredondeada. Se observan trazas de disolución. Algunos cantos están fragmentados y se encuentran en posición vertical.

La fracción litológica y mineralógica está formada por: caliza microesparítica, bioclástica, cuarzo, feldespato y calcita. En todos los niveles la matriz es marronosa con una fábrica de birrefringencia cristalítica y calcítica.

Fig. 7.16

BALMA DE LA GRIERA
Descripción sedimentaria microscópica
Componenetes inorgánicos y orgánicos (de origen biológico-antrópico)

Niveles	Componentes de origen vegetal	Componentes de origen animal	Materiales antrópicos
N.Ia	- carbones (6%), de color negro-rojizo. Tamaño 125-250 µm.	- huesos (3%) de 0,25 - 2mm. Se presentan en diferentes estados de combustión. Generalmente de color amarillo pálido y de débil birrefringencia. - fragmentos de caracoles (1%) 0,5 - 1mm.	--------
N.II	- carbones (2%) de color negro dominan los de 50 µm.	- huesos (2%) de 0,25 - 1mm. Se presentan con diferentes trazas de combustión. - fragmentos de caracoles (0,5%) de 1 - 2 mm con trazas de combustión.	- fragmentos de sílex (0,5%) de 1 - 2mm
N.III	- carbones (2%) de 50-125 µm.	- huesos (4 %) de 250 - 500 µm. Diferentes trazas de combustión. Gran parte se presentan en posición vertical y morfología subredondeada. - fragmentos de caracoles 250 - 500 µm (1%).	- fragmentos de sílex (0,5 %) de 250 µm. Presentan rev. de óxidos-hidróxidos de hierro.

Fig. 7.17

BALMA DE LA GRIERA
Descripción sedimentaria microscópica
Edaforrasgos

Niveles	Desplazamiento y acumulación de finos	Acumulación secundaria de $CaCO_3$	Oxidación-reducción
N.Ia	- en cantos: hiporrev. de material fino de 50 µm.	- en cantos: hiporrev. de $CaCO_3$ junto con masa basal y material carbonoso de 500 µm.	--------
N.II	- en arenas, huesos y cantos: rev. e hiporrev. en forma de capping de partículas de material fino junto con partículas carbonosas de 25 µm.	- en huecos cavitarios: rev. de microesparita de 125 µm; hiporrev. de 250 µm de masa basal con partículas carbonosas. - en cantos y huesos: hiporrev. junto a masa basal de 250 µm.	- en cantos: rev. de óxidos-hidróxidos. - nódulos de óxidos-hidróxidos de 125 µm.
N.III	- en cantos: hiporrev. en forma de capping de masa basal más $CaCO_3$ de 225-275 µm; hiporrev. de 50-125 µm de material fino.	- en huecos cavitarios: rev. de 100 µm de esparita. - rellenos esparíticos entre la masa basal. - en huecos de tipo planar: rev. de forma esparítica de 75 µm. - nódulos de 250 µm.	- nódulos impregnativos de óxidos-hidróxidos distribuidos por la masa basal. - en sílex, huesos y cantos: rev. en forma de capping.

Fig. 7.18

BALMA DE LA GRIERA
Descripción sedimentaria microscópica
Edaforrasgos

Niveles	Desplazamiento y acumulación de finos	Acumulación secundaria de CaCO3	Oxidación-reducción	Actividad biológica
N.Ia	--------	--------	--------	XXX
N.II	XX	XX	X	XX
N.III	X	XXX	X	XX

X - Presentes XX - Frecuentes XXX - Abundantes

Fig. 7.19

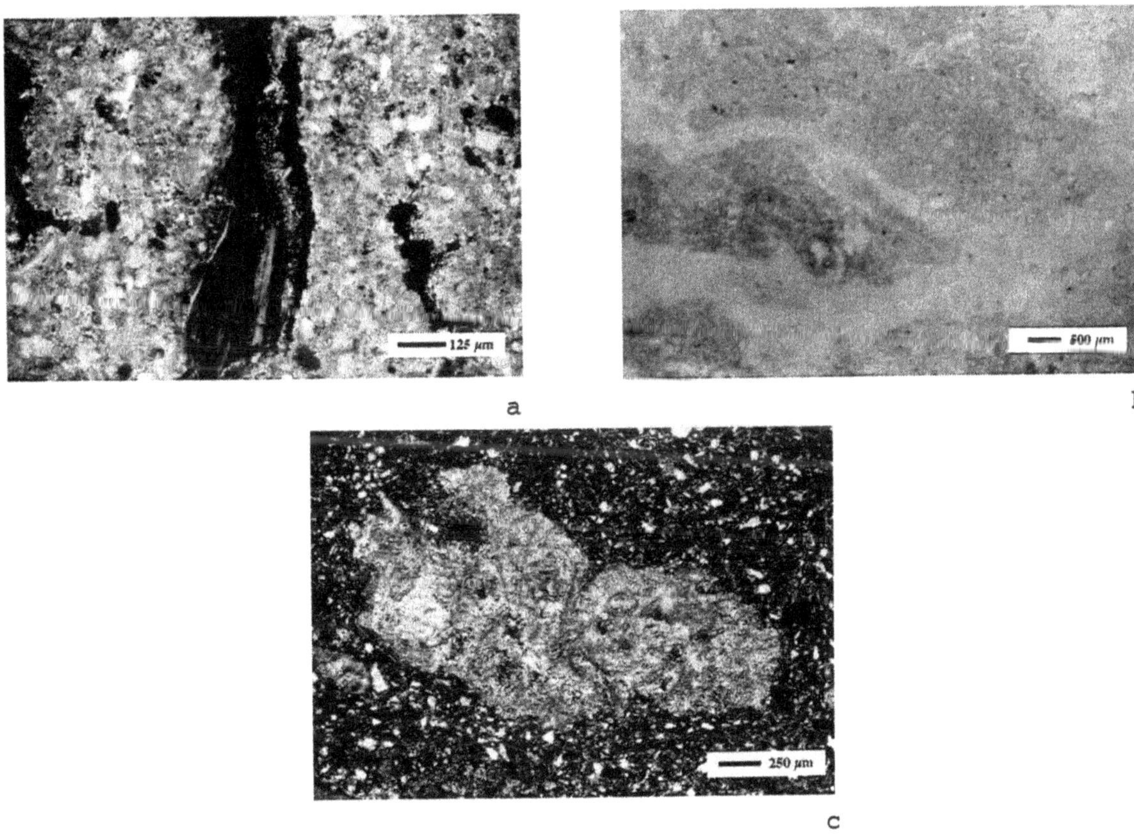

Fig. 7. 18.- Balma de la Griera
a: N.III. Fragmento de hueso en posición vertical. LPX. b: N.III. Rellenos de $CaCO_3$ en la masa basal. LPX. c: N.II. Trazas de disolución en un fragmento de caliza. LPX.

limosa junto a cantos y bloques procedentes de la disgregación de la pared del abrigo y que presentan abundantes trazas de disolución (contornos irregulares y porosidad en las fisuras), indicativos de un régimen húmedo. Estas condiciones vienen corroboradas por la acumulación secundaria de material fino (limos y arcillas) alrededor del material detrítico. En sentido descendente aumenta la fracción de cantos que presentan fisuras propias de unas condiciones de hielo-deshielo disminuyendo ligeramente las trazas de disolución. También de forma local aparece en la matriz una microestructura de tipo laminar-granular propia de este ambiente (Van Vliet-Lanoë, 1987). Uno de los procesos postdeposicionales importantes a destacar por su gran representación es la actividad biológica, sobre todo la acción de las raíces y de la fauna del suelo que se manifiesta en la presencia de excrementos y en la modificación de la estructura sedimentaria original, con la creación de fisuras, canales, cámaras y por la acumulación de $CaCO_3$ en huecos impregnando la matriz sedimentaria (hiporrevestimientos calcíticos).

N.I

Descripción: Compuesto por arenas limosas de la misma litología y mineralogía que los niveles anteriormente citados y por cantos (15%). Dominan los componentes de origen vegetal humificados. La microestructura es subangular fina propia de unas condiciones edáficas. Está representada la actividad biológica sobre todo el efecto de las raíces y de la fauna del suelo mayoritariamente de los lumbrícidos.

Este nivel se presenta en contacto erosivo con los subyacentes, el N.II en el perfil E/F 2-3 y el N.III en el E/F 5-7.

Interpretación: Este nivel se formaría por un proceso de escorrentía, en el cual se ha desarrollado una dinámica edáfica importante, lo que dificulta su caracterización paleoambiental.

7.4.4.- Caracteres generales de la sedimentación

La sedimentación de la Balma de la Griera está formada por una serie de facies:

- Facies de limos arenosos con costras de $CaCO_3$. Está representada en el N.III. Este nivel es resultado de un proceso de escorrentía de débil energía con unas condiciones frías en que posteriormente percolarían aguas carbonatadas que precipitarían formando una cristalización de tipo esparítico.

- Facies de arenas limosas de color marrón con cantos y bloques. Esta facies está documentada en el N.II. Corresponde a un proceso de escorrentía de mayor intensidad junto a una disgregación de la pared del abrigo.

- Facies de arenas limosas con materia orgánica. Está definida en el N.I. Se caracteriza fundamentalmente por la acumulación de materia orgánica hecho que ha dado lugar a la formación de una dinámica edáfica importante.

7.5. CONCLUSIONES

El relleno sedimentario de la Balma de la Griera aparece como resultado de una sucesión compleja de procesos que podemos dividir en dos grupos:

- procesos sedimentarios (los originarios de la formación del depósito): una sedimentación detrítica como resultado de la escorrentía y de la disgregación de la pared del abrigo.

- procesos postdeposicionales (modificaciones en el registro sedimentario condicionadas por el ambiente físico-químico): se pueden distinguir fenómenos de disolución química, acumulaciones de carbonato cálcico, desplazamientos y acumulaciones de material fino y deformaciones físicas como resultado de efectos de hielo-deshielo y bioturbación.

7.5.1. Secuencia estratigráfica, evolución sedimentaria y paleoambiental

Las características sedimentarias de este relleno son propias de un depósito formado a partir de materiales autóctonos y debidas a procesos de escorrentía superficial.

La secuencia estratigráfica que nos ofrece la Balma de la Griera se enmarca en el Pleistoceno Superior y el Holoceno inicial. El estudio del material arqueológico aparecido y la datación radiocarbónica del nivel III confirman esta hipótesis.

Desde el punto de vista sedimentario y paleoambiental observamos las siguientes etapas:

a) Pleistoceno Superior: representado por el nivel III, datado en 21.255±350 BP, que se atribuye al Gravetiense (Fullola *et alii*, 1994) y localizado en el perfil E/F 5-7. Es un nivel con una matriz de limos arenosos resultado de un proceso de escorrentía de débil energía y correspondería a un momento frío con cierta humedad ambiental.

Posteriormente, hay una percolación de aguas cargadas de $CaCO_3$ que impregnan el sedimento.

b) Holoceno inicial: representado por el nivel II, atribuido culturalmente a un momento avanzado del Epipaleolítico microlaminar (Cebrià comunicación oral). Este nivel se formó por un flujo de mayor intensidad y se caracteriza por una matriz areno-limosa junto a bloques y cantos que proceden de la disgregación de la pared del abrigo (caída de bloques) y correspondería a una fase húmeda con una pulsación fría en la parte inferior del nivel.

Uno de los rasgos más interesantes de este registro es el hiato sedimentario que se intuye entre el nivel III (Gravetiense) datado en 21.255 BP y el nivel II (Epipaleolítico microlaminar avanzado) que se situaría alrededor de 10.500 - 9.000 BP, que probablemente se debería a fases de erosión. Esperamos que durante las próximas campañas de excavación se localice un contacto entre estos dos niveles que nos permita su estudio.

8. CURSO MEDIO DEL RÍO MONTSANT

8.1. INTRODUCCIÓN

8.1.1. Antecedentes

Las primeras noticias que hay sobre la existencia de yacimientos arqueológicos en la zona proceden de las prospecciones realizadas durante los años 30 por Salvador Vilaseca, concretamente en el abrigo del Filador y en el abrigo dels Colls (Vilaseca, 1932; 1936). Posteriormente, realizó varias campañas de excavación en el Filador entre 1948 y 1963. Como resultado de sus trabajos que llevó a cabo se localizaron otros yacimientos arqueológicos en la zona.

En el año 1979, el Dr. Josep Mª Fullola reinició las excavaciones en el abrigo del Filador que posteriormente continuaron con la Dra. Pilar García-Argüelles hasta la actualidad. También se coordinó un programa de prospecciones en los valles del Montsant que fue el origen de nuevas intervenciones. Se localizaron registros que ya el Dr. Vilaseca había documentado en sus publicaciones y también algunos nuevos entre los cuales destacamos el Hort de la Boquera y el Hort d'en Marquet de Paleolítico Superior final y El Planot de Paleolítico Medio (Fullola, 1978; 1986-89; Fullola *et alii*, 1980).

En el año 1982 se iniciaron las intervenciones arqueológicas del abrigo dels Colls que continuaron hasta el año 1992.

Durante los inicios de los años 80 y posteriormente en 1990 y 1992 se realizaron diversas intervenciones arqueológicas en el Hort de la Boquera.

8.2. MARCO GEOGRÁFICO

8.2.1. Situación geográfica

Geográficamente la zona del curso medio del río Montsant se encuentra en la Sierra del Montsant (Fig. 8.1). Este macizo montañoso está situado en el extremo sur-occidental de la Cordillera Prelitoral Catalana. Está constituido por unos potentes bloques de conglomerados oligocénicos con una extensión de 17 Km. El punto más alto culmina en Roca Corbatera (1.116 m). En el sector sur hay desfiladeros que dan a la montaña la forma de una gran mesa, mientras que en el norte los estratos se inclinan y se hunden hacia el río Montsant.

El río Montsant nace a 1.200 m de altitud en las montañas de Prades y divide con un estrecho desfiladero la Sierra del Montsant y la Sierra de la Llena. Es afluente del río Siurana que confluye con el Ebro en Garcia, en la Depresión del Ebro, después de haber cruzado la Cordillera Costero-Catalana entre Cabassers y El Molar.

8.2.2. Vegetación

Según Molero (1976), la vegetación de esta zona se puede dividir en áreas definidas por su influencia climática, de esta forma se han distinguido:

- Territorio de influencia climática mediterráneo-marítima.

En el área de Margalef de Montsant se observan fenómenos de inversión térmica que dan lugar a un clima más húmedo y térmico. Las comunidades presentes corresponden al encinar litoral *(Quercetum ilicis galloprovinciale)*. La degradación del bosque comporta la aparición de los matorrales y coscojales que incluyen las asociaciones de matorral calcícola de romero *(Rosmarino-Ericion)* o de matorral litoral silicícola de estepas y brezos *(Cistion mediomediterraneum)* según la naturaleza del sustrato.

- Territorio de influencia climática mediterráneo-continental.

En nuestra área, debido a la inversión térmica y sobre todo en las vertientes de umbría, también está representado el encinar litoral *(Quercetum ilicis galloprovinciale)*, con la subasociación de encinar litoral aclarado *(arbutetosum)* en las partes bajas. A medida que va ganando altitud se enriquece en características de los Querco-Fagetea *(Acer granatense, Sorbus aria, Pinus nigra salzmannii*, etc.), para presentarse en las cimas con una subasociación de tránsito al *Quercion pubescenti-petraeae* (Sub. *quercetosum fagineae*). En el sotobosque habría *Erico-Thymelaeetum tinctoriae* en algunas de sus variantes como *Ononidetosum tridentatae* y el *Cytiso-Cistetum clussi* que se extiende por la parte occidental de la Sierra del Montsant y Sierra de la Llena hasta la Granadella (400-700m). El coscojar (*Quercetum cocciferae*) se encuentra en el encinar degradado y en las pendientes de los desfiladeros del Montsant.

- Territorio de influencia climática mediterráneo-montana.

Por encima de los 700 m sobre suelos calizos se encuentra la comunidad de bojedales submediterráneos (*Quercion pubescenti-petraeae*), representado por dos asociaciones: el robledal de roble de hoja pequeña *(Violo-Quercetum fagineae)* que ocupa el piso inferior y que asciende a las cimas acompañado de pino albar (*Pinus sylvestris*) y el robledal típico de roble o pinar de pino albar (*Buxo-Quercetum*

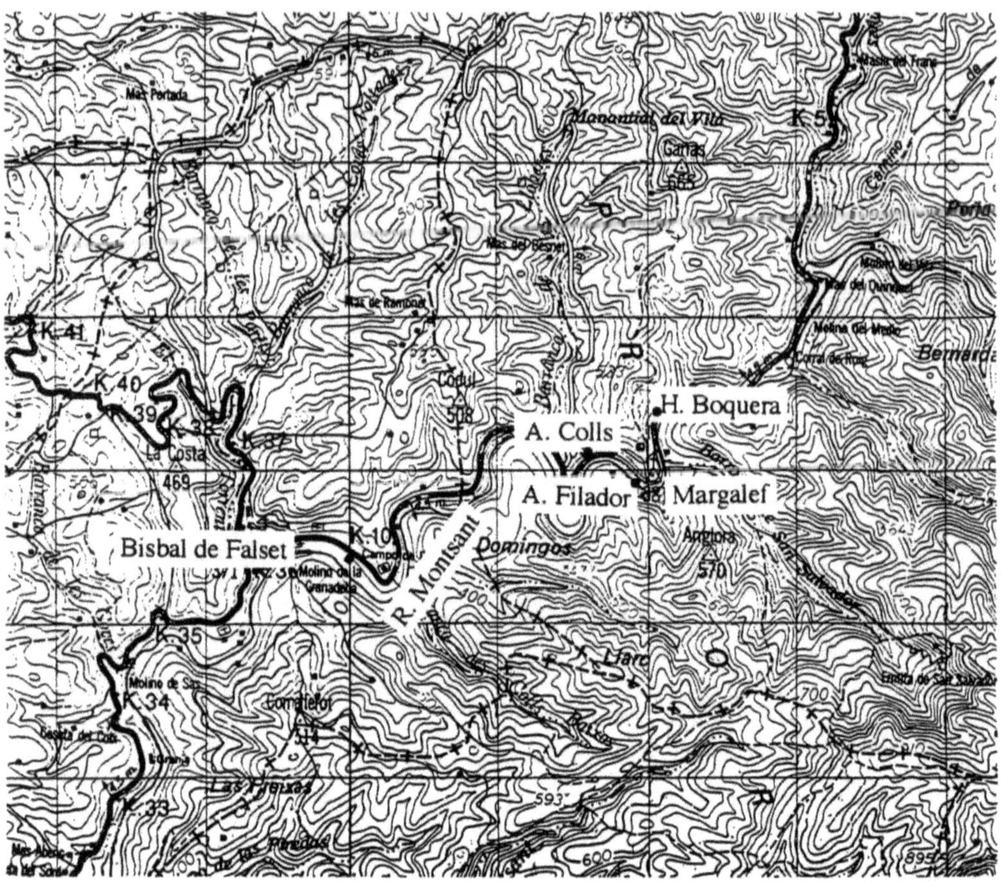

Fig. 8.1.- Situación geográfica de la zona estudiada. Mapa topográfico. Hoja nª. 444 Flix. Servicio Geográfico del Ejercito. 1959. Cuadrícula UTM de 1 Km.

pubescentis). Los matorrales pertenecen a las junciales (*Aphyllanthion*) en su mayor parte y a los de romero (*Rosmarino-Ericion*) en las zonas más bajas.

8.2.3. Clima

En el presente estudio se han utilizado los datos de los observatorios de Cabassers y La Palma d'Ebre. Se han descartado los datos correspondientes al observatorio de La Bisbal de Falset porque la serie que nos ofrece es demasiado corta e incompleta y también porque la peculiar situación del observatorio hace que los registros sean poco representativos del clima de la zona que se pretende caracterizar. Los datos han sido proporcionados por el Centro zonal de Barcelona del Instituto Meteorológico Nacional.

Datos de los observatorios

Cabassers

Coordenadas Geográficas
- Longitud 0° 43' 44" E
- Latitud 41° 14' 55" N
- Altitud 357 m

Series
- Temperatura 1968-93
- Precipitación 1952-92

La Palma d'Ebre

Coordenadas Geográficas
- Longitud 0° 44' E
- Latitud 41° 17' N
- Altitud 340 m

Series
- Precipitación 1952-88

Régimen termométrico

El estudio termométrico se hace en base al observatorio de Cabassers, que es el único que dispone de datos de temperaturas.

- Temperaturas

En la fig. 8.2 se muestran las temperaturas medias mensuales (máximas, medias y mínimas) y las temperaturas máximas y mínimas absolutas.

En la distribución de las medias mensuales se observa un mínimo durante el mes de enero (5,3°) y un máximo en el mes de julio (25°). Por lo que respecta a las medias de las máximas, cabe decir que presentan una distribución mensual paralela a las medias, la mínima continúa localizándose en el mes de enero (8,2°) y la máxima en el mes de julio con 31°. Los valores de las medias de las mínimas no bajan de los 0° y el mes más frío registra un valor de 2,5°.

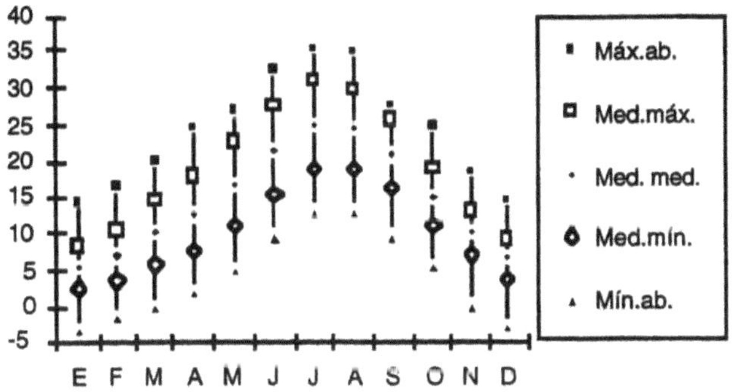

Fig. 8.2.- Gráfica de distribución mensual de temperaturas medias de Cabassers

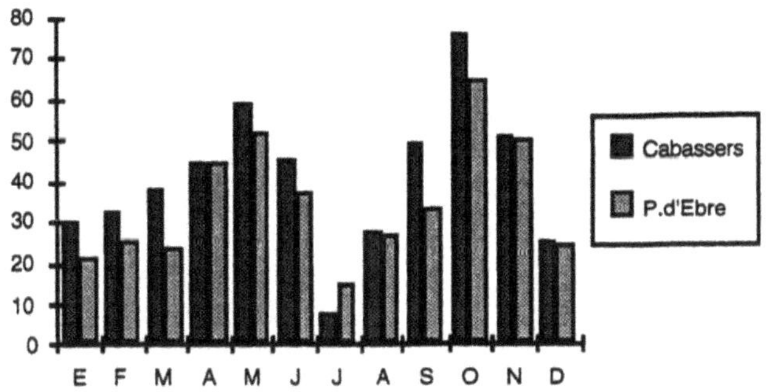

Fig. 8.4.- Gráfica de precipitación media de Cabassers y La Palma d'Ebre.

Las temperaturas mínimas absolutas dan registros inferiores a los 0°, con tabulaciones que, a veces, llegan a valores extraordinarios (-10°C). También destacar, que el valor más alto de las máximas absolutas alcanza los 41°C (Fig.8.3).

Régimen pluviométrico

El estudio pluviométrico se realiza en base a los observatorios de Cabassers y de La Palma d'Ebre. Para la precipitación media mensual los datos del observatorio de Cabassers abarcan entre 1952-1992 y en La Palma d'Ebre, entre 1952-1988. En cambio, para las precipitaciones alcanzadas en 24 h. en el observatorio de Cabassers los años estudiados van entre 1969-1992 y en la La Palma d'Ebre desde 1961-1986.

- Precipitaciones medias

En la figura siguiente se muestran los datos de precipitación media mensual correspondientes a Cabassers y a La Palma d'Ebre.

Se puede observar como la pluviosidad máxima se registra en el mes de octubre (Cabassers, 75,3 mm y La Palma d'Ebre, 64,6 mm) y existe un máximo secundario que se centra en el mes de mayo (Cabassers, 59 mm y La Palma d'Ebre 52 mm). En cuanto a las precipitaciones mínimas observamos como tanto en un observatorio como en el otro los valores se centran en el mes de julio (Cabassers 8,1 mm y La Palma d'Ebre 14,7 mm).

La precipitación media anual de Cabassers es de 485,4 mm y de La Palma d'Ebre es de 420,5 mm. Por lo que respecta al balance hídrico, aunque el total de las precipitaciones es bajo, también hay un efecto no cuantificado, pero importante, de las nieblas que cubren la región casi un cuatrimestre. Las nieblas no aportan agua pero compensan la evapotranspiración.

- Precipitaciones máximas en 24 horas.

Para nuestro propósito interesa estudiar la máxima pluviosidad alcanzada en 24 horas ya que tiene una gran repercusión desde el punto de vista geomorfológico.

Mes	**T. Mín. abs.**	**Fecha**	**T. Máx. abs.**	**Fecha**
Enero	**-10**	**4.01.71**	17	30.01.75
Febrero	-6	11/14.02.83	19	23.02.90
Marzo	-4	2.03.70	26	25.03.81
Abril	-2	1.04.75	28	18.04.70
Mayo	3	6.05.91	31,5	17.05.92
Junio	6	3.06.75	37	27.06.86
Julio	10	11.07.72	**41**	**7.07.82**
Agosto	10	3.08.72	40	15.08.87
Septiembre	5	30.09.74	34	2.09.84
Octubre	1	30.10.74	27	2.10.85
Noviembre	-4	23.11.88	23	17.11.73
Diciembre	-6	3.12.73	19	19.12.78

Fig. 8.3.- Temperaturas máximas y mínimas de Cabassers

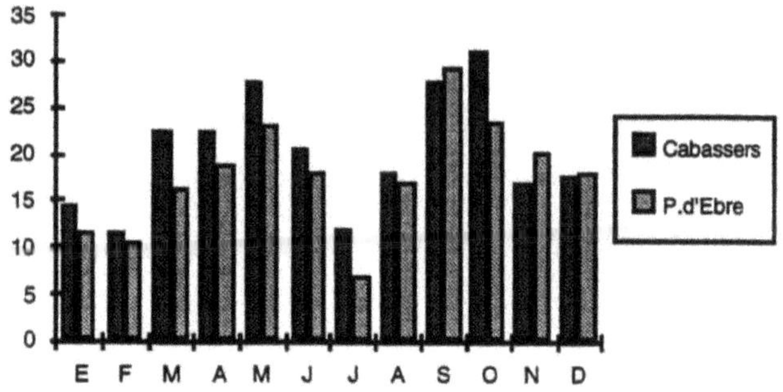

Fig. 8.5.- Gráfica de precipitaciones máximas en 24 horas de Cabassers y La Palma d'Ebre.

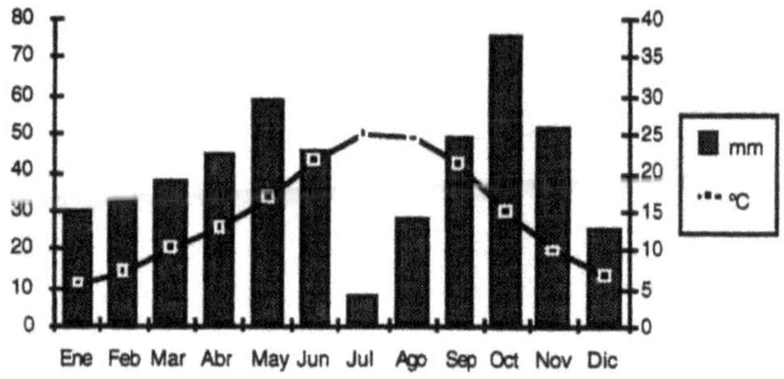

Fig. 8.7.- Diagrama ombrotérmico de Cabassers.

En líneas generales, observamos la misma dinámica que en la distribución de las precipitaciones medias aunque, como es de esperar en el nuestro clima mediterráneo, observamos que durante los meses de verano abundan los episodios tormentosos. El mes que presenta un máximo en el observatorio de La Palma d'Ebre es septiembre con 29,4 mm y en cambio en Cabassers en se da octubre con 31,3 mm.

Las situaciones descritas hasta ahora pueden ser consideradas normales, dentro del contexto general. Ahora bien, también se registran excepcionalidades pluviométricas como las que se muestran en la Fig.8.6.

Estudio comparativo: precipitación y temperatura

El estudio comparativo de pluviometría y temperatura nos permite determinar los meses que son considerados secos (P<2T). En el diagrama ombrotérmico de Gaussen-Bagnols de Cabassers se observa que el periodo seco se extiende desde julio hasta agosto (Fig.8.7).

Índices y clasificaciones climáticas

A partir de los datos de los apartados anteriores se elaboran los índices y clasificaciones climáticas que figuran a continuación:

- Índice de Lang
  I= 33,28 ZONA ÁRIDA

- Índice de Emberger
  I= 50,90 PISO MEDITERRÁNEO TEMPLADO

- Índice de Dantin-Cereceda
  I= 3 SEMIÁRIDO

- Clasificación Unesco-Fao
  temperatura media del mes más frío (t)
  t = 5,3°C CLIMA TEMPLADO MEDIO
  temperatura media de las mínimas del mes más frío (tm)
  tm = 2,5°C CLIMA DE INVIERNO MODERADO.
  Los meses secos son dos: julio y agosto
  Clima Mediterráneo.

	Cabassers		La Palma d'Ebre	
Mes	**Precip. 24 h.**	**Fechas**	**Precip. 24 h.**	**Fechas**
Enero	83	6.01.77	50,3	6.01.77
Febrero	42,2	10.02.81	22,8	16.02.82
Marzo	79,4	23.03.91	69,4	20.03.74
Abril	87,6	14.04.69	81,5	4.04.69
Mayo	**109,1**	**28.05.75**	**128,9**	**28.05.75**
Junio	95,5	26.06.81	104,2	26.06.81
Julio	26,3	13.07.74	18,3	3.07.85
Agosto	53	27.08.82	65	21.08.71
Septiembre	97,3	21.09.71	65	21.09.71
Octubre	92	21.10.82	74,7	21.10.82
Noviembre	51,7	7.11.71	50	16.11.83
Diciembre	86,9	9.12.70	86,8	9.12.70

Fig. 8.6.- Precipitaciones excepcionales en 24 horas.

Para Albentosa (1973) esta área estaría comprendida climáticamente en el sector meridional de la depresión central.

Para Martín Vide (1992), según las características climáticas que presenta esta zona:

Precipitación anual = 486 mm

Régimen pluviométrico estacional: máximo en otoño

Temperatura media anual 14,60°C

Correspondería a un clima mediterráneo continental o de transición.

8.3. MARCO LITOLÓGICO, GEOMORFOLÓGICO Y EDÁFICO

8.3.1. Litología y geomorfología

La cuenca del río Montsant está situada entre las alineaciones montañosas de la Sierra del Montsant (1.166 m) y la Sierra de la Llena (1.023 m) en el SW de la Depresión Central Catalana.

En el curso medio, zona donde se localizan los yacimientos arqueológicos estudiados, el río tiene un desnivel de 200 m, entre la cota de 600 m s.n.m. y la de 400 m s.n.m., adoptando un trazado muy sinuoso entre las poblaciones de Margalef de Montsant y La Bisbal de Falset.

Geológicamente, esta zona se encuentra en el margen SE de la Depresión del Ebro, en contacto con la Cordillera Costero-Catalana. Litológicamente esta área está formada por rocas detríticas de margen de cuenca, transicionales entre los conglomerados más masivos de la Sierra del Montsant y las facies más arenosas y lutíticas del centro de la cuenca. Se trata de la Formación Margalef (Colombo, 1986) formada por una alternancia de lutitas, areniscas y conglomerados dispuestos con un suave buzamiento hacia el NW (Bergadà *et alii*, 1990; García-Argüelles *et alii*, 1993) (Fig. 8.8 y Fig.8.9).

Desde el punto de vista geomorfológico, el valle del río Montsant discurre de NE a SW paralelamente al margen de la Depresión del Ebro, hasta confluir con el río Siurana en El Molar en la Depresión de Mora, después de haber cruzado la Cordillera Costero-Catalana entre Cabassers y El Molar.

El tramo estudiado presenta un trazado muy sinuoso y encajado, característico de una región subtabular con alternancias de rocas de diferente resistencia (conglomerados, areniscas y lutitas). Por lo tanto, los materiales más blandos se erosionan más fácilmente que los más duros y darán lugar a la formación de abrigos en la zona.

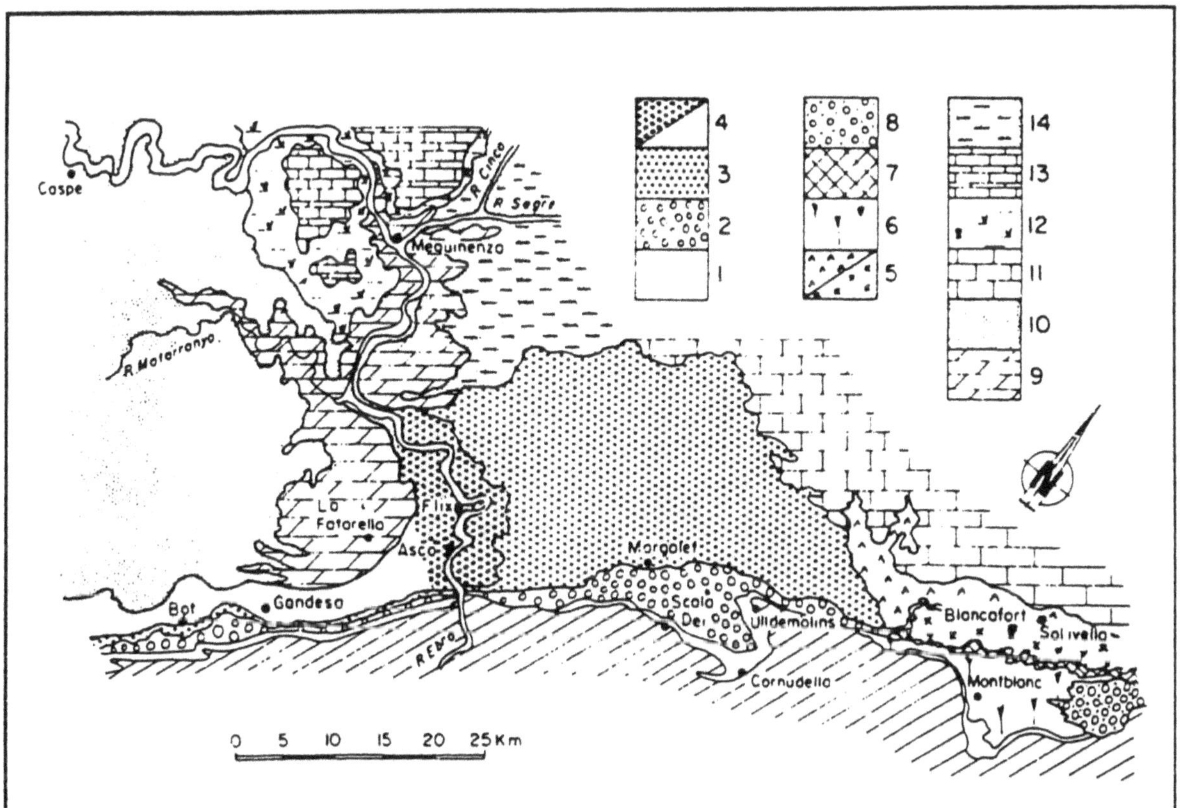

(Colombo, 1986)

Fig. 8.8.- Litología y Estructura. Esquema de la zona sur-oriental de la Cuenca del Ebro (Colombo, 1986), que muestra la distribución de las diversas unidades estratigráficas estudiadas. Grupo Cornudella (1); Grupo Scala Dei, Fm Montsant (2), Fm Margalef (3), Fm Flix y Fm Blancafort (5); Grupo Barberà, Fm Montblanc (6), Fm Sarral (7) y Fm Sant Miquel (8); Unidades Superiores, Fm Fatarella (9), Fm Caspe (10), Fm Talladell (11), Unidad Cuesta de Fraga (12), Unidad Torrente de Cinca (13) y Fm Urgel.

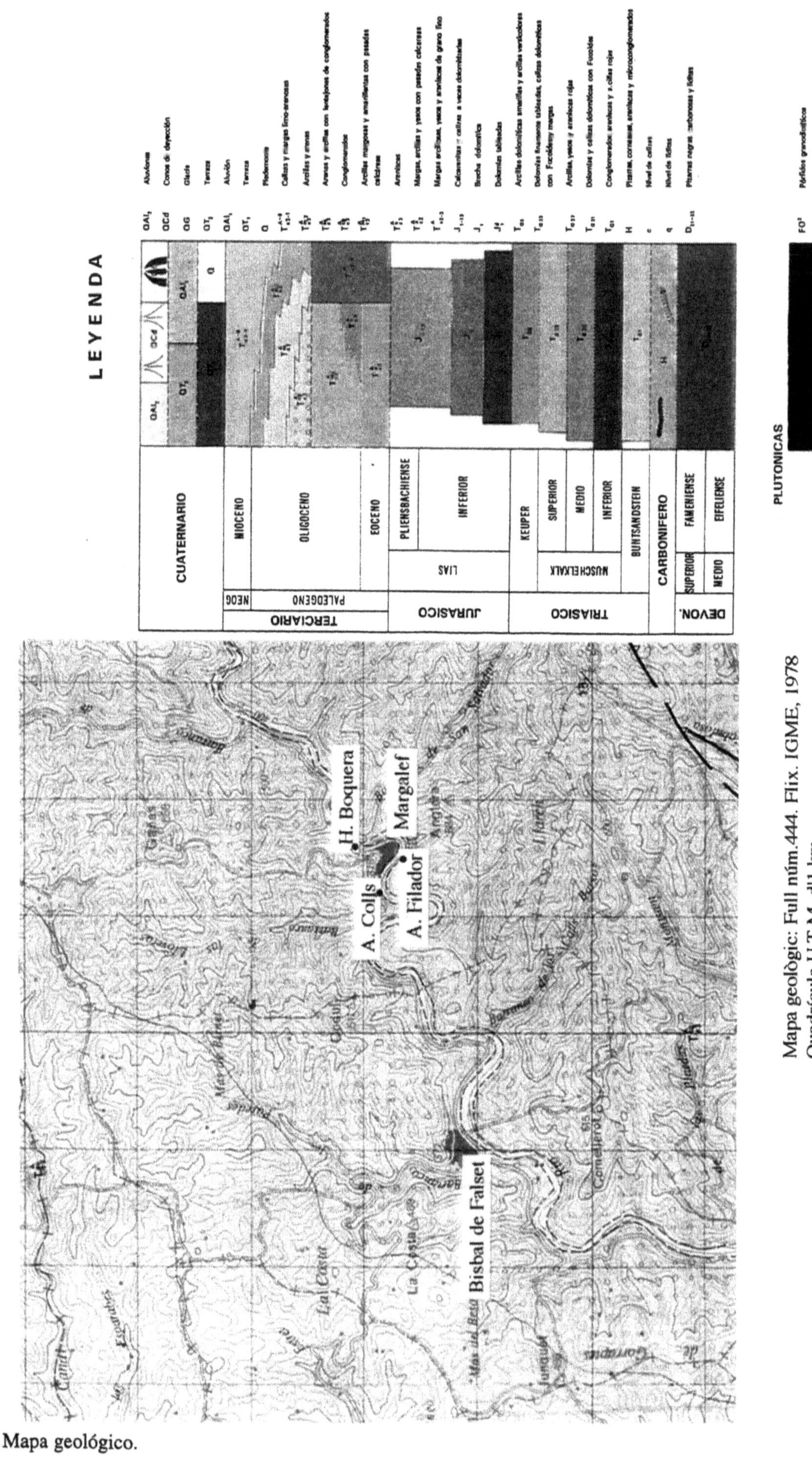

Fig. 8.9.- Mapa geológico.

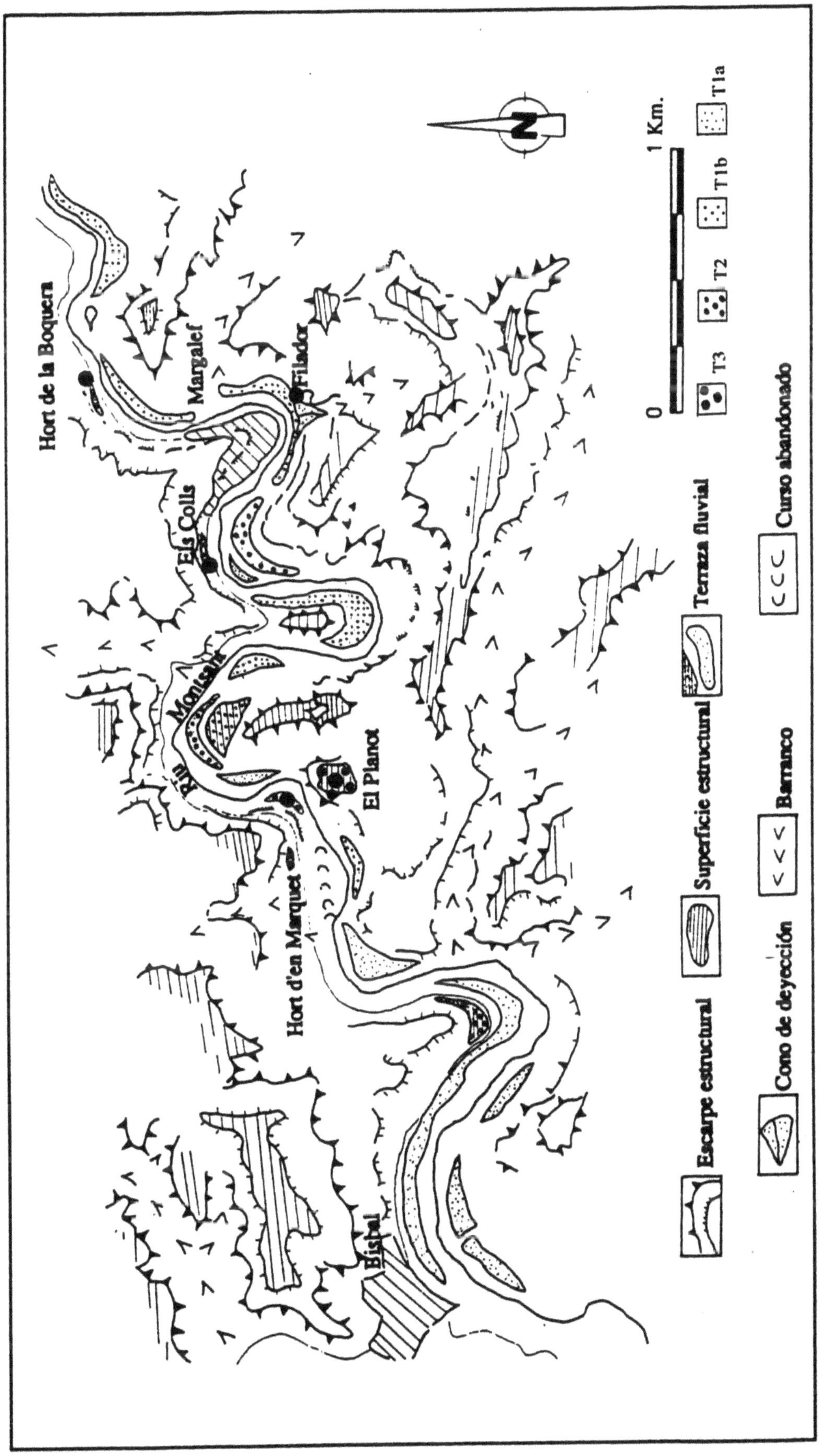

Fig. 8.10.- Esquema fotogeomorfológico. Según Bergadà *et alii* (1990) y García-Argüelles *et alii* (1993). Modificado.

Depósitos de acumulación cuaternarios

En esta área, entre Margalef y La Bisbal de Falset, hemos diferenciado los siguientes tipos de acumulaciones cuaternarias (Bergadà *et alii*, 1990; García-Argüelles *et alii*, 1993) (Fig. 8.10):
- terrazas fluviales
- conos de deyección
- depósitos de ladera

1.- Terrazas fluviales

Las terrazas del río Montsant en esta área siguen un sistema escalonado donde la presencia o continuidad de los diferentes niveles viene condicionada por la amplitud del tálveg en el momento de la sedimentación. El río Montsant se instaló sobre los materiales terciarios subhorizontales mediante fuertes incisiones lineales, generando profundos valles en los cuales la amplitud de su fondo y las pendientes de los márgenes están directamente relacionados con las características litológicas locales. En cada punto la dinámica de encajamiento sigue dos fases, una fase lenta de erosión de las litologías duras (conglomerados) y una fase rápida de litologías blandas (areniscas y lutitas). Por lo tanto se ha originado un valle estrecho con meandros encajados y se modelan vertientes muy abruptas.

A parte del lecho de inundación actual (T0) se han distinguido tres niveles de terrazas:

Niveles de terrazas	Altitudes
T0	Lecho actual
T1a	3 - 8 m
T1b	13 - 17 m
T2	20 - 25 m
T3	+ 36 m

Fig. 8.11 Niveles de terraza fluvial identificados en la zona del curso medio del río Montsant. Según Bergadà *et alii* (1990) y García-Argüelles *et alii* (1993). Modificado.

- T. Inferior (T1a y T1b) a 3-8 m y 13-17 m sobre el lecho actual. En la parte basal está formada por cantos y algún bloque de cuarcita, esquisto y sílex con matriz arenosa. Los 2 m superiores son de limos arenosos característicos de la llanura de inundación. La secuencia del abrigo del Filador está interestratificada con estos limos (T1b).

- T. Intermedias (T2-T3) a 20-25 m y +36 m se localizan apoyadas sobre niveles duros de conglomerado, que las han preservado de la erosión posterior; aunque, ha desaparecido la morfología original y quedan restos más continuos del nivel T2. Litológicamente no hay diferencias apreciables con el nivel T1. Se conservan muy residualmente los limos arenosos del techo, debido a las prácticas agrícolas (El Planot y Hort d'en Marquet) (Fig. 8.12 a y b). Las únicas excepciones se localizan en los Colls (+20,7 m) y el Hort de la Boquera (24,7 m) donde quedaron protegidos bajo abrigos.

2.- Conos de deyección

El torrente de La Coma (Fig. 8.12 c) de fuerte pendiente forma un cono de deyección en la confluencia con el valle principal y se extiende hasta el yacimiento del abrigo del Filador.

3.- Depósitos de ladera

La mayoría de laderas presentan multitud de modificaciones antrópicas que alteran y encubren la morfología natural. Los lugares donde se han podido observar estos depósitos son:
- en los alrededores del abrigo dels Colls.
- junto al Hort d'en Marquet.
- en el perfil del campo de fútbol de la Bisbal de Falset (Fig. 8.12 d).

La mayor parte de los depósitos de ladera se localizan en el margen derecho del río Montsant y se sitúan por encima del nivel de terraza T2. Estos depósitos están formados por bloques (el tamaño de estos varía según el sector), por cantos de caliza y conglomerado de morfología angulosa y subangulosa con una disposición heterométrica y por una matriz de limos. Las caídas de bloques están vinculadas a la pendiente de la ladera. El socavamiento por erosión diferencial de la base del bloque progresa lentamente hacia las líneas de fractura internas y marginales y van individualizando el bloque. Cuando la masa llega a ser insostenible se desprende de su posición original de diferentes formas, aunque generalmente se encuentran imbricados e inclinados en el sentido de la pendiente. En estos procesos de deslizamiento interviene una dinámica solifluidal. Generalizando, el proceso morfodinámico dominante es la meteorización diferencial con socavación y caída de los niveles duros, y reptación de los materiales de alteración con ocasionales flujos solifluidales.

Dinámica actual

La dinámica actual se registra en:

1.- Contrastes de litología (caídas de bloques)

a) Meteorización. La meteorización se debe principalmente a la disolución producida por la circulación hídrica que sigue las diaclasas del conglomerado y el efecto de cuña de las raíces que aprovechan estos planos de debilidad de las rocas y los ensanchan progresivamente hasta que caen por gravedad.

Fig. 8.12.- Curso medio del río Montsant

a.- El Planot. b.- Hort d'en Marquet. c.- Cono de deyección de La Coma. d.- Perfil del campo de fútbol de La Bisbal de Falset. e.- Cueva de l'Olivera.

b) Movimientos de masa. Dentro de éstos predominan los desprendimientos o caídas de bloques. La causa es el mecanismo de socavación progresiva de los materiales incoherentes que el río erosiona con facilidad. Cuando se supera un cierto límite, los bancos superiores coherentes se hunden, como en el caso de la cueva de l'Olivera (Fig. 8.12 e).

2.- Evolución de las laderas: laderas abancaladas o en terrazas.

Casi todas las modificaciones se resumen en la construcción de bancales que tienen por objeto transformar la pendiente y conservar el suelo para las labores agrícolas. Se incluyen dentro de esta denominación las laderas mayoritariamente modificadas por el hombre y que han perdido las características y dinámica propias. Con la construcción de formas planas se favorece la retención de agua y elementos nutrientes en cada parcela, así como el desarrollo de procesos verticales, fundamentalmente de lavado y edafogenéticos en sentido amplio.

3.- Evolución de las terrazas

Los niveles de terrazas (T2 y T3) (Hort de la Boquera, El Planot y Hort d'en Marquet) son aprovechados como zonas de cultivo.

8.3.2. Unidades edáficas del curso medio del río Montsant

Durante el año 1989 el Departament d'Agricultura, Ramaderia i Pesca de la Generalitat de Catalunya realizó un proyecto sobre "Caracterització edafo-climàtica i orientació productiva de la zona regable de Margalef (Tarragona)". Este proyecto se sintetizó en un mapa de suelos detallado de esta área a escala 1:25.000. Los autores del citado trabajo fueron J. M[a] Salamero y J. R. Olarieta.

En este estudio se definió una serie de unidades de suelos. La clasificación de los perfiles se realizó según Soil Taxonomy System (1975, 1987). Entre Margalef de Montsant y la Bisbal de Falset encontramos suelos desarrollados a partir de materiales de origen fluvial o coluvial y las descripciones de las unidades edáficas son las siguientes (Salamero *et alii*, 1989) (Fig. 8.13):

Unidad Aa: Paloxeralfs petrocálcicos. Moderadamente profundos con frecuentes elementos grandes, alto contenido en carbonatos y pendiente débil.

Unidad Ab: Xerochrepts calcixerollic. Superficiales con elementos grandes muy abundantes, alto contenido en carbonatos y de pendiente débil.

Unidad Ac: Xerochrepts calcixerollic moderadamente profundos. Pocos elementos grandes con un alto contenido de carbonatos y pendiente débil.

Unidad Ag: Xerofluvents típicos muy profundos. Muy frecuentes los elementos grandes, alto contenido de carbonatos y fuerte pendiente.

Unidad Ai: Xerofluvents típicos. Muy profundos con elementos grandes y un contenido de carbonatos muy alto. Pendiente moderada.

También cabe añadir que en esta zona el pH es básico debido a la riqueza en carbonatos.

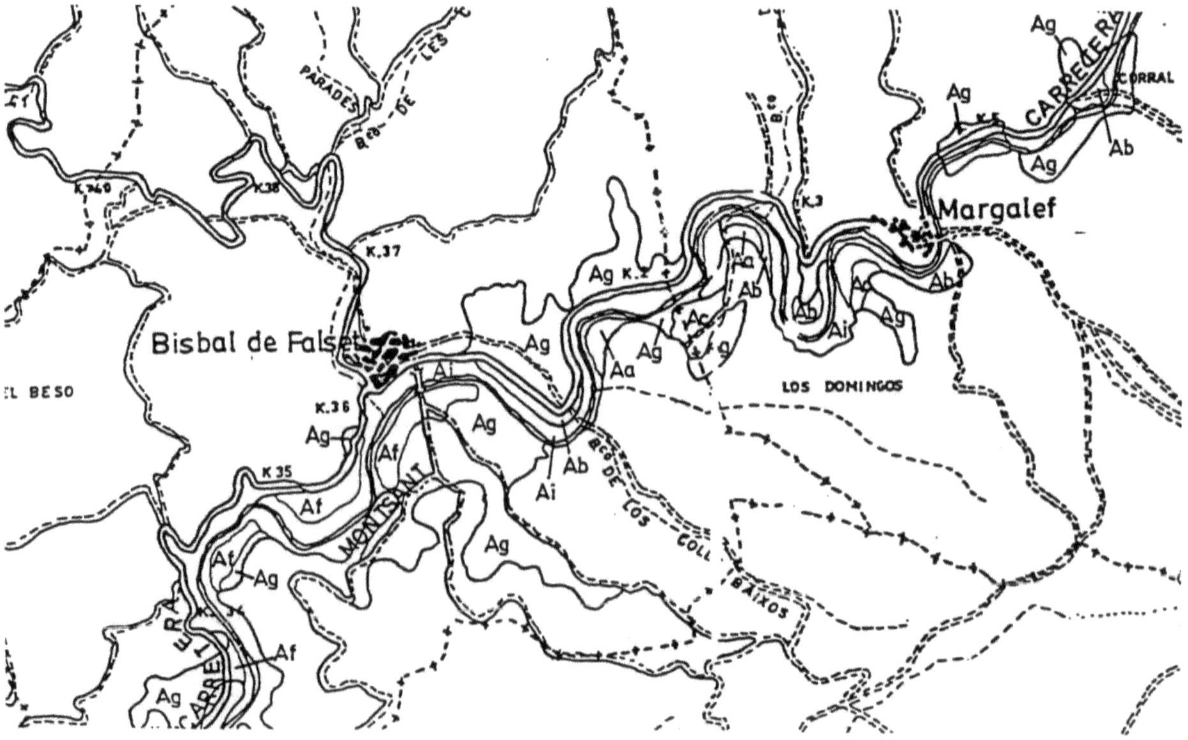

Fig. 8.13.- Mapa de suelos de la zona del curso medio del río Montsant (Salamero *et alii*, 1989)

8.4. HORT DE LA BOQUERA

8.4.1. Introducción

8.4.1.1. Antecedentes y registro arqueológico

Este yacimiento fue localizado por el equipo del Dr. Josep Mª Fullola en el año 1978 mediante una serie de prospecciones arqueológicas que se llevaron a cabo en la zona (Fullola, 1978).

En los años siguientes al descubrimiento se realizó un estudio en un área de 6x6 m donde se analizó sistemáticamente todo el material que aparecía en superficie. Los resultados del análisis de este material se reflejaron en la Tesis de Licenciatura de la Dra. P. García-Argüelles (García-Argüelles, 1983). El material recuperado está compuesto por 1.021 piezas formadas por lascas, núcleos (25), fragmentos, piezas retocadas (79) y restos de talla. Dentro de las piezas retocadas domina el retoque simple (54,0%), principalmente del grupo de las raspadores (55,5% del retoque), sigue el retoque abrupto (29,3%) con un predominio de puntas y láminas de dorso y, a continuación sigue el grupo de buriles con un 13,4%.

Durante el mes de julio de 1990 se reiniciaron los trabajos en este yacimiento dentro del proyecto "Sòls d'ahir i Sòls d'avui" del programa de divulgación científica "Trobades amb la Ciència" coordinado desde la Comissió Interdepartamental de Recerca i Innovació Tecnològica (CIRIT) de la Generalitat de Catalunya. La intervención fue realizada por R. Bartrolí, J. Bech, M. M. Bergadà y J. Garrigó y consistió en rectificar un corte dejado a la vista por los trabajos agrícolas y también permitió recuperar material arqueológico superficial, en posición secundaria debido al laboreo (Bech *et alii*, 1990). Desde el punto de vista arqueológico se constató la existencia de piezas de las diversas fases de talla de los sistemas técnicos de producción. Así, se localizó la presencia de nódulos con un porcentaje relativamente importante de piezas con córtex que señala como el proceso de desbastamiento y preparación de los núcleos de talla se realizaría *in situ*. De la misma manera, se documentó la posterior realización de útiles mediante el retoque (raederas, raspadores, puntas, denticulados, puntas de dorso, truncaduras y buriles). No se pudo recuperar ningún otro tipo de material (huesos, carbones, etc.) debido a las importantes alteraciones producidas por el laboreo que han afectado al asentamiento arqueológico (Bartrolí *et alii*, e.p.).

Del análisis tipológico de las piezas recuperadas en las dos intervenciones y de su paralelismo lítico con otros yacimientos del área, concretamente con el abrigo dels Colls, datado alrededor de los 11.000 BP hace que se sitúe este registro en el Paleolítico Superior final o quizás en un momento más avanzado, ya en el Epipaleolítico inicial.

Durante el año 1992 se realizó un muestreo micromorfológico con el fin de definir la secuencia estratigráfica y sedimentaria del yacimiento, estudio incluido en el proyecto geoarqueológico del curso medio del río Montsant.

8.4.2. El depósito sedimentario

8.4.2.1. Morfología

El Hort de la Boquera es un yacimiento del cual se conserva un pequeño abrigo de 3 x 1,70 x 2,30 m, protegido por una visera de conglomerado. Delante de este abrigo se encuentra gran cantidad de material en superficie que han sido afectados por las actividades de cultivo. Se localiza en el margen derecho del río Montsant a 24,7 m y 400 m s.n.m., orientado al Este (Fig. 8.14 a). Las coordenadas geográficas son las siguientes:

Longitud 0° 45' 30" N
Latitud 41° 17' 24" E
UTM 31TCF123735

(Según: Hoja nº 444. Flix del Mapa Topográfico del Servicio Geográfico del Ejército. 1959. E.1:50.000. Proyección U.T.M. según meridiano de Greenwich).

a b

Fig. 8.14.- Hort de la Boquera
a.- Localización del yacimiento. b.- Perfil estudiado.

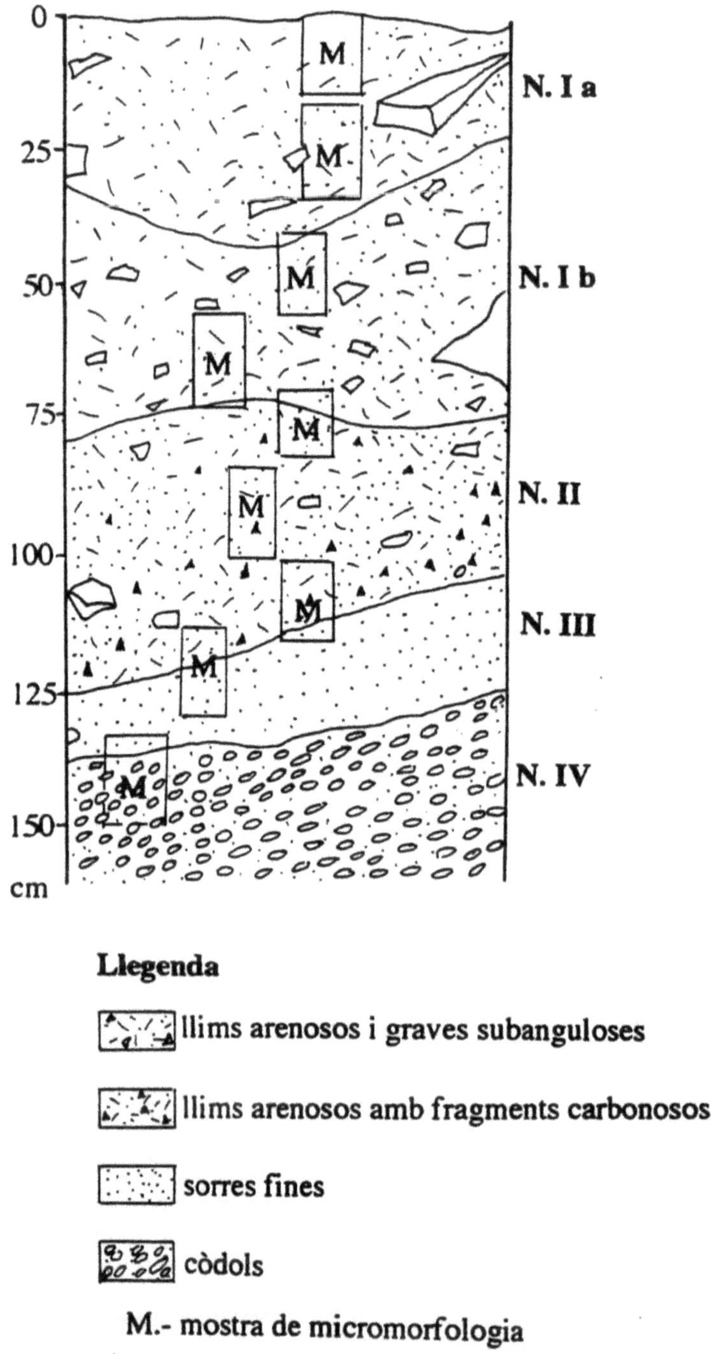

Fig. 8.15.- Perfil estratigráfico del Hort de la Boquera

8.4.2.2. Descripción sedimentaria

Para realizar el estudio sedimentario del yacimiento se escogió el perfil (Fig. 8.14 b) donde se observaba la secuencia completa.

Descripción estratigráfica

Potencia del perfil 1,64 m (Fig.8.15)

Limos arenosos con cantos subangulosos
N.I
N.I a.- Potencia máxima 42 cm. Está formado por una matriz de limos arenosos que representan el 76%, de color marrón (7,5 YR 6/4). La fracción gruesa está compuesta por cantos (4%), mayoritariamente de calizas, con unas dimensiones que oscilan entre 1 y 4 cm, de morfología subredondeada y subangulosa. Están muy concrecionados. Hay mucha actividad de fauna y de raíces. Se observan acumulaciones de carbonatos en las raíces. Estructura de tipo granular.

N.I b.- Potencia 45 cm. En este nivel la matriz está constituida por limos arenosos, de color marrón (10 YR 6/4). La fracción de cantos también está presente (18%) formada por calizas que proceden del conglomerado. Presencia de algún bloque. La morfología es subangulosa en forma de plaqueta y muy concrecionada. También hay mucha actividad biológica. Estructura subangular.

Limos arenosos de color gris con fragmentos carbonosos
N.II.- Potencia máxima 47 cm. Está compuesto por una matriz de limos arenosos que representa el 83%. Es de color gris-marrón (10 YR 5/2). La fracción gruesa representa un 5%. Los elementos que aparecen son calizas de morfología subredondeada y subangulosa muy concrecionadas de $CaCO_3$, y algún esquisto. El tamaño va desde 1 a 2 cm. Hay gran cantidad de carbonato en forma de pseudo-micelios. Cabe destacar la presencia de material arqueológico. La estructura es granular.
Datación radiocarbónica: Gif 10026. 9.420±80 BP.

Arenas finas
N.III.- Potencia máxima 12 cm. En este nivel la fracción gruesa está representada por gravas (2 mm-1cm) que representan el 4%. La matriz es de arenas finas de color marrón (10 YR 6/6). En este nivel no se observa actividad biológica. Estructura granular.

Cantos y arenas
N.IV.- Potencia indeterminada (18 cm. vistos). Está formado mayoritariamente por fracción gruesa, en concreto cantos (72%) y gravas (25%). Esta fracción gruesa está formada por calizas, cuarcitas, esquisto,... de morfología redondeada procedentes del río Montsant. La longitud oscila entre 1 a 6 cm. Los cantos se encuentran imbricados en dirección sur. También se localizan ligeras señales de concreción carbonatada. Estructura masiva.

Análisis micromorfológico

Las descripciones micromorfológicas se presentan a modo de tablas en las figuras 8.16, 8.17, 8.18 y 8.19.

8.4.2.3. Análisis sedimentario

N.IV

Descripción: Este nivel está formado por cantos (70%) de conglomerado, caliza micrítica y bioclástica, esquisto,... de morfología redondeada-tabular y por arenas de 63-300 µm (5%) formadas mayoritariamente por fragmentos de roca así como cuarzos, feldespatos,... de morfología subangulosa (Fig. 8.20 a). La porosidad no es elevada (5%) y la estructura es de tipo cavitario. La matriz es marrón con una fábrica de birrefringencia cristalítica y calcítica.

En este nivel no aparecen componentes de origen antrópico.

Por lo que respecta a los procesos postdeposicionales cabe destacar la acumulación secundaria de $CaCO_3$ en forma de agujas mayoritariamente en huecos, así como la acumulación de material fino en cantos e impregnaciones de óxidos-hidróxidos de hierro en forma de nódulos y de revestimientos.

Interpretación: Originado por aluvionamiento del río Montsant en un régimen de fuerte intensidad.

Cabe destacar como proceso postdeposicional la aparición de cristales de carbonato cálcico en forma de aguja alrededor de canales originados por raíces que para Verrecchia *et alii* (1994) podrían estar relacionados con un proceso de biomineralización de hifas de hongos.

N.III

Descripción: Compuesto por una matriz de arenas mayoritariamente de 63-250 µm (30%) junto a otras de mayor tamaño. La litología y la mineralogía es igual a las del nivel IV. La porosidad y la estructura también es la misma. La matriz es marrón con una fábrica de birrefringencia cristalítica y calcítica.

En este nivel, a diferencia del anterior, se observa la presencia de fragmentos de residuos carbonosos (2%) de morfología tabular subredondeada y nodular de color negro-rojizo y fragmentos de raíces. También aparece algún fragmento de sílex de morfología angulosa.

En cuanto a los procesos postdeposicionales hay acumulaciones de material fino y partículas carbonosas en los granos de arena, revestimientos de $CaCO_3$ en forma de agujas e impregnaciones de óxidos-hidróxidos de hierro en cantos y en nódulos distribuidos por la masa basal. También se observan efectos de actividad biológica.

HORT DE LA BOQUERA
Descripción sedimentaria microscópica

Niveles (Muestras)	Porosidad	Microestructura	Masa basal	Componentes minerales
N.Ia (M.9-M.8)	25%	Migajosa	FG/FF 1/1 Cantos y Gravas: 2% Arenas de 63-250 µm: 10%	La fracción litológica tiene una morfología subredondeada y con trazas de disolución. La fracción mineral tiene morfología subangulosa.
N.Ib (M.7)	10%	Granular microscópica	FG/FF 1/1 Cantos: 10% Arenas de 63-250 µm: 20%	Cantos de morfología subangulosa con fisuras y con trazas de disolución (contornos irregulares).
(M.6)	5%	Débil con bloques subangulares		
N.II (M.5)	10%	Prismática	FG/FF 1/2 Cantos: 5% Gravas: 0,5% Arenas de 500 µm-1mm: 2% Arenas de 250-500 µm: 5% Arenas de 63-250 µm: 20%	La fracción litológica tiene una morfología subredondeada y con trazas de disolución. La fracción mineral tiene morfología subangulosa. Los cantos aparecen con fragmentaciones y el color de la caliza es opaco.
(M.4)	5%	Granular subangulosa / en bloques		
(M.3)	10%	Granular subangulosa / en bloques		
N.III (M.2)	5%	Cavitaria	FG/FF 1/1 Arenas de 500 µm-1mm: 2% Arenas de 250-500 µm: 5% Arenas de 63-250 µm: 30%	La fracción litológica tiene una morfología subredondeada y con trazas de disolución. La fracción mineral tiene morfología subangulosa.
N.IV (M.1)	5%	Cavitaria	FG/FF 3/1 Cantos de 1-4 cm: 70% Arenas de 63-300 µm: 5%	La fracción litológica tiene una morfología subredondeada y con trazas de disolución. La fracción mineral tiene morfología subangulosa.

La fracción litológica y mineralógica está formada por: caliza micrítica, bioclástica, conglomerado, esquisto, cuarzo, feldespato y glauconita. En todos los niveles la matriz es marrón con una fábrica de birrefringencia cristalítca y calcítica. La distribución relacionada es en todos los niveles de tipo porfírica.

Fig. 8.16

HORT DE LA BOQUERA
Descripción sedimentaria microscópica
Componentes inorgánicos y orgánicos (de origen biológico-antrópico)

Niveles (Muestras)	Componentes de origen vegetal	Componentes de origen animal	Materiales antrópicos
N.Ia (M.9-M.8)	- carbones (2%) de tamaño centimétrico hasta 63 µm de color negro rojizo.	--------	- sílex de tamaño centimétrico y algunos en posición vertical.
N.Ib (M.7)	- carbones (1%) de 63-125 µm.	--------	--------
(M.6)	- carbones (0,5%) de 63-125 µm.	- fragmentos de caracol (1%) de 125 µm-1 mm.	- sílex con impregnaciones de óxidos-hidróxidos de hierro.
N.II (M.5)	- carbones (3%) de 63-500 µm.	- fragmentos de caracol (0,5%) de 250-500 µm.	- sílex (1%) de 500 µm hasta tamaño centimétrico.
(M.4)	- carbones (10%) de 25-125 µm de morfología redondeada y de forma tabular de color negro rojizo de 2 mm.	- huesos (1%) de 0,75 - 1mm de color amarillo anaranjado y blanquecino con fracturas. Fragmentos de caracol de 2 mm.	- sílex (0,5%) de 500 µm hasta tamaño canto con impregnaciones de óxidos-hidróxidos de hierro.
(M.3)	- carbones (8%) de 25-125 µm de morfología redondeada y de forma nodular y tabular.	- huesos de 5 mm de color amarillo claro y de morfología subredondeada.	- sílex (2%) de 500 µm - 1mm de morfología angulosa y a veces en posición vertical.
N.III (M.2)	- carbones de 125-500 µm (2%) de morfología subredondeada y de forma nodular y tabular de color negro.	--------	- sílex de morfología angulosa de 250-500 µm.
N.IV (M.1)	--------	--------	--------

Fig. 8.17

HORT DE LA BOQUERA
Descripción sedimentaria microscópica
Edaforrasgos

Niveles	Desplazamiento y acumulación de finos	Acumulación secundaria de CaCO3	Oxidación-reducción
N.Ia (M.9-M.8)	- en gravas: rev. de material fino de 100 µm.	- en huecos cavitarios: rev. en forma de aguja microesparítica de 100 µm. - en cantos: rev. en forma de pendent 625 µm-1,25 mm en posición primaria. La fábrica es microesparítica.	- nódulos de óxidos-hidróxidos de 250 µm - granos de arena: inclusiones en las fracturas de 25 µm de grosor.
N.Ib (M.7)	- en granos de arena: rev. en la parte superior de 75 µm.	- en huecos cavitarios: rev. de 250 µm. - en cantos: rev. junto a mat. fino 25 µm y rellenos	- nódulos de óxidos-hidróxidos. - en cantos y en huecos: rev.
(M.6)	- en cantos: rev. de material fino de 75 µm.	- en huecos: rev. de 625 µm en aguja. - en cantos: rev. en forma de pendent de 250 µm-1,75 mm e inclusiones en la masa basal. De tipo micrítico.	- nódulos de óxidos-hidróxidos de 75 µm. - en cantos: rev. de 50 µm.
N.II (M.5)	- en cantos: rev. de masa basal más material carbonoso de 75 µm.	- en huecos: rev. de 75 µm en agujas. - en sílex: pendent de 125 µm. - en cantos: pendent de 250 µm. En posición secundaria.	- nódulos de óxidos-hidróxidos de hierro de 100 µm. - en huecos: hiporrev. de 25 µm. - en cantos: hiporrev.
(M.4)	- en cantos: rev. de masa basal más material carbonoso de 75 µm.	- en huecos: rev. de 125-200 µm. - en sílex: rev. microesparíticos.	- en cantos y en sílex: hiporrev., rev. de material carbonoso de 75 µm. - nódulos de óxidos-hidróxidos de 125 µm.
(M.3)	- en cantos: rev. de masa basal junto a partículas carbonosas de 75 µm.	- en huecos: hiporrev. de 500 µm; de tipo cavitario de 100 µm en agujas. - en raíces y sílex: rev.de microesparita de 700 µm. - en cantos: pendent con masa basal y carbón de 125 µm. Fábrica micrítica	- nódulo de óxidos-hidróxidos de hierro de 125 µm. - en cantos: hiporrev. en sílex y cantos de 75 µm en la parte superior.
N.III (M.2)	- en granos de arena: rev. de masa basal y partículas carbonosas de 25 µm de grosor.	- en huecos: rev. de 50-75 µm en forma de aguja donde ha habido actividad biológica. De tipo microesparítico.	- granos de arena: impregnaciones. - nódulos de óxidos-hidróxidos de hierro de 100-125 µm.
N.IV (M.1)	- en cantos: rev. de material fino de 25 µm.	- en huecos rev. y en cantos rev. en forma de agujas, de tipo microesparítico.	- nódulos de óxidos-hidróxidos de hierro de 100-125 µm; "single ring amiboidal nodule", en cantos (impregnaciones).

Fig. 8.18

HORT DE LA BOQUERA
Descripción sedimentaria microscópica
Edaforrasgos

Niveles (Muestras)	Desplazamiento y acumulación de finos	Acumulación secundaria de $CaCO_3$	Oxidación-reducción	Actividad biológica
N.Ia (M.9-M.8)	X	XXX	X	XXX
N.Ib (M.7)	XX	XX	X	XXX
(M.6)	XX	XXX	X	XXX
N.II (M.5)	X	XX	XX	XX
(M.4)	X	XXX	XX	XX
(M.3)	X	XXX	XX	X
N.III (M.2)	X	XXX	X	XXX
N.IV (M.1)	X	XXX	XX	X

X - Presentes XX - Frecuentes XXX - Abundantes

Fig. 8.19

Interpretación: El origen de este nivel es también fluvial, pero en un régimen de menor intensidad que el anterior. Las circulaciones hídricas son la causa de la disgregación del material carbonoso y su movilización y sedimentación alrededor de los granos de arena. También hubo percolaciones de agua de débil energía pero se evaporaron rápidamente, hecho que da al nivel una cimentación general.

Uno de los procesos postdeposicionales importantes es la actividad biológica que da lugar como resultado una porosidad de huecos cavitarios.

N.II

Descripción: Constituido por una matriz de arenas de 63-250 µm (20%) junto a arenas de 250-500 µm (5%), gravas (0,5%) y cantos (5%) de morfología redondeada y subangulosa. La fracción gruesa presenta trazas de disolución (contornos irregulares). La composición mineralógica y litológica de las fracciones es la misma que la de los niveles anteriores. Algunos fragmentos detríticos aparecen, sobre todo en la M.4, con trazas de combustión: fragmentación y opacidad del material calizo e impregnaciones de óxidos-hidróxidos de hierro. La porosidad aumenta considerablemente (10%) y la estructura va de granular subangulosa a prismática.

Por lo que respecta a los componentes de origen antrópico, cabe destacar la importante cantidad de fragmentos carbonosos (10%) de tamaño entre 25-125 µm de morfología redondeada y de formas estrechas y alargadas que van disminuyendo hacia la parte superior del nivel (Fig. 8.20 b). También aparecen fragmentos de huesos con trazas de combustión (de color marrón-anaranjado) y en proceso de disolución y fragmentos de sílex con impregnaciones de óxidos-hidróxidos de hierro.

Dentro de los procesos postdeposicionales destacamos la presencia de acumulaciones secundarias de $CaCO_3$ en la parte inferior de los cantos y en forma de agujas en los huecos (Fig. 8.20 c), y también acumulaciones de material fino (masa basal) junto a partículas carbonosas (Fig. 8.20 d). Como ya hemos indicado siguen apareciendo impregnaciones de óxidos-hidróxidos de hierro. Encontramos efectos provocados por la actividad biológica de las raíces.

Interpretación: La formación se debe por una parte a inundaciones del río y por otra a unos inicios del funcionamiento de la ladera, ya que la disposición del material es heterogénea y aparecen cantos y gravas con una morfología redondeada y tabular (fluvial) y cantos de morfología subangulosa (ladera). En este nivel, y en toda su potencia (45 cm) pero sobre todo en una cota entre 90-100 cm, destacan los carbones de tamaño pequeño con una disposición heterogénea. Como la extensión de la acumulación de restos carbonosos coincide con la del yacimiento arqueológico nos hace suponer una relación con algún tipo de actividad antrópica. También cabe decir que la combustión fue de débil intensidad, tal como nos lo demuestran los carbones de color negro-rojizo, combustión de 180-300°C (Wattez, 1992) y la coloración de los huesos (Wattez, 1992 y según nuestra colección de referencia). No parece que el combustible utilizado fueran gramíneas ya que no se han hallado fitolitos de sílice. La naturaleza de esta combustión se podrá esclarecer mediante una intervención arqueológica.

Por lo que respecta a los datos de tipo paleoambiental hay una tendencia a una mayor aridez.

N.Ib

Descripción: Está compuesto por una matriz de limos arenosos. En la fracción gruesa dominan las arenas de 63-250 µm (20%) y la fracción de cantos con un 10%. Éstos son de caliza y tienen una morfología subangulosa con fisuras y presentan trazas de disolución (contornos irregulares) (Fig. 8.20 e). Aparecen bloques de conglomerado en contacto con el nivel II. La estructura es de tipo granular/débil con bloques subangulares y la porosidad oscila entre 5-10%. La matriz es marrón con una fábrica de birrefringencia cristalítica.

También disminuyen los componentes de origen antrópico, sobre todo los fragmentos carbonosos.

En cuanto a los procesos postdeposicionales el que destaca es la acumulación de $CaCO_3$ bajo el material detrítico (Fig. 8.20 f) y en forma de revestimientos en huecos de tipo cavitario (provocados por la actividad biológica).

Interpretación: Se debe a un proceso de escorrentía de la ladera ya que sólo aparece material autóctono. Uno de los aspectos a destacar es la fisuración de los cantos (gelifracción) y también las acumulaciones de carbonato cálcico bajo el material detrítico que ya se observaban en el N.II, pero que en éste son mucho más frecuentes. La génesis de estas precipitaciones de $CaCO_3$ se debe a la circulación de aguas muy enriquecidas en carbonatos debido a la proximidad de los conglomerados del techo. En este nivel esta precipitación puede estar favorecida también por procesos de helada. La progresión en profundidad del frente de la helada produce una saturación de solutos que precipita calcita en la parte inferior de cantos (pendents) (Courty *et alii*, 1994).

Desde un punto de vista paleoambiental significa que ha habido episodios fríos en unas condiciones semiáridas.

N.Ia

Descripción: Formado por una matriz de limos arenosos. La fracción gruesa está constituida por arenas de 63-250 µm (10%). La porosidad aumenta considerablemente (25%) y la estructura es de tipo migajoso. La matriz es marrón con una fábrica de birrefringencia cristalítica.

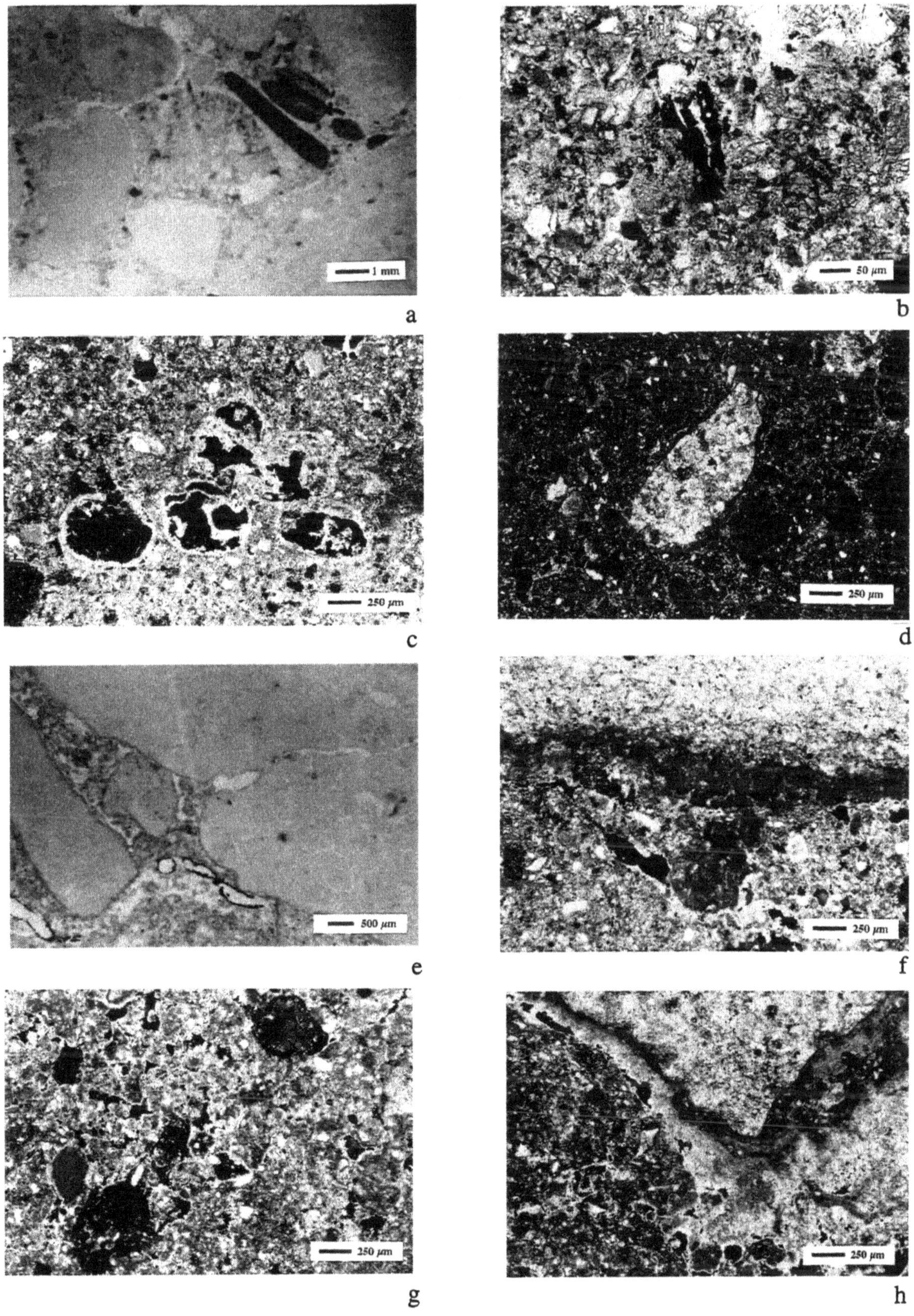

Fig. 8.20.- Hort de la Boquera

a.- N.IV Masa basal. LPP. b.- N.II Fragmentos carbonosos distribuidos por la masa basal. LPP. c.- N.II Cristalización de $CaCO_3$ en forma de agujas. LPX. d.- N.II Acumulación de material fino junto a partículas carbonosas. LPX. e.- N.Ib Fisuración en los cantos. LPP. f.- N.Ib Acumulación secundaria de $CaCO_3$ bajo un fragmento de canto (pendent).LPX. g.- N.Ia Fragmento de raíz. LPX. h.- N.Ia Acumulación secundaria de $CaCO_3$ bajo un fragmento de canto (pendent). LPX.

Hay un aumento sensible de los componentes antrópicos, sobre todo de los carbones (2%) de color negro-rojizo y fragmentos de raíces (Fig. 8.20 g). También aparecen fragmentos de sílex.

Por lo que respecta a los procesos postdeposicionales dominan también en este caso la formación de pendents de $CaCO_3$. A diferencia del nivel Ib, son más gruesos (Fig. 8.20 h). También está presente la actividad biológica tal como denota la estructura sedimentaria del nivel.

Interpretación: El origen sería el mismo que el nivel Ib. La única diferencia se debe la proximidad al estrato de conglomerados que favorece la carbonatación del nivel y un mayor grosor en los pendents.

8.5. ABRIGO DEL FILADOR

8.5.1. Introducción

8.5.1.1. Antecedentes y registro arqueológico

El abrigo del Filador fue descubierto por Salvador Vilaseca en los años 30. A partir del año 1948 se realizaron diferentes campañas de excavación hasta el año 1963.

En el año 1979 se reiniciaron los trabajos de investigación bajo la dirección del Dr. Josep Mª Fullola y, desde 1987, de la Dra. Pilar García-Argüelles, con la codirección posterior de Ramiro Doce, Jordi Nadal y Annabel Gamarra.

A lo largo de las campañas de excavación se realizó un sondeo que permitió conocer la potencia sedimentaria del abrigo. La evolución del hábitat en el yacimiento se iniciaría con el N.X en el que apareció material arqueológico que según la opinión del equipo de excavación podría corresponder a un momento del Epipaleolítico antiguo (García-Argüelles, 1993 b).

En el N.VIII-IX se localiza un conjunto industrial caracterizado por la ausencia de geométricos y el predominio de los elementos de dorso. Su atribución es de Epipaleolítico de tradición Microlaminar, tal como apuntó el Dr. Javier Fortea (Fortea, 1973; García-Argüelles, 1993 b).

El N.VII se caracteriza por un importante cambio industrial con la aparición de los geométricos (13%), con un predominio de triángulos (11%) sobre los segmentos (5,7%) y por la presencia de microburiles (43%), de tamaños y tipologías variadas (de 4 a 20 mm), distales, proximales, en proceso de fabricación, etc. Los elementos de dorso también tienen porcentages elevados (20%). El utillaje común está formado por la presencia de raspadores y buriles. También hay numerosos ejemplares de núcleos y dos percutores. Otro de los elementos importantes es la aparición de 4 cantos rodados pintados. Uno de ellos presenta una línea roja de unos 11 mm de ancho que circunda todo el perímetro de la pieza, así como restos de ocre en las dos caras. En los extremos presenta pequeños levantamientos producidos por la posterior utilización como percutor. Los otros tres cantos, de menor tamaño, están recubiertos de ocre y parece que fueron pintados por inmersión en el pigmento.

También cabe señalar el hallazgo de 4 fragmentos de pulidores. Se trata de 4 ejemplares de arenisca, tres de ellos muy fragmentados y uno prácticamente entero.

Se localizó una serie de estructuras de combustión asociadas a una zona de talla muy individualizada y jerarquizada por dos de éstas estructuras y por dos bloques colocados intencionalmente en forma de yunque (Bartrolí, 1993; García-Argüelles *et alii*, 1992 b; García-Argüelles, 1993 b).

El N.V-VI supone un momento de abandono del abrigo como hábitat (García-Argüelles *et alii*, 1992 a); pero continúa apareciendo algún material lítico que, dentro de la poca representatividad, se puede atribuir a una industria de microlitos geométricos.

El N.IV supone una continuación respecto al N.VII; siguen teniendo una gran importancia las piezas de retoque abrupto (84,9%) y únicamente se invierte el predominio de los geométricos de los segmentos (7%) respecto a los triángulos (2,4%), acompañado de un aumento de los microburiles (43%).

Aparece industria ósea, un punzón de sección oval y un conjunto de plaquetas de pizarras recortadas y gravadas intencionadamente (Fullola *et alii*, 1986; García-Argüelles *et alii*, 1992 b; García-Argüelles, 1993 b).

En este nivel se han realizado estudios destinados a determinar las fuentes de aprovisionamiento del sílex usado como materia prima y se ha llegado a la conclusión que el origen del sílex se encuentra en los depósitos silíceos del *Complejo de Ulldemolins*, donde se organizarían expediciones a la búsqueda de nódulos para la manufactura del utillaje lítico. No obstante, cabe considerar una segunda opción que supondría la recolección de los que transporta el río Montsant desde el *Complejo de Ulldemolins* (Doce, 1988; García-Argüelles *et alii*, 1990).

A continuación está representado el N.T, arqueológicamente es estéril salvo por algunos materiales incorporados del N.IV, como el canto pintado con seis bandas horizontales (Fullola *et alii*, 1984).

El N.III constituye un momento de transición hacia el Neolítico, con un marcado cambio industrial caracterizado por un descenso del retoque abrupto (70,5%) y un aumento del retoque simple (25%); también hay que destacar un cambio morfológico y tipométrico de los geométricos, una disminución de los porcentages de microburiles y la aparición del componente macrolítico y los denticulados (García-Argüelles, 1993 b).

El N.II constituye un cambio radical desde el punto de vista cultural. Existe una ruptura tipológica total respecto al N.III; han desaparecido los geométricos y la talla laminar y ha aumentado el retoque simple (67%), principalmente los denticulados (30,7%). Aparecen por primera vez restos de cerámica aunque debido a su pequeño tamaño y a la ausencia de decoración son de difícil atribución. Se pudo diferenciar una zona de talla y un sector de estructuras (cubetas y hogares) (Cebrià *et alii*, 1981; García-Argüelles *et alii*, 1992 b; García-Argüelles, 1993 b).

El N.I se trata de un nivel muy afectado por las actividades actuales y subactuales y la información que aporta es muy escasa.

8.5.1.2. Datos paleoecológicos

Análisis faunísticos

Los análisis faunísticos quedan reseñados en la siguiente Fig. 8.21. El estudio de los restos óseos de la mayoría de los niveles fue realizado en primer lugar por Manuel Millán del Laboratori de Paleoecologia del Museu Arqueològic de Barcelona; posteriormente Jordi Nadal del SERP de la Universitat de Barcelona, analizó los materiales del N.VII.

En el N.VII domina la cabra pirenaica *(Capra pyrenaica)*, animal característico de contextos de montaña de vegetación abierta con condiciones ambientales frías (García-Argüelles *et alii*, 1992 b). En base a este estudio se ha podido distinguir un área del abrigo especializada en las actividades de despiece de animales, apartada de la zona de hábitat, que permite suponer que los animales cazados serían transportados al yacimiento casi enteros (García-Argüelles, 1993 b).

Por lo que respecta al V-VI presenta a diferencia del nivel anteriormente descrito un cambio selectivo; ya que las especies explotadas de forma prioritaria son los cérvidos *(Cervus elaphus* y *Capreolus capreolus)*. También es interesante la presencia de bóvidos y suidos (García-Argüelles *et alii*, 1992).

En el N.IV aparecieron unos restos muy fragmentados de ovicaprinos que en un principio se identificaron como domésticos (García-Argüelles, 1988; García-Argüelles *et alii*, 1990); pero en un análisis posterior no fue posible establecer con precisión su atribución a fauna doméstica debido al estado de conservación que presentaban (Juan, 1993 b; García-Argüelles, 1993 b). También apareció algún elemento malacológico como el *Cerastoderma edule* (García-Argüelles, 1993 b).

Las especies identificadas en el N.III siguen siendo salvajes con la presencia de ciervo y jabalí que son indicadores de la penetración de los bosques templados en el valle (García-Argüelles, 1993 b).

En cuanto al nivel II, los restos faunísticos corresponden a animales domésticos (cabra, oveja y probablemente buey) junto a conejo, reptiles, peces y caracoles terrestres y fluvio-lacustres (García-Argüelles, 1993 b). También se han localizado caracoles marinos. Hay dos ejemplares de *Columbella rustica*, perforados intencionadamente como colgantes, y también presencia de *Pisania striata* y *Columbella striata* (García-Argüelles, 1988).

En el N.I aparece una gran variedad de fauna que ofrece muy poco interés debido a las alteraciones que ha sufrido el nivel.

NIVELES	ESPECIES	
N.I	Conejo	*Oryctolagus cuniculus*
	Ratón	*Mus musculus*
	Ardilla	*Sciurus vulgaris*
	Oveja	*Ovis aries*
N.II	Cabra	*Capra hircus*
	Buey	*Bos taurus*
	Jabalí	*Sus scrofa*
	Zorro	*Vulpes vulpes*
	Conejo	*Oryctolagus cuniculus*
	Turón	*Mustela putorius*
	Ratón de campo	*Apodemus silvaticus*
	Lagarto	*Lacerta viridis*
	Tortuga	*Testudo hermani*
	Barbo	*Barbus merid. graellsi*
	Caracoles (fluv.)	*Zebrina detrita*
		Valvata piscinalis
		Viviparus viviparus
		Dentalium
	Náyade	*Margaritana margarit.*
	Caracoles (terr.)	*Helix nemoralis*
		Helix aspersa
		Eutota fruticum
		Romina decollata
	Caracoles (mar.)	*Columbella rustica*
		Pisania striata
		Columbella striata
N.III	Corzo	*Capreolus capreolus*
	Paloma torcaz	*Columba palumbus*
	Jabalí	*Sus scrofa*
	Zorro	*Vulpes vulpes*
	Oveja	*Ovis aries*
	Cabra	*Capra hircus*
	Halcón abejero	*Pernis apivorus*
	Caracoles (terr.)	*Helix nemoralis*
		Helix aspersa
		Helix hortensis
		Romina decollata
	Caracoles (fluv.)	*Zebrina detrita*
		Pupilla colum. flum. m.
N.IV	Corzo	*Capreolus capreolus*
	Cabra pirenaica	*Capra pyrenaica*
	Cabra	*Capra hircus*
	Ovicaprinos	
	Jabalí	*Sus scrofa*
	Zorro	*Vulpes vulpes*
	Rata negra	*Rattus rattus*
	Cánidos	
	Paloma torcaz	*Columba palumbus*
	Urogallo	*Tetrao urogallus*
	Caracoles (terr.)	*Helix aspersa*
		Helix hortensis
		Helix nemoralis
	Moluscos	*Cardium edule*
		Dentalia
N.V-VI	Ciervo	*Cervus elaphus*
	Corzo	*Capreolus capreolus*
	Bóvidos	
	Suidos	
	Caracoles (terr.)	*Cepaea nemoralis*
N.VII	Cabra salvaje	*Capra pyren.* (51,80%)
	Conejo	*Oryctolagus cun.* (34%)
	Ciervo	*Cervus elap.* (14,40%)
	Caracoles (terr.)	*Cepaea nemoralis*

Fig. 8.21.- Análisis de fauna del abrigo del Filador

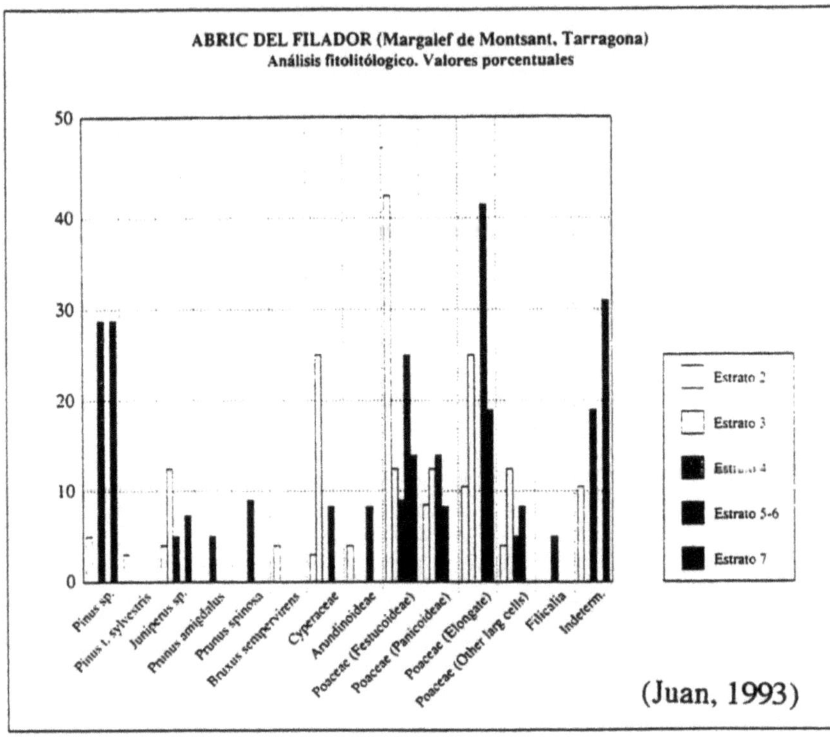

Fig.- 8.22.- Análisis fitolitológicos

Estudios arqueobotánicos

- Análisis fitolitológicos

El resultado del análisis de fitolitos realizado por J. Juan (1993 a y b) se presenta en la fig. 8. 22. En el N.VII destaca la presencia de pino *(Pinus sp.)* y de enebro *(Juniperus sp.)* en los taxones arbóreo-arbustivos. Por lo que respecta al N.IV están representados el pino *(Pinus sp.)* como especie dominante, el enebro *(Juniperus sp.)*, el almendro *(Prunus amygdalus)* y el endrino *(Prunus spinosa)*. En el N.III hay un fuerte porcentaje de *Juniperus sp.* acompañado de ciperáceas y poáceas. En el N.II se distingue el pino *(Pinus sylvestris-salzmanii)*, el enebro *(Juniperus sp.)* y el boj *(Buxus sempervirens)*. También hay presencia de especies helófitas como el cañizo *(Phragmites communis)* y higrófitas *(Cyperaceae, Molinia coerulea)* que son indicadoras de la existencia de comunidades dulceacuícolas de aguas tranquilas. Estas gramíneas son también productoras de paja. En este mismo nivel ha aparecido un esqueleto de sílice correspondiente a una gluma de *Triticum dicoccum* Sch.

- Análisis antracológicos

Han sido realizados por Mª T. Ros del laboratori de Paleoecologia del Museu Arqueològic de Barcelona. Los datos del N.VII son aún parciales ya que únicamente existen datos procedentes de la campaña de 1988, identificándose todas las muestras pertenecientes al taxón *Pinus sylvestris-salzmannii* (pino albar y negro) (Juan, 1993b; García-Argüelles *et alii*,

Niveles	Especies	
N.II	Pino albar y negro	*Pinus sylvestris-salzmannii.* (90,50%) *Juniperus sp.* (9,50%)
N.T	Pino albar y negro	*Pinus sylvestris-salzmannii* (66,60%) *Juniperus sp.* (22,20%) *Pyrus sp.* (7,40%) *Prunus sp.* (3,70%)
N.IV	Pino albar y negro Almendro Sauce	*Pinus sylvestris-salzmannii* (45,60%) *Prunus amygdalus* (20,80%) *Juniperus sp.* (14%) *Rhamus Cathart.-saxatilis.* (4,80%) *Prunus sp.* (4,40%) *Pomoideae* (3,60%) *Acer opalus* (3,20%) *Prunus avium* (2%) *Salix sp.*
N.VII	Pino albar y negro	*Pinus sylvestris-salzmannii*

Fig. 8.23. Análisis antracológicos (según Mª T. Ros).

1992 b). En el N.IV domina, tal como se puede observar en el gráfico (Fig. 8.23), el pino albar y el negro junto con el almendro y el *Juniperus sp.* como taxones dominantes. El conjunto vegetal descrito evoca la imagen de una vegetación abierta con una cobertura arbórea poco densa y dominada por el pino y compañía de *Juniperus sp.* y las rosáceas (García-Argüelles, 1988).

- Análisis polínicos

Los análisis polínicos realizados solamente se han efectuado en dos niveles: N.IV y N.VII. El estudio del N.IV fue realizado por el Dr. Agustí Esteban y por el Dr. Igor Parra del Servei Científico-Tècnic de Gestió del Paisatge de la Universitat de Barcelona y el del N.VII por el Dr. Santiago Riera del mismo centro.

Los taxones más representativos son los siguientes:

Niveles	Especies	
N.IV	Roble mixto	*Quercus caducifolios*
	Tilo	*Tilia sp.*
	Olmo	*Ulmus sp.*
	Castaño	*Castanea sp*
	Encinar/Coscoja	*Quercus t.ilex coccifera*
	Olivo	*Olea europea*
		Phyllirea
	Abeto	*Abies sp.*
	Abedul	*Betula sp.*
	Avellano	*Corylus sp.*
	Poáceas	*Poaceae*
	Cereales	*Cerealia*
N.VII	Pino	*Pinus sp.* (17%)
	Encinar/Coscoja	*Quercus t.ilex* (5%)
		Juniperus sp.
	Brezo	*Ericaceae*
	Avellano	*Corylus*
	Sauce	*Salix*
	Gramíneas	*Poaceae* (20%)
	Compuestas	*Asteraceae tubiliflora*(17%)
	Filicales (5%)	

Fig. 8.24. Análisis palinológicos.

El espectro polínico del N.VII está caracterizado por unos valores de polen arbóreo del 41%. Entre estos taxones arbóreos destacan el *Pinus* y el *Quercus t. ilex*. También aparecen taxones arbustivos como el *Juniperus* y *Ericaceae* y taxones que se desarrollarían en localizaciones próximas a los cursos de agua como *Corylus* y *Salix*. El polen no arbóreo, claramente dominante (59%), está representado principalmente por *Poaceae*, *Asteraceae tubiliflorae* y Filicales. Este espectro pone de manifiesto el predominio de la deposición polínica local; fenómeno típico de cuevas y abrigos (García-Argüelles *et alii*, 1992). Del nivel IV aparecieron cereales que hicieron plantear la hipótesis de que este nivel correspondiera a un momento cronológico posterior (García-Argüelles, 1988; García-Argüelles, 1990). Posteriormente, debido a la revisión de la fauna de este nivel y por las dataciones absolutas, García-Argüelles (1993b) considera que probablemente el polen de cerealia fuera resultado de una percolación.

- Análisis paleocarpológicos

En el N.II aparecieron semillas de trigo (*Triticum sp.*) (Cebrià *et alii*, 1981).

8.5.1.3. Dataciones absolutas

N.IV. UBAR-284: 9.460±190 BP y AA - 8647, T461: 10.020±80 BP

N.V-VI. AA - 13412. 9.988±87 BP

N.VII. ICEN-495: 9.130±230 BP y UBAR-257: 9.830±160 BP

8.5.2. El depósito sedimentario

8.5.2.1. Morfología

El abrigo del Filador es un abrigo de más de 100 m de longitud, aunque el sector que se excava tiene 15 m de largo por 4 m de ancho, orientado al N-NE. Se localiza en el margen izquierdo del río Montsant a 13,1 m por encima de su cauce y a 380 m s.n.m. (Fig. 8.25 a).

Las coordenadas geográficas son las siguientes:
Longitud 0° 45' 17" N
Latitud 41° 17' 24" E

UTM 31TCF 120729
(Según: Hoja n° 444. Flix del Mapa topográfico del Servicio Geográfico del Ejército, 1959. E.1:50.000 Proyección U.T.M. según meridiano de Greenwich).

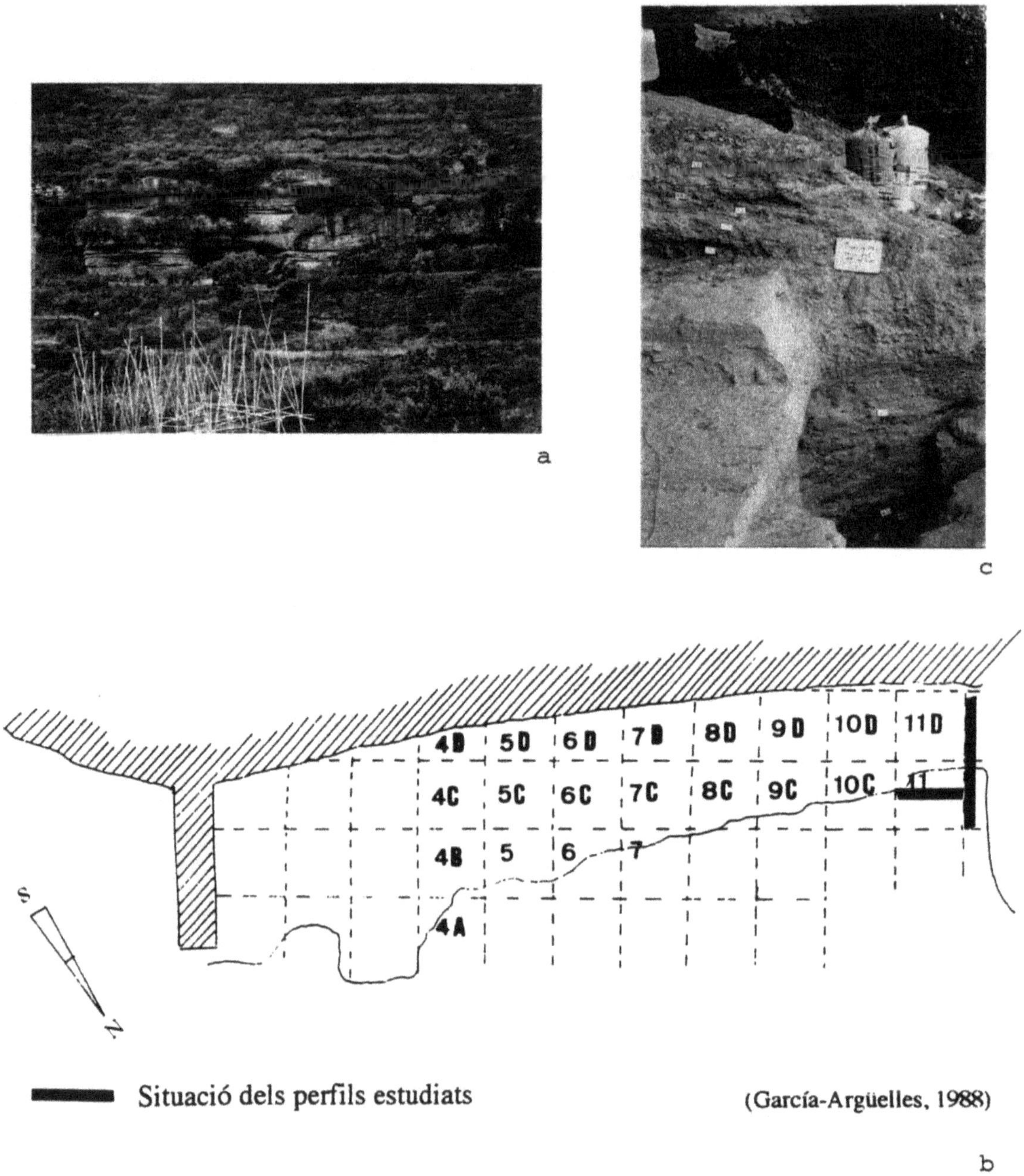

Fig. 8.25.- Abrigo del Filador.
a.- Localización del yacimiento. b.- Planta del abrigo y situación de los perfiles estudiados. c.- Perfil 12C-12D

8.5.2.2. Descripción sedimentaria

Los perfiles sedimentarios estudiados son los perfiles correspondientes a los cuadros 11C y 12C-12D (Fig. 8.25 b y c). Se presenta la descripción de campo de los dos perfiles. En el perfil 12C-12D se optó por usar una nomenclatura nueva basada en letras para no provocar confusiones con los niveles superiores del perfil 11C que ya no existían en el corte.

Descripciones estratigráficas

Perfil 11 C
Potencia total del perfil 2,05 m (Fig. 8.26)

Limos arenosos

N.IV.- Potencia 25 cm. Domina la fracción de limos con arenas con un 85% y un 15% de cantos de caliza y de conglomerado de morfología subangulosa. Aparecen nódulos carbonatados. Estructura de bloques subangulares. Color marrón anaranjado (7,5 YR 6/6).
Atribución cultural: Epipaleolítico geométrico.
Datación radiocarbónica: 9.460±160 BP.

Arenas finas

N.V-VI.- Potencia 15 cm. Es un sólo nivel dividido arqueológicamente en dos subniveles. La matriz es arenosa, la estructura es masiva. El color marrón (10 YR 6/6). Hay un 2% de gravas. Se localiza en el sector NW del abrigo.
Atribución cultural: Epipaleolítico geométrico.
Datación radiocarbónica: 9.988± 87 BP.

Limos arenosos

N.VII.- Potencia oscila entre 40-30 cm. Domina la fracción de limos arenosos con un 75%. Las gravas con un 1%. Aparecen nódulos y pseudo-micelios. También se observa la presencia de grandes bloques de caliza que proceden del techo junto a otros de procedencia antrópica. Color marrón anaranjado (7,5 YR 7/6). La estructura es de tipo subangular.
Atribución cultural: Epipaleolítico geométrico.
Datación radiocarbónica: 9.130±230/9.830±160 BP.

Arenas finas

N.VIII-IX.- Potencia 73 cm. Dividido en dos subniveles desde un punto de vista arqueológico. La textura es de arenas finas. El color es marrón claro (10 YR 7/4). La estructura es masiva y con una consistencia muy suelta. Hay mucha actividad biológica. Aparecen una serie de laminaciones limo-arcillosas.
Atribución cultural: Epipaleolítico microlaminar.

Arenas con gravas y cantos

N.X.- Potencia 15 cm. Aumenta la fracción de gravas y cantos (33%) de morfología redondeada y de litología formada por calizas, esquisto,... La textura de la matriz es de arenas medianas-gruesas. Aparecen laminaciones limo-arcillosas. El color es marrón claro (10 YR 7/4). La estructura es masiva con una consistencia suelta.

N.XI.- Potencia 20 cm. Disminuye la fracción gruesa con (1,5%) representada por gravas de la misma litología que la del nivel X. La matriz está formada por arenas medianas. El color marrón muy claro (10 YR 7/6). La estructura es masiva.

Cantos

N.XII.- Potencia indeterminada. Formado por bloques y cantos de caliza, esquisto,... de morfología redondeada (95%). La matriz es de arenas gruesas.

Perfil 12C-12D

Potencia del perfil: 2,40 m (Fig.8.26)

Cantos con limos arenosos

N.A.- Potencia 25 cm. Compuesto por un 53% de cantos de caliza y de dimensiones que oscilan entre 1 y 5 cm de morfología angulosa y subangulosa. Se localizan plaquetas de 1-2 cm concrecionadas y un 14% de gravas. La matriz está formada por limos arenosos de color marrón anaranjado (7,5 YR 7/6).

Arenas con cantos subangulosos

N.B.- Potencia 15 cm. Está constituido por una matriz de arenas finas de color marrón claro (7,5 YR 6/4) y cantos (20%) de caliza de morfología subangulosa de 1 a 4 cm y gravas (1%). El nivel es poroso.

Cantos con limos arenosos

N.C.- Potencia 7 cm. Representado por un 10% de cantos, de morfología subredondeada y de dimensiones entre 1 y 2 cm ,y un 8% de gravas. La matriz está formada por limos arenosos de color marrón-anaranjado (7,5 YR 7/6) con una estructura de bloques subangulares medianos. En este nivel hay un aumento de la fracción limosa.

Limos arenosos

N.D.- Potencia 68 cm. Está formado por un 5% de cantos, de morfología subredondeada y subangulosa y de dimensiones que oscilan entre 1 y 5 cm, con un 4% de gravas. La matriz está formada por limos arenosos de color marrón claro (7,5 YR 6/4) con una estructura de bloques subangulares.

Arenas finas

N.E.- Potencia 18 cm. Aparecen arenas finas y medianas de color marrón anaranjado (7,5 YR 7/6) con una estructura masiva. En la parte superior del nivel (4 cm de potencia), la coloración es rojiza (2,5 YR 6/6).

N.F.- Potencia 80 cm. Compuesto por arenas finas, de color marrón (7,5 YR 6/6), y un 16% de cantos con una morfología redondeada. Aparecen una serie de intercalaciones de limos arcillosos. La estructura es porosa y granular gruesa.

Arenas con gravas y cantos

N.G.- Potencia 10 cm. Aumenta la fracción gruesa con un 30%. La morfología subredondeada y la litología de caliza y de conglomerado. Las dimensiones oscilan entre 1 y 3 cm. La textura de la matriz es de arenas medianas y gruesas. El color es marrón claro (10 YR 7/4). La estructura es porosa/granular gruesa.

N.H.- La potencia es de 7 cm. Disminuye la fracción gruesa con (1,5%) representada por gravas. La matriz está formada por arenas medianas. El color marrón (10 YR 7/6). La estructura es porosa/granular gruesa.

Cantos

N.I.- Potencia indeterminada. Formado por bloques y cantos de caliza, esquisto,... (95%) de morfología redondeada. La matriz es de arenas gruesas.

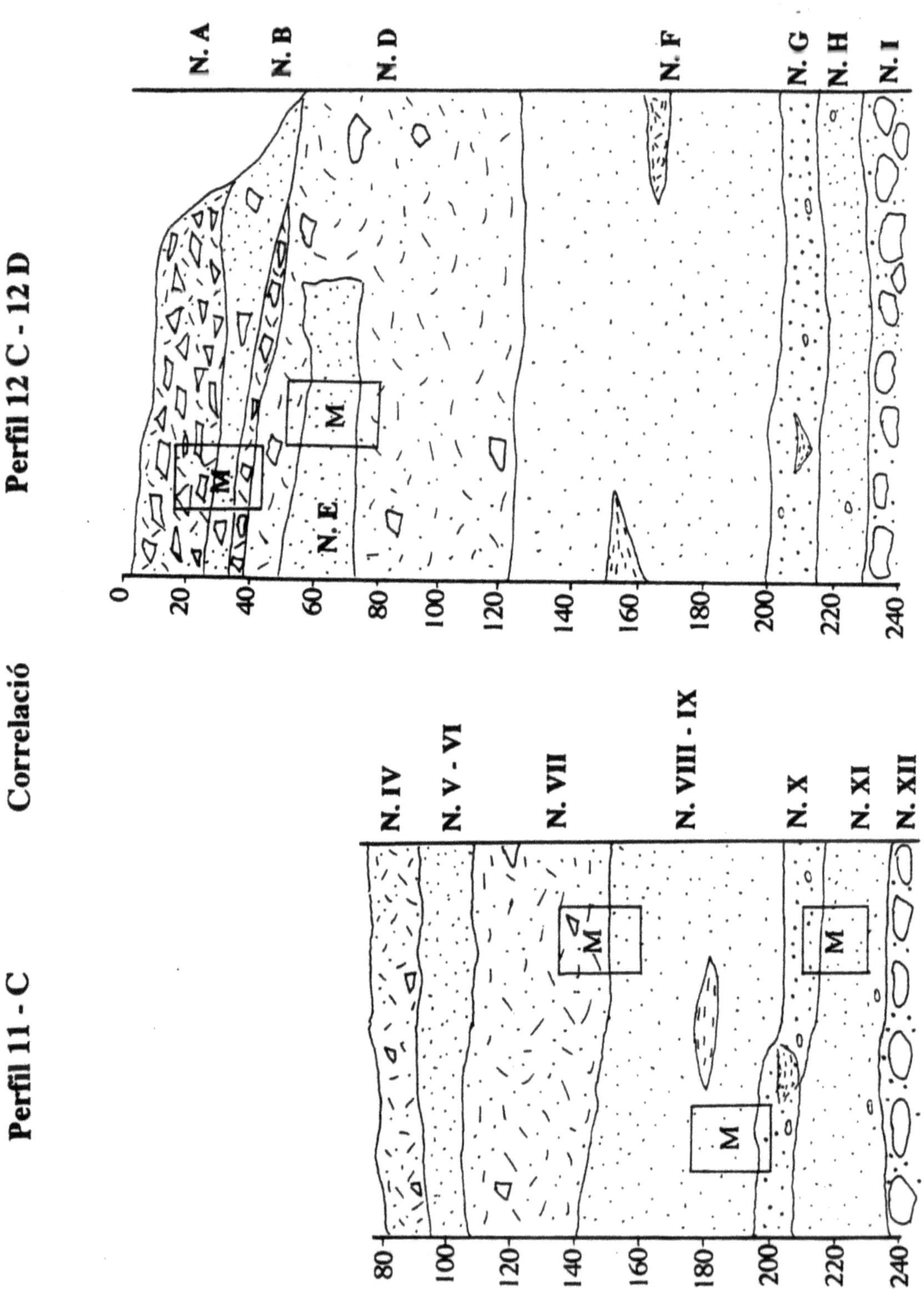

Fig 8.26.- Perfiles 11 C y 12 C-12 D y su correlación.

Análisis micromorfológico

Hemos realizado los análisis micromorfológicos correspondientes a los perfiles citados anteriormente. En el perfil 11C solamente se ha podido muestrear del N.VII hasta el XI y en el perfil 12C-12D se ha muestreado del nivel A hasta el E, ya que los niveles inferiores se correlacionan perfectamente con los niveles muestreados en el perfil 11C. Estos análisis se presentan en forma de tables en las figuras 8.27, 8.28, 8.29, 8.30, 8.31, 8.32, 8.33 y 8.34.

8.5.2.3. Análisis sedimentario

Perfil 11C

N.XI

Descripción: Es un nivel formado por una matriz arenosa donde mayoritariamente dominan las arenas medianas (250-500 µm) con un 30% (Fig. 8.35 a). Litológicamente son calizas micríticas de morfología redondeada y cuarzo, feldespato, mica de morfología subangular y esquisto de morfología tabular. La estructura es de grano simple. La matriz es de color marrón con una fábrica de birrefringencia cristalítica y calcítica.

Se localizan carbones de color negro de 63-500 µm, muy fragmentados y con inicios de dispersión.

Entre los procesos postdeposicionales destacamos las acumulaciones de material fino alrededor de los granos de arena y la aparición de nódulos de óxidos-hidróxidos de hierro repartidos entre la masa basal. La actividad de la fauna también es muy importante.

Interpretación: El origen se debe a un proceso de aluvionamiento de intensidad variable del río Montsant.

N.X

Descripción: Hay un aumento de la fracción de las arenas gruesas y medianas (250 µm - 1 mm) con un 40% e incluso aparecen cantos de morfología redondeada. La litología es la misma que la del nivel anterior. La estructura es también de grano simple. La matriz es de color marrón con una fábrica de birrefringencia cristalítica y calcítica. Aparecen agregados de material fino así como laminaciones de limos y arcillas entre la masa basal.

En este nivel también aparecen carbones de 63-500 µm muy fragmentados y con inicios de dispersión.

Hay acumulaciones de material fino en los granos de arena y nódulos e impregnaciones de óxidos-hidróxidos de hierro en la masa basal; también, acumulaciones secundarias de $CaCO_3$ en huecos hechos por la actividad de la fauna.

Interpretación: Es resultado del aluvionamiento del río Montsant, pero en este caso con un flujo de mayor intensidad. El hecho que se documenten acumulaciones de material fino en los granos de arena es resultado de procesos de lavado propios de circulaciones hídricas.

N.VIII-IX

Descripción: Constituido por una matriz mayoritariamente de arenas, pero en este caso, finas (63-250 µm) con un 50%. La litología sigue siendo la misma que la de los niveles anteriormente descritos. Este nivel se distingue respecto a los anteriores, porque aparecen en gran proporción laminaciones limo-arcillosas (Fig. 8.35 b) con estructura laminar. La estructura es masiva y la matriz es de color marrón con una fábrica de birrefringencia cristalítica y calcítica.

Se localizan carbones de 63-500 µm fragmentados y con inicios de dispersión.

Por lo que respecta a los procesos postdeposicionales aparecen los mismos citados en los niveles XI y X pero en este caso, las acumulaciones de material fino alrededor de los granos de arena son de dominios orientados.

Interpretación: Es de aluvionamiento pero disminuye la intensidad del flujo ya que aparecen arenas finas con laminaciones limo-arcillosas. Esto se corrobora por el hecho que los revestimientos de material fino son de dominios orientados, indicativo de que la percolación del material fino fue lenta, en un régimen de aguas tranquilas. También decir, que desde el punto de vista ambiental se darían ciclos de hielo-deshielo tal como nos lo confirma la estructura laminar.

N.VII

Descripción: Este nivel está compuesto por una matriz limosa. En la fracción gruesa dominan las arenas de 63-250 µm (8%) con algunas gravas (2 mm - 1 cm) ligeramente fisuradas. La litología es la misma que la del resto de los niveles descritos, pero domina la morfología tabular y las gravas tienen los contornos irregulares, como resultado de procesos de disolución (Fig. 8.35 c). La estructura es de canales, aunque localmente es de tipo laminar (Fig. 8.35 d). La matriz es de color marrón con una fábrica de birrefringencia cristalítica y calcítica.

Se documentan restos de origen antrópico, carbones y fragmentos de sílex de tamaño centimétrico y con morfología angulosa.

En cuanto a los procesos postdeposicionales destacamos principalmente la actividad de la fauna (Fig. 8.35 e). Hay acumulaciones de material fino a la parte superior de las

ABRIGO DEL FILADOR. Perfil 11 - C
Descripción sedimentaria microscópica

Niveles	Porosidad	Microestructura	Masa basal	Componentes minerales
N.VII	3%	Canales/Laminar	FG/FF 1/3 Matriz limosa arenosa Arenas 250-500 µm: 3% Arenas 63-250 µm: 8% Distribución relacionada Porfírica	No aparece en mucha proporción el esquisto. El material detrítico aparece con trazas de disolución. También cabe decir que las gravas aparecen fisuradas.
N.VIII-IX	2%	Masiva	FG/FF 2/1 Arenas 250-500 µm: 10% Arenas 63-250 µm: 50% Distribución relacionada Porfírica	La fracción mineral tiene una morfología subangulosa y el material litológico presenta una morfología redondeada. En las laminaciones limo-arcillosas hay una estructura laminar.
N.X	5%	Grano simple	FG/FF 2/1 Cantos: 5% Arenas 500 µm-1 mm: 5% Arenas 250-500 µm: 40% Arenas 63-250 µm: 10% Distribución relacionada Mónica	La fracción mineral tiene una morfología subangulosa y el material litológico presenta una morfología redondeada.
N.XI	7%	Grano simple	FG/FF 2/1 Arenas 500 µm-1 mm: 10% Arenas 250-500 µm: 30% Arenas 63-250 µm: 2% Distribución relacionada Mónica/Gefúrica	La fracción mineral tiene una morfología subangulosa y el material litológico presenta una morfología redondeada.

La fracción litológica y mineralógica está formada por: caliza micrítica, bioclástica, conglomerado, esquisto, cuarzo, feldespato y glauconita. En todos los niveles la matriz es marrón con una fábrica de birrefringencia cristalítica y calcítica.

Fig. 8.27

ABRIGO DEL FILADOR. Perfil 11 - C Descripción sedimentaria microscópica Componentes inorgánicos y orgánicos (de origen biológico-antrópico)			
Niveles	**Componentes de origen vegetal**	**Componentes de origen animal**	**Materiales antrópicos**
N.VII	- carbones < 500 µm de color negro (3%). Se distingue la estructura vegetal.	- huesos (2%) de color amarillo de 325 µm-2mm con una serie de cristalizaciones de morfología redondeada.	- fragmentos de sílex 2% de tamaño centimétrico de morfología angulosa.
N.VIII-IX	- carbones 0,5% de 63-500 µm fragmentados y con inicios de dispersión.	--------	--------
N.X	- carbones 0,5% de 63-250 µm de color negro muy fragmentados y en un inicio de dispersión.	--------	--------
N.XI	- carbones 0,2% de color negro de 63-500 µm con inicios de dispersión y muy fragmentados.	--------	--------

Fig. 8.28

ABRIGO DEL FILADOR. Perfil 11 - C
Descripción sedimentaria microscópica
Edaforrasgos

Niveles	Desplazamiento y acumulación de finos	Acumulación secundaria de $CaCO_3$	Oxidación-reducción
N.VII	- en granos de arena (revestimientos de mat. fino) y en gravas (cappings) de 125 µm de grosor.	- en huecos: rev. de 500 µm. La fábrica es microesparítica.	- impregnaciones en la masa basal
N.VIII-IX	- en huecos: rev. de matriz fina con dominios orientados de 25 µm.	- en huecos cavitarios: rev. de 50 µm. La fábrica es microesparítica.	- nódulos de óxidos-hidróxidos de hierro de 225 µm.
N.X	- en granos de arena: rev. de mat. fino de 25 µm.	- en huecos cavitarios: rev. de 25-50 µm. La fábrica es micrítica.	- nódulos de óxidos-hidróxidos de hierro de 125-175 µm. - en granos de arenas: rev. de 25 µm.
N.XI	- en granos de arena: rev. de mat. fino de 25 µm.	- en huecos cavitarios: rev. de 25 µm. La fábrica es micrítica.	- nódulos de óxidos-hidróxidos de hierro de 125-175 µm.

Fig. 8.29

ABRIGO DEL FILADOR. Perfil 11- C
Descripción sedimentaria microscópica
Edaforrasgos

Niveles	Desplazamiento y acumulación de finos	Acumulación secundaria de $CaCO_3$	Oxidación-reducción	Actividad biológica
N.VII	X	X	X	XXX
N.VIII-IX	X	X	X	XX
N.X	X	X	XX	XX
N.XI	X	X	XX	XXX

X - Presentes XX - Frecuentes XXX - Abundantes

Fig. 8.30

Fig. 8.31

ABRIGO DEL FILADOR. Perfil 12 C - 12 D
Descripción sedimentaria microscópica

Niveles	Porosidad	Microestructura	Masa basal	Componentes minerales
N.A	3%	Granular	FG/FF 3/1 Cantos: 80% Matriz limos arenosos	El material detrítico aparece en fisuras y en forma de plaquetas
N.B	5%	Estructura de granos conectados	FG/FF 1/1 Arenas 375 µm-1,25 mm: 5% Arenas 250-375 µm: 25% Arenas 63-250 µm: 10%	Los cantos aparecen con una morfología angulosa y con fisuras.
N.C	4%	Canales/Granular	FG/FF 2/1 Cantos: 70% Limos arenosos	Los cantos de morfología angulosa.
N.D	3%	Canales/Cavitaria	FG/FF 1/2. Gravas y Cantos: 5% Arenas 63-250 µm: 10%	La morfología es tabular y con ligeras estrias y fracturas con contornos irregulares.
N.E	8%	Granular/Laminar	FG/FF 1/1 Cantos: 3% Arenas 500-625 µm: 10% Arenas 250-500 µm: 25% Arenas 63-250 µm: 5%	El material detrítico tiene una morfología redondeada y tabular.

La fracción litológica y mineralógica está formada por: caliza micrítica, bioclástica, conglomerado, esquisto, cuarzo, feldespato y glauconita. En todos los niveles la matriz es marrón con una fábrica de birrefringencia cristalítica y calcítica. La distribución relacionada es porfírica.

ABRIGO DEL FILADOR. Perfil 12 C - 12 D
Descripción sedimentaria microscópica
Componentes inorgánicos y orgánicos (de origen biológico-antrópico)

Niveles	Componentes de origen vegetal	Componentes de origen animal	Materiales antrópicos
N.A	--------	--------	--------
N.B	--------	- huesos de color amarillo con cristalizaciones de 375 µm (1%).	--------
N.C	--------	--------	--------
N.D	- carbones (2%) de 625 µm.	- huesos de 750 µm de morfología redondeada muy carbonatados y en proceso de disolución. - fragmento de caracol 1 mm.	--------
N.E	- carbones (5%) de tamaño limo. Muy fragmentados por la actividad biológica y dispersos. Forman parte de revestimientos. También hay de tamaño de 500 µm - 1 mm.	--------	--------

Fig. 8.32

ABRIGO DEL FILADOR. Perfil 12 C - 12 D
Descripción sedimentaria microscópica
Edaforrasgos

Niveles	Desplazamiento y acumulación de finos	Acumulación secundaria de $CaCO_3$	Oxidación-reducción
N.A	--------	--------	--------
N.B	- en cantos: acumulación de material fino de 75 µm.	--------	- nódulos de óxidos-hidróxidos de hierro de 175 µm con impregnaciones en granos de arena.
N.C	- en cantos: acumulación de material fino de 150 µm.	- en huecos cavitarios: rev. de 25-50 µm de tipo micrítico.	- nódulos de óxidos-hidróxidos de hierro de 25 µm repartidos entre la masa basal.
N.D	- en cantos: acumulación de material fino de 125 µm.	- en huecos cavitarios: hiporrev. y rev. de 25-250 µm de tipo micrítico.	--------
N.E	- en cantos: acumulación de material fino en la parte superior de 75 µm y alrededor del canto.	- en huecos cavitarios: rev. de 25-50 µm de tipo microesparítico.	- nódulos de óxidos-hidróxidos de 75-250 µm e impregnaciones en la masa basal. - en cantos: rev.de óxidos-hidróxidos de hierro de 75 µm.

Fig. 8.33

ABRIGO DEL FILADOR. Perfil 12 C -12 D
Descripción sedimentaria microscópica
Edaforrasgos

Niveles	Desplazamiento y acumulación de finos	Acumulación secundaria de $CaCO_3$	Oxidación-reducción	Actividad biológica
N.A	--------	--------	--------	--------
N.B	X	--------	X	X
N.C	X	X	X	X
N.D	X	X	--------	XXX
N.E	X	X	X	X

X - Presentes XX - Frecuentes XXX - Abundantes

Fig. 8.34

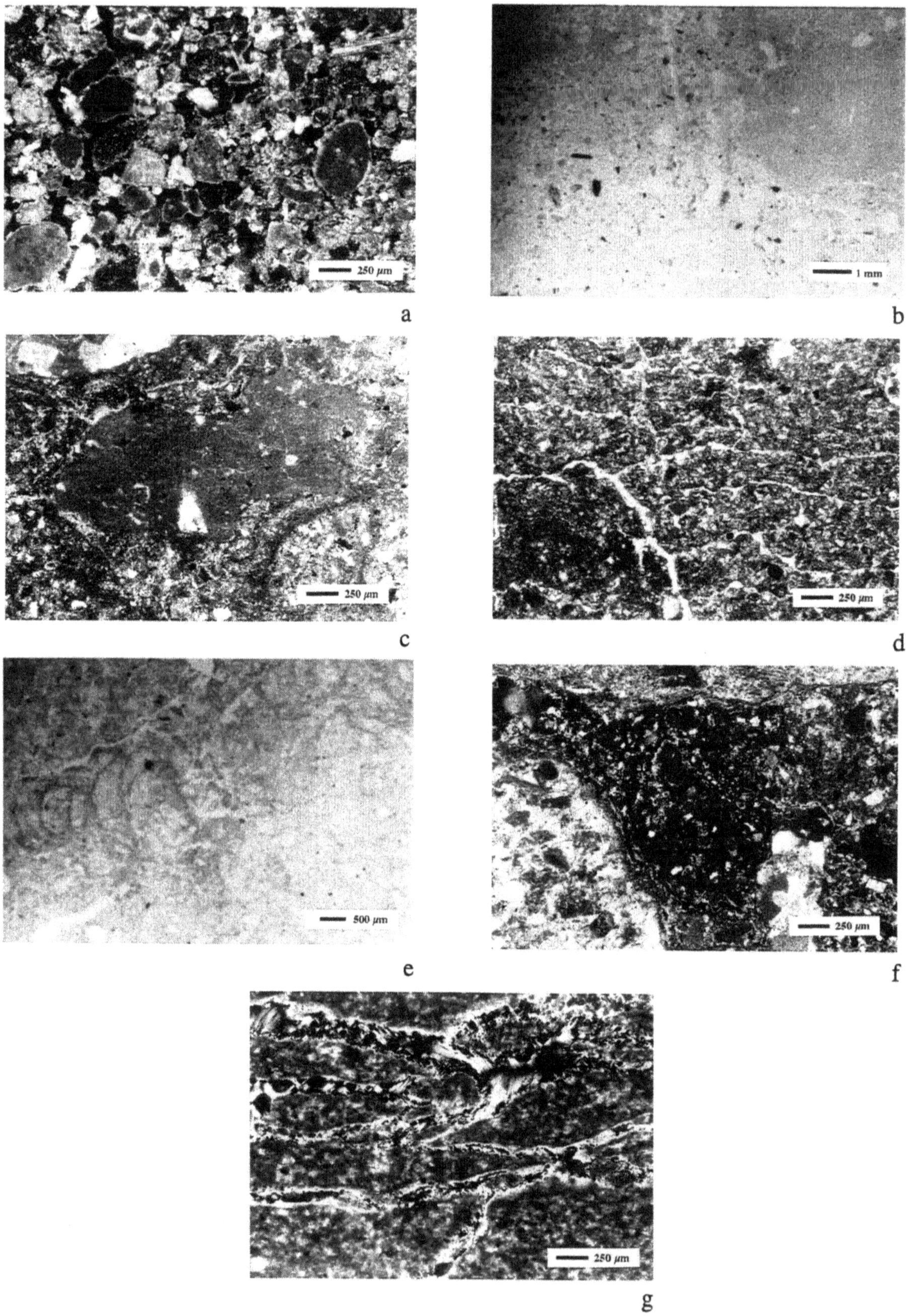

Fig. 8.35.- Abrigo del Filador

a.- N.XI.- Masa basal. LPX. b.- N.VIII-IX.- Masa basal con laminaciones limo-arcillosas. LPP. c.- N.VII.- Trazas de disolución en el material detrítico. LPX. d.- N.VII.- Estructura laminar. LPP. e.- N.VII.- Efectos de la actividad de la fauna y modificación de la estructura sedimentaria del nivel. LPP. f.- N.D.- Acumulación carbonosa en forma de agregados debido a la actividad biológica. LPX. g.- N.A.- Fisuración de cantos por efectos de hielo-deshielo. LPX..

gravas (silt cappings), acumulaciones secundarias de carbonato cálcico en huecos cavitarios e impregnaciones de óxidos-hidróxidos de hierro repartidos en la masa basal.

Interpretación: La formación de este nivel es el resultado de una inundación del río Montsant en un régimen tranquilo con aportaciones locales. La estructura laminar que se observa localmente denota unas condiciones de hielo-deshielo, que también se corroboran por la fragmentación de las gravas y porque presentan contornos irregulares debido a disolución por aguas de deshielo. Este nivel está muy alterado por la actividad de la fauna provocando cámaras y modificando la estructura original del sedimento.

Las condiciones ambientales son frías y húmedas.

Perfil 12C-12D

N.E

Descripción: Está compuesto por arenas (70%) entre las que domina la fracción de 250-500 μm (25%) con una litología de cuarzo, esquisto, caliza y mica de morfología subredondeada y tabular. Los cantos (en baja proporción) aparecen ligeramente fisurados y de morfología subangulosa. La estructura es de tipo granular y localmente laminar.

La matriz es de color marrón con una fábrica de birrefringencia cristalítica y calcítica.

Se hallan restos de origen antrópico, sobre todo carbones de dimensiones muy pequeñas (tamaño limo). Aparecen muy fragmentados y repartidos por la masa basal y también se localizan formando parte de revestimientos en huecos.

Entre los procesos postdeposicionales destacamos acumulaciones de material fino e impregnaciones de óxidos-hidróxidos alrededor de los cantos, así como acumulaciones de $CaCO_3$ en huecos provocados por la actividad de la fauna. Igualmente hay impregnaciones de óxidos-hidróxidos de hierro en la masa basal, sobre todo en la parte superior del nivel.

Interpretación: Es resultado de un momento de inundación del río Montsant con una energía considerable. En este nivel hay indicios de una zona de combustión, ya que aparecen restos carbonosos y trazas de rubefacción en la matriz, pero se presenta muy alterado tanto por la actividad de la fauna como por circulaciones hídricas que removilizan los fragmentos carbonosos depositándose alrededor de los huecos. La estructura sedimentaria laminar denota un ambiente frío.

Posteriormente hubo percolaciones de soluciones cargadas de carbonato cálcico en huecos que han producido acumulaciones secundarias.

N.D

Descripción: Constituido por cantos (5%) y por gravas (4%) de morfología subangulosa y tabular y ligeramente fisuradas. La matriz es limo-arenosa con un 10% de arenas finas (63-250 μm). La mineralogía y litología está formada por cuarzo, esquisto, mica y caliza. La matriz es de color marrón con una fábrica de birrefringencia cristalítica y calcítica. La estructura es granular.

En cuanto al material de origen antrópico se encuentran carbones repartidos por la masa basal. Aparecen fragmentos de huesos muy carbonatados, así como fragmentos de caracoles.

Destacamos entre los procesos postdeposicionales, acumulaciones de material fino alrededor de los cantos y de $CaCO_3$ secundario en huecos ocasionados por la actividad de la fauna.

Interpretación: El origen de este nivel es una inundación del río Montsant de débil intensidad junto a materiales procedentes de escorrentía superficial. Destacar la actividad de la fauna que ha alterado la estructura sedimentaria original y los restos carbonosos (Fig. 8.35 f).

N.C

Descripción: La matriz de este nivel presenta unas características similares a las del nivel anteriormente descrito, si bien se diferencia por un aumento de las fracciones de cantos y gravas que presentan morfología angulosa y están fisuradas. La estructura es de tipo canal y localmente granular. La matriz es de color marrón con una fábrica de birrefringencia cristalítica y calcítica.

En este nivel no se localiza material antrópico.

Por lo que respecta a los procesos postdeposicionales se observan los mismos que en el nivel anterior.

Interpretación: Corresponde a un proceso de escorrentía superficial de fuerte energía.

N.B

Descripción: Presenta unas características similares al N.E, pero en este caso hay un aumento de arenas medianas (250-375 μm) (25%). La litología es la misma que la de los niveles anteriormente citados más el esquisto. En la fracción gruesa se localizan cantos y gravas de morfología subangulosa con ligeras fisuras. La estructura es de granos conectados. La matriz es de color marrón con una fábrica de birrefringencia cristalítica y calcítica.

En este nivel, al igual que en el nivel C, tampoco hay restos o evidencias antrópicas.

Se detectan prácticamente los mismos procesos postdeposicionales que en los niveles anteriormente descritos (acumulaciones de material fino en los cantos, impregnaciones de óxidos-hidróxidos en la masa basal y actividad biológica).

Interpretación: La sedimentación se debe a un proceso de inundación del río Montsant, de fuerte intensidad con procesos de escorrentía superficial (cantos de caliza angulosa).

N.A

Descripción: Está formado por cantos y gravas con una matriz limo-arenosa. La mayoría de los cantos están fisurados y de morfología angulosa y tabular (Fig. 8.35 g). La estructura es granular. La matriz es de color marrón con una fábrica de birrefringencia cristalítica y calcítica.

No se hallan restos de origen antrópico.

Interpretación: Se debe a la disgregación de la pared y a la acumulación de productos de disolución. Se observa una fragmentación de los elementos gruesos en plaquetas de morfología angulosa que indica unas condiciones frías y secas. La estructura que se observa en la matriz también denota estas condiciones.

8.5.2.4. Área de combustión N.VII

Durante la campaña de 1992 se localizó una gran área de combustión (Fig. 8.36 a) que medía unos 70 cm de diámetro y estaba situada entre los cuadros 7C, 7D, 8C y 8D a una profundidad de 105-107 cm (García-Argüelles *et alii*, 1992 b).

Estaba formada mayoritariamente por un nivel rubefactado y en algunos sectores aparecían concentraciones de residuos carbonosos. En su interior se encontró una gran cantidad de piezas líticas en posición vertical. Según el equipo de arqueólogos, esta zona era una área de talla de sílex.

Descripción micromorfológica

Está compuesta por una matriz limo-arenosa con una microestructura de canales y una porosidad en forma de huecos de tipo cavitario y canales. Está constituida por un sólo nivel con zonas de color marrón-rojizo.

El depósito se caracteriza por una acumulación de residuos carbonosos negros formando unidades de densidades variables.

Los carbones son abundantes y se han distinguido diferentes tipos:

- carbones de tamaño centimétrico de color negro con estructura vegetal
- carbones de 1 a 2 mm en proceso de fragmentación
- filamentos negros de 25-50 µm
- fragmentos redondeados negros de 75 µm de diámetro
- carbones y polvo negro de finas partículas micrométricas distribuidas localmente en la porosidad formando revestimientos en huecos y formando parte de los agregados originados por la actividad biológica (Fig. 8.36 b).

No aparecen cenizas, dato que nos indica que la combustión fue inferior a los 500°C.

Se localizan fragmentos de sílex con una serie de impregnaciones de óxidos-hidróxidos de hierro (Fig. 8.36 c). También hay fragmentos de caliza con tonalidad opaca que aparecen con fisuras, características propias de la alteración por el fuego.

Interpretación

Los restos de combustión y los fragmentos de sílex con impregnaciones de óxidos-hidróxidos de hierro (probablemente ocre) constituyen los únicos indicios que pueden dar datos sobre la funcionalidad del área de combustión. Tanto por las descripciones de campo como por los análisis micromorfológicos no parece que la función principal fuera de tipo culinario y la abundancia de piezas de sílex y la aparición de los óxidos-hidróxidos de hierro (ocre) hacen pensar en algún otro tipo de actividad:
- tratamiento de la piel (Plisson, 1991; Regert, 1993).
- utilización de ocre como abrasivo para realizar trazos de gravados (Regert, 1993).
- uso de colorantes rojizos en la fabricación de colas para enmangar los útiles líticos o óseos (Regert, 1993).

Los procesos postdeposicionales han modificado mucho la organización inicial. Las acumulaciones arcillo-limosas que aparecen en los huecos resultan de circulaciones hídricas de débil intensidad que han afectado en un primer momento la zona de combustión. La actividad de la fauna del suelo caracterizada por agregados redondeados y la porosidad en canales comporta una homogeneización local de los restos de combustión. Estas perturbaciones son el origen de la formación de unas unidades milimétricas ricas en partículas carbonosas negras que constituyen las manchas carbonosas observadas en la excavación.

En definitiva, por las trazas del fuego en el sedimento (rubefacción) y por la presencia de carbones, creemos que se produjo una combustión inferior a 500°C con unas condiciones totalmente oxidantes.

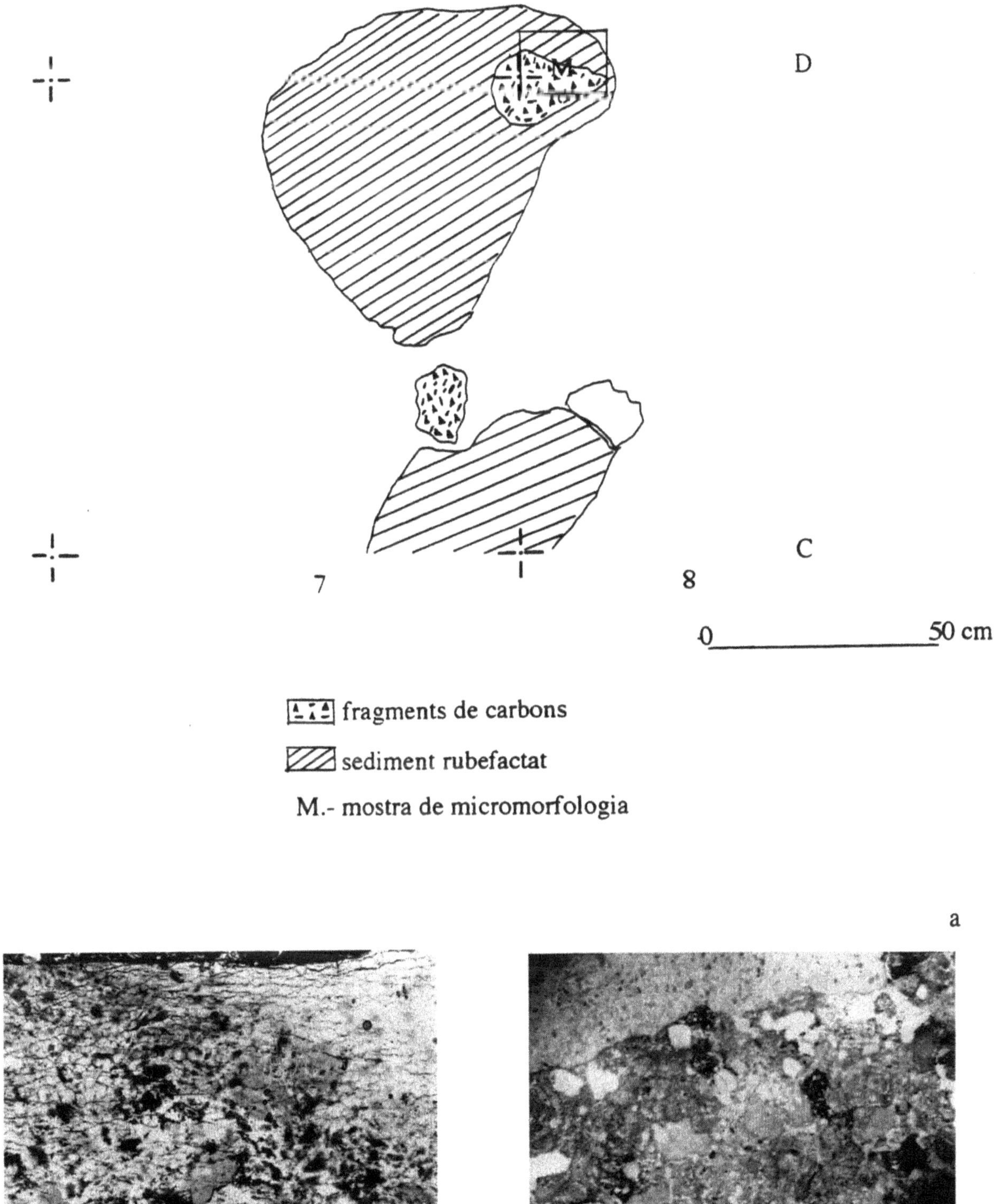

Fig. 8.36.- Área de combustión N.VII.
a.- Planta. b.- Agregados formados por acumulaciones carbonosas y masa basal debidos a la actividad biológica. LPP. c.- Fragmento de sílex con impregnaciones de óxidos-hidróxidos de hierro (ocre). LPP.

8.6. ABRIGO DELS COLLS

8.6.1. Introducción

8.6.1.1. Antecedentes y registro arqueológico

Las primeras referencias como yacimiento arqueológico se deben a los trabajos realizados por Salvador Vilaseca en esta zona en los años 30 (Vilaseca, 1932; Vilaseca, 1936; Fullola *et alii*, 1985). Las primeras intervenciones arqueológicas se iniciaron en el año 1982 bajo la dirección de Josep Mª Fullola y María Adserias a los que con posterioridad se unieron Pilar García-Argüelles y Ramiro Doce.

Se han diferenciado nueve niveles, de los cuales el N.IV y el N.II contienen material arqueológico. La industria lítica recuperada en el N.IV es de 1.562 elementos con un 4,16 % de piezas retocadas. Destaca el orden de los simples, donde predominan los raspadores (51,4%) y los denticulados (28,5%). El orden de los abruptos muestra un predominio de las láminas de dorso (61,1%), seguido de las truncaduras y puntas de dorso (respectivamente el 16,6% y 11,1%). A partir del estudio de la distribución espacial del material arqueológico se ha podido determinar la existencia de una importante área de talla y de una estructura de combustión.

Contemporáneamente a esta ocupación se produce una caída de bloques de conglomerado (N.III). Durante la excavación se observó que estos bloques se encontraban directamente sobre el material lítico produciendo, en numerosos casos, una fracturación en las piezas.

El N.II es el más rico desde un punto de vista arqueológico y se ha recuperado un conjunto formado por 9.179 elementos de industria lítica con un 3% de piezas retocadas. La materia prima utilizada es el sílex.

Dentro de las piezas retocadas, el orden de los abruptos es el mejor representado y se caracteriza por un predominio de las láminas de dorso (46,8%) seguido por las puntas de dorso y truncaduras (19,8% y 12,7% respectivamente). Los simples presentan un destacado predominio de las raederas (20%); también aparecen buriles, a veces dobles y sobre truncaduras (Fullola *et alii*, 1993). También se constató una estructura de combustión.

Tanto el N.II como el N.IV presentan unas características industriales que nos hacen pensar que corresponden a un mismo momento cronocultural. Tipológicamente, la industria del abrigo dels Colls presenta un conjunto de rasgos característicos del tecnocomplejo industrial del Gravetiense; pero, la obtención de las dataciones absolutas del N.II (10.950-10.050 años BP por C14; 13.000 años BP por TL) y del N.IV (12.490±120 años BP por C14) situaría al yacimiento en un momento del Paleolítico Superior final. Estos resultados han hecho plantear a los investigadores la posible perduración de tradiciones gravetienses en las comarcas meridionales de Catalunya (Fullola *et alii*, 1993).

En el año 1991 se realizó un sondeo de 60x90 cm en el cuadro 9A para conocer la potencia estratigráfica del yacimiento. Se registraron tres nuevos niveles: VI, VII y VIII y a continuación apareció el nivel de cantos de la terraza (T2) del río Montsant. Desde el punto de vista arqueológico, estos nuevos niveles estratigráficos resultaron estériles.

Durante el mes de marzo de 1992 se hizo un muestreo micromorfológico de toda la secuencia estratigráfica.

8.6.1.2. Datos paleoecológicos

Análisis faunísticos

Los restos óseos no son muy abundantes en el abrigo dels Colls. Los análisis faunísticos han sido realizados por J. Nadal y se refieren de momento al N.II. Estos restos aparecen muy fragmentados, de tal forma que los fragmentos determinables taxonómicamente no superan el 2%.

Se han identificado las siguientes especies:

Niveles	Especies	
N.II	Cérvidos	*Capreolus capreolus*
	Ciervo	*Cervus elaphus*
	Cabra salvaje	*Capra pyrenaica*
	Lagomorfos	*Oryctolagus cuniculus*

Fig. 8.37

La mayoría de la fauna pertenece a mamíferos de gran tamaño y están reducidos a astillas de un tamaño que permite reconocer una intensa actividad de explotación de los productos de caza. También cabe mencionar que los restos presentan en muchos casos evidencias de procesos de combustión (Fullola *et alii*, 1990).

Análisis antracológicos

Fueron realizados por Mª T. Ros del Laboratori de Paleoecologia del Museu d'Arqueologia de Barcelona.

Los taxones identificados en el N.IV se detallan en la figura 8.38.

Estos resultados indican un tipo de vegetación abierta en el valle del río Montsant; el pino albar-negro *(Pinus sylvestris-salzmanni)* sería el árbol principal, bajo un clima frío y seco (Fullola *et alii*, 1988; Bergadà *et alii*, 1990).

Niveles	Especies	
N.IV	Pino albar y negro	*Pinus sylvestris-salzmanni* (56,20%)
		Juniperus sp (17,20%)
	Sauce	*Salix sp.* (10,90%)
		Pomoideae (9,40%)
		Prunus sp. (3,10%)
	Almendro	*Prunus amygdalus* (1,60%)

Fig. 8.38.- Datos antracológicos del nivel IV

Análisis polínicos

Se han analizado polínicamente los niveles II y IV. Los estudios han sido realizados por el Dr. Santiago Riera del Servei Científico-Tècnic de Gestió i Evolució del Paisatge de la Universitat de Barcelona.

Los taxones identificados aparecen tabulados en la figura 8.39.

En el N.II se pudieron identificar dos conjuntos dentro de los granos de polen y esporas, en base a su estado de conservación: un primer grupo fuertemente degradado y un conjunto de granos bien conservados. El conjunto de palinomorfos bien conservados da un espectro polínico que está en concordancia con la vegetación actual de la zona y por tanto se cree que se trata de polen reciente que ha percolado (Riera, 1989). En cambio, el espectro correspondiente al grupo de polen degradado, representado en la figura, el autor lo ha interpretado como fósil.

En el N.IV, el espectro polínico que domina son las *Asteraceae liguliflorae* con un 94%. Según Riera apunta que los altos valores de *Asteraceae liguliflorae* responden a un crecimiento de este taxón dentro del abrigo, por una fuerte nitrogenación del suelo. En cuanto al polen arbóreo, el autor cree que pueda haber una posible percolación del nivel superior (N.II) y por lo tanto no permite ser interpretado paleobotánicamente.

8.6.1.3. Dataciones absolutas

N.II.- OX TL 270 13.000±1000 BP, AA 8645 10.950±120 BP y AA 8646 10.050±85 BP

N.IV.- GifA 95571 = 12.490±120 BP

8.6.2. El depósito sedimentario

8.6.2.1. Morfología

Els Colls es un abrigo de más de 50 m de longitud, entre 2 y 8 m de altitud y hasta 6 m de profundidad en algunos sectores, orientado al SW. Se localiza en el margen derecho del río Montsant a 20,7 m por encima de su nivel actual y a 400 m s.n.m.

Niveles	Especies	
N.II	**AP**	**NAP** (83%)
	Pinus (2%)	*Poaceae* (7%)
	Quercus t.ilex (2%)	*Artemisia* (7%)
	Quercus indiferenciado	*Asteraceae tubiliflorae?* (5%)
		Asteraceae liguliflorae (4%)
		Chenopodiaceae (3,50%)
N.IV	**AP** (1,30%)	**NAP**
	Quercus t.ilex	*Asteraceae liguliflorae* (94%)
	Olea	*Asteraceae tubiliflorae*
	Castanea	*Artemisia*
		Apiaceae
		Plantago

Fig. 8.39.- Análisis palinológico del abrigo dels Colls.

Las coordenadas geográficas son las siguientes:
Longitud 0° 44' 58" E
Latitud 41° 17' 12" N
UTM: 31TCF115731

(Según: Hoja n° 444, Flix del Mapa topográfico del Servicio Geográfico del Ejército, 1959. E.1:50.000 Proyección U.T.M. según meridiano de Greenwich).

8.6.2.2. Descripción sedimentaria

El estudio que presentamos a continuación está realizado a partir del sondeo que hicimos los años 1991 y 92 (Bergadà *et alii*, 1992 b) del cuadro 9A de la excavación (Fig. 8.40 y Fig. 8.41 a, b, c y d).

Descripción estratigráfica

Perfil 9-A

Potencia del perfil 3,88 m (Fig.8.42)

Limos arenosos

N.I.- Potencia 70 cm. Está formado por una matriz de limos arenosos de color marrón (10 YR 7/4) con un 35% de cantos de caliza y de conglomerado. El tamaño va de 1 a 4 cm y aparecen con concreciones de $CaCO_3$. También se documentan bloques de caliza de procedencia antrópica. La estructura es subangular.
Atribución cultural: reciente.

Limos arenosos de color gris con restos carbonosos

N.II.- Potencia 30 cm.

N.IIa.- La matriz está constituida por limos arenosos de color gris claro (10 YR 6/2). Hay un descenso de la fracción gruesa de un 9%. Aparecen cantos de caliza que proceden del conglomerado con un tamaño que oscila entre 1 y 2 cm. Se localiza en el cuadro 10-A.

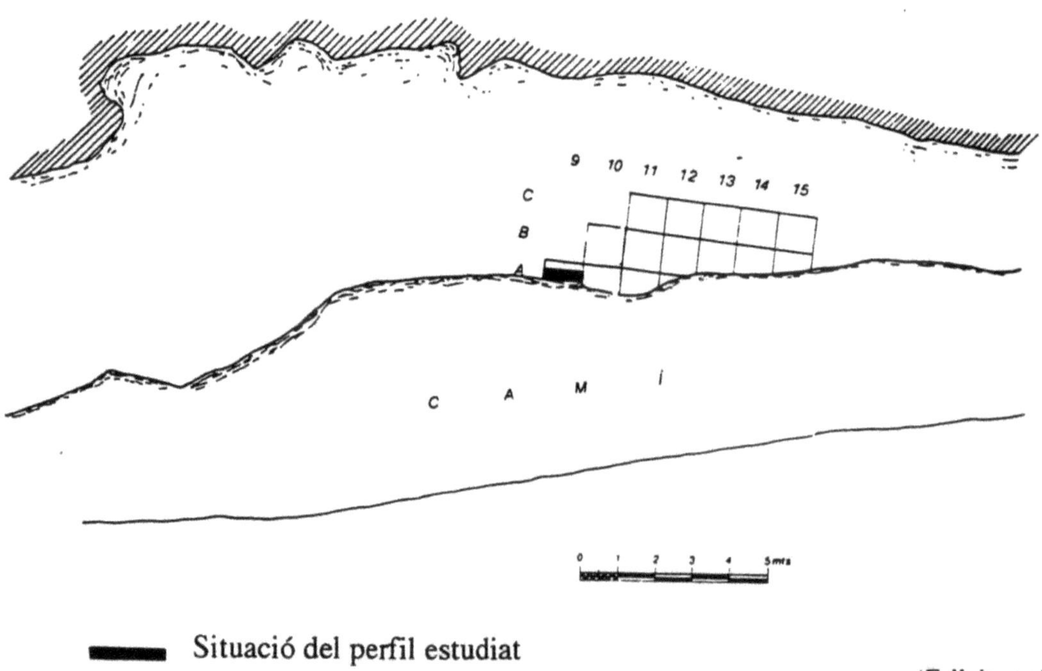

(Fullola et al., 1985)

Fig. 8.40.- Planta del yacimiento y situación del perfil estudiado.

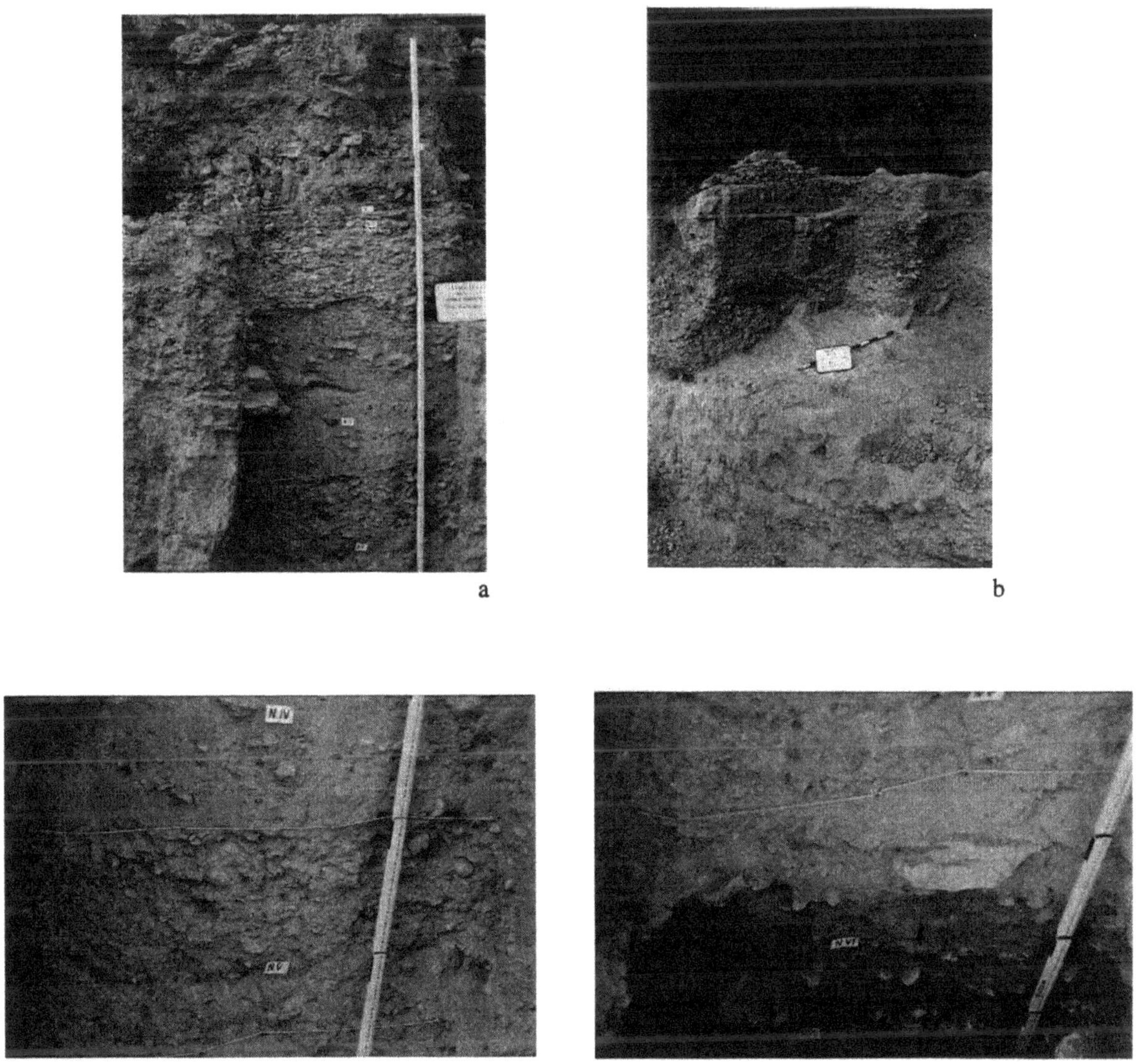

Fig. 8.41.- Perfiles 9 A y 10 B.
a.- Perfil sondeo 9 A. N.I - N.IV. b.- Perfil 10 B. N.II. c.- Perfil sondeo 9 A. N.IV - N.VI. d.- Perfil sondeo 9 A. N.VI - N.VII.

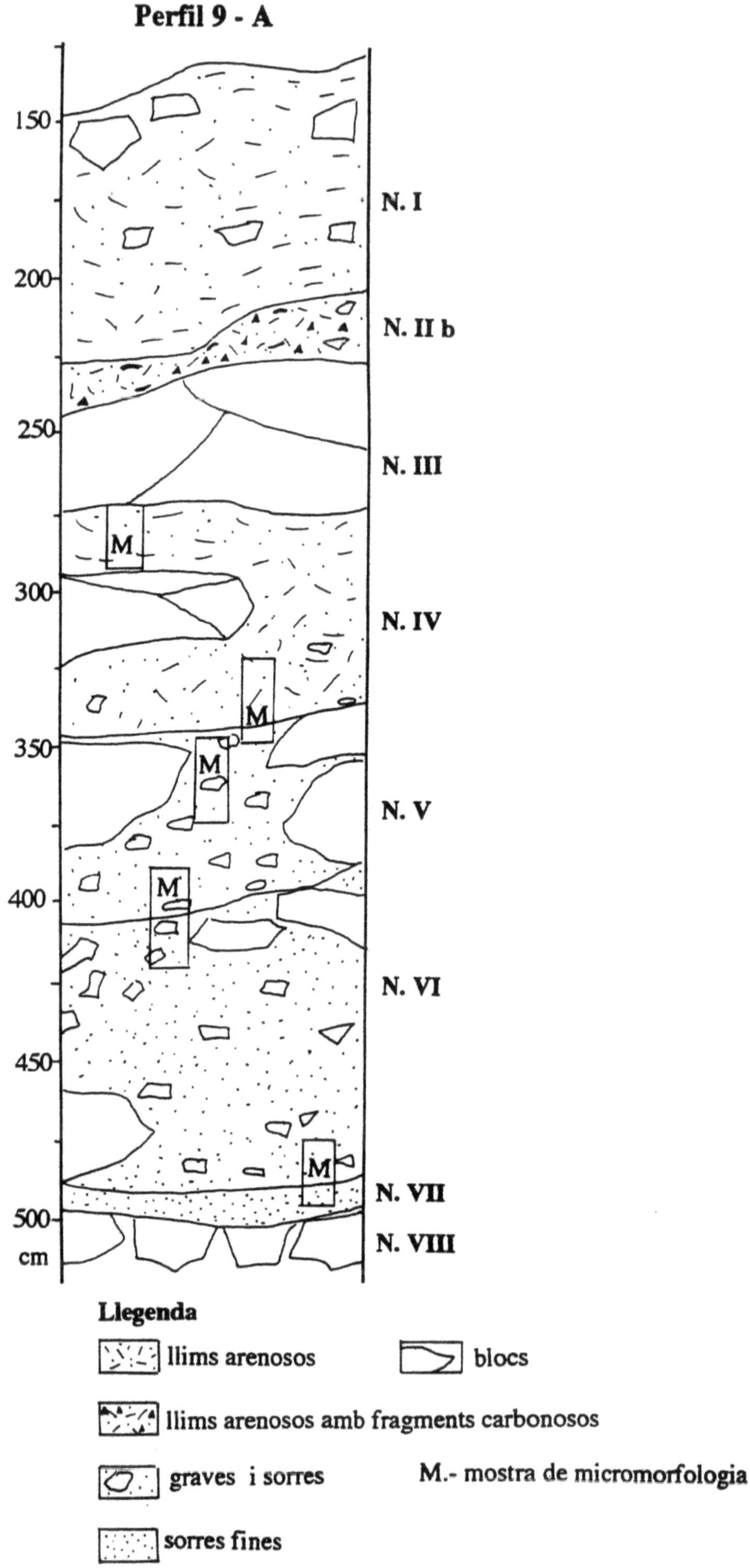

Fig. 8.42.- Perfil 9A

N.IIb.- En este nivel hay un aumento considerable de la fracción gruesa con un 80%. Esta fracción está formada por cantos de caliza que proceden del conglomerado, el tamaño oscila entre 1 y 7 cm. La matriz es de limos arenosos de color gris oscuro (10 YR 5/1). Hay gran cantidad de material arqueológico. Estructura de tipo granular.
Atribución cultural: Paleolítico Superior final.
Datación radiocarbónica: 10.950±120/10.050±85 BP.
Termoluminiscencia: 13.000±1.000 BP.

Bloques

N.III.- Potencia 50 cm. Compuesto por bloques de conglomerados procedentes del techo del abrigo.

Limos arenosos

N.IV.- Potencia 70 cm. Está constituido por un 59% de cantos de caliza que proceden del conglomerado y el tamaño va de 1 a 4 cm muy concrecionados con una matriz limo-arenosa de color marrón (7,5 YR 7/4). Se observan rasgos de un inicio de edafogénesis. También aparece algún bloque de caliza de 70 cm. En la parte superior del nivel y en el sector oeste es donde se concentra la mayor parte del material arqueológico. Por este motivo se hizo una distinción entre N.IVa y en N.IVb.
Atribución cultural: Paleolítico Superior final.
Datación radiocarbónica: 12.490± 120 BP.

Cantos y bloques con arenas

N.V.- Potencia 55 cm. Aumento de la fracción de cantos y gravas con un 70%. También son calizas y las dimensiones oscilan de 1 a 5 cm y aparecen muy concrecionadas. En el sector Este del abrigo aparecen varios bloques de conglomerado que proceden del techo del abrigo. Matriz de arenas limosas de color marrón (7,5 YR 6/6).

Arenas con cantos y algún bloque

N.VI.- Potencia 85 cm. Color marrón anaranjado (7,5 YR 7/6). Predominio de las arenas y la fracción gruesa disminuye considerablemente (40%) con cantos de caliza que oscilan entre los 1 y 5 cm. También aparece algún bloque de 30 cm. Estructura de tipo subangular.

Arenas finas

N.VII.- Potencia máxima 14 cm. Está formado por una matriz de arenas finas de color marrón (7,5 YR 6/4) y no aparece fracción gruesa. La estructura es de tipo masivo.

Bloques

N.VIII.- Potencia indeterminada (14 cm a la vista). Representado por bloques de calizas y areniscas.

Análisis micromorfológico
Adjuntamos los resultados en forma de tablas en las figuras 8.43, 8.44, 8.45 y 8.46.

8.6.2.3. Análisis sedimentario

N.VII

Descripción: Este nivel está formado mayoritariamente por una matriz de arenas de 63-250 µm constituidas por cuarzo, mica, esquisto y caliza micrítica de morfología subredondeada (Fig. 8.47 a). La porosidad no es elevada (5%) y la estructura es de tipo masivo y localmente cavitaria. La matriz es marrón con una fábrica de birrefringencia cristalítica.

En este nivel no aparecen prácticamente componentes de origen antrópico.

En cuanto a procesos postdeposicionales cabe destacar la formación de costras sedimentarias de matriz limo-arcillosa. En los huecos aparecen acumulaciones de material fino junto a $CaCO_3$ y en los de tipo cavitario hay acumulaciones secundarias de $CaCO_3$. También encontramos impregnaciones de óxidos-hidróxidos de hierro en forma de nódulos y revestimientos.

Interpretación: Corresponde a un aluvionamiento del río Montsant en un régimen de intensidad débil y variable (arenas finas y limos).

La presencia de óxidos-hidróxidos de hierro nos indica circulación lenta de agua. También destacar como efecto de la actividad biológica la presencia de huecos de tipo cavitario y las acumulaciones secundarias de carbonato cálcico.

N.VI

Descripción: Compuesto por arenas de 63-250 µm (35%), gravas (3%), cantos de 1 a 4 cm (40%) y algún bloque. Litología de cuarzo, mica de morfología subangulosa, calcita y caliza microesparítica y bioclástica de morfología subredondeada y frecuentemente tabular. La mayoría de los cantos se encuentran fisurados y fragmentados en forma de plaquetas de morfología angulosa (Fig. 8.47 b) y algunos tienen posición inclinada o vertical y con trazas de disolución. La estructura es granular, aunque localmente de tipo laminar (Fig. 8.47 c).

La matriz es de color marrón con una fábrica de birrefringencia cristalítica.

En este nivel tampoco se documentan restos de origen antrópico.

Fig. 8.45

ABRIGO DELS COLLS
Descripción sedimentaria microscópica

Niveles	Porosidad	Microestructura	Masa basal	Componentes minerales
N.I (M.10)	10%	Granular muy desarrollada	FG/FF 2/1 Gravas: 5% y Cantos: 10%. Arenas 250 µm-1 mm: 20% Arenas 63-250 µm: 50% Distribución Porfírica/Quitónica	--------
N.IIa (M.9)	20%	Granular muy desarrollada/ Fisuración vertical	FG/FF 1/1 Gravas: 2%, cantos: 0,5% Arenas 63-250 µm: 10% Distribución Porfírica/Quitónica	--------
N.IIb (M.8)	15%	Granular muy desarrollada	FG/FF 2/1 Gravas: 10%, Arenas 500 µm-1 mm: 5% Arenas 250-500 µm: 10% Arenas 63-250 µm: 40% Distribución Porfírica/Quitónica	Los cantos aparecen con fisuras y fracturas y con trazas de disolución (contornos irregulares).
N.III	--------	--------	--------	--------
N.IV (M.6-M.7)	20%	Prismática/Granular/Laminar	FG/FF1/2. Gravas: 0,5%, Cantos: 1% Arenas 250 µm - 1mm: 2% Arenas 63-250 µm: 15% Distribución Porfírica	Los cantos aparecen con fisuras y fracturas
N.V (M.4-M.5)	10%	Migajosa/Granular	FG/FF 2/1 Gravas: 3%, Arenas 250 µm-1 mm: 10% Arenas 63-250 µm: 25% Distribución relacionada Porfírica	Los cantos aparecen con fisuras y fracturas
N.VI (M.2-M.3)	15%	Granular/Laminar	FG/FF 2/1 Cantos: 15% Gravas y Arenas 250 µm-2mm: 5% Arenas 63-250 µm: 35% Distribución relacionada Porfírica	Los cantos aparecen con fisuras muy marcadas y algunas tienen una morfología angulosa y en forma de plaqueta.
N.VII (M.1)	5%	Masiva/Cavitaria	FG/FF 2/1 Arenas 250µm-1mm: 2% Arenas 63-250µm: 60% Distribución relacionada Porfírica cerrada	--------

La mineralogía y la litología está formada por cuarzo, mica, feldespato, caliza micrítica, esquisto y conglomerado. Los fragmentos de roca tienen una morfología subredondeada. En todos los niveles la matriz es marrón con una fábrica de birrefringencia cristalítica y calcítica.

ABRIGO DELS COLLS Descripción sedimentaria microscópica Componentes inorgánicos y orgánicos (de origen biológico-antrópico)			
Niveles	**Componentes de origen vegetal**	**Componentes de origen animal**	**Materiales antrópicos**
N.I (M.10)	- carbones (7%) de 63 µm - 1 mm de color negro y de morfología tabular.	- huesos (0,2%) de 125-250 µm. - fragmentos de malacología (0,1%) de 63 - 125 µm.	- sílex de 1,25 mm con hiporrev. de $CaCO_3$.
N.IIa (M.9)	- carbones (5%) de 125 - 500 µm de color negro.	- huesos (0,5%) de 1 mm de morfología subredondeada (posición vertical). - algún fragmento de malacología de 1 mm.	- sílex de 4 cm de morfología angulosa.
N.IIb (M.8)	- carbones (25%) de 63 - 500 µm de color negro rojizo de morfología tabular y nodular.	- huesos (5%) de 125 µm hasta tamaño centimétrico de color amarillo anaranjado y con trazas de combustión. - algún fragmento de malacología de 1mm.	- sílex (1%) de 125 µm hasta tamaño centimétrico con impregnaciones de óxidos-hidróxidos de hierro.
N.III	--------	--------	--------
N.IV (M.6-M.7)	- carbones (4%) de 63 µm - 1 mm de morfología nodular y tabular de color negro-marrón.	--------	--------
N.V (M.4-M.5)	--------	--------	--------
N.VI (M.2-M.3)	--------	--------	--------
N.VII (M.1)	- carbones (0,5%) de tamaño muy pequeño.	--------	--------

Fig. 8.46

Fig. 8.47

ABRIGO DELS COLLS
Descripción sedimentaria microscópica
Edaforrasgos

Niveles	Desplazamiento y acumulación de finos	Acumulación secundaria de $CaCO_3$	Oxidación-reducción
N.I (M.10)	- en cantos: hiporrevestimientos de material limo-arcilloso de 75 µm.	- en cantos y en frag. de sílex: rev., hiporrev. y en forma de pendent de 375-500 µm.	---------
N.IIa (M.9)	- en cantos o granos de arena: hiporrev. de limos y arcillas con partículas carbonosas de 250 µm.	- en granos de arena y en frag. de sílex: rev. y en pendent de 125 µm.	- nódulos de óxidos-hidróxidos de hierro.
N.IIb (M.8)	- en huecos: rev. de limo-arcillas. - en cantos: rev. de partículas carbonosas de 50 µm.	- en huesos: revestimientos. - en huecos: rev. e hiporrev. - en granos de arenas: revestimientos. - en cantos: pendents de 75-250 µm.	---------
N.III	---------	---------	---------
N.IV (M.6-M.7)	- en huecos: hiporrev. de material arcilloso y partículas carbonosas. - en agregados y cantos: hiporrev. de mat. fino y acumulación de mat. fino de 75-125 µm cappings. - frag. de costras de 250 µm hasta tamaño centimétrico de limos arenosos.	- en cantos: pendents de 375 µm.	- nódulos de óxidos-hidróxidos de hierro.
N.V (M.4-M.5)	- en huecos: rev. de limos y arcillas. - en cantos: silt cappings de limoarcillas.	- en huecos: revestimientos. - en cantos: pendents de 375 µm. - en cantos: rev. de $CaCO_3$ junto a material fino en la parte sup. pendents de 125 µm en posición secundaria.	--------
N.VI (M.2-M.3)	- en cantos: rev. e hiporrev. de limos y arcillas de 25 µm en la parte superior (silt capping). - en huecos: rev. e hiporrev. de 75 µm.	- en huecos cavitarios: rev. de 75 µm.	- nódulos de óxidos-hidróxidos de hierro de 75 µm.
N.VII (M.1)	- fragmentos de costras de matriz limo-arcillosa. - en huecos: hiporrev. de limos y arcillas junto a $CaCO_3$ de 125 µm. - en granos de arena: rev. de matriz limo-arcillosa de 50 µm.	- en huecos de tipo cavitario: hiporrev. de 50 µm. La cristalización es de tipo microesparítico.	- en huecos: rev. de óxidos-hidróxidos. - nódulos.

*En general, las acumulaciones secundarias de $CaCO_3$ son de tipo micrítico.

ABRICO DELS COLLS
Descripción sedimentaria microscópica
Edaforrasgos

Niveles (Muestras)	Desplazamiento y acumulación de finos	Acumulación secundaria de $CaCO_3$	Oxidación-reducción	Actividad biológica
N.I (M.10)	X	XX	---------	XXX
N.IIa (M.9)	XX	XX	X	XXX
N.IIb (M.8)	X	XX	---------	XXX
N.III	---------	---------	---------	---------
N.IV (M.6-M.7)	XX	X	X	XXX
N.V (M.4-M.5)	XX	X	--------	XX
N.VI (M.2-M.3)	XX	X	X	XX
N.VII (M.1)	XX	X	X	XX

X - Presentes XX - Frecuentes XXX - Abundantes

Fig. 8.48

Por lo que respecta a los procesos postdeposicionales destacamos la acumulación de material fino en los cantos (silt cappings), así como la acumulación de $CaCO_3$ en los huecos cavitarios con una cristalización microesparítica. También señalar los efectos de oxidación-reducción que se presentan mayoritariamente en forma de nódulos de óxidos-hidróxidos de hierro.

Interpretación: La formación del nivel VI es el resultado del aluvionamiento del río Montsant con un flujo más intenso que el nivel VII. El hecho que los cantos aparezcan fragmentados en forma de plaquetas de morfología angulosa nos indica unas condiciones frías. Las trazas de disolución que se observan en el material detrítico se pueden interpretar como resultado de una alternancia de ciclos de hielo-deshielo. Esta interpretación viene reforzada por la presencia de material detrítico en posición inclinada o vertical debida a los movimientos que comportan los procesos de hielo-deshielo (Butzer, 1982). La estructura granular/laminar también denota este tipo de condiciones (Van Vliet-Lanoë *et alii*, 1984; Van Vliet-Lanoë, 1987; Mücher *et alii*, 1990).

Posteriormente se produjeron acumulaciones de material fino en la parte superior de los cantos (cappings) como consecuencia de procesos de lavado ligados a momentos de deshielo (Van Vliet-Lanoë *et alii*, 1983; Van Vliet-Lanoë, 1987).

Desde el punto de vista paleoclimático en este nivel se dan unas condiciones muy frías.

N.V

Descripción: Está representado por una matriz de arenas de 63-250 µm (25%) junto a otras de mayor tamaño (250 µm a 1 mm) que constituyen el 10%. En este nivel aumenta la fracción de cantos (70%) y de bloques. Este material detrítico está formado por la misma litología y mineralogía que el nivel anterior. Algunos cantos presentan una fisuración en forma de plaquetas y también trazas de disolución que se manifiestan en la forma irregular de los contornos. Como en el nivel anterior algunos materiales se encuentran en posición vertical. La porosidad disminuye (10%) y la estructura es de tipo migajoso y localmente granular. La matriz es marrón con una fábrica de birrefringencia cristalítica.

No se observa material de origen antrópico.

Entre los procesos postdeposicionales señalar las acumulaciones de material fino con $CaCO_3$ en la parte superior de los cantos (silt capping).

Interpretación: El origen es fluvial y también se localizan caídas de bloques. Los caracteres que presentan los cantos nos indican ciclos de hielo-deshielo, pero no de tanta intensidad como en el nivel VI.

A diferencia del nivel anterior los cappings presentan carbonato cálcico, fenómeno que denota un aumento del régimen de evaporación.

En general, los procesos documentados denotan que hubo ciclos de hielo-deshielo pero en este caso, y a diferencia del nivel VI, no fueron tan intensos y más húmedos.

N.IV

Descripción: Compuesto por una matriz limo-arenosa. En la fracción gruesa domina las arenas de 63-250 µm (15%) junto a las de tamaño de 250 µm-1 mm que constituyen el 2%. Disminuye la fracción de cantos considerablemente respecto a los niveles anteriores pero aparece algún bloque. Los cantos aparecen con fracturas y fisuras en forma de plaqueta pero no tan acentuados y frecuentes como en los niveles VI y V. La litología y la mineralogía es la misma que el nivel anterior. La porosidad aumenta (20%) y la estructura es de tipo prismático y localmente granular, aunque en la parte superior del nivel se documenta una estructura laminar (Fig. 8.47 d). La matriz es marrón con una fábrica de birrefringencia cristalítica. Presencia de costras sedimentarias (Fig. 8.47 e)

En este nivel aparecen carbones (4%) de color marrón-negro.

Por lo que respecta a los procesos postdeposicionales cabe destacar que en la parte superior del nivel la actividad biológica es muy importante sobre todo por lo que hace referencia a la formación de cámaras por los lumbrícidos (Fig. 8.47 f). También se detectan acumulaciones de material fino en la parte superior de los cantos (silt cappings) y también acumulaciones de $CaCO_3$ bajo los elementos detríticos, especialmente en la parte inferior del nivel.

Interpretación: La sedimentación es también fluvial, pero en un régimen de aguas tranquilas (llanura de inundación), hecho corroborado tanto por la fracción de limos arenosos que constituyen la matriz como por la formación de costras sedimentarias. Aumenta el contenido de óxidos-hidróxidos de hierro debido seguramente a una buenas condiciones de oxigenación. También en este nivel, los cantos aparecen fragmentados en forma de plaquetas que nos indicarían unos ciclos de hielo-deshielo, pero no con la intensidad de anteriores niveles. Estas condiciones de hielo-deshielo también vienen corroboradas por la estructura sedimentaria (prismática/ granular/laminar) muy alterada por la actividad biológica.

En resumen, en este nivel continúan las condiciones frías pero con menor intensidad que en los niveles anteriores.

N.III

Descripción: Formado por grandes bloques de conglomerado que se localiza mayoritariamente en el sector Este del abrigo.

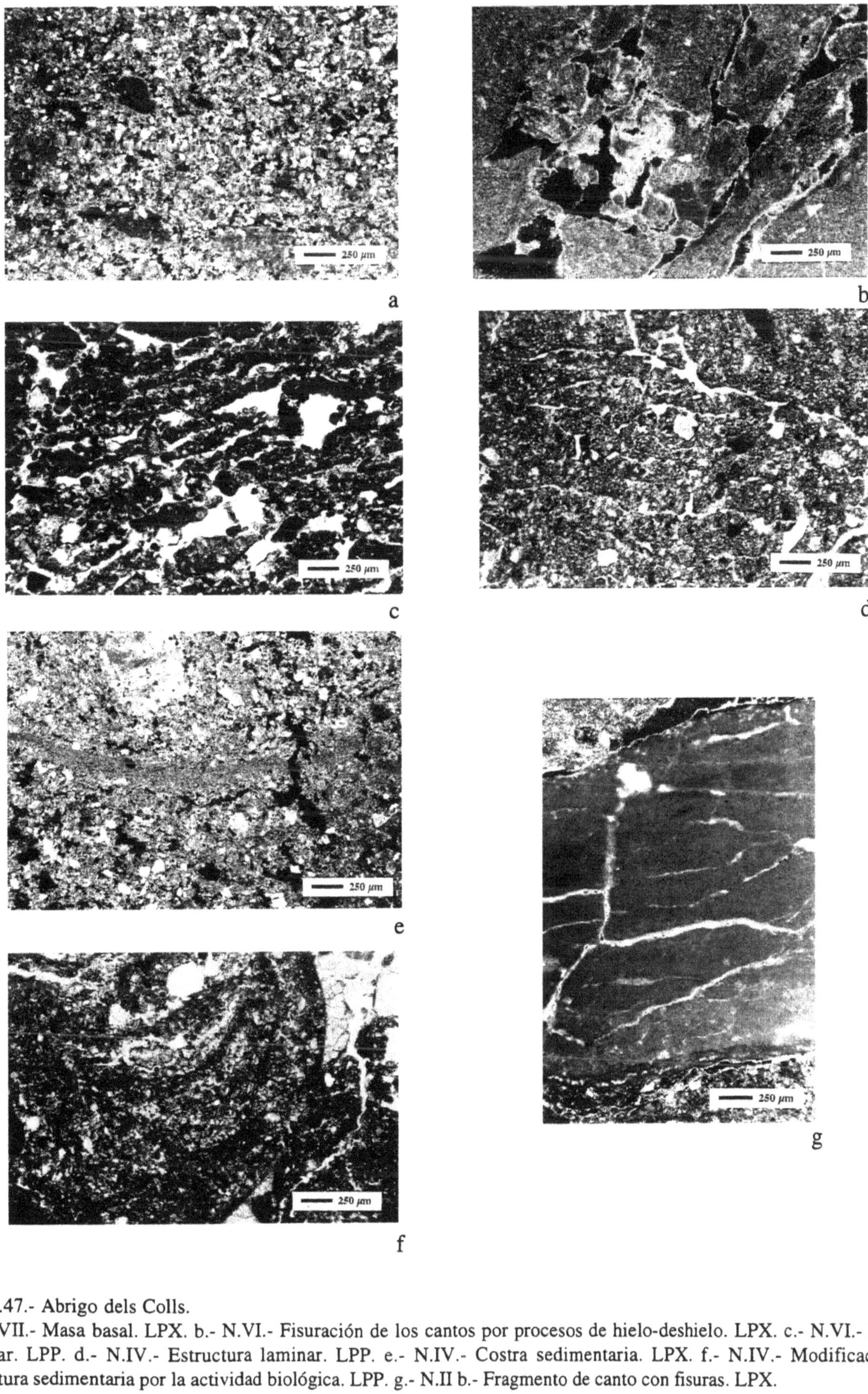

Fig. 8.47.- Abrigo dels Colls.
a.- N.VII.- Masa basal. LPX. b.- N.VI.- Fisuración de los cantos por procesos de hielo-deshielo. LPX. c.- N.VI.- Estructura laminar. LPP. d.- N.IV.- Estructura laminar. LPP. e.- N.IV.- Costra sedimentaria. LPX. f.- N.IV.- Modificación de la estructura sedimentaria por la actividad biológica. LPP. g.- N.II b.- Fragmento de canto con fisuras. LPX.

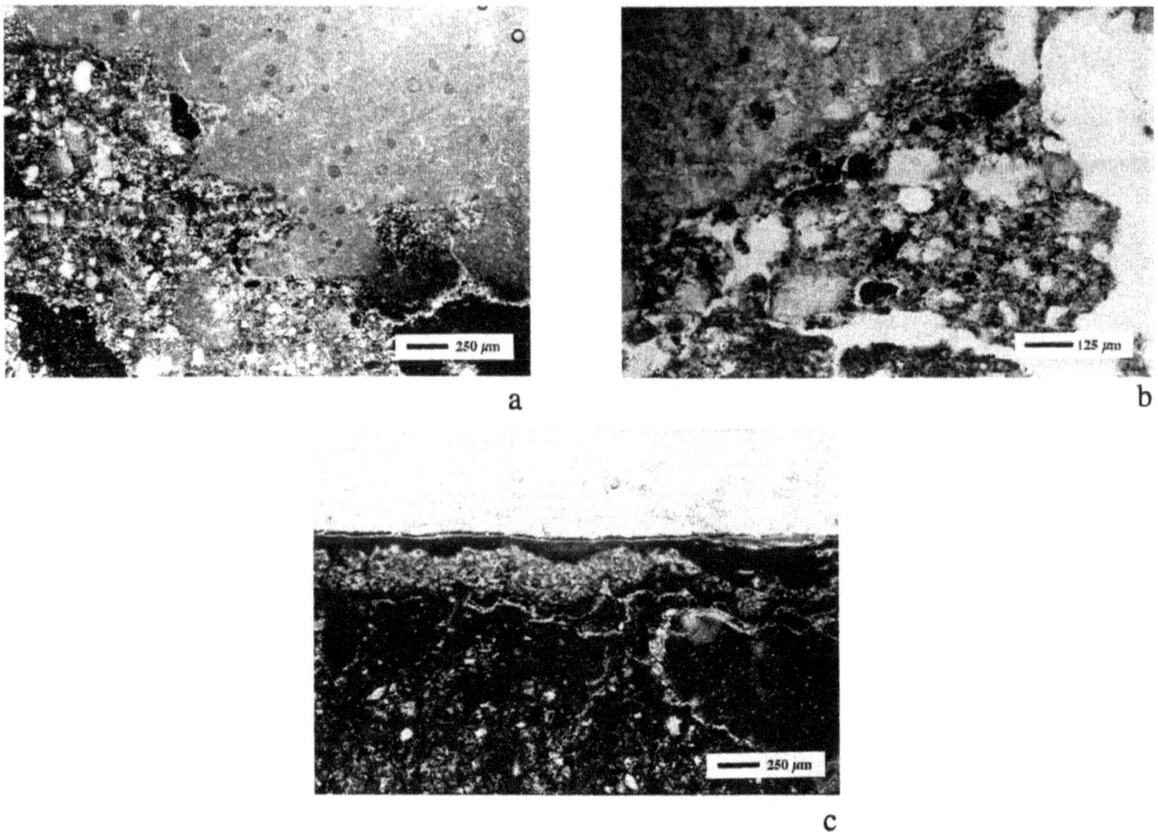

Fig. 8.48.- Abrigo dels Colls
a.- N.II b.- Trazas de disolución en un fragmento de caliza. LPP. b.- N.II b.- Fragmentos carbonosos. LPP. c.- N.II a.- Acumulación secundaria de $CaCO_3$ en la parte inferior de un fragmento de sílex. LPX.

Interpretación: Se trata de una caída de bloques del techo del abrigo y sus causas se analizan con mayor profundidad en las conclusiones, ya que creemos que se puede tratar de una dinámica generalizada a todos los registros estudiados.

N.II

Descripción: Este nivel está constituido por dos subniveles: IIa y IIb. El nivel IIb está formado por una matriz limosa arenosa. Dentro de la fracción gruesa dominan las arenas de 63-250 µm (40%) junto a las de 250µm-1mm que constituyen el 10%. Respecto al nivel IV aumenta considerablemente la fracción de gravas y cantos. Los cantos aparecen con fracturas y fisuras (Fig. 8.47 g), con trazas de disolución (contornos irregulares) (Fig. 8.48 a) y con trazas de combustión (fisuras de conglomerado con óxidos-hidróxidos de hierro y opacidad en el material calizo). La porosidad disminuye sensiblemente (20%) y la estructura es de tipo granular muy desarrollada. La matriz es marrón-grisácea con una fábrica de birrefringencia cristalítica.
En este nivel hay un aumento considerable de los carbones (25%) de color negro-rojizo (Fig. 8.48 b), así como fragmentos de huesos con trazas de combustión y de sílex con impregnaciones de óxidos-hidróxidos de hierro.

En cuanto a procesos postdeposicionales destacar la actividad biológica que se manifiesta en la estructura. También se detecta acumulaciones de material fino y de partículas carbonosas en huecos y cantos, así como acumulaciones secundarias de $CaCO_3$ en huesos, fragmentos de sílex (Fig. 8.48 c), huecos y también en forma de pendent.

En cuanto al N.IIa no hay muchas diferencias con respecto al nivel IIb. Se observa un aumento considerable de las fracciones de gravas y cantos, una disminución de los restos carbonosos, hecho que hace que el color de la matriz sea más marrón, y también se puede diferenciar del anterior por una microestructura de tipo fisural bien desarrollada.

Interpretación: El origen es fluvial, pero en un régimen de menor energía, y también hay aportes locales (bloques caídos). Es un nivel muy parecido al nivel IV, lo único que difiere es la concentración de restos carbonosos de tamaño de 63-500 µm que da al nivel una coloración grisácea. El hecho que los carbones presenten este tamaño tan pequeño creemos que se debe a la importante actividad biológica registrada en este nivel y también a la percolación de aguas que han hecho que se acumulen alrededor de agregados, de elementos gruesos y de huecos.

Tanto los fragmentos de carbón como los de hueso con trazas de combustión indican que ésta no fue muy intensa (combustión de 180-300°C) (Wattez, 1992). Como la extensión de los carbones de este nivel coincide con la de la ocupación, pensamos que el origen de estos carbones se debe a algún tipo concreto de actividad antrópica que se realizó de forma reiterativa.

También en este nivel, los cantos aparecen con fisuras en forma de plaquetas que nos indicaría ciclos de hielo-deshielo, pero no con la intensidad de los otros niveles.

Desde el punto de vista climático, el ambiente es frío pero con cierta humedad.

N.I

Descripción: Es un nivel formado por una matriz limo-arenosa con cantos y bloques de aportación antrópica. La estructura es granular muy desarrollada. la porosidad disminuye considerablemente. La mineralogía y la litología del material detrítico es la misma que la del resto de los niveles. La matriz es de color marrón con una fábrica de birrefringencia cristalítica.

Por lo que respecta a los componentes de origen antrópico, disminuyen considerablemente respecto al nivel anterior.

Entre los procesos postdeposicionales, destacan por una parte la actividad biológica (lumbrícidos) que es la causa de la estructura granular y las cámaras, canales y huecos de tipo cavitario y, por otra parte, la acumulación de $CaCO_3$ en forma de pendent en el material de sílex y en cantos.

Interpretación: Creemos que el origen y las condiciones paleoambientales del nivel podrían ser las mismas que las del nivel II; pero en este caso, las alteraciones provocadas por la actividad antrópica reciente han sido tan intensas que la interpretación sedimentaria y paleoambiental se hace muy difícil.

8.7. EVOLUCIÓN SEDIMENTARIA DEL CURSO MEDIO DEL RÍO MONTSANT

8.7.1. Revisión estratigráfica de los yacimientos y de algunos perfiles asociados

La localización de los asentamientos estudiados nos ha hecho subdividir la región estudiada en tres áreas:

- Sector 1: área del Hort de la Boquera

- Sector 2: área del abrigo del Filador

- Sector 3: área del abrigo dels Colls

En cada una de ellas se han estudiado los cortes estratigráficos del yacimiento así como aquellos perfiles que se localizan alrededor del asentamiento y que pueden ayudar a interpretar el relleno sedimentario de la zona.

8.7.1.1. Sector 1: área del Hort de la Boquera

En esta primera unidad cabe distinguir:

Análisis del transecto NW-SE del curso medio del río Montsant

Tanto el margen derecho como el izquierdo del río Montsant están totalmente aterrazados por las prácticas de cultivo. La zona donde, quizás, se puede observar mejor la secuencia estratigráfica de este primer sector es en el Hort de la Boquera.

El análisis de este transecto nos muestra el Hort de la Boquera situado a 24,7 m respecto el nivel actual del río en el nivel terraza T2 por encima de unos estratos de conglomerados y de lutitas y areniscas. Esta terraza se localiza en el margen cóncavo del río. En el otro margen del río encontramos el nivel de terraza T1b a 16,8 m y la llanura de inundación actual que están utilizados por actividades de cultivo.

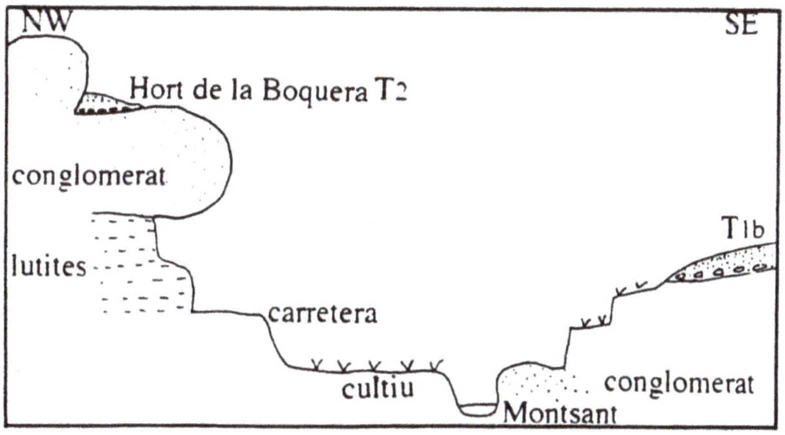

Fig. 8.49.- Esquema del transecto NW-SE

Análisis de los depósitos sedimentarios del asentamiento del Hort de la Boquera

Se han podido distinguir los siguientes episodios:

- en la base (N.IV), cantos de morfología redondeada y tabular con una matriz de arenas que procede de un aluvionamiento del río Montsant.

- un nivel de arenas granuloclasificadas (N.III) sin trazas de bioturbación que procede de aportes aluviales del río Montsant en un régimen de menor energía que el nivel anterior.

- un nivel de limos arenosos con fragmentos de carbones (N.II) sin una granuloclasificación lo que denota unos aportes que tienen un origen fluvial pero también se encuentra material autóctono (ladera).

- en la parte superior, limos arenosos (procedentes de procesos de escorrentía superficial) bien estructurados por la edafogénesis.

8.7.1.2. Sector 2: área del abrigo del Filador

Perfil transversal. Campos del Filador

Gracias a la apertura de dos zanjas para instalar unos canales de riego pudimos realizar una descripción detallada del perfil transversal desde el nivel del río hasta el pie del mismo abrigo del Filador. La potencia de éstas es de 3 a 4 m.

Esta secuencia se enmarca en la parte inferior de la terraza T1a que estaría entre 3-8 m respecto el río Montsant.

La descripción estratigráfica es la siguiente:

- Nivel actual del lecho del río Montsant.

- Sustrato. Potencia media 117 cm (vistos). Formado por areniscas y lutitas.

- Terraza con bloques de la ladera. Potencia media 90 cm. Formada por cantos y arenas (terraza del río Montsant, T1a). En algunos sectores se observan bloques de conglomerado caídos de la ladera.

- Terraza. Potencia media 50 cm. Formada por un nivel de cantos y bloques mayores que los del nivel anterior que proceden del río Montsant.

- Limos arenosos. Potencia media 34 cm. Formada por limos arenosos con bloques de areniscas (20 cm).

- Limos arenosos con materia orgánica. Potencia media 40 cm. Formado por una matriz de limos arenosos con cantos de morfología subangulosa y con un alto contenido de materia orgánica.

- Limos arenosos. Potencia media 120 cm. Presenta las mismas características que el nivel anteriormente descrito, pero se diferencia por la ausencia de materia orgánica, hecho que da una coloración marrón al nivel.

- Terraza de cultivo

- Nivel XII del abrigo del Filador.

Análisis sedimentario del depósito del abrigo del Filador

En el estudio del relleno del abrigo del Filador se han podido distinguir los siguientes episodios:

- en la base (N.XII), cantos y bloques de morfología subredondeada procedentes del aluvionamiento del río Montsant.

- un nivel de arenas medianas (N.XI) aportadas por el río en un momento de menor energía.

- nivel de arenas medianas y gruesas (N.X), hay un débil aumento del régimen del río.

- niveles de arenas finas con laminaciones limo-arcillosas (N.VIII-IX) propias de aluvionamientos intermitentes del río.

- nivel de limos arenosos con muchas evidencias de bioturbación (N.VII-N.D y probablemente N.IV). Es un depósito formado en un medio donde se produce una descarga estacional del río debido a fuertes precipitaciones junto a aportes del cono de deyección que quedan registrados en los cuadros 4A-4B-4C-4D.

- nivel de arenas finas (N.E que probablemente se corresponde con el N.V-VI). Se documenta un momento de inundación del río, que sólo se localiza en el sector de los cuadros de excavación del 7 al 11.

- nivel de cantos de calizas de morfología subangulosa que procede del cono de deyección (N.C que probablemente se corresponde con la parte inferior del N.T del sector no excavado). Este aporte se extiende de forma irregular por todo el asentamiento siendo el más potente en el sector de los cuadros: 4 y 5 y va disminuyendo progresivamente hacia los cuadros 10 y 11.

- nivel de arenas finas de origen aluvial con aportaciones locales (N.B).

- en la parte superior se documenta un nivel de cantos de calizas fragmentados procedentes de la disgregación de la pared y del cono (N.A que probablemente se correlaciona con la parte superior del N.T).

8.7.1.3. Sector 3: área del abrigo del Colls

Perfil inferior del abrigo dels Colls

La secuencia documentada es la siguiente:

- Terraza T2. Potencia indeterminada (156 cm a la vista). Formada por un depósito de cantos procedentes del río Montsant.

- Areniscas y lutitas. Potencia 90 cm. Formado por areniscas y lutitas en proceso de descomposición y bloques caídos.

- Bloques de conglomerado. Potencia indeterminada. Formado por una serie de bloques caídos.

Análisis sedimentario del depósito del abrigo dels Colls

En el estudio del relleno del abrigo dels Colls se han podido distinguir los siguientes episodios:

- en la base, bloques de calizas y areniscas (N.VIII).

- arenas finas de origen aluvial del río Montsant (N.VII).

- cantos y arenas con un origen aluvial (N.VI).

- aumento de cantos con arenas finas (aluvial) y caídas de bloques de conglomerado (N.V).

- limos arenosos muy bioturbados en proceso de edafización (N.IV).

- caídas de bloques de conglomerado (N.III).

- limos arenosos muy bioturbados y con restos carbonosos (N.II).

8.7.2. Facies sedimentarias del curso medio del río Montsant

Las facies sedimentarias presentes en los registros del curso medio del río Montsant son las siguientes (Fig. 8.50):

Canal activo del río Montsant

- Cantos con una matriz de arenas

Canal activo del río Montsant. Se encuentra documentada: en los niveles IV del Hort de la Boquera, en el perfil inferior del abrigo dels Colls y el nivel XII del abrigo del Filador.

Estos materiales se depositan en el canal y sus márgenes y fueron transportados como carga de fondo.

Aluvionamiento del río Montsant

- Arenas con gravas y cantos

También de procedencia del río Montsant. Se localiza en los siguientes niveles: N.XI y X del abrigo del Filador. Representan una dinámica de sedimentación con aportes regulares. Siguen la pendiente del río.

- Arenas finas

Se registra en el N.VII del abrigo dels Colls, N.III del Hort de la Boquera y en el nivel VIII-IX del abrigo del Filador. También de aporte fluvial. Sigue la pendiente del río.

- Arenas con cantos y bloques

Está documentada en el N.VI del abrigo dels Colls. Esta facies indica una reactivación de la dinámica fluvial.

- Cantos y bloques con matriz arenosa

Se localiza en el N.V del abrigo dels Colls. Aluvionamiento del río con caídas de bloques.

Caídas de bloques

- Bloques

Caídas de bloques. Se localiza en el N.VIII y N.III del abrigo dels Colls y en el N.Ib del Hort de la Boquera.

Llanura de inundación

- Limos arenosos bioturbados

Llanuras de inundación en un medio de aguas tranquilas con una sedimentación lenta y que permite un proceso de edafización (importantes procesos de bioturbación). Se pueden encontrar materiales de otros procesos sedimentarios o antrópicos que nos definirán las siguientes subfacies:

- con cantos autóctonos (procesos de escorrentía). Se documenta en el nivel VII del abrigo del Filador.

- con caídas de bloques. Se registra en el N.IV del abrigo dels Colls.

- con una fuerte concentración de carbones. En el N.II del Hort de la Boquera y en el N.II del abrigo dels Colls. La principal característica de esta facies reside en la abundancia de fragmentos carbonizados.

- Arenas con cantos de morfología angulosa

Se ha localizado en los N.E y N.B y probablemente en el N.V-VI del abrigo del Filador. Corresponde a momentos de inundación del río Montsant junto a aportes de tipo local (procesos de escorrentía).

Facies sedimentarias del curso medio del río Montsant

Facies	Condiciones del depósito	Niveles documentados
Cantos con matriz de arenas	Canal activo del río Montsant	N.IV (Hort de la Boquera) N.IX (Abrigo dels Colls) N.XII (Abrigo del Filador)
Arenas con gravas	Aluvionamiento del río Montsant	N.XI y N.X (A. del Filador)
Arenas finas	Aluvionamiento del río Montsant	N.VIII- N.IX (A. del Filador) N.VII (A. dels Colls) N.III (H. de la Boquera)
Arenas con cantos	Reactivación del aluvionamiento del Montsant	N.VI (A. dels Colls)
Cantos/bloques con matriz arenosa	Aluvionamiento del río con caídas de bloques	N.V (A. dels Colls)
Bloques	Caída de bloques de conglomerado y de caliza	N.VIII y N.III (A. dels Colls) N.Ib (H. de la Boquera)
Limos arenosos bioturbados	Llanura de inundación en un medio de aguas tranquilas con una sedimentación lenta (procesos de bioturbación)	
con cantos autóctonos	Llanura de inundación con procesos de escorrentía	N.VII y N.D (A. del Filador)
con bloques de conglomerado	Llanura de inundación con caídas de bloques	N.IV (A. dels Colls)
con carbones	Llanura de inundación (procesos de escorrentía o caídas de bloque con una fuerte concentración de carbones de 63-500 µm.	N.II. escorrentía (H. de la Boquera) N.II. caídas de bloques (A. dels Colls)
Arenas con cantos de morfología subangulosa	Inundaciones del río Montsant y procesos de escorrentía	N.V-VI, N.E y N.B. (A. del Filador)
Limos arenosos con cantos de morfología angulosa	Procesos de escorrentía Formación de conos y laderas	N.C y N.A (A. del Filador) N.I (H. de la Boquera)

Fig. 8.50.- Facies sedimentarias del curso medio del río Montsant.

Procesos de escorrentía (conos y laderas)

- Limos arenosos con cantos de morfología angulosa

Se registra en el N.I del Hort de la Boquera y en los N.C y A del abrigo del Filador. Esta facies es propia de procesos de escorrentía que generan la formación de depósitos de ladera.

8.7.3. Reconstrucción evolutiva y cronológica de la secuencia sedimentaria en el curso medio del río Montsant

Se han distinguido las siguientes fases:

- Anterior al 12.500 años BP

Fase 1: Se caracteriza por un depósito aluvial de fuerte energía de varios metros de cantos y arenas. Esta sedimentación se da sobre todo en el margen cóncavo. Probablemente se produjo durante en un momento más antiguo del Pleistoceno Superior, que correspondería al nivel de terraza T2. Esta representado en el N.IV del Hort de la Boquera y en el nivel del perfil inferior del abrigo dels Colls.

Fase 2: Momento de menor intensidad aluvial. Esta fase está caracterizada por un depósito de arenas. Está representada en el N.VII del abrigo dels Colls y en el N.III del Hort de la Boquera.

Fase 3: Momento de inundaciones con aportes locales (caídas de bloques). N.VI y N.V del abrigo dels Colls. Momento frío. En el yacimiento del Hort de la Boquera no se registra este episodio.

- Del 12.500 - 10.050 años BP

Fase 4: Llanura de inundación (limos arenosos bioturbados) con aportes locales, caídas de bloques del techo en el abrigo dels Colls (N.IV, N.III y N.II) y de escorrentía en el Hort de la Boquera (N.II). Las condiciones ambientales fueron frías con un aumento paulatino de la humedad sobre todo por lo que se refleja en el abrigo dels Colls, en cambio en el Hort de la Boquera las condiciones son menos húmedas. Ésto nos hace plantear que los niveles del abrigo dels Colls son un poco más antiguos que los del Hort de la Boquera, ya que no se reflejan las mismas condiciones ambientales. En este momento se documentan niveles de ocupación de finales del Paleolítico Superior con una fauna compuesta por cérvidos, lagomorfos y cabra salvaje. Por lo que respecta a la vegetación, según los análisis antracológicos dominaría el pino albar (*Pinus sylvestris-salzmannii*).

También cabe apuntar que el N.II del abrigo dels Colls está datado entre 10.050-10.950 años BP. y el N.II del Hort de la Boquera en 9.420±80 años BP., creemos que ésta última es demasiado moderna tanto por su adscripción sedimentaria como cultural.

- Del 10.050 BP - 9.000 años BP

Fase 5: Se inicia un encajamiento del río (T1b) y una sedimentación de fuerte energía con cantos y arenas, localizada en el N.XII del abrigo del Filador.

Fase 6: El régimen disminuye de intensidad y se manifiesta en el N.XI, N.X y N.VIII-IX del abrigo del Filador. Se localizan niveles de ocupación correspondientes al Epipaleolítico microlaminar.

Fase 7: Datada entre el 9.830-9.460 años BP. Llanura de inundación de este nivel de terraza (limos arenosos bioturbados). Correspondería al resto de la secuencia del abrigo del Filador. Empiezan a funcionar los procesos de escorrentía desarrollando conos de deyección en Filador y depósitos de ladera en Hort de la Boquera (N.I). También se localizan episodios de inundación del río (N.E, N.V-VI, N.B) con algunos aportes locales.

La vegetación estaría compuesta por *Pinus* y *Quercus t. ilex* . También por *Juniperus, Ericaceae, Prunus amygdalus* y *Prunus spinosa.* Hay que destacar asimismo la presencia de taxones que se desarrollarían en lugares próximos a los cursos de agua como *Corylus* y *Salix.* La fauna está representada en general por cérvidos, cápridos y lagomorfos. Las ocupaciones antrópicas registradas corresponden a una fase epipaleolítica de tipo geométrico.

Las condiciones son frías y húmedas y evolucionan hacia condiciones semiáridas.

- Posterior al 9.000 BP

Fase 8: Se encaja el río de nuevo formando el nivel de terraza T1a donde no se ha documentado ninguna ocupación antrópica.

9. CUEVA DEL VIDRE

9.1. INTRODUCCIÓN

9.1.1. Antecedentes y registro arqueológico

La cueva del Vidre es conocida como yacimiento arqueológico desde 1890. Faura i Sans en el año 1915 realizó unas pequeñas catas obteniendo algunos restos arqueológicos (Bosch, e.p). No hubo otras intervenciones hasta que Ignasi Cantarell de 1957 a 1960 excavó varios sondeos distribuidos sistemáticamente por la cueva. Éstos (que los denominó A, B, C, D, E y S) estaban repartidos en diferentes sectores de la cueva, distinguiendo diferentes niveles en cada uno de ellos (A 1, 2, 3; B 1, 2; C 1, 2, 3, 4, 5; D 1; E 1, 2, 3; S 1) (Bosch, e.p.). A excepción de los niveles inferiores del sondeo C (2, 3, 4 y 5), todos los demás corresponden a niveles neolíticos en los que aparece un conjunto homogéneo de material. Se atribuyeron al Neolítico Antiguo cardial, con cerámicas impresas cardiales y no cardiales. También aparecieron piezas líticas: láminas, perforadores y geométricos, útiles de molienda, industria sobre hueso y elementos ornamentales, así como restos de fauna tanto salvaje como doméstica (Bosch, 1993). El nivel 2 del sondeo B no contenía cerámica, pero la industria lítica se adscribe al Neolítico. Los niveles inferiores del sondeo C contrastan con el resto por la ausencia de cerámica y la presencia de fauna salvaje y material lítico, caracterizado por raederas, láminas y puntas de dorso que se han atribuido con posterioridad al Epipaleolítico microlaminar (Bosch, 1993; Bosch, e.p.).

Durante el año 1992 se reiniciaron las excavaciones bajo la dirección de J. Bosch.

9.1.2. Dataciones absolutas

Las dataciones absolutas que se han efectuado hasta el momento son las siguientes (Bosch, 1993):

- N.II Ext. del perfil I-J 11 (Neolítico Antiguo).- Beta 58934. Analytic Inc. 6.180±90 BP

- N.II Int. del perfil T-U 11 (Paleolítico Superior final o Epipaleolítico).- Beta 58933. Analytic Inc. 10.740±130 BP

9.2. MARCO GEOGRÁFICO

9.2.1. Situación geográfica

La cueva del Vidre se encuentra en el término municipal de Roquetes (Baix Ebre, Tarragona), localizada en la vertiente suroriental de la Sierra del Caro (1.447 m) de los Ports de Beseit (Fig. 9.1 y Fig. 9.2).

Los Ports de Beseit constituyen un núcleo montañoso situado entre la Cordillera Ibérica y la Cordillera Litoral Catalana; siguen una dirección SW-NE determinada por la estructura geológica. En la zona objeto de estudio el modelado del relieve está muy condicionado por la red de drenaje, formada por torrentes que excavan profundos barrancos de gran pendiente como el de La Caramella, el de la Galera, el de la cueva Pintada, el de Lloret... que configuran una serie de pequeñas "molas" (Moleta Castellona, Moleta del Moro, Moleta Redona, Mola del Boix...).

La cueva del Vidre se sitúa en el margen derecho del barranco de Lloret que nace bajo el Coll dels Pallers (1.200 m) y se encaja entre el Coll Ventós (583 m) y els Bufadors (1.079 m). El yacimiento está a 1.000 m s.n.m. orientado al Este.

Las coordenadas geográficas del yacimiento son:
Longitud: 0° 18' 54" E
Latitud norte: 40° 46' 42" N
UTM: 31TBF736175
(Según: Hoja nº 521. Beceite del Mapa topográfico del Servicio Geográfico del Ejército. 1991. E.1:50.000 Proyección U.T.M. según meridiano de Greenwich).

Fig. 9.1.- Localización del yacimiento

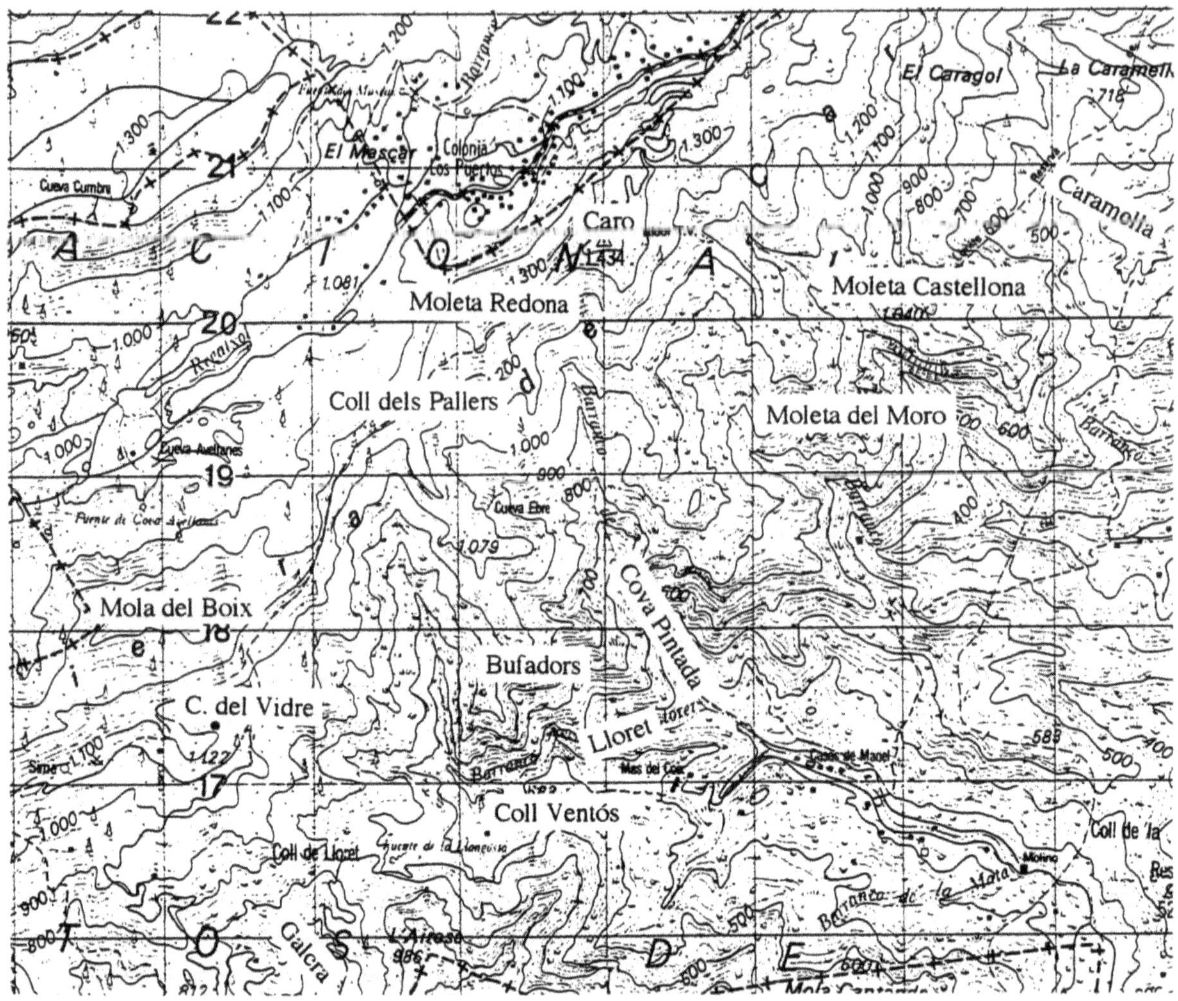

Fig. 9.2.- Situación geográfica. Mapa topográfico: Hoja núm. 521. Beceite. Servicio Geográfico del Ejercito. 1991. Cuadrícula UTM de 1 Km.

9.2.2. Vegetación

En los Ports de Beseit se observa una vegetación ordenada en diversos estadios altitudinales bien diferenciados, que van desde paisajes mediterráneos meridionales en la base de la montaña hasta paisajes submediterráneos en la parte superior.

En la vertiente oriental (marítima) de los Ports, la vegetación se dispone en tres zonas altitudinales bien definidas:

- estadio de la maquia de matorral y palmito *(Querco-Lentiscetum)* a 300-400 m de altitud

- estadio de los encinares con durillo *(Quercetum ilicis galloprovinciale)* de 400-1.000 m de altitud. Hacia los límites superiores de este estadio, alrededor de 1.000 a 1.100 m, el bosque de encinar se empobrece en especies sensibles al frío y se llena de plantas de montaña. Ésto hace que se aproxime al encinar de montaña *(Quercetum mediterraneo-montanum)*.

- estadio de robledal y pinares submediterráneos en la parte superior (1.000-1.400 m).

En los Ports y en la zona de la cueva del Vidre, la vegetación climásica del estadio superior, submediterráneo, es un bosque próximo al robledal valenciano *(Violo-Quercetum faginae)*. Pero los árboles que predominan son pinos: negral *(Pinus nigra)* y, sobre todo, pino albar *(Pinus sylvestris)*.

La mayoría de los pinares que se encuentran en Catalunya en el dominio de los robledales son secundarios, pero en los Ports éstos ocupan toda el área submediterránea del macizo. Éso vendría determinado por las condiciones generales de humedad y frío y de suelos con poco espesor, poco favorables a los robles. Cabe decir que las especies arbustivas y herbáceas que presentan son las mismas que las del robledal de romero de hoja pequeña. Se distinguen dos tipos de pinares de pino albar (Farnós *et alii*, 1989):

- Pinar de pino albar *(Geo-Pinetum sylvestris)*. Se encuentra en la parte central del macizo y concretamente en el área de la cueva del Vidre. Se localizan las siguientes especies: pino albar *(Pinus sylvestris)*, boj *(Buxus sempervirens)*, retama patente *(Genista patens)*, enebrina *(Juniperus comunis)*, etc.

- Pinar de pino albar con gayuba (*Arctostaphylo-Pinetum catalannicae*). Se sitúa en lugares frescos y sombreados, las especies características de los pinares boreales pueden llegar a ser más importantes con la presencia de la pírola *(Pyrola chlorantha* y *P. secunda)*, plantas herbáceas características de la taiga. También, hay que decir que en las áreas frescas y abiertas al viento húmedo del mar y en situación de sombría, se conserva una mancha relativamente importante de hayedo. El haya *(Fagus sylvatica),* árbol característico de la Europa central, encuentra en los Ports una de las posiciones más avanzadas hacia el sur en la parte oriental de la Península Ibérica, y está acompañado por un cierto número de especies de herbáceas características de los hayedos.

9.2.3. Clima

La estación más próxima que dispone de datos de precipitación es Mas de Barberans del Instituto Nacional de Meteorología y los parámetros termométricos se basan en el estudio realizado por García Lanceta (1979) de las estaciones de Mas de Barberans y La Sènia.

Características del observatorio de Mas de Barberans

Coordenadas Geográficas
- Longitud: 0° 22' 18" E
- Latitud: 40° 44' 02" N
- Altitud: 340 m

Series
- Precipitaciones: 1917-1918, 1967-1992

Régimen termométrico

Para el estudio del registro termométrico hemos usado el trabajo de García Lanceta (1979) que se basó en dos estaciones: Mas de Barberans situada a 340 m de altitud y La Sènia (Barranco de la Fou) a 1.000 m. No se especifican los años que comprenden las series que utilizó para calcular los parámetros termométricos.

Por lo que se refiere a la estación de La Sènia la distribución de las temperaturas queda resumida en el siguiente gráfico (fig. 9.3).

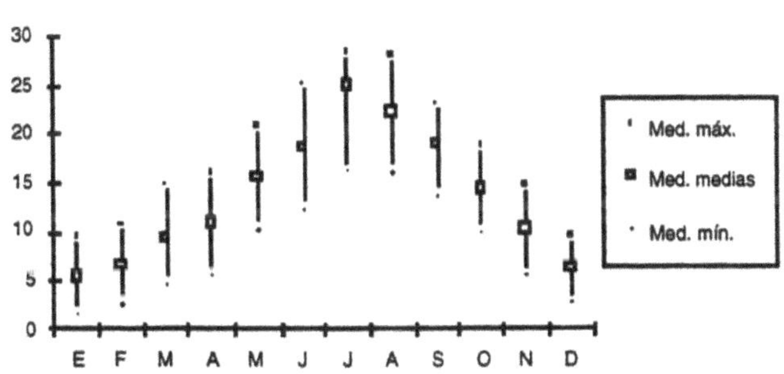

Fig. 9.3.- Gráfica de la distribución mensual de temperaturas medias de La Sènia.

De la estación de Mas Barberans, la distribución de temperaturas se presenta en la figura 9.4.

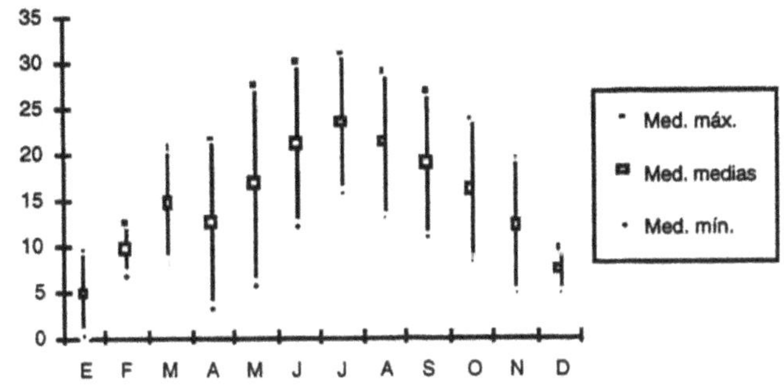

Fig. 9.4.- Gráfica de la distribución mensual de temperaturas medias de Mas de Barberans.

Régimen pluviométrico

- Precipitaciones medias

En la gráfica siguiente se muestran los datos de precipitación media mensual correspondientes a Mas de Barberans.

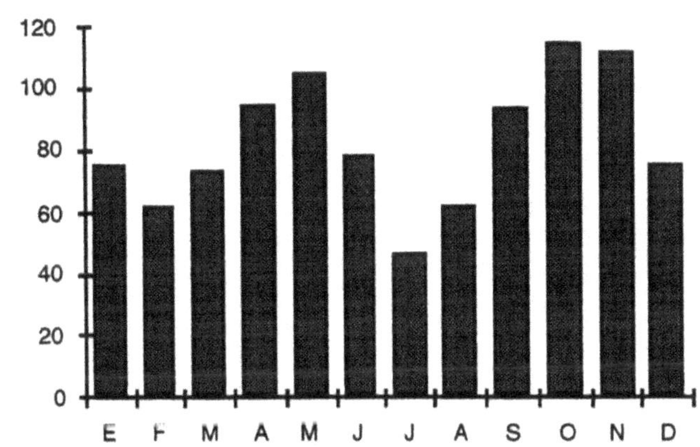

Fig. 9.5.- Gráfica de precipitación media

La precipitación media anual es de 991,48 mm. La estación de Mas de Barberans se localiza en la vertiente oriental dels Ports y ésto condiciona estas precipitaciones medias tan altas a consecuencia de los vientos que vienen del mar y descargan su humedad cuando chocan contra las estribaciones de los Ports.

Las mayores cantidades de precipitación se presentan en otoño (octubre, 114,57 mm; noviembre, 111,75 mm) con un máximo secundario en el mes de mayo (104,65 mm). Por lo que respecta a las mínimas de precipitación se centran en el mes de julio (45,90 mm).

El máximo secundario que se produce en primavera se debe a las nubosidades convectivas que degeneran en cúmulo-nimbus (García Lanceta, 1979). En cambio los máximos de otoño son debidos a las condiciones generales de la circulación atmosférica en esa época del año.

- Precipitación máxima en 24 horas

Los datos de máxima pluviosidad en 24 horas del observatorio de Mas de Barberans se detallan en la gráfica adjunta (fig. 9.6).

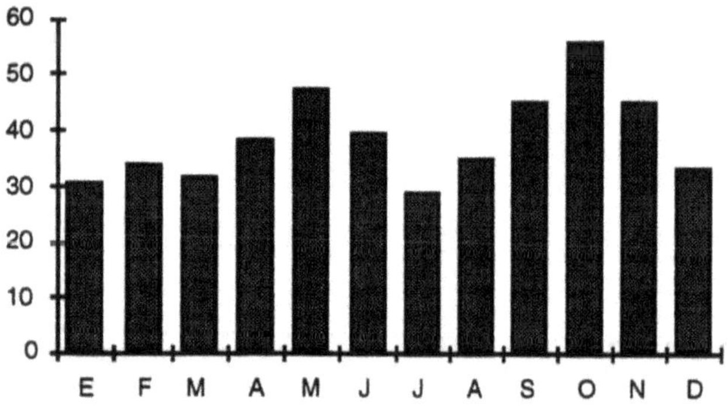

Fig. 9.6.- Gráfica de la precipitación máxima en 24 horas

El mes que presenta el máximo es octubre con 55,84 mm y también el mes de mayo con 47,39 mm. De esta forma se puede observar como otoño es la estación con las máximas de precipitación diarias y así se remarca el talante mediterráneo del clima de la zona.

Las excepcionalidades pluviométricas se muestran en el cuadro siguiente:

	Precip. 24 h.	Fechas
Enero	102	21.01.79
Febrero	116	2.02.91
Marzo	96	31.03.82
Abril	133	23.04.81
Mayo	123,5	26.05.89
Junio	165	1.06.77
Julio	82	23.07.87
Agosto	89	8.08.92
Septiembre	**144,2**	**20.09.72**
Octubre	134	21.10.82
Noviembre	180	15.11.89
Diciembre	143,8	4.12.71

Fig. 9.7.- Precipitaciones excepcionales en 24 horas

- Vientos

Un fenómeno muy característico del área dels Ports es el viento. Son frecuentes la tramontana fina, seca y fría y el viento húmedo de mar (García Lanceta, 1979), pero el viento más importante es el cierzo. Sopla sobre todo en los meses de octubre a abril haciendo una ligera pausa en el mes de febrero.

- Nieblas

Las nieblas son un fenómeno frecuente de otoño hasta primavera sobre todo en la parte baja de los Ports.

Estudio comparativo: Precipitación y temperatura

En el análisis del diagrama ombrotérmico de Gaussen-Bagnols de Mas de Barberans se observa que el periodo seco se da únicamente durante julio.

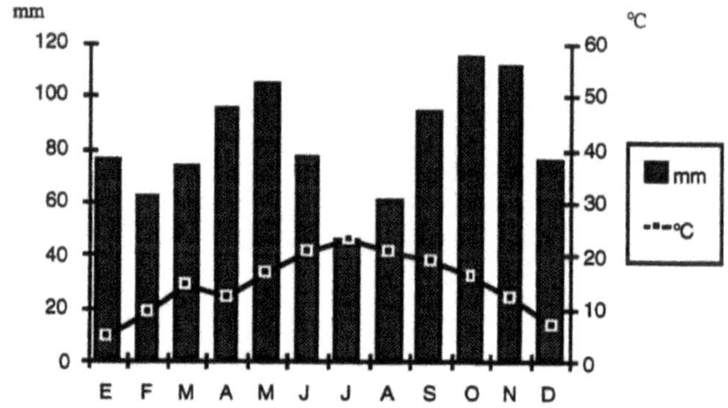

Fig. 9.8.- Diagrama ombrotérmico de Mas de Barberans.

Índices y clasificaciones climáticas

Al no conocer la serie y número de años tratados en los datos de tipo termométrico creemos que la elaboración de estas clasificaciones pueden comportar resultados erróneos. En este caso sólo citaremos las interpretaciones de tipo climático que han realizado otros autores.

Según Albentosa (1973) esta zona correspondería a un clima mediterráneo del sector del delta del Ebro de tipo mesotérmico y semiárido, con un reducido déficit de agua en el mes de julio.

Para Martín Vide (1992), según las características climáticas que presenta el área de Mas de Barberans:

Precipitación anual: 991,48 mm
Régimen pluviométrico estacional: máximos equinocciales
Temperatura media anual: 14,79 °C
Amplitud térmica mediana anual: 18,49 °C

Correspondería a un clima mediterráneo Prelitoral de tipo septentrional.

9.3. MARCO LITOLÓGICO Y GEOMORFOLÓGICO

9.3.1. Litología y Estructura

Los Ports de Beseit están formados casi en su totalidad por calizas mesozoicas, sobre todo del Jurásico pero también se encuentran materiales del Triásico y del Cretácico.

Los materiales más antiguos que afloran pertenecen al Triásico Medio y Superior, siendo fundamentalmente de carácter impermeable, por lo cual determinan la localización de algunas surgencias.

Los materiales del Jurásico están prácticamente representados en su totalidad desde el Lías Inferior al Malm.

El Malm es el piso que tiene mayor superficie de afloramiento; está formado, fundamentalmente, por dos potentes series de dolomías masivas, de más de 100 m cada una, separadas por otra serie de dolomías tableteadas (70 m). Es importante observar que la potencia aumenta sensiblemente hacia el SW. Es en el Malm donde encontramos las cavidades de mayor desarrollo dels Ports.

Los afloramientos cretácicos van ganando superficie hacia el oeste, están compuestos, fundamentalmente, por calizas, con intercalaciones de margas; también encontramos areniscas y arcillas de la Facies Utrillas.

La zona donde se ubica la cueva del Vidre se encuentra dentro del Cretácico, aunque el registro no es abundante en el área. El asentamiento se localiza entre las margas de color gris azulado del Aptiense y las calizas con toucasias del Aptiense Superior. Petrológicamente, estas calizas se tratan de biomicritas de foraminíferos y lamelibranquios (Fig. 9.9).

Seguidamente, el nivel representado es el Albiense que está constituido por margas y margas arenosas, de la facies Utrillas. Hay abundantes "hard-grounds" en la parte inferior y bancos micríticos, biomicríticos y calcareníticos con rudistas *(Toucasia sp.)* y coralarios *(Isostraea sp.)* (Arasa, 1985) . Se localiza a 1.180 m en Cases Velles.

Los materiales cretácicos más recientes son los atribuidos al Cenomaniense. Este nivel es dolomítico con un tramo inferior biomicrítico que contiene *Praealveolina sp.* Este nivel está muy bien representado en los alrededores de la Casa de Vallcanera a 1.160 m.

Desde el punto de vista estructural, esta área se caracteriza por grandes accidentes tectónicos que se orientan preferentemente en la dirección SW-NE. Se trata de plegamientos de cobertura, cortados por fallas verticales y cabalgamientos (Fig. 9.10 a). El plegamiento de estos terrenos se produjo principalmente durante el Oligoceno, es decir, durante la orogenia alpina. Posteriormente, fueron retocados por la tectónica miocénica formando unidades tectónicas que adoptaron una estructura definitiva de pliegues volcados al NW.

9.3.2. Geomorfología

Desde el punto de vista geomorfológico se distinguen:

- depósitos de acumulación cuaternarios

- elementos de la hidrología resultante: formaciones kársticas.

Depósitos de acumulación cuaternarios

La red hidrográfica superficial de este sector queda restringida a un conjunto de barrancos situados entre las subcuencas de la Canaleta y de la Galera, que desembocan directamente en el Ebro: los barrancos de Lloret, de Covalta, de cueva Pintada y de la Mata.

Una serie de barrancos disectan las vertientes casi desprovistas de cobertura edáfica, excepto en zonas especialmente favorables. Los depósitos cuaternarios están formados por los aportes de los barrancos que descienden de las elevaciones calizas; principalmente en esta área obedecen los del propio curso del barranco de la Galera.

Pero sobre todo, el modelado cuaternario ha dejado su huella especialmente en las formas kársticas muy evolucionadas favorecidas por la especial pluviometría de la zona.

Elementos de la hidrología resultante: formaciones kársticas

En la zona dels Ports de Beseit domina un paisaje calizo (calizas y dolomías) y por tanto se puede considerar un karst, aunque no es homogéneo en todo el macizo. En el tramo jurásico (vertiente del Valle del Ebro) se encuentra muy desarrollado el modelado kárstico, pero la roca es menos porosa y como consecuencia se desarrollan conductos importantes pero con menor potencialidad reguladora. De esta manera en barrancos como Lloret, Caramella, Covalta... cuando la erosión superficial ha exhumado este karst, aparecen manifestaciones tan espectaculares como los denominados "bufadors", conductos kársticos muy desarrollados que entran en carga rápidamente cuando las condiciones pluviométricas y barométricas son propicias (Torres, 1988). En cambio en el tramo del Cretácico (vertiente de la Depresión del Ebro), la red subterránea es menos jerarquizada y la roca en sí tiene una capacidad de almacenaje más grande, con lo cual, el aparato kárstico regula la descarga de la infiltración de una manera más precisa y continua.

Por lo que respecta a las surgencias del macizo, hay algunas que están relacionadas con fracturas importantes o con la excavación de los torrentes. Cabe citar las de Covalta y de Lloret así como la fuente de la Fou y la del Boix; todas ellas manan en el fondo de importantes barrancos. Otras surgencias del interior del macizo están determinadas por contactos con las frecuentes intercalaciones margosas como por ejemplo, la

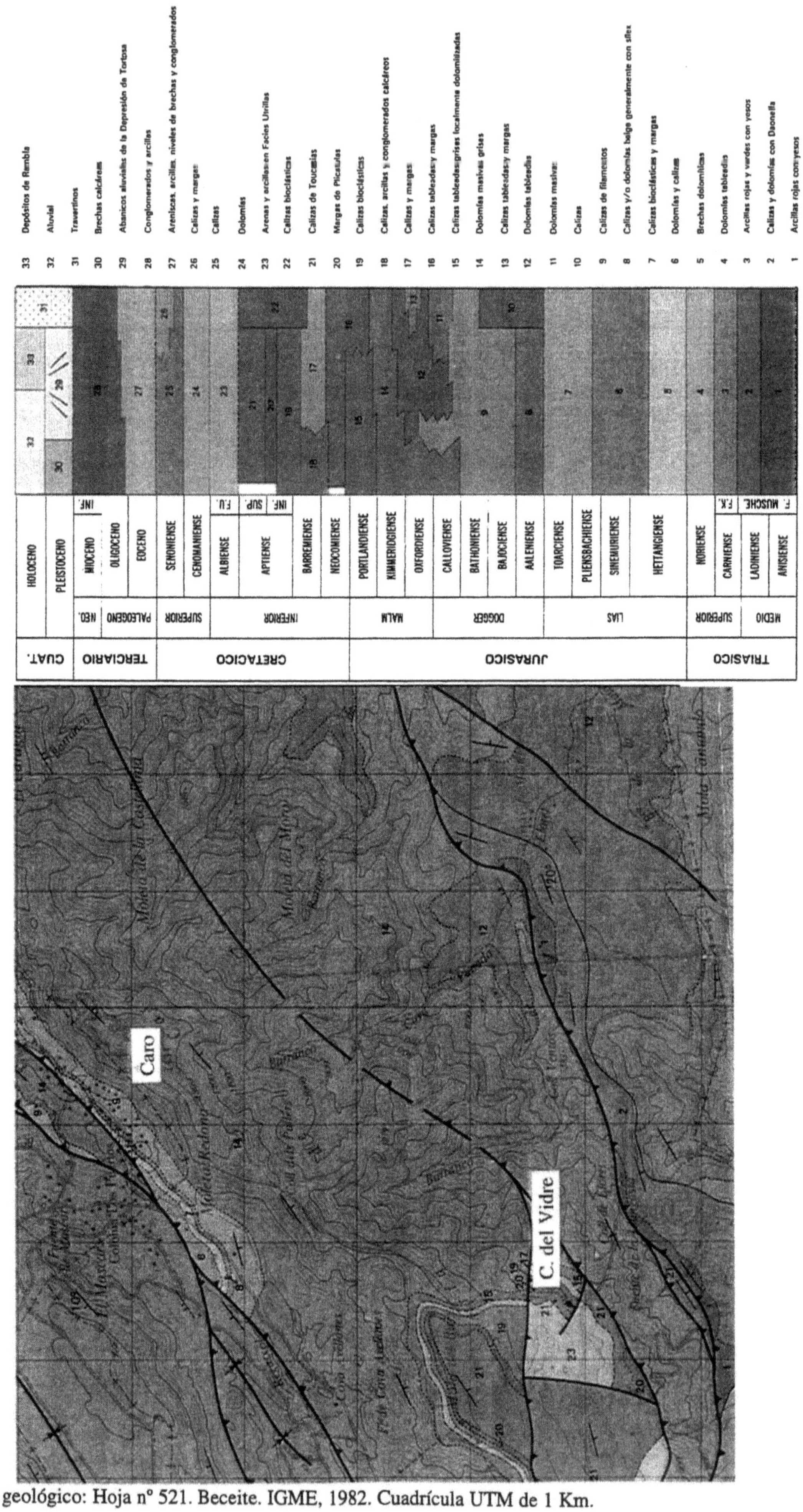

Fig. 9.9.- Mapa geológico: Hoja nº 521. Beceite. IGME, 1982. Cuadrícula UTM de 1 Km.

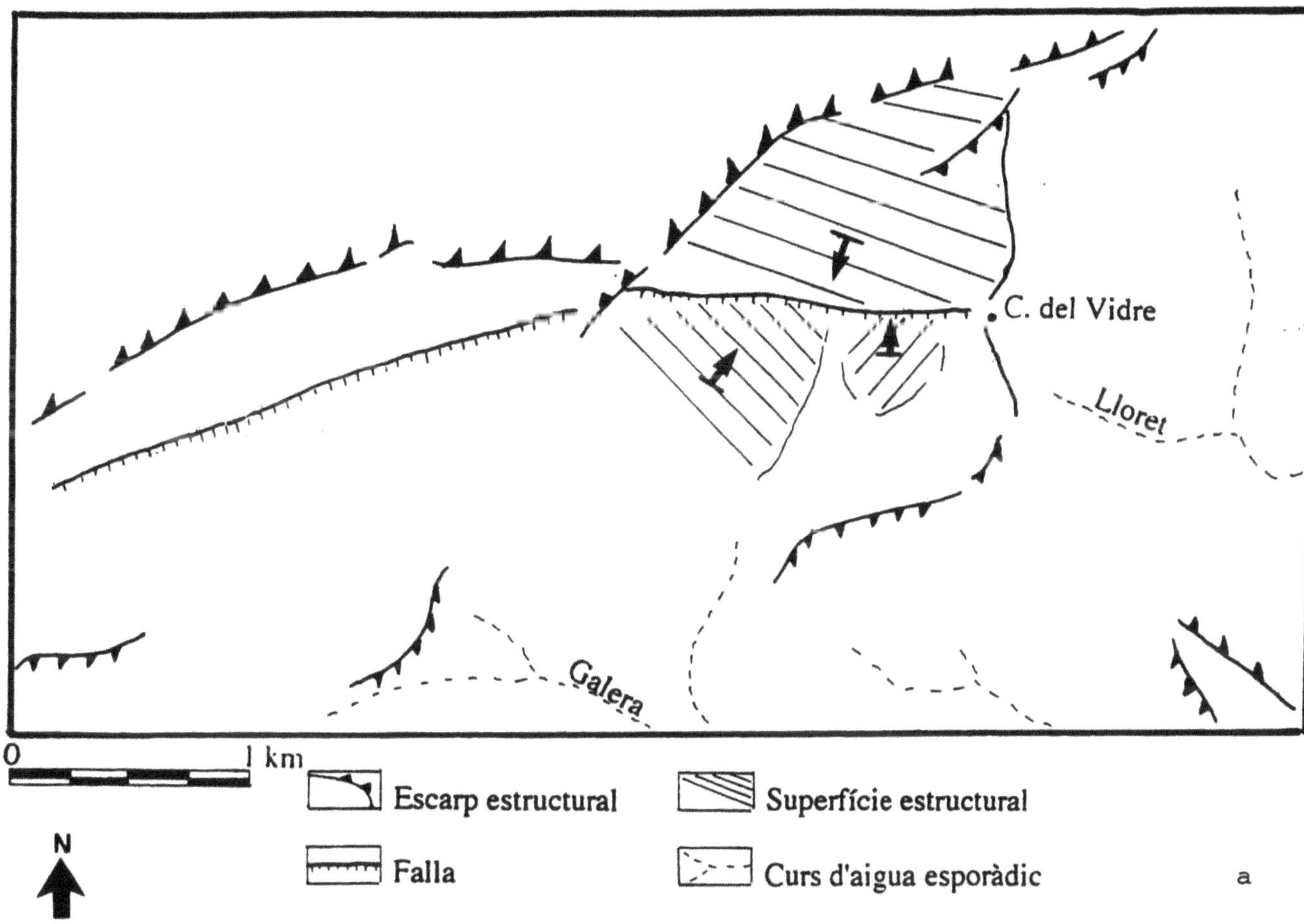

a

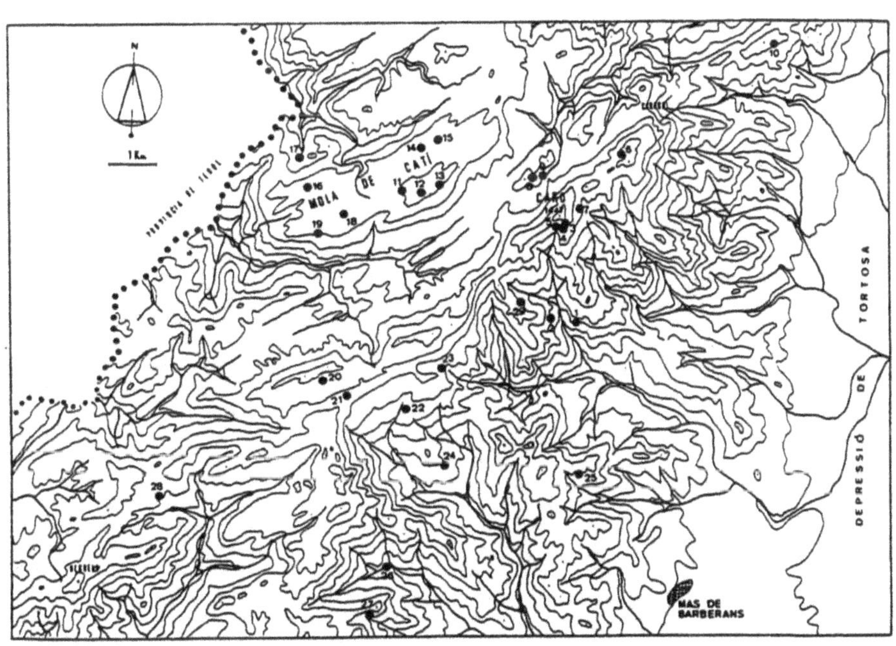

Situació d'algunes cavitats de la serra del Caro i de la Mola de Catí:
1.-CP-1. 2.-CP-3. 3.-CP-4. 4.-CP-6. 5.-CP-7. 6.-A. de la Barcina. 7.- A. del Caro. 8.-C. de Balaguer C. de Mal Pas. 9.-C. de l'Estorac. 10.-A. de Farrubio. 11.-C. Cambra. 12.-A. de l'Engany. 13.-A. de la Mola de Catí. 14.-A. de la Cursa. 15.-C. Terrera. 16.-A. dels Mamelons. 17.-Forat del Riu Algars. 18.-A. del Salany. 19.-C. del Rastre. 20.-C. Nova. 21.-C. de la Solana. 22.- Ullal del Pasqual. 23.-C. del Vidre. 24.-A. del Tallafocs. 25.-A. de la Faixa Plana. 26.-C. dels Pallers. 27.-A. de la Canal de l'Avenc. 28.-C. Trobada. 29.-C. Ebre.

b

Fig. 9.10.- Litología y Geomorfología
a.- Esquema fotogeomorfológico. b.- Mapa de situación de algunas cavidades de la Sierra del Caro y de la Mola de Catí (Cardona, 1990).

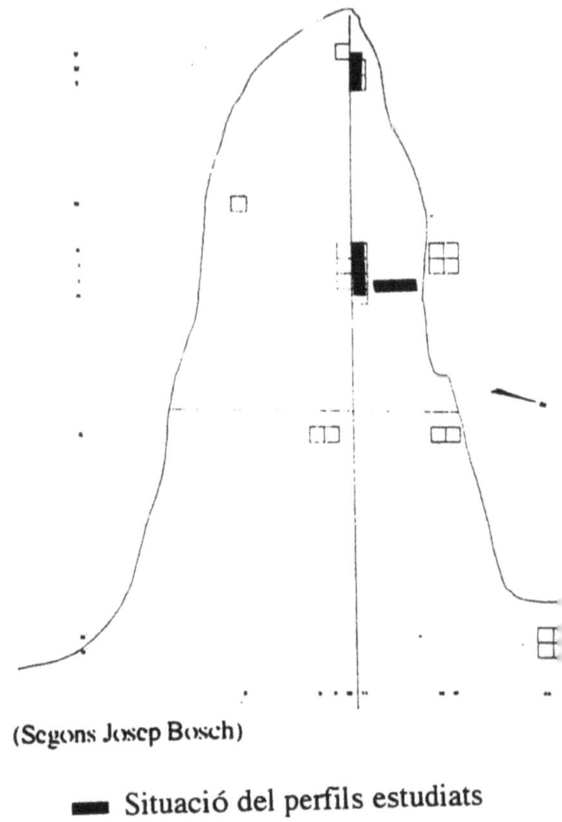

a

b

c

d

Fig. 9.11.- Morfología y perfiles sedimentarios.
a.- Planta del yacimiento y situación de los perfiles estudiados. b.- Interior de la cavidad. Grandes bloques. c.- Perfil I-J 11. d.- Perfil T-U 11.

fuente de la Llagosta que mana en el contacto con una franja del Keuper.

Las abundantes precipitaciones de la zona (991 mm/año) constituyen la alimentación principal de los acuíferos de la zona, ya que los cursos epigeos, en general poco numerosos e importantes, tienen un caudal escaso y muy intermitente a lo largo del año, en la actualidad se da una circulación de forma torrencial, después de lluvias puntuales y de tormenta. En un macizo tan fisurado como éste, la escorrentía superficial tan sólo se produce cuando la pluviometría supera los 50 70 mm/día. Por debajo de estos valores, la infiltración es total (Torres, 1988).

El aparato kárstico desarrollado en esta masa caliza presenta un estado de evolución importante. Son muy numerosas las formas de absorción, favorecidas en su origen por la complicación tectónica del área. Se conoce en este sector la presencia de simas y cuevas.

Las grandes cavidades de los Ports están situadas en dos puntos bien concretos: en los alrededores del Caro y en la Mola de Catí (Fig. 9. 10 b). La cueva del Vidre forma parte del complejo de formas endokársticas desarrollado alrededor del Caro y que ha sido explorado y citado por diferentes sociedades excursionistas a lo largo de los años.

Según Llopis (1970), podríamos clasificar el actual karst del macizo del Caro como pluvial mediterráneo.

9.3.3. Datos paleoecológicos del Delta del Ebro: análisis polínicos

Se realizó un sondeo en el año 1978 delante de las costas del Delta del Ebro de una profundidad de 80 m bajo el nivel del mar. El análisis palinológico fue realizado por el Dr. E. Imanol Yll. La parte superior del sondeo tiene una datación radiocarbónica de 7.200±120 BP. Entre los resultados del estudio, cabe destacar la importancia del pino (la mayor parte corresponde a *Pinus sylvestris* y en menor proporción a *Pinus halepensis*). Entre el resto de especies de A.P. destacan las cupresáceas; también, hay que añadir la presencia de *Quercus* tipo *robur* y *Quercus* tipo *ilex-coccifera.*

Entre las herbáceas dominan los altos porcentages de ciperáceas y gramíneas, así como las compuestas (Yll, 1987).

9.4. EL DEPÓSITO SEDIMENTARIO

9.4.1. Morfología

La cueva del Vidre es una cavidad con una sala triangular de 43 m de longitud por 30 m de anchura máxima y 14 m de altura, y una galería rectangular de 12 m de longitud por 6 m de anchura y 2 m de altura en el lado derecho de la sala. La boca de acceso es ancha, y la expone a las influencias climáticas externas, tanto a las oscilaciones térmicas como a la actuación de eventuales procesos sedimentarios por escorrentía.

La formación se debe a un pliegue cortado por un cabalgamiento. En el techo y en las paredes se observa una densa red de fisuras que siguen el plano de la falla, destaca una profunda diaclasa cenital que determina la orientación de la propia cueva.

Se puede observar una asimetría espacial provocada por las caídas de bloques de los que en algún caso se observa aún sus huellas en el techo de la cavidad (Fig. 9.11 b). Ésto propicia que los materiales detríticos se acumulen en el sector derecho de la sala siguiendo el buzamiento.

9.4.2. Descripción sedimentaria

Los perfiles sedimentarios estudiados son en su mayoría los dejados por I. Cantarell en su intervención en la cueva desde el año 1957 hasta el 1960 rectificados posteriormente por las intervenciones de J. Bosch en el año 1992 (Fig. 9.11 a, c y d).

Seguiremos utilizando la nomenclatura estratigráfica utilizada en la intervención arqueológica del año 1992, en que el término de nivel es utilizado en el sentido más amplio, es decir, como conjunto homogéneo por sus características macromorfológicas, pero no en el sentido de unidad litoestratigráfica. En este contexto, el objetivo del análisis micromorfológico es precisar la significación estratigráfica de cada nivel y reconstruir la secuencia.

Descripción estratigráfica

Perfil I-13 / J-17 (Sector exterior)

Potencia total: 1,48 m (Fig.9.12)

Limos arenosos con cantos

N.I.- Potencia 15 cm. Constituido por una matriz de limos arenosos de color marrón muy claro (10 YR 7/3) con un 3% de cantos de 1 a 3 cm de calizas microesparíticas. La estructura es granular.
Atribución cultural: reciente.

Limos arenosos con cantos de color grisáceo

N.II.- Potencia media 30 cm. Está formado por una matriz de limos arenosos de color marrón (10 YR 6/3). Con un 14 % de cantos (1 a 3 cm) de calizas de morfología subangulosa.
Estructura granular.
En el sector J-17, el nivel tiene una pendiente Este y llega a una potencia de 53 cm. Aumenta la proporción de cantos que llega al 20% (de 1 a 5 cm). Está compuesto por calizas de morfología subangulosa y el color es gris-marrón por la presencia de carbones. Aparecen bloques de caliza que tienen

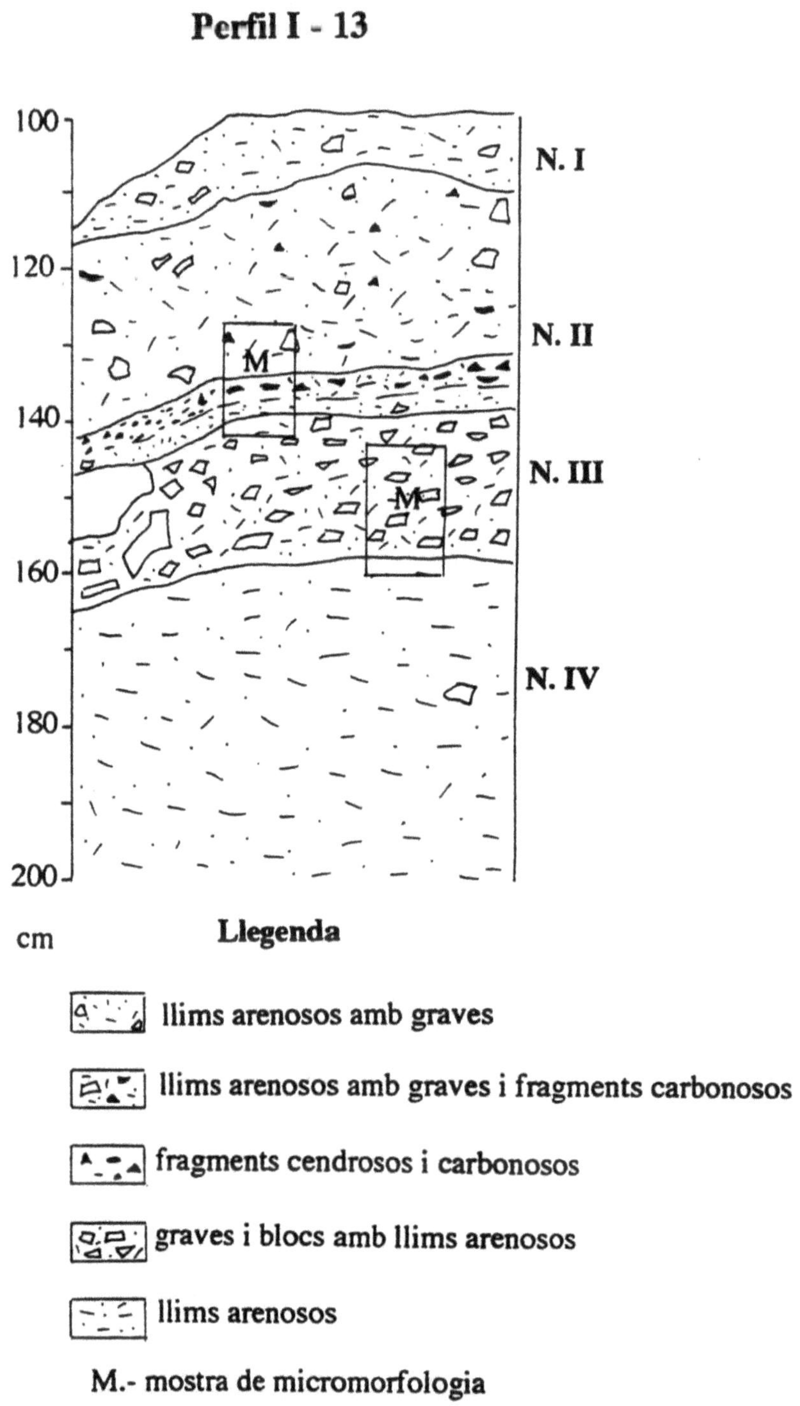

Fig. 9.12.- Perfil estratigráfico I-13.

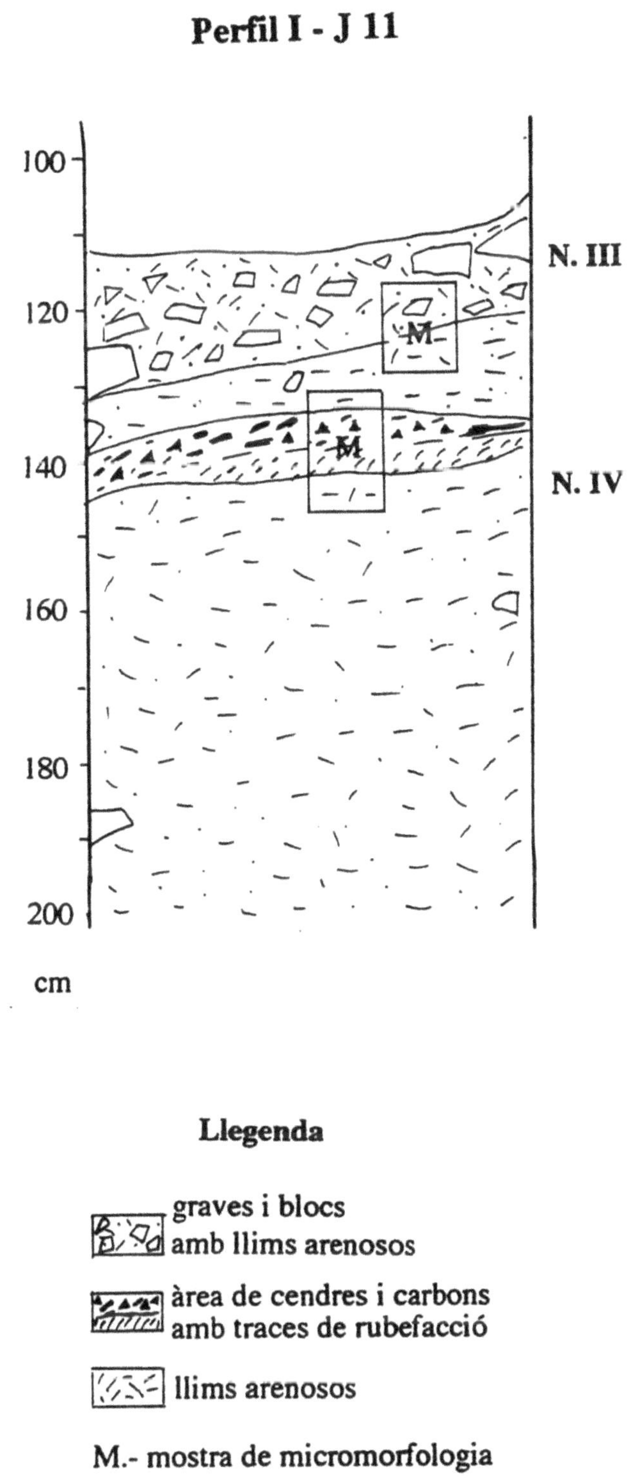

Fig. 9.13.- Perfil estratigráfico I-J 11.

unos 40 cm. A unos 25 cm del contacto con el nivel III y en el perfil I-13 aparece una acumulación de restos carbonosos con una matriz de limos arenosos de color gris con cantos (1 a 3 cm) de morfología subangulosa, con una potencia de 3 cm. Se trata de una área de combustión.
Atribución cultural: Neolítico Antiguo.

Cantos y bloques con limos arenosos

N.III.- Potencia media 16 cm. Está compuesto por una matriz de limos arenosos de color marrón claro (10 YR 7/4) con un 67% de cantos (1 a 5 cm) de caliza de morfología subangulosa. Presenta señales de fragmentación, de oxidación y de concreción de $CaCO_3$. También hay presencia de grandes bloques caídos del techo, de tamaño que oscila entre 1 y 2 m.
Atribución cultural: Epipaleolítico

Limos arenosos de color marrón

N.IV.- Potencia indeterminada (84 cm a la vista). Formado por una matriz de limos arenosos con laminaciones de arcillas, de color marrón (10 YR 6/4) con un 5% de cantos de 1 a 3 cm de caliza con ligeras señales de fragmentación. Estructura granular.
Atribución cultural: Epipaleolítico.

Perfil I-J 11 (Sector exterior)

Potencia total: 98 cm (Fig.9.13)

Cantos y bloques con limos arenosos

N.III.- Potencia 13 cm. Constituido por una matriz de limos arenosos de color marrón claro (10 YR 7/4) con un 67% de cantos de calizas de morfología subangulosa. Presentan señales de fragmentación, oxidación y de concreción de $CaCO_3$. Estructura granular.
Atribución cultural: Epipaleolítico.

Limos arenosos de color marrón

N.IV.- Potencia indeterminada (85 cm vistos). Matriz de limos arenosos con laminaciones de arcillas, de color marrón (10 YR 6/4) con un 5% de cantos (1 a 3 cm) de caliza con ligeras señales de fragmentación. Estructura granular. A 8 cm del contacto con el nivel III del nivel hay una posible estructura de combustión. En la parte superior hay una unidad de 5 cm de un material limoso de color gris y a continuación una unidad de sedimento de color rojizo de 7 cm de potencia.
Atribución cultural: Epipaleolítico.

Perfil T-U 11 (Sector interior)

Potencia del perfil: 99 cm (Fig.9.14)

Cantos y limos

N.0.- Potencia media 15 cm. Está formado por una matriz de limos arenosos, de color marrón (10 YR 6/3) con laminaciones de arcilla con un 63% de cantos. El tamaño oscila entre 1 y 6 cm de morfología subangulosa. Pero los cantos de tamaño mayor (5-6 cm) presentan una morfología subredondeada. También se observan señales de fragmentación y de concreción de $CaCO_3$. Estructura prismática.
Atribución cultural: reciente

Cantos con laminaciones de arcillas y carbones

N.I

N.Ia.- Potencia 12 cm. Compuesto por una matriz de arenas limosas de color marrón oscuro (10 YR 5/3) con un 50% de cantos. El tamaño oscila entre 1 y 5 cm; son calizas de morfología subangulosa. Se presentan ligeras fragmentaciones y oxidaciones. Hay muchos carbones. La pendiente es N-S.
Atribución cultural: Epipaleolítico.

N.Ib.- Potencia 14 cm. Formado por limos arenosos, de color marrón oscuro (10 YR 5/3). La fracción de cantos aumenta respecto al nivel anterior con un 60%. El tamaño oscila entre 1 a 7 cm. Litológicamente son calizas de morfología angulosa con fragmentaciones. Aparecen fragmentos de costras sedimentarias de arcillas de color rojizo. Estructura granular.
Atribución cultural: Epipaleolítico.

Cantos subangulosos con carbones

N.II.- Potencia 25 cm. En este nivel disminuye considerablemente la fracción de cantos con un 30%, de 1 a 5 cm de morfología subangulosa en forma de plaquetas y con señales de fragmentación. La matriz está formada por arenas limosas de color marrón grisáceo (10 YR 5/2). Aparece gran cantidad de material carbonoso. Estructura con tendencia a formar bloques subangulares.
Atribución cultural: Epipaleolítico/Paleolítico Superior final.
Datación radiocarbónica: 10.740±130 BP.

Bloques y arenas limosas

N.III.- Potencia indeterminada (33 cm. vistos). Está compuesto por una matriz de arenas limosas de color marrón (10 YR 6/6) con un 43 % de cantos de caliza de 1 a 6 cm de morfología subangulosa con bloques de caliza en el sector Este.

Análisis micromorfológico

Hemos realizado análisis micromorfológicos en todos los perfiles que hemos estudiado. Éstos se pueden dividir en dos sectores: exterior que comprende los perfiles I-13/J-17 y I-J 11 e interior con el perfil T-U 11. En éste último se han analizado todos los niveles identificados a excepción del N.III, formado prácticamente por bloques.

Perfil T- U 11

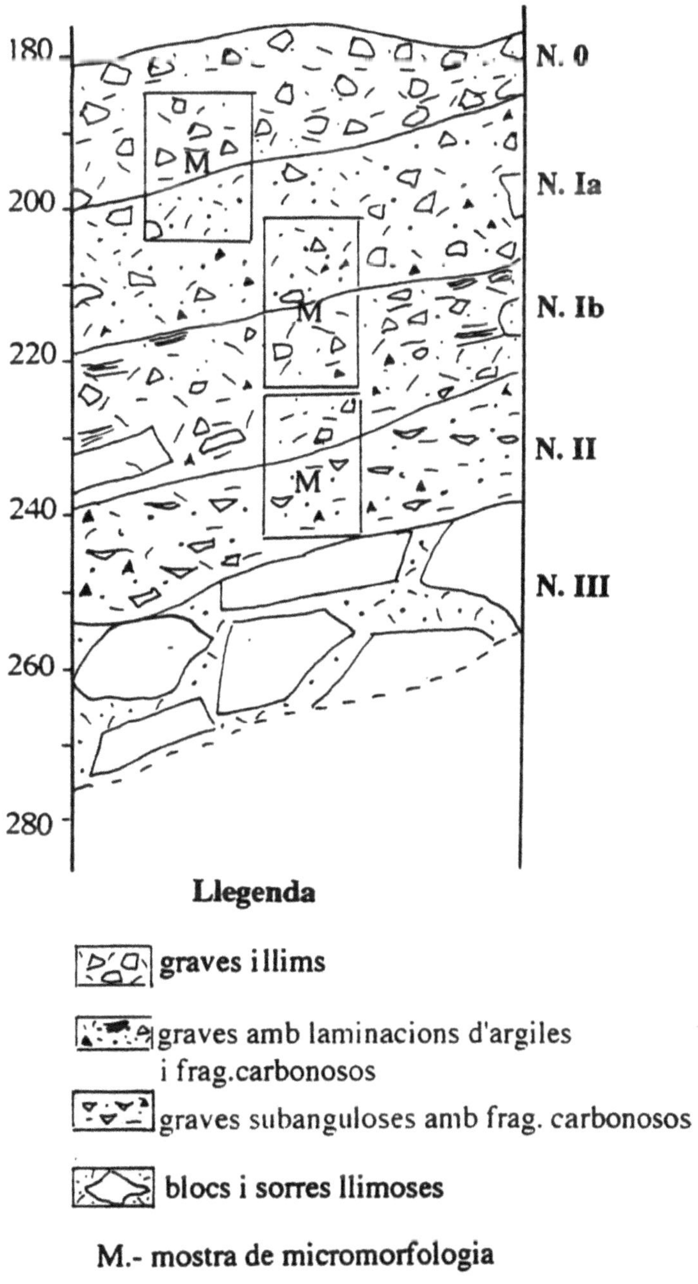

Fig. 9.14.- Perfil T-U 11

CUEVA DEL VIDRE. Perfil I-13 / J-17 (Sector exterior)
Descripción sedimentaria microscópica

Niveles (Muestras)	Porosidad	Microestructura	Masa basal	Componentes minerales
N.II (M1-M5-M6)	10-30%	Prismática/Granular	FG/FF 1/1 Arenas de 63-250 µm: 20% Arenas de 250 µm-1 mm: 5% Gravas: 10% Cantos: 10% Distribución de tipo Porfírica	La morfología del material detrítico es subredondeada y tabular. Los cantos presentan trazas de disolución.
N.III (M.2)	10%	Canales/Granular	FG/FF 3/1 Arenas de 63-250 µm: 15% Arenas de 250-500 µm: 4% Arenas de 500 µm-1 mm: 2% Gravas: 30% Cantos: 25% (fisurados) Distribución de tipo Porfírica	Las calizas presentan fisuras y los contornos irregulares.

La fracción litológica y mineralógica está formada por caliza microesparítica, caliza bioclástica, cuarzo, calcita y feldespato. En todos los niveles la matriz es marrón con una fábrica de birrefringencia cristalítica y calcítica.

Fig. 9.15

CUEVA DEL VIDRE. Perfil I-13 / J-17 (Sector exterior)
Descripción sedimentaria microscópica
Componentes inorgánicos y orgánicos (de origen biológico-antrópico)

Niveles (Muestras)	Componentes de origen vegetal	Componentes de origen animal	Materiales antrópicos
N.II (M1-M5-M6)	- carbones (5%) de color negro-marrón de 125 µm - 0,5 cm. Se distingue la estructura vegetal. De morfología tabular y ligeramente fracturados.	- huesos (2%) 500 µm-0,5 cm de color amarillo pálido y débil birrefringencia con fragmentaciones. - fragmentos de caracol (0,5%) 500 µm-2 mm. - masas fosfatadas cristalíticas de color amarillo-marrón de forma alargada (150 µm - 1mm) que presentan fuerte compactación con una microestructura fibrosa donde aparecen fitolitos de sílice con cristalizaciones de CaCO3 y esferolitas que corresponden a coprolitos de herbívoro con trazas de combustión. Perfil I-13. - masas fosfatadas (175 µm-5 mm) de color amarillo isotrópico de morfología subredondeada con restos óseos en el interior que pertenecen a coprolitos de carnívoros.Perfil J-17.	- fragmentos de material construido o cerámica (2%) de tamaño centimétrico hasta 500 µm.
N.III (M2)	- carbones (2%). Se distingue la estructura vegetal y no se encuentran demasiado fragmentados.	- fragmentos de huesos (1%) de tamaño centimétrico y de color amarillo pálido con una fisuración planar.	--------

Fig. 9.16

CUEVA DEL VIDRE. Perfil I-13 / J-17 (Sector exterior)
Descripción sedimentaria microscópica
Edaforrasgos

Niveles (Muestras)	Desplazamiento y acumulación de finos	Acumulación secundaria de $CaCO_3$	Oxidación-reducción
N.II (M1-M5-M6)	- en huecos: revestimientos típicos de tipo crescent de matriz arcillosa de 25-38 µm orientada; hiporrev. de material fino orientado de 175 µm. - en agregados: rev. en forma de capping de 25 µm.	--------	- nódulos de óxidos-hidróxidos de hierro de 500 µm. - impregnaciones de óxidos-hidróxidos de hierro de 25 µm en los cantos y granos de arena y en la masa basal.
N.III (M.2)	- en huecos: rev. típicos de material fino de 25-50 µm. El material es birrefringente. - en cantos y agregados: hiporrev. en forma de capping de 75-125 µm.	- en huesos: rev. en forma de capping. Distribución de carbonatos de tipo microesparítico.	- nódulos de óxidos-hidróxidos de hierro de 125 µm.

CUEVA DEL VIDRE. Perfil I-13 / J-17 (Sector exterior)
Descripción sedimentaria microscópica
Edaforrasgos

Niveles (Muestras)	Desplazamiento y acumulación de finos	Acumulación secundaria de $CaCO_3$	Oxidación-reducción	Actividad biológica
N.II (M1-M5-M6)	XX	--------	XX	X
N.III (M.2)	XX	X	X	--------

X - Presentes XX - Frecuentes XXX - Abundantes

Fig. 9.17 y 9.18

CUEVA DEL VIDRE. Perfil I - J 11 (Sector exterior)
Descripción sedimentaria microscópica

Niveles (Muestras)	Porosidad	Microestructura	Masa basal	Componentes minerales
N.III (M.3)	20%	Granular	FG/FF 1/1 Arenas de 63 -250 µm: 15% Arenas de 250- 500 µm: 3% Arenas de 500 µm - 1mm: 2% Gravas: 5% , Cantos: 2% Distribución de tipo Porfírica	La morfología es subredondeada y tabular. Las calizas presentan fisuras.
N.IV (M.4)	25%	Vesicular/Masiva	FG/FF 1/2 Arenas de 63-250 µm: 20% Arenas de 250-500 µm: 5% Arenas de 500 µm-1mm: 1% Distribución de tipo Porfírica	La morfología es subredondeada y tabular. Las calizas presentan los contornos irregulares y con pocas fisuras.

La fracción litológica y mineralógica está formada por caliza microesparítica, caliza bioclástica, cuarzo, calcita y feldespato. En todos los niveles la matriz es marrón con una fábrica de birrefringencia cristalítica y calcítica.

CUEVA DEL VIDRE. Perfil I - J 11 (Sector exterior)
Descripción sedimentaria microscópica
Componentes inorgánicos y orgánicos (de origen biológico-antrópico)

Niveles (Muestras)	Componentes de origen vegetal	Componentes de origen animal	Materiales antrópicos
N.III (M.3)	- carbones (1%), se distingue la estructura vegetal y no se encuentran demasiado fragmentados.	--------	--------
N.IV (M.4)	- carbones (2 %) de 25 - 275 µm	--------	--------

Fig. 9.19 y 9.20

CUEVA DEL VIDRE. Perfil I - J 11 (Sector exterior)
Descripción sedimentaria microscópica
Edaforrasgos

Niveles (Muestras)	Desplazamiento y acumulación de finos	Acumulación secundaria de $CaCO_3$	Oxidación-reducción
N.III (M.3)	- en huecos: rev. típicos de material fino de 50 - 175 µm. - agregados de material arcilloso de 250 µm - 1,25 mm.	--------	- impregnaciones de óxidos-hidróxidos de hierro en los cantos en forma de capping de 25 µm; en forma de anillo irregular impregnativo; hiporrev. en forma de capping.
N.IV (M.4)	- en huecos: rev. típicos de material fino de 75 - 150 µm. - en cantos: rev. en forma de capping de 75 - 250 µm.	- en agregados o cantos: rev. en forma de capping de micrita de 250 µm que incluye material detrítico. No son abundantes.	- nódulos de óxidos-hidróxidos de hierro de 125 µm. - en fragmentos de agregados de material arcilloso de 1 mm repartidos por la masa basal. - en cantos: rev. en forma de capping de 25 µm.

CUEVA DEL VIDRE. Perfil I - J 11 (Sector Exterior)
Descripción sedimentaria microscópica
Edaforrasgos

Niveles (Muestras)	Desplazamiento y acumulación de finos	Acumulación secundaria de $CaCO_3$	Oxidación-reducción	Actividad biológica
N.III (M.3)	XX	--------	X	--------
N.IV (M.4)	XXX	X	XX	X

X - Presentes XX - Frecuentes XXX - Abundantes

Fig. 9.21 y 9.22

Fig. 9.23

CUEVA DEL VIDRE. Perfil T - U 11 (Sector interior)
Descripción sedimentaria microscópica

Niveles (Muestras)	Porosidad	Microestructura	Masa basal	Componentes minerales
N.0 (M.7)	5%	Masiva/Granular	FG/FF 3/1 Arenas de 63-250 µm: 10% Arenas de 250-500 µm: 5% Arenas de 500 µm - 1 mm: 7% Cantos: 60% Distribución de tipo Porfírica	La morfología del material detrítico es subredondeada. Las calizas ligeramente fisuradas.
N.Ia (M.8)	20%	Débil con tendencia a bloques subangulares	FG/FF 3/1 Arenas de 250-500 µm: 20% Arenas de 500 µm - 1 mm: 5% Gravas: 10% Cantos: 40% Distribución de tipo Porfírica	La morfología del material detrítico es subangulosa. Los cantos presentan trazas de disolución.
N.Ib1 (M.8)	40%	Fisuración horizontal muy desarrollada	FG/FF 1/2 Arenas de 250-500 µm: 15% Arenas de 500 µm - 1 mm: 15% Gravas: 3% Distribución de tipo Enaúlica	La morfología del material detrítico es subredondeada. Los cantos presentan trazas de disolución.
N.Ib2 (M.8)	20%	Migajosa/Granular	FG/FF 4/1 Arenas de 63-250 µm: 20% Arenas de 250-500 µm: 5% Arenas de 500 µm - 1 mm: 10% Gravas: 8% Cantos: 50% Distribución de tipo Enaúlica	La morfología del material detrítico es subredondeada. Los cantos presentan trazas de disolución.
N.II (M.9)	10%	Débil con tendencia a bloques subangulares	FG/FF 3/1 Arenas de 63-250 µm: 8% Arenas de 500 µm - 1 mm: 15% Cantos: 30% (fisuras) Gravas: 14% Distribución de tipo Porfírica	La morfología del material detrítico es subredondeada. Los cantos presentan fisuras.

La fracción litológica y mineralógica está formada por caliza microesparítica, caliza bioclástica, calcarenita, cuarzo, calcita y feldespato. En todos los niveles la matriz es parda con una fábrica de birrefringencia cristalítica y calcítica.

CUEVA DEL VIDRE. Perfil T - U 11 (Sector interior)
Descripción sedimentaria microscópica
Componentes inorgánicos y orgánicos (de origen biológico-antrópico)

Niveles (Muestras)	**Componentes de origen vegetal**	**Componentes de origen animal**	**Materiales antrópicos**
N.0 (M.7)	- carbones (10%) de color negro. Tamaño: 125 µm - 1 mm.	- huesos 3%. - fragmento de masa fosfatada con cristalizaciones. - fragmentos de caracol (1%) 2 mm.	- material construido (2%) de 1 mm.
N.Ia (M.8)	- carbones (4%) de color negro de 2 mm con estructura vegetal y morfología tabular.	- huesos (2%) que presentan diferentes estados de alteración por combustión de 500 µm-2 mm.	--------
N.Ib1 (M.8)	- carbones (1%) de morfología nodular y tabular de color negro de 250 µm.	--------	--------
N.Ib2 (M.8)	- carbones (5%) de morfología nodular y tabular de tamaño centimétrico.	- huesos (1%) generalmente de color anaranjado y de fuerte birrefringencia con cristalizaciones.	-sílex de morfología tabular. Se encuentran en disposición inclinada. Están fragmentados.
N.II (M.9)	- carbones (6%) de morfología tabular de 1 - 2 mm de tipo leñoso. - cenizas de color gris de 375 µm.	- huesos (3%) de 500 µm hasta tamaño centimétrico.	- sílex con una serie de fracturas en la superficie.

Fig. 9.24

CUEVA DEL VIDRE. Perfil T - U 11 (Sector interior)
Descripción sedimentaria microscópica
Edaforrasgos

Niveles (Muestras)	**Desplazamiento y acumulación de finos**	**Acumulación secundaria de $CaCO_3$**	**Oxidación-reducción**
N.0 (M.7)	- en huecos: hiporrevestimientos típicos de matriz arcillosa de 50-375 µm.	--------	- nódulos de óxidos-hidróxidos de 250 µm.
N.Ia (M.8)	- en huecos: rev. típicos de matriz muy fina con partículas carbonosas de 75-500 µm. - en agregados: rev. de masa basal de 125 µm.	--------	- en cantos: hiporrev. de óxidos-hidróxidos junto a material fino y partículas carbonosas.
N.Ib1 (M.8)	- en huecos: hiporrev. y rev. típicos de 75-175 µm. - en gravas y agregados: rev. de material fino con partículas carbonosas.	--------	- nódulos de óxidos-hidróxidos repartidos entre la masa basal de 50 µm.
N.Ib2 (M.8)	- en huecos: rev. en forma de micropan de material fino de 250 µm. - en cantos: rev. de material fino.	--------	- en cantos: impregnaciones de óxidos-hidróxidos de hierro.
N.II (M.9)	- en huecos: hiporrev. típicos de material fino con partículas carbonosas de 125 µm.	- en los orificios de los huesos en forma de revestimientos de microesparita.	- nódulos de óxidos-hidróxidos. - en cantos: impregnaciones de óxidos-hidróxidos de hierro.

Fig. 9.25

CUEVA DEL VIDRE. Perfil T - U 11 (Sector interior)
Descripción sedimentaria microscópica
Edaforrasgos

Niveles (Muestra)	Desplazamiento y acumulación de finos	Acumulación secundaria de $CaCO_3$	Oxidación-reducción	Actividad biológica
N.0 (M.7)	XXX	-------	X	-------
N.Ia (M.8)	XX	-------	X	-------
N.Ib1 (M.8)	XX	-------	XX	-------
N.Ib2 (M.8)	XX	-------	X	-------
N.II (M.9)	XX	X	X	-------

X - Presentes XX - Frecuentes XXX - Abundantes

Fig. 9.26

9.4.3. Análisis sedimentario

Sector exterior

Perfil I-13 / J-17

N.III

Descripción: Para este nivel se ha estudiado la muestra que procede del perfil I - 13. Este nivel está formado por arenas de 125-250 µm (15%), gravas (30%) y cantos de 1 a 5 cm (25%) con una litología de cuarzo, feldespatos de morfología subangulosa, calcita y caliza microesparítica y bioclástica de morfología subredondeada y frecuentemente tabular. La mayoría de los cantos están fragmentados y algunos están en posición inclinada o vertical (fig. 9. 27 a). La microestructura es de tipo canal aunque localmente es de tipo laminar o granular (fig. 9.27 b). La matriz es de color marrón con una fábrica de birrefringencia cristalítica.

Se documentan componentes de origen antrópico, fragmentos carbonosos y óseos de color amarillo pálido y de débil birrefringencia con una serie de fragmentaciones. Algunos de estos componentes se presentan en posición inclinada o vertical al igual que la fracción detrítica.

Por lo que respecta a los procesos postdeposicionales destacamos la acumulación de material fino alrededor de los huecos, de los agregados, de los huesos y de los cantos, así como la acumulación de $CaCO_3$ en los orificios de los huesos en forma de cristalización microesparítica. También cabe señalar los efectos de oxidación-reducción que se manifiestan en forma de nódulos.

Interpretación: La formación del nivel III es el resultado de la disgregación de la pared y de la acumulación de los productos de disolución. La abundancia de plaquetas y bloques indica un ambiente frío. También se observa una fragmentación de los elementos gruesos en plaquetas de morfología angulosa, esta fragmentación afecta igualmente a los huesos, hecho que también nos indicaría unas condiciones frías y secas. Así, también encontramos material tanto de origen antrópico como detrítico en posición vertical o inclinada debido a los procesos de hielo-deshielo que comporta movimientos del material (Butzer, 1982). La estructura laminar/granular que se observa localmente en el nivel también denota este tipo de condiciones. El hielo formado en los huecos planares horizontales es el responsable de la estructura laminar (Van Vliet-Lanoë, 1987; Mücher *et alii,* 1990).

Posteriormente y de forma local se observa que han habido percolaciones de soluciones cargadas en carbonatos que han provocado fenómenos de disolución/reprecipitación y como consecuencia se forman revestimientos microesparíticos que cimientan en algunos casos los huesos.

N.II

Descripción: Se han estudiado las muestras que proceden de los perfiles I - 13 y J - 17. Está formado por un 20 % de arenas finas (125-250 µm) de cuarzo, feldespatos angulosos y subangulosos, calcita y caliza microesparítica y bioclástica y por un 10% de gravas (2 mm - 1 cm) de calizas de morfología subredondeada. La fracción gruesa presenta los contornos irregulares. La matriz es de color marrón con una fábrica de birrefringencia cristalítica. La estructura es de tipo prismático y localmente se observa una estructura secundaria de tipo granular. Los fragmentos de caliza presentan trazas de disolución que se manifiesta por un color gris, una pérdida de birrefringencia y una porosidad que se desarrolla preferentemente en las fisuras (Fig. 9.27 c).

En cuanto al material de origen antrópico se localizan carbones de color marrón-negro en que se distingue la estructura vegetal, fragmentos óseos con diferentes trazas de alteración debidas a combustión y fitolitos de sílice en la masa basal. Uno de los componentes a destacar en el relleno es la aparición de masas fosfatadas y cristalíticas de origen animal que corresponden a coprolitos. Hay que añadir que en el perfil I-13 se observan unos fragmentos de masas fosfatadas cristalíticas de color amarillo-marrón de forma alargada (150 µm - 1 mm) que presentan una fuerte compactación con una microestructura fibrosa donde aparecen fitolitos de sílice desarticulados de formas alargadas, con cristalizaciones de carbonato cálcico, y esferolitas que corresponden a coprolitos de herbívoros (probablemente corresponden a ovicaprinos) con una dieta basada en hierbas y hojas (Courty *et alii,* 1991; Courty *et alii,* e.p; Wattez, 1992). Estos fragmentos aparecen con trazas de combustión (Fig. 9.28 d). En el perfil J - 17 aparecen otro tipo de componentes de origen excremental que son masas fosfatadas (175 µm - 5 mm) de color amarillo isotrópico de morfología subredondeada con restos óseos en su interior que pertenecen a coprolitos de animales con una dieta carnívora (Courty *et alii,* e.p.) (Fig. 9.27 e y f).

Entre los procesos postdeposicionales hemos de destacar la acumulación de material fino orientado (revestimientos-hiporrevestimientos) sobre todo en los huecos del sedimento y en los agregados; este rasgo es más frecuente en comparación con el nivel anterior. También los efectos de oxidación-reducción están presentes tanto por los nódulos distribuidos por la masa basal como por las impregnaciones de óxidos-hidróxidos en cantos y granos de arena. La actividad biológica se documenta en las modificaciones provocadas por la fauna por el retrabajamiento del material formando agregados y una porosidad en forma de canales y huecos de tipo cavitario.

Interpretación: El origen se debe a una aportación por escorrentía. El material procede de la disgregación de la pared caliza. Aparecen trazas evidentes de disolución en los cantos como son una pérdida de la birrefringencia, un color gris y una porosidad que se desarrolla en las fisuras de los cantos. El hecho que la masa basal aparezca de tipo cristalítico nos indica que los procesos de disolución son contemporáneos a la sedimentación.

Posteriormente hay percolaciones de aguas cargadas de material arcilloso que rellenan los huecos con revestimientos de dominios orientados, que indican una circulación lenta pero no están asociados a procesos de carbonatación secundaria. Así, también hay impregnaciones de óxidos-hidróxidos de hierro en el material detrítico propio de zonas donde ha habido un drenaje. También la actividad biológica se manifiesta, en este nivel, en la presencia de canales y huecos de tipo cavitario, así como la formación de agregados.

Desde el punto de vista paleoambiental refleja una humedad mediana y unas condiciones más templadas.

Antrópicamente, cabe hacer una distinción entre los perfiles I - 13 y J - 17. En el primero se documenta la presencia de coprolitos de animales herbívoros (ovicaprinos) y de fitolitos de sílice distribuidos por la masa basal que nos hace plantear la hipótesis de que estamos delante de una ocupación correspondiente a una fase inicial de la estabulación de animales, aunque no se localiza esta concentración en todo el nivel, ya que, en el sector J - 17, los fragmentos de coprolitos son de carnívoros u omnívoros con una dieta cárnica.

N.III

Descripción: Presenta unas características similares a las del nivel anteriormente descrito, si bien se diferencia por un ligero aumento de cantos y gravas. Los cantos en este tramo no aparecen tan fragmentados. Se detecta la aparición de material alóctono (areniscas y material lutítico). La estructura es de canales aunque en algunos sectores es vesicular. La matriz es marrón con una fábrica de birrefringencia cristalítica.

Disminuye aún más la proporción de material antrópico.

En cuanto a procesos postdeposicionales, también se localizan acumulaciones de material fino preferentemente en los huecos del sedimento y también aparecen impregnaciones de óxidos-hidróxidos de hierro.

Interpretación: El origen de este nivel se debe a un proceso de escorrentía superficial que transporta material procedente de la disgregación de la pared. Ésta es más evidente en el perfil I-13/J-17. En este nivel también se observa un ambiente frío y húmedo, pero en este caso la humedad no parece tan acusada.

Las condiciones también fueron oxidantes tal como se refleja en las impregnaciones de óxidos-hidróxidos de hierro.

Perfil I-J 11

N.IV

Descripción: Este nivel está formado por una matriz limosa. En la fracción gruesa dominan las arenas de 125-250 µm (20%) con la misma litología que los niveles anteriormente descritos; también hay una numerosa presencia de agregados de material arcilloso de 250-750 µm. Uno de los rasgos que cabe distinguir es la desaparición de cantos y gravas. La estructura es de tipo vesicular (Fig. 9.27 g). La matriz es marrón-rojiza con una fábrica de birrefringencia cristalítica.

Se documentan pocos restos antrópicos; solamente se constatan algunos carbones de pequeño tamaño (25-275 µm) entre la masa basal.

Por lo que respecta a los procesos postdeposicionales destacamos las acumulaciones de material fino en huecos y cantos y los efectos de óxidos-hidróxidos de hierro que se manifiestan en forma de nódulos y de impregnaciones en el material detrítico.

Interpretación: Es el resultado de una escorrentía superficial de débil energía. La estructura de tipo vesicular nos indica que las condiciones en el momento de sedimentación fueron muy húmedas y frías. La abundancia de óxidos-hidróxidos de hierro distribuidos por la masa basal nos indica unas condiciones oxidantes.

Sector interior

N.II

Descripción: Está caracterizado por una acumulación de cantos de caliza de 1 a 5 cm de morfología redondeada. La estructura es débil con tendencia a formar bloques subangulares. La relación entre FG/FF es de 4/1. En los cantos de caliza aparecen fisuras y trazas de disolución (Fig. 9.27 h).

Se localizan componentes de origen antrópico, mayoritariamente carbones de morfología tabular de tipo leñoso de tamaño entre 1-2 mm, los huesos están dispersos por la masa basal y tienen una morfología en forma de plaqueta tabular.

Entre los procesos que actúan con posterioridad a la formación del depósito destacan hiporrevestimientos de material arcilloso en huecos y en las fisuras de los cantos que se encuentran en proceso de disolución, así como nódulos de óxidos-hidróxidos e impregnaciones en la masa basal. Localmente aparecen revestimientos micríticos de $CaCO_3$ en los huesos.

Interpretación: El nivel II es el resultado de una sedimentación de tipo detrítico originada por la disgregación de material procedente de la pared de la cueva. Estos materiales detríticos presentan fisuras y fracturas como consecuencia de unas condiciones de frío. Localmente se observan percolaciones de soluciones cargadas de carbonatos que han provocado fenómenos de disolución / reprecipitación y como

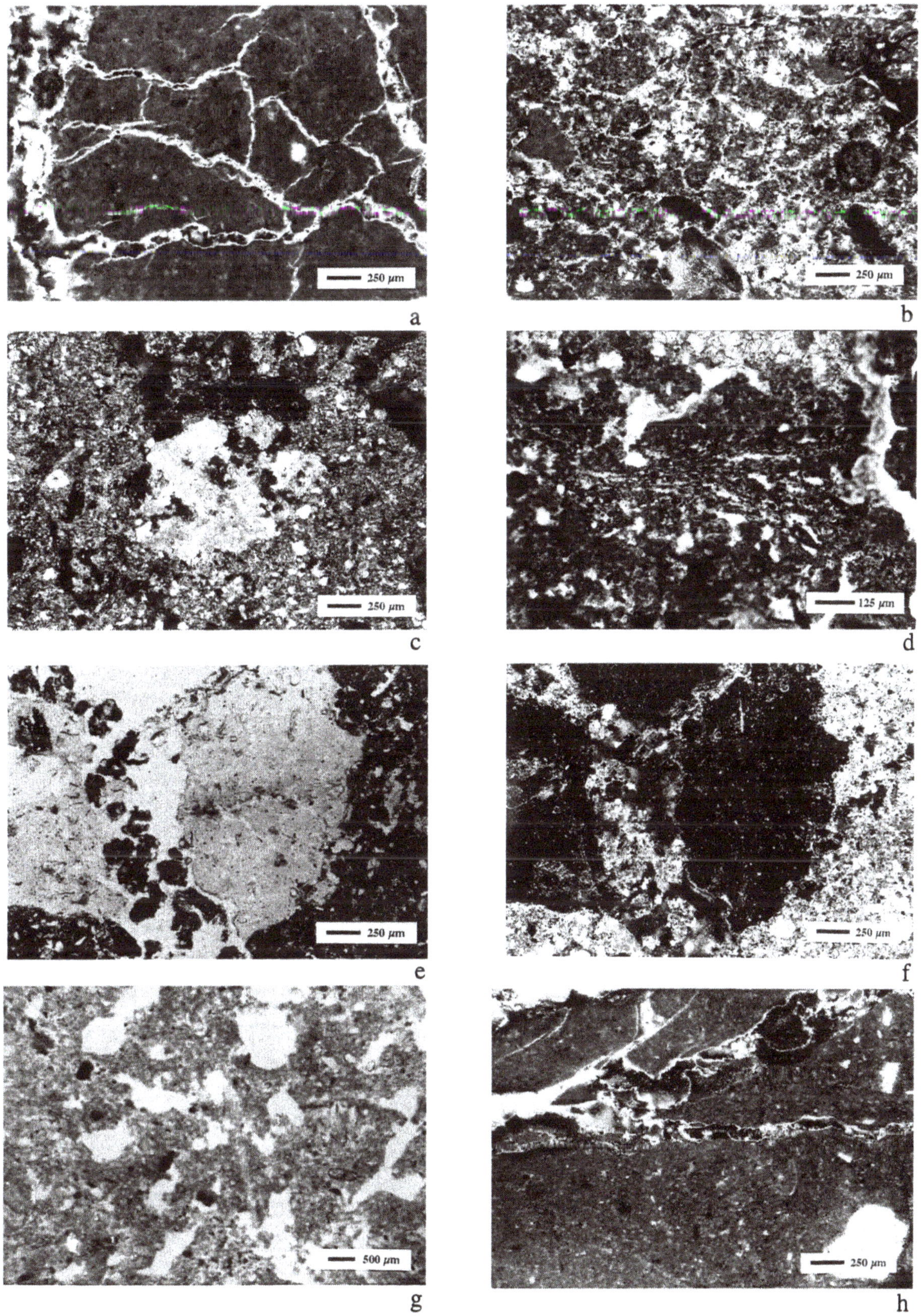

Fig. 9.27.- Cueva del Vidre
a.- N.III.- fragmento de caliza fisurada por efectos de hielo-deshielo. LPX. b.- N.III.- estructura laminar/granular. LPX. c.- N.II.- fragmento de caliza en proceso de disolución. LPX. d.- N.II.- fragmento de coprolito de herbívoro (ovicaprino). LPP. e.- N.II.- fragmentos de masas fosfatadas procedente de coprolitos de animal carnívoro fragmentado por la actividad biológica. LPP. f.- N.II.- fragmentos de masas fosfatadas procedente de coprolitos de animal carnívoro fragmentado por la actividad biológica. LPX. g.- N.IV.- estructura vesicular. LPP. h.- N.II Int.- fragmento de caliza fisurada por efectos de hielo-deshielo. LPX.

consecuencia se forman revestimientos microesparíticos que cimentan los huesos. El drenaje del agua de origen interno (kárstico) ha hecho que el material carbonoso aparezca adoptando una morfología subredondeada (Wattez, 1992) y también ha provocado la removilización del material detrítico.

N.I

N.Ib2

Descripción: Formado por un 40 % de arenas de 125 µm -1mm, gravas (8%) y cantos (50%) con una litología de cuarzo, feldespatos de morfología subangulosa y por caliza microesparítica y bioclástica de morfología subredondeada con trazas de disolución. La microestructura es de tipo migajoso/granular. La matriz es marrón con una fábrica de birrefringencia cristalítica.

Se hallan componentes de origen antrópico (carbones, huesos y sílex) de tamaño centimétrico distribuidos por la masa basal. Los restos óseos aparecen con trazas de combustión y los fragmentos de carbones tienen una morfología redondeada y tabular.

Respecto a los procesos postdeposicionales aparecen revestimientos de material fino en huecos y en agregados de la matriz, así como impregnaciones de óxidos-hidróxidos en los cantos.

Interpretación: Este nivel se debe a un proceso de disgregación de la pared de la cavidad y a la removilización de sus productos por circulaciones hídricas internas. La circulación es intensa ya que el material que se deposita es de fracción gruesa. También cabe decir que el flujo hídrico erosiona las partículas (antrópicas y detríticas) de tamaño más pequeño.

N.Ib1

Descripción: Tiene una matriz arcillosa que presenta una estructura con fisuración horizontal muy desarrollada. Se observa, también, la fisuración entre los agregados de material arcilloso.

Hay un descenso del material de origen antrópico, aparecen carbones (1%) de 250 µm repartidos entre la masa basal de forma redondeada..

Los procesos postdeposicionales que se dan son los mismos que hemos visto en el nivel anterior.

Interpretación: En este momento disminuye la intensidad del aluvionamiento kárstico y se forma una costra sedimentaria. La fragmentación de esta costra obedece a un proceso que probablemente se debe a una acción de compactación o de pisoteo (Gé *et alii*, 1993), ya que se observa la presencia de agregados tabulares subredondeados con huecos orientados subhorizontales que hace que se incorporen a la matriz materiales alóctonos. También se observan unas fisuras dentro de los agregados arcillosos que son el resultado de procesos de humectación-desecación.

N.Ia

Descripción: Este nivel está formado mayoritariamente por una fracción gruesa con un 40% de cantos de morfología subredondeada con trazas de disolución y de una litología idéntica a la de los niveles anteriormente descritos. Prácticamente sin matriz fina. La microestructura es débil con tendencia a formar bloques subangulares.

Aparecen materiales carbonosos de morfología tabular y subredondeada de gran tamaño, así como fragmentos óseos que presentan diferentes alteraciones debidas a la combustión.

Los procesos postdeposicionales identificados son los mismos que los de los niveles anteriormente citados.

Interpretación: La formación de este nivel es similar a la del N.Ib2.

N.0

Descripción: Compuesto por cantos (60%) y arenas de 125-500 µm (15%) de la misma litología que los niveles anteriores. La estructura es masiva.

El material de origen antrópico es abundante. Entre los cuales destacamos materiales de construcción y cerámica.

Dentro de los procesos postdeposicionales se observan hiporrevestimientos de material fino en huecos y nódulos de óxidos-hidróxidos de hierro dispersos por la masa basal.

Interpretación: Este nivel parece ser resultado de un proceso de coluvión, en unas condiciones de humedad importante que se refleja en la estructura masiva de la matriz.

9.4.4. Caracteres generales de la sedimentación

En la sedimentación de la cueva del Vidre se distingue una serie de facies:

- Facies de cantos y bloques con limos arenosos. Está formada por caídas de bloques y por la disgregación de la pared. El nivel N.III Ext. aparece constituido por cantos y plaquetas de caliza con una serie de fisuras y fracturas propias de procesos de hielo-deshielo. Estas condiciones climáticas también se reflejan tanto en la estructura sedimentaria como en la fracturación de otros componentes, como por ejemplo los huesos. Por lo tanto, creemos que en este caso la caída de bloques es debida a causas de tipo climático.

- Facies de cantos subangulosos con carbones. Se localiza en el sector interior de la cavidad (N.II Int. y N.I Int.) y se caracteriza por un depósito de cantos procedentes del techo o pared de la cueva. Este material detrítico a veces presenta fracturas que, como en el nivel II Int., se deben a procesos de hielo-deshielo. Este material está removilizado por las circulaciones hídricas de origen interno, que a veces son de fuerte intensidad como es el caso del N.II Int. y en otros es de menor intensidad, N.I Int., en que se localizan fragmentos de costras de arcillas.

- Facies de cantos y limos. Se sitúa en el interior de la cueva y está representada por el N.0 Int. Esta facies se caracteriza por presentar un conjunto heterométrico de material detrítico en una matriz limosa de forma coluvial.

- Facies de limos arenosos de color gris con cantos y algún bloque. Esta facies está representada en el sector exterior, concretamente el N.II Ext. Es un nivel formado por una matriz limo-arenosa de color gris con cantos y bloques. La fracción de cantos presenta trazas de disolución. Este rasgo es importante ya que denota unas condiciones de humedad importante. También es característica de esta facies la abundancia de material antrópico y de componentes de origen orgánico (ver apartado descripción sedimentaria). El origen de esta unidad se debe a aportes de escorrentía superficial.

- Facies de limos arenosos de color marrón. Esta última facies, también está representada en el sector exterior, concretamente en el N.IV Ext. Se caracteriza fundamentalmente por una matriz de limos arenosos sin fracción gruesa. También es de destacar la potencia sedimentaria de 85 cm a la vista. La estructura es de tipo masivo y localmente vesicular. El origen se debe a aportaciones de escorrentía de débil energía (limos arenosos) en un medio muy húmedo y frío (porosidad de tipo cavitario y vesicular).

9.5. ÁREAS DE COMBUSTIÓN

9.5.1. Área de combustión del nivel neolítico N.II

Descripción

Se localizó en el perfil I-13 y tenía unos 3 cm de potencia. Está formada por una masa cristalina de color gris de débil cohesión junto a restos carbonosos. La microestructura es masiva con una porosidad baja (1%).

Documentamos diversos componentes de origen vegetal como carbones y distintos tipos de cenizas. El material carbonizado es de color negro-marrón y de tamaño centimétrico y representa el 5%. Se distingue su estructura y está fragmentado. En cuanto a las cenizas tenemos fábricas cristalinas de color blanco formadas por cristales de calcita de morfología redondeada. También, y fundamentalmente en la parte superior, hay calcita de forma romboédrica y algunos fragmentos cenicientos de tipo leñoso, de color blanquecino, entre 625-750 μm con inclusiones fosfatadas. Según Wattez (1992) estarían producidas a temperaturas alrededor de 500-600 °C.

Los componentes vegetales que dominan son los restos carbonosos bien conservados, aunque en la parte inferior aparecen fragmentados. Las fábricas cristalinas (cenizas) se encuentran por toda la unidad pero sobre todo en la parte superior (Fig. 9.28 a).

Entre los componentes de origen animal cabe señalar, principalmente en la parte superior de la estructura, fragmentos óseos (2%) de alrededor de 250 μm, la mayoría de color amarillo-blanquecino, en los que prácticamente no se distingue la estructura ósea por la elevada temperatura a que han sido sometidos. Aparecen, aunque en baja proporción, fragmentos de masas fosfatadas cristalinas de color amarillo-marrón de 750 μm que presentan una fuerte compactación con una microestructura fibrosa con fitolitos de sílice desarticulados de formas alargadas junto a cristales de carbonato cálcico, esferolitas y material detrítico. Estas masas corresponden a excrementos de herbívoros, concretamente ovicaprinos, parcialmente quemados.

En la fracción detrítica, mayoritariamente formada por fragmentos de caliza micrítica y bioclástica se observan trazas de combustión: fisuras que provocan la fragmentación y la disgregación de la roca, cambios de coloración de las calizas a unas tonalidades marrones y opacas, óxidos-hidróxidos de hierro que impregnan las partículas micríticas principalmente en la parte superior del área, y neoformación de partículas de aproximadamente 125 μm de óxidos-hidróxidos de hierro que están distribuidas por la masa basal, sobre todo en la parte superior.

Interpretación

Es difícil interpretar una área de combustión sin disponer de los datos de la excavación y por tanto, los resultados que exponemos esperamos poder precisarlos con estudios posteriores y con la intervención arqueológica. Se pueden distinguir dos unidades en el área de combustión:

- Unidad Superior: formada por fragmentos de cenizas y nódulos de óxidos-hidróxidos de hierro. Presenta una microestructura localmente en canales. Los caracteres de estos residuos vegetales indican una buena oxigenación de la combustión.

- Unidad Inferior: formada por restos carbonosos parcialmente carbonizados. Refleja una combustión en atmósfera reductora.

Con posterioridad se sucedieron una serie de infiltraciones de aguas que arrastraron partículas carbonosas y elementos finos (limos y arcillas) y se depositaron en huecos o alrededor de elementos gruesos originando revestimientos. Destacar la actividad biológica que se manifiesta por una porosidad constituida por canales.

Como conclusión, creemos que esta área de combustión alcanzó una temperatura elevada (500-600°C) aunque los

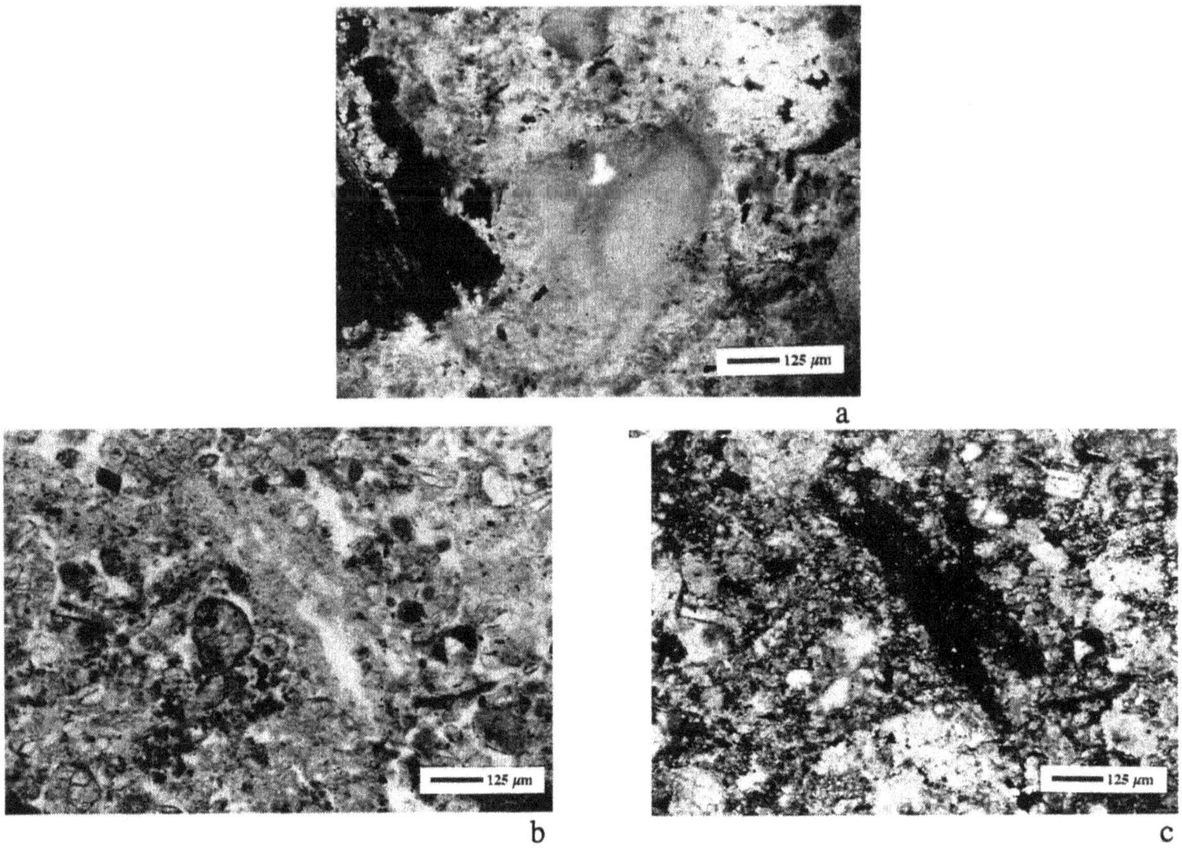

Fig. 9.28.- Áreas de combustión
a.- Á. C. del N.II.- Masa cristalítica con carbones. LPX. b.- Á. C. del N.IV.- Masa cristalítica con inclusiones fosfatadas. LPP. c.- Á. C. del N.IV.- Masa cristalítica con inclusiones fosfatadas. LPX.

fragmentos carbonosos parcialmente calcinados en la base parecen indicar una corta duración. Su funcionalidad es difícil de interpretar sin los resultados de la excavación pero por los datos de que disponemos podría corresponder a una actividad de tipo culinario.

9.5.2. Área de combustión del nivel epipaleolítico N.IV

Descripción

Se localizó en el perfil I-J 11 del sector exterior de la cavidad en el N.IV. El relleno tiene unos 5 cm de potencia. Está formado por dos unidades claramente diferenciadas:

Unidad Superior: formada por una masa cristalítica de microesparita con arenas de 125 µm de cuarzo, feldespato, caliza microesparítica y bioclástica con fisuras. Presenta una microestructura de tipo fisural horizontal con un 15% de porosidad.

De los componentes que documentamos podemos distinguir los siguientes tipos:

Componentes de origen vegetal:

- masas cristalinas formadas por cristalizaciones calcíticas subredondeadas con fuerte birrefringencia

- carbones (5%) de color negro de 25-250 µm, muy fragmentados

- fitolitos de sílice repartidos por la masa basal

- cenizas de 500 µm de color blanquecino

Componentes de origen animal:

- inclusiones de masas fosfatadas de color amarillo isotrópico de 125 µm distribuidos por la masa basal (Fig. 9.28 b y c)

- fragmentos óseos (1%) de 500 µm de color amarillo y en los que se observa la estructura ósea.

Unidad Inferior: formada por arenas de 63-250 µm (20%) de la misma litología que la unidad anterior. La microestructura es de tipo esponjoso con un 20% de porosidad.

Por lo que respecta a componentes solamente se localizan de origen vegetal; básicamente, carbones de 250-375 μm que representan el 2% y también aparecen fábricas cristalinas de esferolitas de 625 μm.

En cuanto a los procesos postdeposicionales que han afectado a ambas unidades se observan mayoritariamente nódulos de óxidos-hidróxidos de hierro de 75-250 μm repartidos por la masa basal y también impregnaciones en los cantos sobre todo en la Inferior. Hay acumulaciones de 50 μm de material fino en los granos de arena, principalmente en la Unidad Superior.

Interpretación

En el momento de interpretar la funcionalidad de esta estructura de combustión nos basaremos fundamentalmente en los componentes que aparecen en el relleno.

En la Unidad Superior aparecen cenizas, fitolitos de sílice, carbones e impregnaciones fosfatadas ferruginosas, elementos que nos hacen pensar que la actividad que se desarrollaría podría estar relacionada con la preparación de materias animales (pieles, ahumados,...). El hecho que casi no aparezcan fragmentos óseos (uso culinario) nos corrobora esta hipótesis, así como la existencia de masas fosfatadas (grasas). Desde el punto de vista de la organización y estructura de la matriz, se caracteriza por una fisuración horizontal débil y por una compactación de los materiales de combustión (morfología redondeada del material), dato que indicaría que se dieron unas transformaciones mecánicas originadas probablemente por el pisoteo de los habitantes de la cueva. También se documenta la alteración por fuego en el material detrítico con los siguientes rasgos: rubefacción, fisuración y cambio de coloración hacia unas tonalidades pardas en el material calizo.

La Unidad Inferior es un nivel de arenas carbonatadas que presentan trazas de inundación (porosidad vesicular) y trazas de alteración térmica, dato que también nos indica que la combustión fue intensa.

Como conclusión, creemos que esta área se realizó sobre un nivel donde se daban unas condiciones de humedad importante, que el fuego fue intenso (500-600°C) y los productos de combustión probablemente fueron dispersados por efectos mecánicos (como por ejemplo de pisoteo).

9.6. CONCLUSIONES

El relleno de los niveles estudiados en la cueva del Vidre aparece como resultado de una sucesión compleja de procesos que se pueden subdividir en dos grupos:

- procesos sedimentarios (considerados los originarios de la formación del depósito) que en este caso son una sedimentación detrítica resultado de: escorrentía, disgregación de la pared de la cueva y circulaciones hídricas internas (de tipo kárstico).

- procesos postdeposicionales (modificaciones en el registro sedimentario condicionadas por el ambiente físico-químico del medio): se pueden distinguir fenómenos de disolución química y bioquímica, acumulación de carbonato cálcico secundario, de óxidos-hidróxidos, de desplazamiento y acumulación de material fino y deformaciones físicas como resultado de efectos criogénicos y de bioturbación, así como las deformaciones provocadas por la actividad de pisoteo.

9.6.1. Secuencia estratigráfica, evolución sedimentaria y paleoambiental

La secuencia estratigráfica que nos ofrece el yacimiento de la cueva del Vidre se enmarca en el tránsito del Pleistoceno Superior final al Holoceno y el Holoceno inicial. Esta periodización se corrobora tanto por las dataciones radiocarbónicas que se han efectuado como por la atribución cultural de los niveles arqueológicos.

Los primeros depósitos detectados en la cueva se localizan en el interior de la cavidad y corresponden a una caída de bloques (N.III Int.) y a la disgregación de la pared o techo de la cueva (N.II Int.) datada por radiocarbono en 10.740 BP y que culturalmente correspondería a un horizonte de Paleolítico Superior final/Epipaleolítico (J. Bosch, comunicación oral). Este nivel está formado por cantos que están fisurados por efectos de hielo-deshielo (gelifracción) en un clima frío. A continuación, en el N.I Int. se reactivarían las circulaciones hídricas internas y los procesos de hielo-deshielo ya no se darían. El clima sería más húmedo.

La sedimentación continúa en el sector más externo de la boca de la cueva que es la vía de entrada de los aportes sedimentarios tal como se refleja en las pendientes de los niveles. El primer nivel detectado es el N.IV Ext. formado por escorrentía superficial de débil energía en unas condiciones de humedad muy importante y de frío. Se ha atribuido culturalmente a un momento epipaleolítico. En este nivel se ha localizado un área de combustión que por sus componentes parece que no fue de uso culinario sino probablemente vinculada a una actividad de preparación de materias animales (masas fosfatadas). Presenta trazas de compactación y una porosidad formada por vesículas y huecos cavitarios, propias de una zona muy húmeda. Estos datos corroboran las condiciones paleoambientales de este nivel.

A continuación, el relleno sedimentario procede de la disgregación de la pared de la cueva (N.III Ext.) que en el perfil I-13/J-17 adquiere una significación más destacada. Este depósito está formado mayoritariamente por cantos y plaquetas de caliza que presentan una serie de fracturas y fisuras propias de unas condiciones de hielo-deshielo (frío). Culturalmente corresponde al Epipaleolítico. Seguidamente, en el contacto de este nivel con el siguiente (N.II Ext.), y concretamente en el perfil J-17, se observan bloques de caliza que proceden del techo de la cueva, lo que nos confirma una segunda caída de bloques. Creemos que la causa es de tipo climático.

Sigue la sedimentación con el N.II Ext. que arqueológicamente se ha atribuido al Neolítico Antiguo y se ha datado en 6.180 BP. El origen del relleno se debe a unas condiciones de escorrentía superficial en un ambiente húmedo y templado respecto al nivel anterior. Desde el punto de vista antrópico, en este nivel se localiza una ocupación con un estado inicial de estabulación de animales.

10. EVOLUCIÓN SEDIMENTARIA Y CORRELACIONES ESTRATIGRÁFICAS

A la hora de intentar establecer las correlaciones estratigráficas y la evolución sedimentaria nos centraremos en las secuencias de finales del Pleistoceno Superior (Tardiglaciar) y del Holoceno inicial ya que son los periodos mejor representados en los yacimientos estudiados.

10.1. FACIES Y PROCESOS SEDIMENTARIOS

En este apartado intentaremos exponer las facies y procesos sedimentarios que hemos observado en las secuencias estudiadas para considerar si se puede establecer correlaciones de tipo sedimentario y estratigráfico. Hay que advertir que a veces es difícil definir una facies común, sobre todo cuando se refiere a la textura de la matriz, ya que evidentemente los procesos no actúan de la misma forma en unos contextos que en otros. Si que se observa, en líneas generales, una misma dinámica sedimentaria.

En la figura 10.1 se detallan las facies representadas en nuestros registros.

10.2. CORRELACIÓN DE LOS REGISTROS ESTUDIADOS

10.2.1. Anterior a 14.000 años BP

De este momento tan sólo disponemos de la secuencia de la cueva del Parco. Del nivel XI (14.300 BP) hasta el VII (14.040 BP) se caracteriza fundamentalmente por unos procesos de escorrentía de débil intensidad con una gran concentración de componentes de origen antrópico a excepción del nivel IX.

10.2.2. De ~14.000 a ~11.000/10.500 años BP (Tardiglaciar)

Esta etapa se puede subdividir en dos fases:

De ~14.000 a ~13.000 años BP

Únicamente disponemos de un registro datado por radiocarbono, la cueva del Parco (N.VI: 13.950 BP, N.V: 13.890 BP y N.IV: 12.900 BP). Se caracteriza por procesos de escorrentía de mediana intensidad, observándose un aumento del flujo hídrico respecto a la etapa anterior probablemente debido a un incremento de las precipitaciones.

En este momento cronológico, creemos que en la zona del curso medio del río Montsant se formarían los niveles de máximo aluvionamiento de la terraza T2, es decir, VI y V del abrigo dels Colls. En estos niveles y sobre todo en el N.VI, los procesos de gelifracción son muy marcados.

Se podrían correlacionar también, como hipótesis, los niveles VI o VIII de la cueva de la Guineu, donde hay una reactivación hídrica.

En resumen, en esta etapa se daría un aumento de aportes hídricos de las vertientes en el caso de la cueva del Parco y cueva de la Guineu y una reactivación fluvial en la zona del Montsant.

De ~13.000 a ~11.000/10.500 años BP

De este periodo disponemos de más secuencias y se distinguen los siguientes procesos:

- Disminución del flujo hídrico y disgregación de la pared o techo de las cuevas por procesos de gelifracción.

Se documenta en la cueva del Parco, en el N.III (13.070 BP), y también en el N.II (10.390 BP) aunque de menor intensidad.

Creemos que también se encuentra registrado en la Balma del Gai en el N.II donde el proceso de gelifracción está muy marcado.

Otro registro donde se localiza este proceso es en la cueva de la Guineu, en el N.V, donde domina un proceso de escorrentía de débil intensidad. También se registra en el N.II Int. de la cueva del Vidre datado en 10.740 BP.

- Caída de bloques.

Este proceso se observa en el contacto del N.II con el N.I de la cueva del Parco. También se localiza en la Guineu (N.IV) junto a la presencia de cantos fragmentados por la acción del hielo-deshielo.

Creemos que, probablemente, la causa de esta caída de bloques sería de tipo climático, ya que en los niveles inferiores a las caídas se constatan procesos de hielo-deshielo.

Dataciones BP	Facies	Procesos sedimentarios	Periodos Culturales	Yacimientos
5.000				
	Limos arenosos con cantos y bloques	Escorrentía de débil intensidad con componentes antrópicos	Neolítico	Guineu (N.II), Vidre (N.II) 6.180 BP.
	Bloques	Caída de bloques	Epipaleolítico	Parco (N.Ia sup), Vidre (contacto N.II-N.III) y Guineu (contacto entre nivel III y nivel II)
	Cantos y plaquetas fisuradas	Disgregación pared (gelifracción)		Parco (N.Ia sup) 10.190-10.420 BP, Gai (N.I parte sup. 8.930 BP) Filador (N.A), Vidre (N.III Ext)
	Arenas limosas con cantos	Aumento del flujo hídrico (escorrentía-fluvial)		Parco (N.Ia inf. 10.770-10.930BP, N.Ib, N.Ic), Gai (N.I entre 11.170-8.930 BP), Guineu (N.III) 9.850 BP, Griera (N.II), Filador (N.XII-N.B) 9.830-9.460 BP, Vidre (N.IV Ext y N.I Int), H. Boquera (N.Ia y Ib)
10.000	Bloques	Caída de bloques		Parco (contacto entre N.I y N.II), Guineu (N.IV), Colls (N.III), H. Boquera (contacto entre el N.I y N.II), Vidre (N.III int.), Gai (N.II)
	Cantos fisurados con limos arenosos	Gelifracción y disminución del flujo hídrico	Paleol. Sup. (Magdaleniense)	Parco (N.II 10.390 BP y N.III 13.070 B.P), Gai (N.II) Guineu (N.V), Hort de la Boquera (N.II, 9.420 BP) Colls (N.IV, 12.490 BP y N.II, 10.950-10.050 BP), Vidre (N.II Int., 10.740 BP)
	Arenas limosas granulo-clasificadas con cantos	Escorrentía de mediana intensidad/Fluvial		Parco (N.VI 13.950 BP y N.IV 12.900 BP), Guineu (N.VI?), Colls (N.VI y N.V)
	Arenas limosas con cantos	Escorrentía de débil intensidad con componentes antrópicos		Parco (N.VII 14.040 BP hasta el N.XI 14.300 BP)
	Arenas finas	Aluvionamiento		Colls (N.VII) y Hort de la Boquera (N.III)
15.000	Cantos y arenas	Canal aluvial		Colls (N.IX) y Hort de la Boquera (N.IV)

Fig. 10.1.- Facies observadas en los registros estudiados.

En la zona del río Montsant estos dos procesos sedimentarios, aparecen juntos. En el abrigo dels Colls, del N.IV al N.II, encontramos representada la caída de bloques, sobre todo en el N.III. También se observan en el N.IV y en el N.II procesos fluviales de llanura de inundación. El N.IV está datado 12.490 BP y el N.II, en 10.950-10.050 BP. En el Hort de la Boquera, este momento estaría representado en el N.II (formado por procesos de llanura de inundación y escorrentía de la ladera) datado en 9.420 BP (datación que consideramos relativamente moderna) y en el contacto del N.I (caídas de bloques).

10.2.3. De ~11.000/10.500 a ~9.000 años BP (Holoceno inicial)

Esta etapa es, quizás, la que tenemos mejor representada en nuestras secuencias y distinguimos los siguientes procesos:

- Aumento de los aportes detríticos (escorrentía y fluvial)

Se registra en todas las secuencias estudiadas.

En la cueva del Parco se documenta en todo el N.I (Epipaleolítico), aunque hay diferencias de intensidad del flujo hídrico. En los niveles Ic y Ia inf. datado este último en (10.770 y 10.930 BP) es de fuerte intensidad; en cambio en el N.Ib es más débil. En la Balma del Gai se encuentra en el N.I que es de débil intensidad y está datado entre 8.930 y 11.170 BP. En la cueva de la Guineu está constatado en el N.III, es de débil intensidad y datado en 9.850 BP. En la Balma de la Griera está representado en el N.II (Epipaleolítico) y también es de débil intensidad.

En la zona del Montsant, el río se encaja y forma una nueva terraza (T1b), que utiliza rápidamente como llanura de inundación; es entonces cuando intervienen los procesos de escorrentía de ladera en el caso del yacimiento de Hort de la Boquera (N.Ia y N.Ib) y en el abrigo del Filador se inician los aportes del cono de deyección de La Coma. Este momento corresponde a los niveles desde el N.XII hasta el N.B (Epipaleolítico) con dataciones de 9.830 (N.VII) y 9.460 (N.IV) años BP.

En la cueva del Vidre, este proceso se localiza en varios niveles: N.I del interior de la cueva y N.IV del exterior. Se daría primero con mucha energía, N.I (interior), y posteriormente sería más débil, N.IV (exterior).

- Caída de bloques y disgregación de la pared o techo de la cueva (gelifracción)

Posteriormente al aumento de los aportes se da una caída de bloques o un episodio de disgregación de la pared de la cueva, no tan intensa como la registrada durante la etapa ~13.000-11.000/10.500 BP. Este proceso se da en la cueva del Parco en el N.Ia sup., que en su parte inferior está datado en 10.190 y 10.420 BP, también en la Balma del Gai en la parte superior del nivel I (8.930 BP), en el N.A del abrigo del Filador, en el N.III Ext. de la cueva del Vidre y en el contacto entre el N.III y el N.II de la cueva de la Guineu.

También en esta caída la causa sería de tipo climático ya que se observan trazas de hielo-deshielo.

En cuanto a la energía de los aportes queremos hacer hincapié en los marcadores diagnósticos que hemos usado para establecer la energía del flujo hídrico. Éstos son:

- la granuloclasificación del material detrítico.

Un flujo hídrico intenso hace que el material aparezca granuloclasificado. Un ejemplo son los niveles Ic y Ia inf. de la cueva del Parco.

- la formación de costras de tipo sedimentario.

Este proceso se produce cuando el régimen hídrico presenta cambios de intensidad y el nivel está en exposición aérea; entonces el agua pierde la capacidad de arrastre y el material movilizado (arenas y limos) se acumula en microdepresiones. Este rasgo se observa en el abrigo del Filador (N.VIII-IX) y en el Parco: Ic y Ia inf.

- la bioturbación.

Se observa que cuando hay una bioturbación elevada, la sedimentación ha sido lenta o irregular. Este rasgo se localiza en Balma del Gai, Balma de la Griera, cueva del Parco (N.Ib y N.Ia sup.) y abrigo del Filador (N.VII). Cuando la bioturbación es débil la tasa de sedimentación es elevada, por ejemplo en el N. Ia Inf. y N.Ic de la cueva del Parco.

En resumen, podemos decir que desde ~13.000 a ~11.000/10.5000 años BP se producen caídas de bloques y disgregaciones de la pared de la cavidad y una disminución de los flujos hídricos. En cambio del ~11.000/10.500 a ~9.000 BP se produce un gran incremento de aportes detríticos como consecuencia de un aumento de las precipitaciones y comporta un aumento de la tasa sedimentaria, aunque continúan algunas caídas de bloques, pero no tan intensas.

10.2.4. De ~6.500 a ~5000 años BP (Holoceno)

De este perioso solamente poseemos las secuencias de las cuevas de la Guineu y del Vidre.

Se caracteriza por procesos de escorrentía de débil y mediana intensidad con bloques, junto a una gran cantidad de componentes de origen antrópico.

Fig.10.2.- Localización de los yacimientos arqueológicos citados en el texto

10.3. SECUENCIAS ARQUEOLÓGICAS DE LA VERTIENTE MEDITERRÁNEA DE LA PENÍNSULA IBÉRICA

Las secuencias estratigráficas de yacimientos arqueológicos que hemos utilizado han sido escogidas porque se enmarcan en nuestro periodo de estudio, se han realizado análisis sedimentarios y disponen de dataciones absolutas.

Los yacimientos de norte a sur son los siguientes (Fig.10.2):
- Balma Margineda (Andorra) a 970 m s.n.m.
- Font del Ros (Berga, Barcelona) a 640 m s.n.m.
- Cueva Matutano (Vilafamés, Castelló) a 300 m s.n.m.
- Cueva de Mallaetes (Barx, València) a 300 m s.n.m.
- Cueva de l'Or (Beniarrés, Alacant) a 650 m s.n.m.
- Tossal de la Roca (Vall d'Alcalà, Alacant) a 668 m m s.n.m.
- Cueva de Cendres (Teulada, Alacant) a 50 m s.n.m.
- Cueva del Caballo (Cartagena, Murcia) a 135 m m s.n.m.
- Cueva de Nerja (Nerja, Málaga) a 158 m s.n.m.

La interpretación sedimentaria de estos yacimientos la resumimos en la Fig. 10.3.

También añadimos, el yacimiento de Sant Josep (Vall d'Uixó, Castelló) que aunque no dispone de dataciones absolutas para este periodo, Fumanal lo incorpora en las fases establecidas para la zona de Valencia. También nos fijaremos en algunos datos de la zona de Murcia, concretamente de depósitos de ramblas que están datados.

10.4. CONCLUSIONES

En este apartado intentaremos correlacionar estratigráficamente los diferentes registros arqueológicos datados y estudiados hasta el momento en la vertiente mediterránea de la Península Ibérica.

10.4.1. De ~14.000 a ~11.000/10.500 años BP

En Catalunya, en nuestros registros se observan dos fases:

- de ~14.000 a ~13.000 años BP. Se aprecia un aumento de aportes detríticos, probablemente debido a un incremento de precipitaciones. Se documenta en la cueva del Parco (del N.VI hasta el N.IV), en la zona del Montsant en el abrigo dels

Colls (N.VI y N.V) y en la cueva de la Guineu (N.VIII y N.VI).

- de ~13.000 a 11.000/10.500 años BP. En nuestros depósitos se dan procesos hídricos de menor energía que los de la etapa anterior con procesos de gelifracción de más o menos intensidad dependiendo de la altitud del depósito. Estos procesos quedan reflejados en Parco (N.III y N.II), en Gai (N.II), en Guineu (N.V-IV), en Colls (N.IV hasta el N.II), en Hort de la Boquera (N.II y el contacto con el N.I) y en Vidre (N.II, interior de la cavidad).
También se da en algunos lugares una serie de caídas de bloques, así queda constatado en los siguientes yacimientos: en Parco (contacto entre el N.II y el N.I), en Guineu (N.IV), en Colls (del N.IV al N.II, especialmente en el N.III) y en Hort de la Boquera (contacto N.II y N.I).

En la región valenciana, Fumanal (1995) ha distinguido entre 15.000 a 11.000 años BP:

- Fase E: procesos de meteorización mecánica (gelifracción) que se reflejan en los siguientes registros: Sant Josep (N.V a III), Tossal de la Roca (nivel IV, datado en 15,4 ka±1,1), Matutano (N.XV a XIII, datado entre 13,9 ka±0,2 - 12,1 ka±0,2) y Cendres (N.IV-III datado en 15,8 ka±0,2, 13,8 ka±0,1 y 12,7 ka±0,1).

- Interfase F: procesos de escorrentía poco competente (Fumanal, 1986). Se detecta en los siguientes yacimientos: Tossal de la Roca (III), Matutano (XII) y Cendres (II).

- Fase G: morfogénesis muy activa que da lugar a una acumulación de materiales en los fondos de los valles altos y medios de las cuencas. Está representada en los siguientes registros: Tossal de la Roca (II, datado entre 12,5 ka±0,2 y 12,4 ka±0,3); Matutano (XII a VIII, el nivel X datado en 12,4 ka±0,2) y Cendres (I).

Alrededor de los 11.000 años BP.- Procesos de gelifracción en el yacimiento de Mallaetes (el N.VI del perfil Z1, datado en 10.370 BP) (Fumanal, 1986), en la cueva de Cendres (N.II) (Badal *et alii,* 1991) y la cueva del Caballo (Murcia), con el N.II datado en 10.780 BP (Martínez Andreu, 1989; 1992).

En la zona de Murcia se han estudiado los depósitos de la rambla de Aljauque datados en 12.220±130 BP y los del río Segura en Blanca, datados en 11.040±150 BP (Cuenca *et alii,* 1995). Según estos autores, en este momento se forman depósitos sedimentarios de flujos de alta energía.

En la parte mas meridional de la península, la cueva de Nerja presenta un depósito con procesos de gelivación y escorrentía (U.3, NM16, datado entre 12.270-11.850 BP) (Jordá, 1986; Jordá *et alii,* 1990).

En general, de ~14.000 a ~11.000/10.500 años BP en la vertiente mediterránea de la Península Ibérica se observan dos fases:

- del ~14.000 al ~12.500/12.000 años BP, una activación de aportes detríticos.

- del ~12.500/12.000 al ~11.000/10.500 años BP, disminución de los aportes y disgregraciones de las paredes de las cavidades con caídas de bloques.

10.4.2. De ~11.000/10.500 a ~9.000/8.500 años BP

En nuestra área de estudio se reactivan los procesos de circulación hídrica. En este momento hubo un aumento de precipitaciones que originó un incremento de la tasa sedimentaria respecto a los niveles inmediatamente subyacentes. También se observan variaciones en la intensidad de los procesos de escorrentía. Así se ha documentado en diferentes registros: a) en la cueva del Parco, con los N.Ia inf. y N.Ic, de fuerte intensidad y en cambio en el N.Ib de débil energía; b) en la Balma del Gai, el N.I es de débil energía; c) en la cueva de la Guineu donde el N.III es de débil energía; d) en la cueva del Vidre, el N.I Int. es de fuerte energía, y en cambio, el N.IV Ext. se formó en un medio de débil energía; y e) en la Balma de la Griera (N.II) es de débil energía.

En la zona del curso medio del río Montsant se forman los niveles de terraza T1b, que se observan en el abrigo del Filador, y se incrementan los aportes de ladera en el Hort de la Boquera (N. Ia y N.Ib) y en el Filador.

Se dan en este episodio caídas de bloques y disgregaciones de las paredes o techos de las cavidades, acompañadas de procesos de crioclastia. Este proceso queda registrado en Parco (N.Ia sup), en Gai (N.I parte superior), en el N.A de Filador, en Vidre (contacto entre el N. II Ext. y N.III Ext.) y en la parte superior del N.III en contacto con el N.II de Guineu. Tal como hemos citado anteriormente, los procesos de crioclastia se reflejan con mayor o menor intensidad según las altitudes de los depósitos.

En el yacimiento más septentrional de nuestra área, la Balma Margineda, el nivel 6, datado en 10.640-9.250 años BP, se debe a procesos de gelivación (VVAA, 1985).

En el registro de la Font del Ros, en la unidad D T (Jordá *et alii,* 1992) se observa una sedimentación fluvial y de ladera; desde el punto de vista cultural se situaría entre el Paleolítico Superior y el Epipaleolítico (Mora *et alii,* 1991).

En la región valenciana, según Fumanal (1995), esta etapa queda reflejada en los perfiles exteriores del Tossal de la Roca en los niveles IIb y IIa datados en 9,2 ka y 8,4 ka, que responden a un episodio de agradación en la cuenca que se desarrolla alrededor de los 9.000 BP. Las condiciones climáticas parecen aún frescas y con contrastes estacionales que permiten la acumulación rápida de los coluviones en los fondos de valles.

Dataciones BP	B. Margineda	Font del Ros	C. Matutano	C. Mallaetes	C. de l'Or	Tossal de la Roca	C. de Cendres	C. del Caballo	C. de Nerja
5.000 10.000 15.000	**N.3b** Proceso de gelivación poco activo y niveles carbonosos (Neolítico Antiguo) **6.670 BP** **N.4 y N.5** Procesos de escorrentía (Mesolítico) **8.530 BP** **9.250 BP** **N.6 y N.7** Procesos de gelivación (Epipaleolítico Geométrico) **10.640 BP**	**Unidad B** Sedimentación de tipo bioquímico (Neolítico Medio) **8.050 BP** **Unidad C** Procesos aluviales y de tipo bioquímico (travertino) (Mesolítico) **8.150 BP** **Unidad D** Sedimentación fluvial y de depósito de vertiente (Epipaleolítico-Paleolítico Superior final)	**N.XI-N.VIII** **12,4 Ka** Morfogénesis activa **N.XII** Procesos de escorrentía poco competente **N.XV-N.XIII** **13,9Ka-12,1Ka** Procesos de gelivación (Magdaleniense sup.)	**N.VI** **10.370 BP** Depósito de plaquetas de gelifracción (Epipaleolítico)	**Unidades D-E** **6.630-6.720 BP** Procesos de escorrentía concentrada (Neolítico Antiguo)	**N.I** **7,7-7,6 ka** Procesos de escorrentía concentrada (Neolítico Ant.) **N.IIa y IIb** **9,2 ka-8,4 ka** Depósito coluvial **N.II** Gelifractos (Magdaleniense final) **12.448-12.390 BP** **N.III** Escorrentía poco competente **N.IV** **15,4 ka** Gelifractos (Magdaleniense sup.)	**N.X** **7.540 BP** Procesos de escorrentía N.IX, VIII a. (Neolítico Antiguo) **N.I** Morfogénesis activa (Magdaleniense sup.) **N.II** Procesos de escorrentía poco competente (Magdaleniense sup.) **N.IV-N.III** **15,8-12,7 ka** Gelifractos (Magdaleniense sup.)	**N.II** **10.780 BP** Procesos de escorrentía solifluxión (Magdaleniense Superior final)	**U.5** Procesos de escorrentía difusa de baja energía (Neolítico Antiguo) **U.4 (NV4)** **10.860 BP** Depósito fluvial con act. antrop. (Epipaleolítico) **U.3 (NM16)** **12.270-11.850 BP** Procesos de gelivación y escorrentía (Magdaleniense)

Fig. 10.3.- Interpretación sedimentaria de los yacimientos arqueológicos de la vertiente mediterránea de la Península Ibérica.

En el yacimiento de Nerja, (U.4, NV4 datado en 10.860 BP) el depósito está originado por un aporte fluvial junto a actividad antrópica (Jordá *et alii*, 1990).

En definitiva, creemos que desde el ~11.000 hasta el 8.500 BP se intensifica el aumento de los aportes detríticos con algunos episodios de débil energía, pero continúan dándose procesos de crioclastia y caídas de bloques en la fase terminal de esta etapa.

10.4.3. De ~9.000/8.500 a ~6.000 años BP

Se distingue dos fases:

De 9.000/8.500 a ~8.000 años BP

Esta fase la encontramos en los yacimientos siguientes:

En la Balma Margineda, en el nivel 4 datado en 8.530 BP formado por procesos de escorrentía (VVAA, 1985).

En la Font del Ros, en la unidad C datada en 8.150-8.050 BP (Jordá *et alii,* 1992) donde intervienen procesos aluviales junto a una sedimentación de tipo bioquímico (travertino).

Entre el 9.000 y el 8.000 BP se produce un episodio de aridez en la región de Vinalopó con un depósito datado en 8.920±180 BP y en la rambla de Caprala (Petrer) en 8.190±130 BP (Cuenca *et alii,* 1995).

Para Cuenca *et alii,* (1995) hacia los 8.000 BP en la región de Murcia desaparecen las condiciones desérticas y se inicia una fase de clima benigno, con temperaturas suaves y precipitaciones regulares.

Según Fumanal (1995) en el 8.000 BP varían los factores climáticos hacia un entorno que favorece la edafogénesis y la regeneración del manto vegetal. Culmina esta etapa con un encajamiento de los cursos de agua en zonas de cabecera.

El hecho que sea una etapa tan poco registrada nos hace plantear la hipótesis que sea un episodio donde dominen fases de biostasia.

De ~8.000 a ~6.000 años BP

En los registros estudiados se observa durante los ~6.500 BP una serie de procesos de escorrentía de débil y mediana intensidad con bloques y abundancia de componentes de origen antrópico. Tenemos dos registros: el N.II de la cueva de la Guineu y el N.II de la cueva del Vidre, datado en 6.180 BP. En el yacimiento de la cueva del Parco sólo se localizan estructuras antrópicas que están excavadas en niveles epipaleolíticos. Este es un momento en que hay mayor abundancia de componentes de origen antrópico que de origen natural.

En los yacimientos de la vertiente mediterránea queda registrado en el yacimiento de la Balma Margineda (N.3b, datado en 6.670 BP) donde han intervenido procesos de débil gelivación y también hay niveles carbonosos. En el yacimiento de la cueva de l'Or, en las unidades D y E datadas en 6.720-6.630 BP (Fumanal, 1986; 1995) están formadas por procesos de escorrentía concentrada. En la cueva de Cendres también dominan los procesos de escorrentía, en los N.X-N.VIIIb datados en 7.540 BP (Badal *et alii*, 1991). En el yacimiento del Tossal, en el N.I datado en 7,7 ka, 7,6 ka±0,1, se activan las laderas y los procesos de escorrentía concentrada y movimientos de masa (Fumanal, 1995). En el yacimiento de la cueva de Nerja (U.5), también se dan procesos de escorrentía difusa, de baja energía (Neolítico Antiguo) (Jordá, 1986; Jordá *et alii,* 1990).

11. SÍNTESIS PALEOCLIMÁTICA

11.1. PROCESOS EDAFO-SEDIMENTARIOS CON CONNOTACIONES DE TIPO CLIMÁTICO

Los análisis micromorfológicos nos han permitido profundizar en el estudio de los rasgos de tipo paleoambiental que se observan en un registro sedimentario. De esta forma se puede analizar de forma sistemática la complejidad de los indicadores y reconocer aquellos que verdaderamente definen las condiciones climáticas y sedimentarias y su proceso evolutivo.

La micromorfología ayuda a percibir rasgos que no llegan a vislumbrarse macroscópicamente y que pueden ser de gran utilidad en el estudio de estas etapas climáticamente complejas.

En nuestros registros los procesos edafo-sedimentarios que hemos considerado diagnósticos de aspectos climáticos son los siguientes:
- Estructura sedimentaria: laminar, vesicular y esponjosa.
- Acumulación secundaria de material fino: "silt capping" y en huecos.
- Procesos de carbonatación y disolución: "pendents", disolución-reprecipitación en niveles de combustión, hiporrevestimientos y disolución del material detrítico.
- Gelifracción.
- Formación de costras sedimentarias.
- Procesos de hidromorfismo.

11.1.1. Estructura sedimentaria

Estructura laminar

Se caracteriza por presentar huecos de tipo planar horizontal. Los agregados que forman son de tipo planar y tienen un grosor de 0,5 mm. Esta estructura se debe a unas condiciones de hielo-deshielo, y se produce cuando la bajada del frente de la helada es rápida y la intensidad del hielo es poco importante (Van Vliet-Lanoë *et alii*, 1984; Van Vliet-Lanoë, 1987 y Mücher *et alii*, 1990). Si las alternancias de hielo-deshielo son repetidas, la estructura puede evolucionar y dar lugar a agregados redondeados, sobre todo en niveles donde hay material arcilloso.

También hay que añadir, dependiendo del material que constituye la matriz del nivel, los huecos que aparecen son más o menos acomodados. En una matriz arenosa, los huecos son más acomodados que no en una matriz limo-arcillosa.

Su significación paleoclimática es que el suelo se hiela estacionalmente (Sjoerd, 1993) o que durante la estación fría se da una importante frecuencia de heladas.

Los registros donde hemos documentado esta estructura son los siguientes:
- cueva del Parco: Ia sup, Ic, III, IV, VI y IX
- cueva de la Guineu: III, IV y VII
- cueva del Vidre: III Ext. y IV Ext.
- abrigo dels Colls: IV y VI
- abrigo del Filador: VII y VIII-IX
- Balma del Gai: N.I (parte superior)

Estructura vesicular

La estructura vesicular se define por presentar un tipo de huecos que son esféricos o aplanados, resultado de burbujas de aire retenido. En los análisis micromorfológicos de ambientes periglaciares y en simulaciones experimentales de estos medios es frecuente la aparición de este tipo de porosidad (Van Vliet-Lanoë, 1985).

La estructura sedimentaria de tipo vesicular es un indicador de un medio con unas condiciones húmedas y frías (Van Vliet-Lanoë, 1984; Van Vliet-Lanoë, 1985). Generalmente, este tipo de porosidad se desarrolla en pequeñas depresiones o bien en lugares donde ha nevado y que quedan saturadas de agua durante el deshielo. Las vesículas son producidas por el aire retenido durante este deshielo (Van Vliet-Lanoë, 1985). Asociadas a esta estructura y a la humedad importante se observan acumulaciones de materiales finos en huecos y agregados.

Los depósitos donde hemos localizado esta estructura son los siguientes:
- cueva del Parco: Ib
- Balma del Gai: I
- cueva de la Guineu: X
- cueva del Vidre: IV

Estructura esponjosa

Se caracteriza por una porosidad elevada en la matriz sedimentaria. Los huecos son de tipo policóncavo y aparecen interconectados; prácticamente no hay ningún agregado diferenciable. Esta estructura sedimentaria se presenta en medios con unas condiciones de humedad importante y asociada a la actividad de la fauna.

Los yacimientos donde se han registrado esta estructura son :
- cueva del Parco: Ib, III y VII
- Balma del Gai: I

Este rasgo se observa en :
- cueva del Parco: Ib
- Balma del Gai: I
- cueva de la Guineu: V y X
- cueva del Vidre: IV Ext.

11.1.2. Acumulación secundaria de material fino (limos y arcillas)

Acumulación de material fino en la parte superior del material detrítico o de agregados (silt capping)

La formación de revestimientos en la parte superior de los agregados o de fragmentos rocosos constituye uno de los rasgos más característicos del carácter periglaciar intenso y repetitivo (Van Vliet-Lanoë, 1987).

Las alternancias repetidas de estos ciclos de hielo-deshielo y concretamente del lavado del deshielo producen traslaciones verticales del material fino. Este material fino se acumula de manera más o menos granuloclasificada y con débil birrefringencia.

Los registros donde se ha hallado este rasgo son los siguientes:
- cueva del Parco: VI
- abrigo del Filador: VII
- abrigo dels Colls: V y VI

Acumulación de material fino (limos y arcillas) en huecos y poros de la matriz sedimentaria

Este proceso está provocado por la infiltración de agua a través del sistema de huecos del sedimento arrastrando partículas finas (limos y arcillas) que se acumulan en huecos originando revestimientos y rellenos. En algunos casos, el material aparece granuloclasificado e incluye partículas carbonosas. La mayoría de estas acumulaciones no están orientadas y aparecen afectadas por la actividad biológica favorecida por la disponibilidad hídrica. Se manifiestan en forma de micropans o rellenando huecos.

La presencia de este rasgo indica unas condiciones de circulación hídrica.

En la mayoría de los registros tiene poca importancia a excepción de la cueva del Parco donde se manifiesta en los niveles IV, V, VI, VII, VIII, X y XI.

También se puede localizar este rasgo acompañado de una porosidad vesicular y presentando una ligera birrefringencia. Ésto se produce cuando el nivel está muy drenado y poco helado y entonces se producen revestimientos masivos ("papules"), moderadamente birrefringentes (Van Vliet-Lanoë *et alii*, 1983; Van Vliet-Lanoë, 1985 y 1987).

11.1.3. Procesos de carbonatación y disolución

Acumulación de $CaCO_3$ en la parte inferior del material detrítico (pendents)

La formación de acumulaciones secundarias de carbonato cálcico en la parte inferior de los elementos gruesos ha sido objeto de numerosos trabajos. En un medio periglaciar su formación se debería a la alternancia de ciclos de hielo-deshielo (Adolphe, 1972; Hallet, 1976; Courty, 1989; Courty *et alii*, 1994) . Estas acumulaciones de $CaCO_3$ son el resultado de la precipitación de calcita por saturación de solutos en las fases líquidas que quedan en la parte inferior de los cantos cuando la helada progresa en profundidad. Para otros investigadores como Ducloux *et alii*, 1989, en medios con un clima semiárido, en cantos de calizas dolomíticas estas formaciones estarían relacionadas con procesos de alteración del mismo canto y se desarrollarían de forma centrífuga. El resultado sería una recristalización de calcita con menor contenido en magnesio debido a la disolución diferencial de la calcita-dolomita. Finalmente, para Avias (1972) este proceso estaría relacionado con las variaciones del contenido en agua provocadas por fenómenos de evaporación, circulación por capilaridad y por gravedad (en correspondencia con la formación de gotas colgantes).

Las formaciones de $CaCO_3$ que tenemos representadas en nuestras secuencias no creemos que sean resultado de una alteración de los cantos, ya que la mayoría de estas acumulaciones aparecen junto con material fino (limos, arcillas y algunas partículas carbonosas). Pensamos que este tipo de formación no es diagnóstica de por sí de unas condiciones ambientales determinadas, ya que en los suelos y registros mediterráneos hay, en general, una gran redistribución de $CaCO_3$; pero puede ser indicativo si aparece asociado a otros procesos. En nuestros registros se deberían tanto a la alternancia de ciclos de hielo-deshielo como a fenómenos de evaporación. Esta hipótesis estaría corroborada por la aparición de otros procesos relacionados con condiciones de hielo-deshielo (estructura laminar y gelifracción) y con otros indicativos de un medio semiárido (costras sedimentarias).

Este proceso se manifiesta en:
- cueva del Parco: Ia sup, Ic, II, III, IV, V, X
- cueva de la Guineu: IIIb
- Hort de la Boquera: I y II
- abrigo dels Colls: II y IV

Disolución-reprecipitación de $CaCO_3$ en niveles con abundancia de residuos de combustión

En zonas de combustión o en niveles con actividad antrópica importante (Courty, 1984; Wattez, 1992, Bergadà *et alii*, 1994) cuando se producen infiltraciones de agua los carbonatos presentes en las cenizas pueden sufrir una disolución parcial y reprecipitan bajo una forma micrítica o microesparítica difícil de distinguir en el campo, aunque identificable en lámina delgada porque están libres de partículas carbonosas. Si estos niveles sufren repetidamente este proceso se forman costras micríticas de color blanquecino. Ésto conlleva la trituración del material carbonoso que aparece bajo la forma de polvo carbonoso, o en forma de acumulaciones o revestimientos en huecos, dando al nivel un color gris oscuro. En algunos casos, también comporta la fragmentación de los restos óseos.

Desde un punto de vista paleoambiental estas condiciones obedecen a un ambiente húmedo y templado.

Se observa en los siguientes registros:
- cueva del Parco: VII, VIII y XI
- abrigo del Colls: II
- abrigo del Filador: VII
- abrigo dels Colls: II y IV
- cueva del Vidre: II

Acumulación de $CaCO_3$ en huecos o agregados impregnando la matriz sedimentaria (hiporrevestimientos calcíticos)

Para este tipo de acumulaciones se han descrito dos mecanismos sobre su origen:

a.- precipitación a lo largo de poros a causa de la evaporación o de la succión provocada por las raíces (Wieder *et alii*, 1982).

b.- es propio de una alternancia de procesos de desecación (Courty *et alii*, 1985).

Este rasgo se manifiesta en:
- cueva del Parco: N.Ib y N.II
- Balma del Gai: N.I
- cueva de la Guineu: N.XII
- Balma de la Griera: N.II

Disolución en el material detrítico calizo

Se caracteriza principalmente por la presencia de contornos irregulares, porosidad en las fisuras y opacidad en las calizas (Courty, 1990). Este proceso indica que han habido circulaciones hídricas.

Se localiza en los siguientes depósitos:
- cueva del Parco: Ia sup, Ib, Ic, II, III, VII, VIII, X y XI
- cueva de la Guineu: en toda la secuencia, pero especialmente en el nivel II
- Balma de la Griera: II
- Hort de la Boquera: I y II

En resumen, a la hora de ponderar la significación ambiental o climática de las acumulaciones de carbonato cálcico creemos que en los registros mediterráneos, en general muy carbonatados, es un proceso muy complejo y es difícil de atribuir a unas condiciones ambientales concretas. Por lo tanto, nosotros pensamos que no son diagnósticos por sí mismos de condiciones ambientales, pero pueden ser indicativos si aparecen acompañando a otros procesos que sí lo sean.

11.1.4. Fisuración o fragmentación del material detrítico originado por ciclos de hielo-deshielo (gelifracción)

En varios niveles se observa que el material detrítico o arqueológico (sobre todo huesos) aparece fragmentado en forma de plaquetas de morfología subangulosa propias de unas condiciones de hielo-deshielo.

Este rasgo se observa en los siguientes niveles:
- cueva del Parco: Ia sup., II y III
- Balma del Gai: I parte superior y II
- cueva de la Guineu: IIIc y IV
- abrigo del Filador: A, VII
- abrigo dels Colls: II, IV, V y VI
- cueva del Vidre: II Int. y III Ext.

11.1.5. Formación de costras sedimentarias

Este proceso estaría provocado por la circulación de agua en superficie y da como resultado la formación de costras en zonas donde el agua no tiene suficiente capacidad para arrastrar el material movilizado (arenas y limos) que se acumula en microdepresiones.

Los fragmentos de costras sedimentarias que tenemos en algunos de los registros aparecen con granuloclasificaciones, sobre todo en el yacimiento de la cueva del Parco. Dentro de la clasificación de costras sedimentarias propuesta por Valentin *et alii* (1992) estarían incluidas en las de tipo deposicional que se caracterizan por ser compactas y presentar microniveles. Este tipo de costras son a menudo una combinación de un proceso de escorrentía con un proceso de decantación. Los niveles donde se desarrolla este rasgo son: el N.VI, que presenta unas costras de material limo-arcilloso, el N.IV, de arenas finas y el N.III, de material limo-arenoso, el N.Ic, de material de arenas finas y N.Ia inf., también de arenas finas. En todas estas formaciones aparece una estructura laminar-granular.

Según Mücher *et alii* (1990), las costras sedimentarias suelen aparecer en distintos medios: zonas donde ha habido circulación de agua corriente, en charcos, como resultado del impacto de la gotas de lluvia, etc.; generalmente en zonas donde no hay una cubierta vegetal abundante.

En nuestro registros, la formación de las costras sedimentarias aparece asociada a aumentos del régimen de escorrentía. Creemos que se debería a un aumento de las precipitaciones de cierta intensidad en un medio donde probablemente la cubierta vegetal no era abundante. Por estas características pensamos que el ambiente debería ser seco o semiárido con pocas precipitaciones pero muy copiosas.

Cabe decir también, que hemos localizado costras sedimentarias de tipo deposicional en un contexto fluvial en el caso de la zona del Montsant (abrigo del Filador, N.VIII-IX, abrigo dels Colls, N.IV) que nos indican una disminución de la circulación hídrica.

11.1.6. Fenómenos de oxidación-reducción

Hidromorfismo

Los procesos de hidromorfismo se dan en zonas con un drenaje deficiente o cuando hay una saturación estacional o permanente de los poros de la matriz sedimentaria por el agua, lo que provoca un déficit de oxigeno debido a su consumo por parte de los microorganismos. Este hecho hace que las condiciones pasen de oxidantes a reductoras, es decir, que los compuestos férricos (Fe^{3+}) se transforman fácilmente en ferrosos (Fe^{2+}).

El hidromorfismo comporta por una parte una entrada importante de circulación hídrica y por otra parte una evaporación mínima. Según Van Vliet-Lanoë (Truffreau *et alii*, 1994) tiene unas connotaciones de enfriamiento.

Se ha constatado en:
- cueva de la Guineu: III, V, VII, y en los niveles X, XII (son muy acentuados)

11.1.7. Conclusiones

De todos estos resultados hemos sintetizado el siguiente cuadro (fig 11.1) donde aparecen los caracteres diagnósticos de significación climática.

11.2. SÍNTESIS PALEOCLIMÁTICA DE LOS REGISTROS ESTUDIADOS

11.2.1. Anterior a 14.000 años BP

El único registro que tenemos es la cueva del Parco (N.XI-N.VII) datado entre 14.300-14.040 BP, donde se darían unas condiciones en general de humedad ambiental y atemperamiento con un episodio de pulsación fría en el nivel IX.

Caracteres diagnósticos	Significación climática
Estructura laminar Gelifracción	Frío (Hielo-deshielo)
Estructura laminar (no tan acusada) Gelifracción (no tan acusada) Silt capping	Frío menos riguroso y más húmedo (Deshielo importante)
Estructura laminar (no tan acusada) Gelifracción (no tan acusada) Acumulaciones de $CaCO_3$ (pendent)	Frío menos riguroso y aridez (Deshielo importante y evaporación)
Estructura vesicular Acumulaciones de material fino ("papules")	Húmedo y frío (Deshielo muy acusado)
Costras sedimentarias	Condiciones semiáridas
Disolución-acumulación de $CaCO_3$	Húmedo y templado
Disolución	Humedad
Estructura esponjosa	
Oxidación-reducción (hidromorfismo)	

Fig. 11.1.- Caracteres diagnósticos de significación climática

11.2.2. De ~14.000 a ~11.000/10.500 años BP (Tardiglaciar)

Esta etapa se divide en dos fases:

De ~14.000 a ~13.000 años BP

Se dan unas condiciones semiáridas y frías, con un aumento paulatino de los aportes detríticos respecto a la etapa anterior, probablemente debido a un régimen de precipitaciones tormentosas. Queda reflejado en el N.VI (13.950 BP), N.V (13.890 BP) y N.IV (12.900 BP) de la cueva del Parco. También correlacionaríamos con esta etapa los niveles VI y V del abrigo dels Colls, de frío intenso.

De ~13.000 a ~11.000/10.500 años BP

Desde el punto de vista paleoambiental, en esta etapa se dan unas condiciones frías (gelifracción y caídas de bloques), más intensas cuanto mayor es la altitud del depósito, asociadas generalmente a un aumento paulatino de las condiciones de humedad. Se refleja en la cueva del Parco (N.III, datado en 13.070 BP y N.II, datado en 10.390 BP), la Balma del Gai (N.II), la cueva de la Guineu (N.V y N.IV), el abrigo dels Colls (N.IV, datado en 12.490 BP y N. II, datado entre 10.950-10.050 BP) y la cueva del Vidre (N.II Int., datado en 10.740 BP). En el Hort de la Boquera (N.II), las condiciones son más semiáridas.

11.2.3. De ~11.000/10.500 a ~ 9.000 años BP (Holoceno inicial)

En general durante este momento se dan unas condiciones frías (de mayor o menor intensidad según la altitud) pero con un aumento de los aportes detríticos debido a un incremento de las precipitaciones que en algunos casos serían de tipo tormentoso. Cabe decir que durante este periodo ya empezamos a intuir algunas de las particularidades observadas en el clima actual de las diferentes zonas de los yacimientos.

En esta etapa podemos distinguir dos fases:
- **Fase húmeda**: condiciones de humedad importante con temperaturas relativamente frías. Representada en la Balma del Gai (N.I datado entre 11.170 y 8.930 BP), cueva de la Guineu (N.III, 9.850 BP), Balma de la Griera (N.II) y abrigo del Filador (N.XI hasta el N.B), en la cueva del Vidre están representadas en el N.IV Ext. y en la cueva del Parco está localizada en el N.Ib. Aparecen episodios de régimen tormentoso (propio de ambientes semiáridos) en la cueva del Parco (N.Ic, N.Ia inf.), en la cueva del Vidre (N.I Int.) y en el Hort de la Boquera (N.Ib y N.Ia).
- **Fase fría**: aumento del frío (gelifracción y disgregación de la pared) representado en la cueva del Parco (N.Ia sup, datado en 10.190 y 10.420 BP), Balma del Gai (N.I parte superior, 8.930 BP), abrigo del Filador (N.A), cueva del Vidre (N.III exterior) y en la parte superior del N.III de la cueva de la Guineu. En algunos de estos yacimientos se documentan caídas de bloques.

11.2.4. De ~6.500 a ~ 5.000 años BP (Holoceno)

Se documenta una humedad importante en un ambiente templado. Queda registrada en la cueva del Parco (EE1, datada en 6.120 BP), cueva de la Guineu (N.II) y cueva del Vidre (N.II, datado en 6.180 BP).

11.3. PALEOCLIMA

11.3.1. Modelo paleoclimático general

A través de los sondeos recientes realizados en Groenlandia, GRIP y GISP del sector de Summit se ha intentado establecer un modelo paleoclimático general (Alley *et alii*, 1993; Jouzel *et alii*, 1994). Para el periodo que nos ocupa se ha estimado que del 14,7 al 13,5 ka BP habría un avance de los glaciares tanto en el hemisferio norte como en el sur con más o menos extensión según los lugares (Clapperton, 1995).

Entre el 13,5 y 12,5 ka BP hay un calentamiento global. Esto concuerda con el desplazamiento hacia el norte del frente polar durante los 13.000 años BP propuesto por Ruddiman *et alii*, (1981). Según Coope (1970) se produciría un aumento importante de las temperaturas estivales en la Europa Occidental.

Posteriormente a este episodio se detecta otro avance de los glaciares, del 12,4 al 11,8 ka BP, que correspondería a la cronozona polínica del NW de Europa denominada *Older Dryas* (Clapperton, 1995). Este avance no es sincrónico en todo el globo; por ejemplo, en Alaska se da durante los 12,8 y 11,8 ka BP y en Papua Nueva Guinea durante los 12,5 ka BP.

Durante los 11,8 hasta los 11,2 ka BP (equivalente al interestadio *Allërod*) se produce un retroceso de los glaciares que también queda reflejado en el sondeo de Groenlandia.

Del 11,4 al 10,2 ka BP (*Younger Dryas*) se produce una nueva progresión de los glaciares. La causa sería la progresión hacia el sur del frente polar en el noroeste de Europa. En general, por lo que respecta a la duración del Dryas reciente, en años radiocarbono convencionales está estimada en menos de un milenio (11.000 hasta 10.300 años BP de media). Según Jorda *et alii* (1994), los trabajos realizados por europeos y americanos sobre los sondeos glaciares (recuento de las capas de hielo) y la calibración de la escala del tiempo del radiocarbono con la ayuda de dataciones de Uranio-Torio (arrecifes sumergidos de las islas Barbados) conducen a atribuir al Dryas reciente una duración en años solares netamente superior, del orden de 1500 a 1700 años.

Entre el 10 y el 8 ka BP retroceden los glaciares por el calentamiento global en el inicio del Holoceno. Los sistemas de circulación atmósfera-océano tienden a la dinámica actual y la biosfera se expande enormemente. Hacia el 9,5 ka BP se detecta en el norte de Alemania y en el sur de los Alpes una oscilación denominada *"Youngest Dryas"* (Walker, 1995). Del 9 al 8 ka BP hay un avance de los glaciares en algunas cordilleras, probablemente en respuesta a un incremento de la precipitación. Durante el Holoceno medio (8-6 ka) hay un momento de máximo interglaciar y de calentamiento (Clapperton, 1995).

11.3.2. Paleoclima en la vertiente mediterránea de la Península Ibérica durante el Pleistoceno Superior final y el Holoceno inicial

En esta síntesis creemos que es importante hacer referencia a los Pirineos y a su último máximo glaciar, ya que para comprender la evolución paleoambiental de nuestra área de estudio hay que tener en cuenta los fenómenos glaciares que se sucedieron en esta cadena montañosa.

Nos centraremos, también, en los registros sedimentarios de la vertiente mediterránea donde se hayan obtenido dataciones absolutas o relativas.

Pirineos

En los Pirineos, después de la fase del máximo glaciar, que se situaría entre los 60.000 - 45.000 años BP (Montserrat, 1992; Bordonau, 1992), encontraríamos una fase de estabilización que duraría hasta los 30.000 años BP. Con posterioridad se da una deglaciación rápida. A partir de la estabilización habría una fase de glaciares de valle que se podría situar en un momento anterior a 26.000 BP y una fase de glaciares de altitud entre los 16.000-13.000 BP. Hacia el 12.000 BP desaparecen prácticamente los glaciares en los Pirineos.

Entre los 12.000 y los 10.000/8.000 BP, a caballo entre el Pleistoceno y el Holoceno, una pulsación fría y seca regenera pequeños glaciares cubiertos y numerosos glaciares rocosos, hasta altitudes de alrededor de 2.000 metros. Esto nos marca, junto con la palinología (presencia de abundantes pólenes de *Artemisia*), un enfriamiento de unos 2-3°C.

Hacia los 6.000 años BP, una climatología más cálida y húmeda que la de la actualidad hace que los Pirineos sean no únicamente un lugar de paso, sino también de hábitat. Los estudios polínicos han detectado la deforestación de amplias zonas del Pirineo en el 5.000-4.000 BP (Montserrat, 1992), hecho que nos indica un aumento de la presión humana durante el Neolítico.

Paleoclima en la vertiente mediterránea peninsular

- De ~14.000 a ~11.000/10.500 años BP

En Catalunya se observan dos fases:

- de ~14.000 a ~13.000 años BP. Se dan, en general, unas condiciones semiáridas y frías tal como queda reflejado en los registros de este periodo. También se observa un aumento de los aportes detríticos, hecho que se documenta en la cueva del Parco (N.VI hasta N.IV) y probablemente también en el abrigo dels Colls (VI y V).

- de ~13.000 a ~11.000/10.500 años BP. En este momento se dan unas condiciones de frío asociadas a unas condiciones húmedas o semiáridas con procesos de débil escorrentía en las laderas o llanura de inundación en los cursos fluviales y con disgregaciones y caídas de bloques. Se registra en la cueva del Parco (N.III y N.II), la Balma del Gai (N.II), la cueva de la Guineu (N.V y N.IV), el abrigo dels Colls (del N.IV al N.II), la cueva del Vidre (N.II Int.) y el Hort de la Boquera (N.II). Al final de este momento se dan unas caídas de bloques que se documentan en la cueva del Parco, cueva de la Guineu, cueva del Vidre, el abrigo dels Colls y el Hort de la Boquera.

En la región valenciana, Fumanal (1995) distingue cuatro pulsaciones:

- una pulsación fría (Fase E) que se refleja en Sant Josep (V a III), Tossal de la Roca (IV) datada en 15,4 ka±1,1, Matutano (XV a XIII) datada entre 13,9 ka±0,2 y 12,1 ka±0,2 y Cendres (IV-III), datada en 15,8 ka±0,2, 13,8 ka±0,1 y 12,7 ka±0,1.

- una pulsación templada (Interfase F) que se detecta en los siguientes yacimientos: Tossal de la Roca (III), Matutano (XII) y Cendres II.

- una pulsación fría (Fase G) que está representada en los siguientes registros: Tossal de la Roca (II) datada entre 12,5 ka±0,2 y 12,4 ka±0,3; Matutano (XII a VIII) datada en el nivel X en 12,4 ka±0,2 y Cendres (I).

- alrededor de los 11.000 años BP. En la región valenciana y murciana, en el yacimiento de Mallaetes (N.VI del perfil Z1, datado en 10.370 BP) se da frío y humedad (Fumanal, 1986), en la cueva de Cendres (N.II) (Badal *et alii*, 1991) y en la cueva del Caballo (N.II datado en 10.780 BP) (Martínez Andreu, 1989; 1992) con una pulsación fresca y seca.

En el sur de la península, en la unidad 3 de la cueva de Nerja se han detectado procesos de gelivación con un clima frío y seco datada entre 12.060±150, 12.190±150, 12.130±130 y 11.930±160 BP (Jordá, 1986; Jordá *et alii,* 1990).

Durante esta etapa (~14.000 al 11.000/10.500) se registran dos fases en la vertiente mediterránea peninsular:

- del ~14.000 al ~12.500/12.000 años BP. Las condiciones son, en general, frías con alguna pulsación templada, tal como se refleja en el país valenciano, pero con un aumento de los aportes detríticos. Según las teorías climáticas globales de Coope (1970) y de Ruddiman *et alii* (1981) hacia los 13.000 años BP se produce un aumento importante de las temperaturas estivales en la Europa occidental; este hecho coincide con la retirada del frente polar de las costas europeas.

En este contexto general, y partiendo de estos modelos, creemos que el aumento de las temperaturas durante el verano podría ser la causa del inicio de precipitaciones de tipo tormentoso que originarían el aumento de los aportes.

- del ~12.500/12.000 al 11.000/10.500 años BP. Se da una pulsación fría con ciclos de hielo-deshielo. En nuestros registros los efectos de deshielo no son tan acusados como en la fase anterior. Por lo tanto, pensamos que quizás no habría un contraste estacional marcado: los inviernos serían fríos y los veranos frescos.

En el Pirineo se dan depósitos de glaciares rocosos ("rock glaciers") (Martí *et alii*, 1995) que se relacionan con la presencia de un permafrost más o menos continuo que requiere una temperatura del aire igual o inferior a los -2°C y unas precipitaciones bajas; evidentemente cabe tener en cuenta los factores topográficos locales.

Esta segunda fase, desde el punto de vista climático, se conoce con el nombre de *Younger Dryas* y se describe como una crisis climática.

- Del ~11.000/10.500 al ~9.000/8.500 años BP

En Catalunya, en las secuencias estudiadas se detectan dos fases: una fase húmeda con episodios de precipitaciones tormentosas y temperaturas relativamente frías y otra fase, donde se intensifican las condiciones de hielo-deshielo (periglaciares). Esta segunda fase representaría un episodio de recesión climática denominado *Youngest Dryas* (Walker, 1995) datado alrededor de 9.500 BP.

En el Pirineo aragonés perduran los glaciares rocosos (Martí *et alii*, 1995), dato que podría ser debido a que las precipitaciones no llegasen a las altitudes del Pirineo.

En el nivel 6 de la Balma Margineda, datado en 10.640-9.250 años BP, se detectan unos procesos de gelivación en un clima frío (VVAA, 1985).

Según Fumanal (1995) en la región valenciana se darían unas condiciones frescas con contrastes estacionales. Este episodio está registrado en los perfiles exteriores del Tossal de la Roca en los niveles IIb (9,2 ka, 8,5 ka±0,1) y IIa (8,4 ka, 8,1 ka±0,1) y se darían unas condiciones frescas con contrastes estacionales.

En la cueva de Nerja (U.4, NV4 datado en 10.860 BP) las condiciones serían templadas y secas con precipitaciones esporádicas (Jordá *et alii*, 1990).

Por los registros estudiados, creemos que desde el ~11.000/10.500 hasta el ~9.000/8.500 BP la temperatura no sufrió grandes cambios respecto a la fase anterior (~13.000 a 11.000/10.500 años BP) y la variación del clima se debió a un cambio en el régimen pluviométrico. Probablemente la causa sería un aumento muy paulatino de las temperaturas estivales, provocando un contraste estacional más marcado ya que los inviernos aún serían fríos.

- De ~9.000/8.500 a ~6.000 años B P

1) de ~9.000/8.500 a ~8.000 años BP

De esta etapa hay pocos registros documentados; sólo tenemos información climática del yacimiento de la Font del Ros, en la unidad C, datada en 8.150-8.050 BP, donde hay un ambiente templado con una humedad elevada (Jordá *et alii*, 1992). También en la Balma Margineda en el nivel IV, datado en 8.530 BP, se refleja una pulsación templada. En la región valenciana, en el 8.000 BP se produce un cambio hacia un clima benigno y húmedo (Fumanal, 1995).

Creemos que en este momento hay un atemperamiento respecto a la etapa anterior.

2) de ~8.000 a ~6.000 años BP

Por los registros documentados se dan dos episodios:

- De ~7.500 a ~6.200 años BP. En la región valenciana hay unas condiciones frescas con pulsaciones secas: Cendres en la unidad basal (N.X a VIIIb) datada en 7.540 BP (Badal *et alii*, 1991); Tossal en el N.I, datado en 7,7 ka, 7,6ka±0,1 (Fumanal, 1995); cueva de l'Or, la unidad D y E datada en 6.720-6630 BP (Fumanal, 1986; 1995). En la Balma Margineda (Andorra) el yacimiento más septentrional, en el 6.670 BP (N.3b) se da un clima frío y húmedo (VVAA, 1985).

- De ~6.200 al ~5.000 años BP. En los registros documentados, Vidre datado en 6.180 BP y Guineu, las condiciones serían húmedas y templadas. En el yacimiento de la cueva de Nerja, la U.5 que correspondería a un Neolítico Antiguo, se darían unas condiciones templadas y húmedas (Jordá, 1986; Jordá *et alii*, 1990).

12. ACTIVIDAD ANTRÓPICA REGISTRADA DURANTE EL PALEOLÍTICO SUPERIOR FINAL, EL EPIPALEOLÍTICO Y EL NEOLÍTICO ANTIGUO

12.1. ANÁLISIS DE LAS ACTIVIDADES ANTRÓPICAS

Del estudio de los sedimentos de un registro arqueológico no sólo se obtienen datos de tipo sedimentario y de significación climática sino también de las actividades antrópicas que se desarrollaron en él.

En este apartado hemos intentado analizar los registros con mayor significación de tipo antrópico y establecer elementos diagnósticos propios de cada periodo cultural. También queremos indicar que en Prehistoria los vestigios, que desde este punto de vista nos pueden dar más información, son las estructuras o áreas de combustión.

12.1.1. Paleolítico Superior final

Características generales

En este periodo hay que distinguir dos facies culturales: el complejo industrial de tradición gravetiense del abrigo dels Colls (Fullola *et alii*, 1993) y el magdaleniense superior de la cueva del Parco (Fullola *et alii*, 1992 b; Fullola *et alii*, 1993).

En Colls sólo tenemos evidencias importantes en el nivel II. Desgraciadamente es difícil precisar la funcionalidad del área de combustión de este nivel debido a los procesos postdeposicionales que han actuado (ver apartado *Descripción sedimentaria* del abrigo dels Colls). De todos modos creemos que no fue una combustión muy preparada, sino una acumulación vegetal que se hubiese quemado o la realización de una actividad corta y reiterada relacionada con una combustión de débil intensidad. De hecho, pensamos que quizás con la excavación del nivel II del Hort de la Boquera, con la misma facies y sin tanta alteración postdeposicional, se podrá definir mejor este tipo de combustiones.

En la secuencia magdaleniense de la cueva del Parco tenemos varios niveles y estructuras donde la intervención antrópica ha sido importante: nivel XI, nivel VII, nivel V y la estructura E.C. 5 del nivel II. Tanto el nivel XI como el nivel VII y el nivel V aún no han sido excavados y, por tanto, los datos que citaremos son orientativos. Por las características que presentan estos niveles (XI, VII y V) creemos que hay mezcladas varias actividades antrópicas difíciles de definir debido a las alteraciones postdeposicionales. En cambio en la estructura E.C.5 inf. del nivel II, tanto la organización de los elementos como las unidades de combustión representadas son diagnósticas de una única actividad.

Combustibles

Se han localizado diferentes tipos de combustibles que nos pueden informar de la funcionalidad de las áreas de combustión.

En la mayoría de los casos, el combustible más utilizado es de tipo leñoso y en el nivel VII y en la estructura E.C.5 inf. del nivel II de la cueva del Parco aparece algún otro tipo de componente. En el nivel VII nos planteamos si la gran cantidad de huesos quemados atestiguan una actividad culinaria, su uso como combustible o algún otro tipo de utilización. Es difícil precisar si ha habido una utilización preferencial de combustible, ya que los procesos de disolución han afectado a las cenizas. En el caso de la E.C.5 inf. se observa en su parte inferior una abundancia de fragmentos cenicientos que atestiguan la utilización de un combustible herbáceo.

Material arqueológico

Por lo que respecta a los materiales arqueológicos asociados, cabe observar que en la mayoría de yacimientos se han localizado restos óseos, hecho que nos haría pensar que una de las actividades llevadas a cabo en estas zonas fue de tipo culinario. A pesar de todo, en el nivel XI también aparecen fragmentos de sílex con impregnaciones de óxidos-hidróxidos de hierro (ocre), hecho que nos haría pensar en algún otro tipo de función. En cambio en la E.C.5 inf. prácticamente no aparece ningún tipo de material que nos indique el uso de esta estructura pero, por el combustible utilizado, nos planteamos una actividad que precise humo, como por ejemplo, el tratamiento de la piel o el ahumado de los alimentos.

También cabe decir que, por los análisis micromorfológicos realizados, la mayoría de las áreas de combustión de la cueva del Parco nos hacen pensar que son zonas utilizadas para múltiples actividades y presentan una gran dispersión de los componentes lo que hace difícil definir los usos que han tenido.

12.1.2. Epipaleolítico

Características generales

De esta etapa cultural tenemos documentadas tres áreas de combustión de diferentes yacimientos: cueva del Parco, abrigo del Filador y cueva del Vidre.

Todas ellas tienen grandes dimensiones. Tanto en el abrigo del Filador como en la cueva del Vidre las combustiones se realizaron en un medio muy oxidante. En el caso de la cueva del Parco también se dieron unas condiciones oxidantes pero no tan intensas.

Combustibles

Por lo que respecta al combustible, se observan diferentes tipos. Sobre todo trataremos las áreas de la cueva del Parco y de la cueva del Vidre, ya que la del abrigo del Filador está muy alterada por procesos postdeposicionales que han afectado a los residuos de tipo carbonoso.

En la cueva del Parco, el área de combustión del nivel Ib se caracteriza por una acumulación cristalítica de color gris, formada por residuos vegetales de tipo leñoso (comunicación oral de Mª Teresa Ros), con acumulaciones de fitolitos de sílice. La combustión fue de temperatura elevada, superior a 500°C.

En la estructura de la cueva del Vidre aparecen residuos y acumulaciones cristalíticas cenicientas que conservan la estructura vegetal junto a inclusiones fosfatadas. Probablemente estos restos representan un combustible de tipo arbustivo y herbáceo. También se produjo una combustión de temperatura elevada.

Material arqueológico

En el área del abrigo del Filador aparecen numerosos fragmentos de sílex, algunos con impregnaciones de óxidos-hidróxidos de hierro (ocre) lo que nos hace plantear la hipótesis de que la estructura pueda no tener un uso culinario sino algún otro tipo de actividad, por ejemplo, tratamiento de la piel (Plisson, 1991; Regert, 1993), fabricación de colas para el enmangado de útiles líticos (Regert, 1993) o su relación con la utilización de ocre como abrasivo para realizar trazos de gravados (Regert, 1993).

En la estructura de la cueva del Vidre, los únicos vestigios que aparecen, a parte del combustible, son algunos fragmentos de huesos (muy pocos) e inclusiones fosfatadas. Estos componentes nos sugieren la hipótesis que fue utilizada para la preparación de materias animales.

En cambio, en el nivel Ib de la cueva del Parco, a parte del combustible no aparece ningún otro tipo de material arqueológico lo que no permite plantearnos, por el momento y a la espera de la excavación, ninguna hipótesis sobre la actividad desarrollada.

En resumen, creemos que durante el Epipaleolítico hay una tendencia a utilizar cada área de combustión para desarrollar un único tipo de actividad.

12.1.3. Neolítico antiguo

Características generales

De este periodo disponemos de los siguientes registros: cueva de la Guineu, cueva del Vidre y una estructura en la cueva del Parco. En todos ellos se observa abundante material de origen antrópico con respecto al material detrítico. Los procesos de sedimentación que se dan se deben a procesos de escorrentía de débil o mediana intensidad.

Componentes de origen vegetal

En los registros estudiados, tanto en los niveles como en la estructura, se observa que entre los componentes de origen vegetal se documenta algún fragmento leñoso pero destaca, sobre todo, la presencia de fitolitos o esqueletos de sílice de formas alargadas. Según Rosa Mª Albert (1995b) corresponden a una vegetación de gramíneas.

Componentes de origen animal

Otro de los componentes que cabe destacar, en estos niveles de ocupación, es la presencia de fragmentos de coprolitos, mayoritariamente de herbívoros. Tanto en la estructura E.E.1 de la cueva del Parco, datada en 6.120 BP, como en el N.II de la cueva del Vidre, datada en 6.190 BP, y en el N.II de la cueva de la Guineu, con material arqueológico neolítico, los coprolitos documentados pertenecen a ovicaprinos, según nuestras colecciones de referencia y la bibliografía consultada (Courty *et alii*, 1991; Courty *et alii*, e.p.; Wattez, 1992).

En la cueva del Parco se han estudiado otras estructuras (E.C.7 y E.C.9), pero sus resultados no los podemos incluir en las valoraciones globales de este periodo, ya que, el material arqueológico recuperado no es definitorio de una cronología determinada; tanto puede ser neolítico como de la edad de Bronce, y estamos a la espera de los resultados de dataciones radiocarbónicas.

Un rasgo interesante es que los coprolitos presentan trazas de combustión, lo que puede interpretarse como prácticas de saneamiento o la utilización de excrementos como combustible. Nosotros nos inclinamos por el saneamiento, ya que los excrementos de ovicaprinos tienen un poder calorífico muy pobre y se han localizado fragmentos leñosos carbonizados que indican la disponibilidad de combustibles más adecuados. En Arene Candide (Finale Ligure, Ligúria, Italia) y en el abrigo de Pendimoun (Castellar, Alpes Maritimes, Francia) (Courty *et alii*, 1991; Wattez, 1992) de cronología similar también se documenta la presencia de coprolitos de ovicaprinos.

Grumos de material fino con impresiones vegetales

Uno de los componentes que aparece en algunas de las estructuras estudiadas de este periodo son los grumos de material fino con impresiones vegetales.

En la estructura E.E.1 de la cueva del Parco es donde aparecen mejor representados. Estos grumos están formados por material propio del hábitat, que fue preparado cuidadosamente mezclando una serie de elementos: material fino (limos y arcillas), restos vegetales (hojas y tallos de gramíneas) y fragmentos de material construido. Este material fue elaborado en unas condiciones fangosas, tal como refleja la estructura y la porosidad de la masa. También cabe decir que posteriormente estas masas estuvieron sometidas a una combustión aunque no una cocción.

La función de estos materiales estaría relacionada con algún tipo de tapa o con un recubrimiento para la impermeabilización de las paredes de una estructura o fosa. Las trazas de combustión que presentan podrían indicar algún tipo de práctica de saneamiento.

12.1.4. Conclusiones

De los periodos culturales estudiados, el Neolítico es el que más difiere por la gran presencia de componentes de origen antrópico. Los componentes diagnósticos de este periodo son los fitolitos o esqueletos de sílice de formas alargadas (gramíneas) y los coprolitos de animales herbívoros (generalmente ovicaprinos). Por todas estas evidencias nos planteamos la hipótesis de que se trata de ocupaciones con unas prácticas iniciales a la estabulación de animales. En los estudios de fauna realizados en la estructura E.E.1 de la cueva del Parco y en el N.II de la cueva de la Guineu también se han encontrado evidencias de restos óseos pertenecientes a ovicaprinos. Aunque no hay que olvidar que, de todos modos, en estos niveles se evidencian otro tipo de actividades como el almacenaje (E.E.1, del Parco) y otras de tipo culinario (área de combustión del Vidre).

Por lo que respecta al Paleolítico Superior final y Epipaleolítico, a pesar de no disponer de muchos registros, creemos que la principal diferencia es que en las ocupaciones magdalenienses se observa una utilización multifuncional de la estructura, es decir, se realizaban varias actividades. En los registros que hemos estudiado se puede observar este hecho aunque los procesos postdeposicionales hayan alterado la posición del material. Esta multifuncionalidad también se observa en las estructuras de combustión magdalenienses 37 O 123 y 36 6114/115 de Pincevent (Seine et Marne) (Wattez, 1992).

En cambio en las estructuras epipaleolíticas se observa, mayoritariamente, una única funcionalidad utilizando un sólo tipo de combustible. Igualmente se refleja en otros yacimientos arqueológicos como la Balma de l'Abeurador (Hérault) en la estructura C4F4 perteneciente al Mesolítico, en la estructura Ib101 del yacimiento postsauveterriense Roc-Allan (Lot-et Garonne), en el nivel 53 perteneciente al Epipaleolítico de la Balma de Fontbrégoua (Var) (Wattez, 1992).

Otro elemento que hay que tener en cuenta es la gran presencia de óxidos-hidróxidos de hierro (ocre), probablemente asociados a un amplio uso por parte de estos grupos de cazadores-recolectores.

12.2. EFECTOS DE LOS PROCESOS POSTDEPOSICIONALES EN EL ESTADO DE CONSERVACIÓN DE LOS NIVELES ARQUEOLÓGICOS ESTUDIADOS

A la hora de estudiar los procesos antrópicos en el contexto sedimentario es muy importante conocer los procesos que han intervenido posteriormente en el relleno y que han podido afectar tanto al material arqueológico como a su posición. Creemos que cuando se realiza la intervención arqueológica, es importante conocer la evolución general del yacimiento y no únicamente los procesos que han originado el relleno.

Una de las alteraciones más importantes es la edafización ya que puede afectar a la conservación de los restos materiales. La degradación de los restos orgánicos es un proceso bioquímico en el que intervienen los microorganismos del suelo (hongos y bacterias). En medios ácidos, ambientes pobres de nutrientes, los restos vegetales tienden a no ser mineralizados y se conservan debido a que la actividad microbiológica es menor que en suelos neutros y alcalinos. En medios calizos, donde el pH siempre tiende a la alcalinidad, la degradación es, por tanto, mayor.

En los yacimientos que hemos estudiado hemos visto que hay una serie de procesos que han intervenido en el relleno y que además han afectado a los niveles de ocupación con mayor o menor intensidad (Fig. 12.1).

Los procesos postdeposicionales más importantes son los siguientes:
- Procesos de hielo-deshielo (gelifracción y crioturbación)
- Cristalización y disolución de $CaCO_3$
- Actividad biológica
- Acumulación secundaria de finos
- Efectos de pisoteo

12.2.1. Procesos de hielo-deshielo

Los procesos de hielo-deshielo (gelifracción y crioturbación) provocan la fragmentación del material arqueológico que, sobre todo en nuestros registros, se documenta en los huesos y en los carbones. Por ejemplo, en la cueva del Vidre N.III Ext. y en la cueva de la Guineu, N.III c (Fig. 12. 2. a y b).

Procesos postdeposicionales que han afectado los yacimientos arqueológicos

Procesos postdeposicionales	Cueva del Parco	Balma del Gai	Cueva de la Guineu	Balma de la Griera	Hort de la Boquera	Abrigo del Filador	Abrigo dels Colls	Cueva del Vidre
Hielo-deshielo (Gelifracción y Crioturb.)	X	------	X	------	------	------	------	XX
Cristalización-disolución de $CaCO_3$								
*Cristalización repetida de $CaCO_3$	XXX	X	------	XXX	XX	X	XX	------
*Disolución-reprecipitación de carbonatos	XX	------	------	------	XX	X	XX	------
Actividad biológica	XXX	XX	XXX	XXX	XX	XXX	XXX	X
Acumulación secundaria de finos	XX	XXX	XX	X	X	X	X	X
Efectos de pisoteo	------	------	------	------	------	------	------	XX

X.- Presente XX.- Frecuente XXX.- Abundante

Fig. 12.1

En el caso que estos ciclos sean repetitivos, se favorece la lenta migración ascendente del material con cambios progresivos de inclinación y orientación (Butzer, 1982). Se documenta en el N.III Ext. de la cueva del Vidre, donde el material se encuentra en posición vertical.

12.2.2. Procesos de cristalización y disolución de $CaCO_3$

En estos procesos distinguimos:

Cristalización repetida de $CaCO_3$

En un medio carbonatado, cuando el agua se infiltra o se evapora, los carbonatos recristalizan y dan como resultado una serie de cristalizaciones en forma de revestimientos alrededor de elementos gruesos y agregados y dentro de huecos. Estas acumulaciones de carbonato cálcico pueden provocar, por ejemplo, la fragmentación de los huesos. Este proceso se manifiesta sobre todo en la cueva del Parco (Fig. 12.2 c).

Disolución - reprecipitación de carbonatos

Según Courty (1984) en las zonas de combustión los carbonatos presentes en las cenizas pueden sufrir una disolución parcial y reprecipitan bajo una forma micrítica o microesparítica que es posible distinguir en lámina delgada porque están libres de partículas carbonosas. Éstas se liberan con la disolución del carbonato y se redistribuyen en forma de revestimientos. Este proceso se manifiesta en la cueva del Parco, sobre todo en el N.VII (Fig. 12.2. d); en el Hort de la Boquera y en el abrigo dels Colls.

12.2.3. Actividad biológica (microorganismos, fauna del suelo y raíces de plantas)

Dentro de la acción de la actividad biológica podemos distinguir efectos físicos y bioquímicos.

Los efectos físicos se manifiestan en varias formas:
- modificación de la estructura sedimentaria (presencia de canales, cámaras, huecos cavitarios, excrementos,...). Se observa en la mayoría de los asentamientos estudiados pero sobre todo en Filador, en Colls, en Parco (Fig. 12.2. e) y en Guineu.
- fragmentación y dispersión de carbones y de cenizas que encontramos en las cámaras y huecos provocados por la actividad biológica. También se manifiesta en los yacimientos citados anteriormente, sobre todo en los abrigos de Colls y del Filador.

Los efectos bioquímicos son el resultado del conjunto de procesos de degradación de los diferentes materiales orgánicos que se han incorporado al nivel. En nuestros registros hemos podido estudiar los efectos sobre los huesos. En un medio ácido es normal que los huesos se disuelvan por la solubilización del hidroxiapatito, pero en nuestros depósitos, alcalinos, la degradación de los huesos se ha de atribuir a la actividad microbiológica. Martill (1991) considera que los huesos pueden ser una fuente importante de fósforo y que el componente orgánico del hueso (colágeno) puede ser una fuente de alimentos para un gran número de organismos. Esto provoca que en sedimentos con una gran actividad biológica los huesos sean destruidos e incorporados a los ciclos biológicos.

Lo hemos documentado en la zona del Montsant en los yacimientos del abrigo del Filador, el Hort de la Boquera y en el abrigo dels Colls.

12.2.4. Acumulación secundaria de finos (limos y arcillas)

Este proceso está provocado por la circulación de agua. Cuando el agua se infiltra a través del sistema de huecos del sedimento arrastra partículas que se acumulan en huecos donde se forman revestimientos. El material movilizado está formado por elementos finos, limos y arcillas y a veces partículas carbonosas. Se manifiesta en varios niveles de la cueva del Parco, sobre todo en el N.XI, y en el N.II del abrigo dels Colls (Fig. 12.2 f).

12.2.5. Efectos de pisoteo

En algunos niveles aparece una estructura sedimentaria formada por agregados tabulares subredondeados con incorporación de materiales alóctonos y una cierta compactación del material sedimentario que es debida al pisoteo (Gé *et alii*, 1993).

El grado de agregación depende de las condiciones hídricas de su formación. En un contexto seco, la estructura está constituida de finos agregados mezclados con componentes de origen antrópico. En un medio húmedo, los agregados tienen una morfología tabular subredondeada y pueden estar más o menos compactados. En estos agregados se encuentran componentes alóctonos o producidos por actividades practicadas en este espacio. Si una desecación posterior interviene, los agregados pueden estar fragmentados por finas fisuras.

En nuestros registros únicamente se observa este tipo de estructura en la cueva del Vidre, concretamente en el nivel Ib1 (Fig. 12.2 g y h).

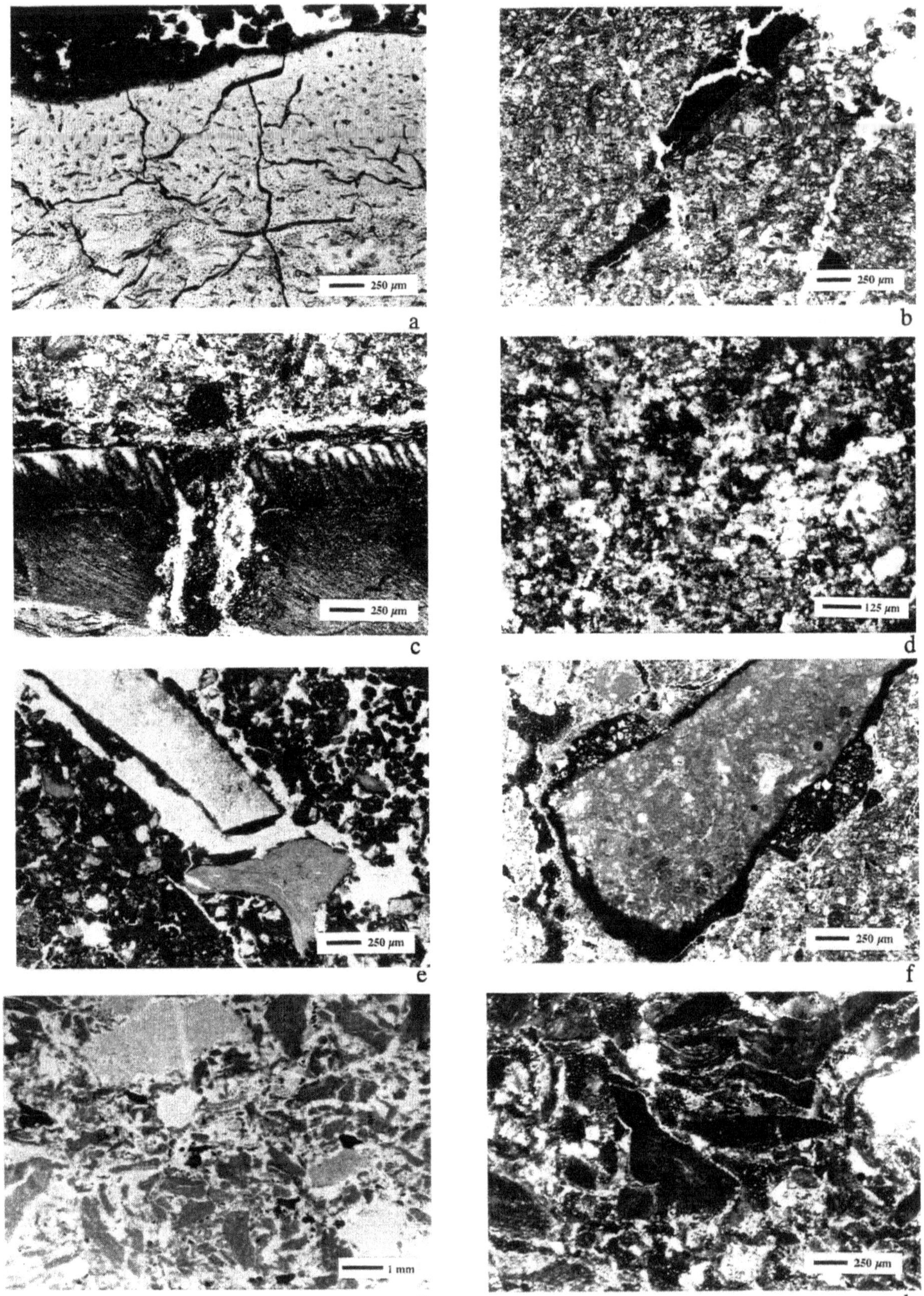

Fig. 12.2.- Procesos postdeposicionales

a.- Vidre. N.III Ext.- Fragmentación de hueso por procesos de hielo-deshielo. LPP. b.- Guineu. N.III c.- Detalle de como la estructura laminar afecta a la fragmentación de un carbón. LPP. c.- Parco. N.VII.- Fragmentación de una pieza dental de cabra por la acumulación secundaria de $CaCO_3$. LPX. d.- Parco. N.VII.- Acumulación micrítica de $CaCO_3$. LPX. e.- Parco. N.III.- Detalle de la actividad de fauna (excrementos de larvas de insectos). LPP. f.- Colls. N.II a.- Acumulación carbonosa (revestimentos) en un fragmento calizo. LPX. g.- Vidre. N.Ib 1.- Efectos de pisoteo. LPP. h.- Vidre. N.Ib 1.- Detalle de los efectos de pisoteo. LPX.

13. CONSIDERACIONES GENERALES

Seguidamente queremos exponer unas consideraciones generales sobre algunos aspectos de este trabajo que agruparemos en cuatro apartados:
- metodología de trabajo
- evolución sedimentaria y correlaciones estratigráficas
- síntesis paleoambiental y paleoclimática
- actividades y datos antrópicos registrados en los niveles sedimentarios

13.1. METODOLOGÍA DE TRABAJO

Querríamos destacar dos aspectos: el estudio geoarqueológico de campo y la aplicación de la micromorfología a los depósitos arqueológicos.

- Estudio geoarqueológico de campo

Al estudiar un yacimiento arqueológico es importante tener en cuenta la zona donde se encuentra situado y estudiar el área desde un punto de vista geomorfológico y estratigráfico para comprender mejor los procesos sedimentarios que han originado el relleno.

- Aplicación de la micromorfología

El análisis micromorfológico es una técnica que se ha utilizado recientemente en el estudio de los depósitos arqueológicos y complementa la descripción de los niveles sedimentarios que configuran el yacimiento. En nuestro caso nos ha permitido describir y distinguir los componentes de origen natural de los antrópicos. También permite estudiar los niveles antropogénicos y los procesos postdeposicionales que afectan el relleno sedimentario, así como el estado de los niveles de ocupación y de los materiales arqueológicos. Ha sido de gran ayuda para poder distinguir los procesos sedimentarios y edáficos que son diagnósticos de datos paleoambientales. Por lo tanto, consideramos la micromorfología una técnica imprescindible en los estudios de tipo geoarqueológico.

Creemos que para poder interpretar un registro hay que estudiarlo en diferentes escalas de observación, desde el nivel geomorfológico hasta el micromorfológico, para así entender el registro en su totalidad.

13.2. EVOLUCIÓN SEDIMENTARIA Y CORRELACIONES ESTRATIGRÁFICAS

Tal como ya citamos en la introducción, uno de los objetivos que nos planteábamos en este trabajo era el poder establecer una correlación estratigráfica entre los diferentes registros estudiados. Seguidamente comentamos algunos aspectos que consideramos importante destacar ya que han condicionado nuestro trabajo.

- De la fase anterior al ~14.000 años BP sólo hemos dispuesto de la cueva del Parco y, por tanto, los datos que hemos expuesto es necesario corroborarlos con otros registros.

- De ~14.000 a ~13.000 años BP igualmente escasean los depósitos y tan sólo está datado el de la cueva del Parco. Esta fase es muy interesante ya que se produce un cambio de dinámica sedimentaria. Harían falta más registros y dataciones que concreten este episodio.

- De ~13.000 a ~11.000/10.500 años BP, de esta etapa tenemos un mayor número de registros; pero quizás serían necesarias más dataciones para poder precisar los límites.

- De ~11.000/10.500 a ~9.000/8.500 años BP, si bien está bien representada en nuestra área de estudio, escasean en el resto de la vertiente.

- De ~9.000/8.500 a ~8.000 años BP, en general hay muy pocos registros documentados en toda la vertiente mediterránea y pensamos que probablemente se dan unas condiciones de biostasia.

- De ~8.000 a ~6.000 años BP es difícil hacer correlaciones y establecer la evolución sedimentaria por la falta de secuencias, pero parece que se observan cambios importantes en episodios cortos. Sería interesante estudiar en el resto de la cuenca mediterránea el aumento de los componentes de origen antrópico observado en nuestros depósitos.

De igual forma habría que corroborar si las caídas de bloques localizadas también se presentan asociados a episodios de frío en otros yacimientos arqueológicos.

13.3. SÍNTESIS PALEOAMBIENTAL

Entre los procesos edafo-sedimentarios diagnósticos de datos climáticos creemos que los relacionados con la temperatura (efectos de frío y atemperamiento) son más fácilmente correlacionables. En los registros quedan muy bien reflejados los episodios de hielo-deshielo e incluso se observan diferencias debidas a la altitud de los depósitos. En cambio los aspectos de humedad o de aridez están más influidos por factores locales.

De todas formas, querríamos estudiar con más profundidad la formación de costras sedimentarias en ambientes mediterráneos ya que a nuestra opinión pueden ser un buen indicador para valorar aspectos referidos al régimen hídrico. Además pensamos que es necesario profundizar en los procesos de carbonatación y disolución en estos contextos, sobre todo las acumulaciones de $CaCO_3$ en la parte inferior del material detrítico (pendents).

Creemos interesante continuar estudiando el momento de crisis climática de finales de la fase de ~11.000/10.500 al ~9.000-8.500 BP de forma general en el Mediterráneo para comprobar si realmente es un episodio climáticamente comparable con la dinámica observada en la fase de ~13.000 a ~11.000/10.500 BP. Esta pequeña crisis también se ha detectado en el norte de Alemania y en el sur de los Alpes, donde se ha denominado *Youngest Dryas* (Walker, 1995).

13.4. ACTIVIDADES Y DATOS ANTRÓPICOS REGISTRADOS EN LOS NIVELES SEDIMENTARIOS

13.4.1. Paleolítico Superior final

En las áreas de combustión y niveles antrópicos de este periodo se observa, en líneas generales, que hay una tendencia a la superposición de varias actividades antrópicas; es decir, son organizaciones de tipo policíclico (Wattez, 1992 y Gé *et alii,* 1993), donde se localizan en una misma área o estructura una alternancia de una o varias actividades antrópicas con sedimentación natural. Este tipo de organización queda reflejado tanto en la organización del nivel como en el material arqueológico aparecido. De momento no tenemos demasiados registros para poder contrastar esta hipótesis sobre el tipo de organización cultural; pero, teniendo en cuenta que algunos se encuentran en proceso de excavación, esperamos obtener nuevos datos aplicando otros estudios como el análisis funcional de las piezas líticas y la distribución espacial del material arqueológico para completar nuestro conocimiento de la dinámica de ocupación de estos periodos.

Creemos que las intervenciones del Hort de la Boquera y de la cueva del Parco nos permitirán profundizar en las diferencias que encontramos entre los asentamientos de tradición gravetiense y magdaleniense; en cuanto a definición de las estructuras y utilización del fuego.
Uno de los aspectos que más nos ha sorprendido en el estudio de estos periodos es la gran presencia de impregnaciones de óxidos-hidróxidos de hierro (ocre) en los fragmentos de sílex. Esperamos que la aplicación de la micromorfología permitirá estudiar el ocre en su contexto y ayudará a obtener datos indicativos tanto del uso como del proceso tecnológico utilizado para su obtención.

13.4.2. Epipaleolítico

En los niveles estudiados observamos que hay una tendencia a la utilización de las áreas de combustión para el desarrollo de una única actividad. Como estos hogares aún no han sido excavados en su totalidad (sobre todo en el del N.Ib de la cueva del Parco y el del N.IV de la cueva del Vidre) pensamos que estos datos pueden orientar los trabajos de excavación para poder contrastar esta hipótesis.

13.4.3. Neolítico antiguo

Este momento se distingue un gran aumento de componentes de origen antrópico que hace que los niveles tengan una coloración grisácea. Los componentes que son realmente diagnósticos de la ocupación neolítica, tal como hemos citado anteriormente, son los fitolitos de sílice de formas alargadas (gramíneas) y los excrementos de animales herbívoros, que en su mayoría corresponden a ovicaprinos.

Esperamos que en las futuras intervenciones arqueológicas en la cueva del Vidre y en la cueva de la Guineu podamos estudiar micromorfológicamente los niveles neolíticos ya que creemos que pueden aportar interesantes datos sobre la distribución espacial de la ocupación.

Igualmente sería interesante analizar los yacimientos de la vertiente mediterránea de cronologías más antiguas a las nuestras para poder establecer como se inician estas prácticas de estabulación.

14. BIBLIOGRAFÍA

Adolphe, J. P. 1972 "Obtention d'encroûtements carbonatés par gel expérimental". *C. R. Acad. Sc. Paris*, t. 274, 1139-1142.

Agustí, B.; Alcalde, G.; Burjachs, F.; Buxó, R.; Juan-Muns, N.; Oller, J.; Ros, M. T.; Rueda, J. M.y Toledo, A. 1987 *Dinàmica de la utilització de la Cova 120 per l'home en els darrers 6000 anys.* Centre d'Investigacions Arqueològiques, Sèrie Monogràfica 7, Girona.

Albentosa, L. 1973 *Los climas de Cataluña. Estudio de climatología dinámica.* Tesis Doctoral. Dep. de Geografia, Universidad de Barcelona.

Albert, F., Serrat, D. y Paris, C. 1975-76 "Estudio geomorfológico del barranco de la Valltorta (Castellón de la Plana)". *Speleon*, vol.22, 139-144.

Albert, R. M. 1995a *Análisis y descripción de fitolitos de una estructura neolítica: Cova del Parco (Alòs de Balaguer, La Noguera).* Tesis de Llicenciatura. Dept. de Prehistòria, H. Antiga i Arqueologia. Universitat de Barcelona.

Albert, R. M. 1995b "Nuevo sistema de análisis descriptivo para fitolitos de sílice". *Pyrenae*, 26, 19-38.

Alberto, F., Machín, J. y Cuchi, J. A. 1980 "Estudio sedimentológico del relleno de la cueva del Asno" in JUAN EIROA.- "La cueva del Asno. Los Rábanos (Soria). Campañas 1976-77. *Excavaciones Arqueológicas en España*, nº 107, 21-30

Albizuri, S., Colomer, S. y Buisan, C. 1993 "Experimentación sobre la exposición del tejido óseo a focos de calor". *Estudios de la Antigüedad.* 6/7. Publicacions de la Universitat Autònoma de Barcelona. Bellaterra, 91-97

Alley, R. B., Meese, D. A., Shuman, C. A., Gow, A. J., Taylor, K. C., Grootes, P. M., White, J. W., Ram, M., Waddington, E. D., Mayewski, P. A. y Zielinski, G. A. 1993 "Abrupt increase in Greenland snow accumulation at the end of the Younger Dryas event" *Nature*, 362, 527-529.

Almagro, M. 1970 "Avance a la investigación arqueológica, geocronológica y ecológica de la cueva de la Carigüela (Piñar, Granada)". *Trabajos de Prehistoria*, vol.27, 45-60.

Alonso, F., Cabrera, V., Chapa, T. y Fernandez Miranda, M. 1978 "Indice de fechas arqueológicas de C14 para España y Portugal" *C14 y Prehistoria de la Península Ibérica.* Reunión 1978, Fund. March, serie universitaria 77. Madrid.

Amigó, J. 1983 *Estructura del contacte entre la Serralada Prelitoral i la Depressió del Penedès (Torrelles de Foix, Pontons, Font-Rubí).* Tesis de Llicenciatura. Fac. de Geologia. Universitat de Barcelona.

Arasa, A. 1985 *Estratigrafía y sedimentología de los materiales pliocuaternarios de la fosa del Baix Ebre.* Tesis de Licenciatura. Fac. de Geología. Universitat de Barcelona.

Areso, P. 1984 "Sedimentología de los niveles VII al II del yacimiento de Ekain" en Altuna, J., Merino, J. M.- *El yacimiento prehistórico de la cueva de Ekain (Deba, Guipúzcoa).* Eusko Ikaskuntza. Guipúzcoa, 47-60.

Aura, J. E. y Pérez, M. 1993 "Tardiglaciar y Postglaciar en la región mediterránea de la Península Ibérica (13.500 - 8.500 B.P.): transformaciones industriales y económicas". *Saguntum*, 25, 25-47.

Avias, J. 1956 "Sur des phénomenes de corrosion et de concrétionnement polarisés de galets des formations alluviales et de calcaires en plaquettes de l'Est de la France". *Societé Géologique de France*, 275 - 288.

Badal, E., Bernabeu, J., Dupre, M. y Fumanal, Mª P. 1989 "El yacimiento neolítico de la cova de les Cendres". *Jornadas de campo. Pleistoceno superior y Holoceno en el área valenciana.*. València, 53-65.

Badal, E., Bernabeu, J., Buxó, R., Dupre, M., Fumanal, Mª P., Guillem, P., Martínez, R., Rodrigo, M. J. y Villaverde, V. 1991 "La cova de les Cendres Moraira, Teulada)" Guía de las excursiones. *VIII Reunión Nacional sobre Cuaternario.* Valencia, 16-20 de septiembre de 1991, 22-54.

Balista, C. 1992 "La sedimentologia in Archeologia" in Leonardi, G.- *Formation processes and excavation methods in Archaeology: perspectives.* Atti del Seminario internazionale. Padova 15/27 Iuglio 1991. Università degli Studi di Padova, 49-59.

Balista, C. 1992 "La pedologia in Archeologia" in Leonardi, G.- *Formation processes and excavation methods in Archaeology: perspectives.* Atti del Seminario internazionale. Padova 15/27 Iuglio 1991. Università degli Studi di Padova, 61-73.

Balista, C. 1992 "Linee di approccio al deposito archeologico" in Leonardi, G.- *Formation processes and excavation methods in Archaeology: perspectives.* Atti del Seminario internazionale. Padova 15/27 Iuglio 1991. Università degli Studi di Padova, 75- 99.

Barbaza, M. 1984 "L'Épipaleolithique Mediterranéen espagnol. Thème, concepts et problèmes." *Travaux de l'Institut d'Art Préhistorique*, XXVI, 3-12.

Barbaza, M., Guilaine, J., Llongueras, M. y Thommeret, J. Y. 1979-80 "Noves dates de C 14 a Catalunya. Balma del Gai (Moià, Barcelona)" *Ampurias*, t. 41-42, 345-347.

Bartrolí, R. 1993 "L'abric del Filador (Margalef de Montsant, Tarragona): estudi d'un remuntatge lític al nivell 7"

Bull. de la Reial Societat Arqueològica Tarraconense, Epoca V, nº 14, 5-16.

Bartrolí, R. y Bergadà, M. M. en prensa *Hort de la Boquera*. Publicacions de la Generalitat de Catalunya. Servei d'Arqueologia.

Bartrolí, R., Bergadà, M. M., Cebrià, A. y Fontugne, M. 1992 "El model microlaminar geomètric a la Catalunya meridional: Aportacions del projecte d'investigació de la Serra de Font-Rubí (Alt Penedès)".*9è Col.loqui Internacional d'Arqueologia de Puigcerdà. Estat de la investigació sobre el Neolític a Catalunya*. Andorra, 34-37.

Bartrolí, R., Bergadà, M. M., Estrada, A., Farell, D., Gamarra, A., Nadal, J. y Petit, Mª A. 1994 "El Neolítico antiguo de la cova del Parco (Alòs de Balaguer, Catalunya) y el proceso de neolitización en el valle del río Segre" Actas *1º Congresso de Arqueología Peninsular*. Trabalhos de Antropologia e etnologia vol.34 (1-2). Porto, 65-83.

Bazile-Robert, E. 1980 "Les groupements à *Amygdalus* et *Prunus* de la fin du Tardiglaciare et du début du Postglaciare en Méditerranée Nord-Occidentale. *Géobios*, nº 13, fasc.5, 777-781.

Bech, J., Bartrolí, R., Bergadà, M. M.y Garrigó, J. 1990 *Sòls d'ahir i d'avui: arqueologia i pedologia*. Trobada amb la ciència, Nº68. Comissió Interdepartamental de Recerca i Innovació Tecnològica. CIRIT. Generalitat de Catalunya Barcelona.

Bergadà, M. M. 1989 *Aproximació a l'estudi sedimentològic-paleoclimàtic d'un assentament prehistòric: la cova del Parco (Alòs de Balaguer, La Noguera)*. Tesi de Llicenciatura, Fac.de Geografia i Història. Universitat de Barcelona.

Bergadà, M. M. 1991 "Aproximació a l'estudi sedimentològic-paleoclimàtic d'un assentament prehistòric: la cova del Parco (Alòs de Balaguer, La Noguera)".*Cypsela*, IX, 33-48.

Bergadà, M. M. 1993 "Aproximación experimental a la actividad postdeposcional de los lumbrícidos sobre los niveles arqueológicos" *Procesos Postdeposicionales. Arqueología Espacial*, 16-17. Teruel, 363-369.

Bergadà, M. M. 1994 "Micromorfologia dels sediments arqueològics i la seva aplicació a la Paleobotànica" *Curs Paleo-etnobotànica aplicada a l'Arqueologia Prehistòrica* Museu Arqueològic de Barcelona, 13.

Bergadà, M. M., Fullola, J. Mª.y Serrat, D. 1990 *Los yacimientos arqueológicos y sus enclaves geomorfológicos de la zona del Montsant*. Guía de la excursión. Reunión Nacional de Geoarqueología. Barcelona.

Bergadà, M. M., Fullola, J. Mª, Serrat, D., Montserrat, J. y Vilaplana, J. M. 1992a "Aproximación a la evolución paleoecológica del período Tardiglaciar y Postglaciar del Pirineo central (Ribagorza y Noguera), actes de la Reunión Nacional de Geoarqueología. Barcelona.1990 a *Cuaternario y Geomorfología* nº 6, 45-57.

Bergadà, M. M., Fullola, J. Mª y Adserias, M. 1992b *Memòria del sondeig a l'abric dels Colls (Margalef de Montsant, Priorat, Tarragona)*. Universitat de Barcelona. (Inédita).

Bergadà, M. M.y Poch, R. Mª 1994 "Micromorfología de los procesos postdeposicionales de la secuencia Tardiglaciar de la cueva del Parco (Alòs de Balaguer, Lérida). *Actas de la 2ª Reunión Nacional de Geoarqueología*. Madrid, 1992, 49 - 64.

Berger, J. F. 1991 *Caracterisation des transformations des matières organiques en contexte archéologique. Approche méthodologique*. Mémoire de D.E.A. Université Paris I.

Boixadera, E., Suñer, E. y Vicente, J. 1955 "La cueva de les Encantades (Toloriu, Lérida)". *Speleon*. T.IV. Nº 1-2, 21-36.

Bonifay, E. 1956 "Les sediments detritiques grossières dans le remplissage des grottes. Méthode d'etude morphologique et stadistique". *L'Antrhopologie*. T. 60, 447-461.

Bonifay, E. 1962 "Quaternaire et Préhistoire des régions Mediterranéens françaises" *Quaternaria*. vol.VI, 343-370.

Bordes, F. 1975 "Sur la notion de sol d'habitat en préhistoire paléolithique". *Bulletin de la Societé Préhistorique Française*. T.72, 139-144.

Bordes, F., Rigaud, J. P., Sonneville-Bordes, D. 1972 "Des buts, problèmes et limites de l'Archéologie Paléolithique." *Quaternaria* XVI, 15-34.

Bordonau, J. 1992 *Els complexos glacio-lacustres relacionats amb el darrer cicle glacial als Pirineus*. Geoforma Ediciones. Logroño.

Bordonau, J.; Serrat, D. y Vilaplana, J. M. 1992 "Las fases glaciares cuaternarias en los Pirineos", Inc. en: *The Late Quaternary in the Western Pyrenean Region* Edit.: A.Cerraeta & F.M.Ugarte, Bilbao, 303-312.

Bosch, J. 1993 "Cronologia prehistòrica al curs inferior de l'Ebre. Primeres datacions absolutes." *Pyrenae*, 24, 53-56.

Bosch, J. en prensa "La cova del Vidre (Massís dels Ports), especialització i complementarietat d'assentaments". *XXXVII Assemblea Intercomarcal d'Estudiosos*. Amposta, 1991.

Briggs, D. J. 1977 *Sources and methods in Geography: Sediments*. Butterwoths. London.

Brochier, J. E. 1977 *Evolution des climats et des paysages vauclusiens au cours du Würmien recent et du Postglaciare*. CNRS, nº 1. Paris.

Brochier, J. L. 1978 *Les modifications de l'environnement du Würmien récent au Postglaciare en Languedoc.*. CNRS, nº 2. Paris.

Brochier, J. E. 1983 "Combustion et parcage des herbivores domestiques. Le point de vue du sédimentologue". *Bulletin de la Societé Préhistorique Française*. T.80 N.5, 143-145.

Brochier, J. L. 1984 "Sedimentations Anthropogenes: constructions vegetales-constructions en terre".Influences méridionales dans l'Est et le Centre-Est de la France au Néolithique:le rôle du Massif-Central. *Actes du 8. Colloque Interrégional sur le Néolithique*, Le Puy, 1981, Clermont-Ferrand. C.R.E.P.A., 335-340.

Brochier, J. L. 1987 "Les sediments: documents archéologiques. Les nouvelles de l'archéologie".*Les nouvelles de l'archéologie*, nº 31.

Brochier, J. E. 1991 "Géoarchéologie du monde agropastoral" in Guilaine, J., *Pour une archéologie agraire*. armand colin, 303-551.

Brochier, J. E. 1993 "Etude géoarchéologique des dépôts holocènes du Roc de Dourgne" in *Dourgne. Derniers chasseurs-collecteurs et prémiers éleveurs de la Haute-Vallée de l'Aude*, sous la direction de J.Guilaine, Centre d'Anthropologie des societés rurales. Toulouse. Archéologie en terre d'Aude. Carcassonne, 49 - 61.

Bullock, P., Fedoroff, N., Jongerius, A., Stoops, G. y Tursina, T. 1985): *Handbook for Soil Thin Section Description*, Waine Research Publ., Wolverhampton.

Burillo, F., Gutierrez, M. y Peña, J. L. 1981 "El cerro del Castillo de Alfambra (Teruel). Geoarqueología. Estudio interdisciplinar de Geomorfología y Arqueología" *Kalathos*, n.1, 7-63.

Butzer, K. W. 1960 "Archeology and Geology in Ancient Egypt." *Science* 132, 1617-1624.

Butzer, K. W. 1964 *Environment and Archeology*. Mettuen &Co. London.

Butzer, K. W. 1974 "Geo-archeological interpretation of Acheulian calcpan sites at Doornlaagte and Rooidam (Kimberley, South Africa). *Journal of Archaeological Science* 1, 1-25.

Butzer, K. W. 1982 *Archaeology as human ecology*. Cambridge university. Press. New York.

Butzer, K. W., Miralles, I.y Mateu, J. F. 1983 "Las crecidas medievales del río Júcar según el registro geoarqueológico de Alzira". *Cuadernos de Geografía*, nº 32-33, 311-330.

Campy, M. 1986 "Les cortex d'alteration des élements calcaires dans les remplissages de porche. Implications dynamiques et chronologiques".*Bulletin de l'Association française pour l'étude du Quaternaire*, 1986-3/4, 271-280.

Capel, M. J. 1977 "Aplicación de métodos analíticos al estudio de los sedimentos del yacimiento Cerro de la Encina (Monachil, Granada)". *Cuadernos de Prehistoria*. nº 2, 321-342.

Cardona, F. 1990 *Grans cavitats de Catalunya: El Sistema Mediterrani i la Depressió Central*. 2º vol. Departament de publicacions de l"Espeleo Club de Gràcia.Badalona.

Carmona, P., Ribera, A. y Lerma, J. V. 1985 "Geoarqueología en la ciudad de valencia". XVII. *Congreso Nacional de Arqueología*. Zaragoza, 859-873.

Carmona, P. 1989 "Reconstrucción paleohidrológica del registro geoarqueológico de la ciudad de Valencia". *Jornadas de campo. Pleistoceno superior y Holoceno en elàrea valenciana*. Valencia, 28-33.

Casallarch, R. 1991 "La meteorologia de Moià: comentari d'algunes dades." *Modilianum*, 4, 18-68.

Cebrià, A. y Bartrolí, R. 1993 *La Balma de la Griera (Calafell, Baix Penedès). Procés d'elaboració d'una estratègia per a un registre Plistocènic. Memòria de les campanyes realitzades en els anys 1989-1993*. SERP. Universitat de Barcelona. Inédita.Barcelona.

Cebrià, A., Fullola, J. Mª., García-Argüelles, P., Gracia, V. y Millán, M. 1981 "Avance al estudio de los asentamientos con cerámica del Filador (Margalef de Montsant, Priorat, Tarragona)". *Saguntum*, 16, 37-61.

Clapperton, C. M. 1995 "Fluctuations of local glaciers at the termination of the Pleistocene: 18-8 Ka BP". *Quaternary International*. Vol.28, 41-50.

Chaline, J. 1965 "Observaciones preliminares sobre los terrenos cuaternarios en los alrededores de Arredondo (provincia de Santander). *Cuadernos de Espeleología*. T.1. Santander, 21-26.

Colombo, F. 1986 "Estratigrafía y Sedimentología del Paleogeno continental de las Catalánides (Provincia de Tarragona, España)" *Cuadernos de Geología Ibérica* 10, 55-115.

Coope, G. R. 1970 "Climatic interpretations of Late Weichselian colepptera from British Isles". *Rev. Géogr.Phys. et Géol. Dynam*.12, 149-155.

Cornwall, I. W. 1958 *Soils for the Archaeologist*. Phoenix House LTD.

Courtin, J., Villa, P. 1982 "Une expérience de piétinement". *Bulletin de la Societé Préhistorique Française*. T.79/4, 117-123.

Courty, M. A. 1983 "Interprétation des aires de combustions par la micromorphologie". *Bulletin de la Societé Préhistorique Française*. T.80 nº 6, 170-171.

Courty, M. A. 1984 "Formation et evolution des accumulations cendreuses. Approche micromorphologique." Influences méridionales dans l'Est et le Centre-Est de la France au Néolithique:le rôle du Massif-Central. *Actes du 8. Colloque Interrégional sur le Néolithique*, Le Puy, 1981, Clermont-Ferrand. C.R.E.P.A., 341-353.

Courty, M. A. 1986 "Quelques faciès d'altération de fragments carbonatés en grottes et abris sous roche préhistorique"*Bulletin de L'association Française Pour L'étude Du Quaternaire*, 1986-3/4, 281-289.

Courty, M. A. 1988a "Archéologie et sediment" *Les nouvelles de l'archéologie*, nº 31, 9-14.

Courty, M. A. 1988b "Étude micromorphologiques des sediments archéologiques" *Les nouvelles de l'archéologie*, nº 31, 21-22.

Courty, M. A. 1989 "Analyse microscopique des sediments du remplissage de la grotte Vaufrey (Dordogne)", In *La grotte Vaufrey* sous la direction de J.Ph. Rigaud, Mémoire de la Societé Préhistorique Française, T.XIX, 183-209.

Courty, M. A. 1990 *Environnements géologiques dans le nord-ouest de l'Inde. Contraintes géodynamiques au peuplement protohistorique. (Bassins de la ghaggar-saraswati-chautang)*. Thèse d'état. Université bordeaux I.

Courty, M. A. 1994 "Le cadre paléogéographique des occupations humaines dans le bassin du Haut-khabur (Syrie du nord-est). Premiers résultats." *Paléorient*, Vol.20/1, 21-59.

Courty, M. A. y Raynal, J. P. 1984 "Le sediment, témoin des activités humaines".Actes du 8 ème *Colloque*

Interrégional sur le Néolithique, Le Puy, 1981.CREPA., 295-304.

Courty, M. A. y Fedoroff, N. 1985 "Micromorphology of recent and buried soils in a semiarid region of Northwestern India". *Geoderma*, 35, 287-332.

Courty, M. A., Fedoroff, N. y Guillore, P. 1987 "Micromorphologie des sédiments archéologiques" in Miskovsky, J.C., eds, *Géologie de la Préhistoire: méthodes, techniques, applications*, 439-477

Courty, M. A., Goldberg, P.y Macphail, R.I. 1989 *Soils and micromorphology in archaeology*. Cambridge University Press.

Courty, M. A., Macphail, R. I. y Wattez, J. 1991 "Soil micromorphological indicators of pastoralism; with special reference to Arene Candide, Finale Ligure, Italy", *Rivista di Studi Liguri*, A. LVII, 1-4, 127-150.

Courty, M. A., Goldberg, P.y Macphail, R. I. en prensa: "Ancient People - Lifestyles and cultural patterns" In L.Wilding And K.Oleshko (Eds). Micromorphological indicators of anthropogenic effects on soils. Symposium of the subcommision B.*15 th international conference of soil science*, Acapulco, México, 1994.

Courty, M. A., Marlin, C., Dever, L., Tremblay, P. y Vachier, P. 1994 "The properties, genesis and environmental significance of calcitic pendents from the High Arctic (Spitsbergen)". *Geoderma*, 61, 71-102.

Cubero, C. 1992 *Estudi paleocarpològic de mostres del Parco (Alòs de Balaguer)*. Centre per a la gestió de patrimoni cultural i natural (CEM). Martorell. Inédito.

Cubero, C. 1993 *Notes florístiques i de vegetació de l'entorn de la cova de la Guineu*. Centre per a la gestió de patrimoni cultural i natural (CEM). Martorell. Inédito.

Cuenca, A. y Walker, M. J. 1995 "Terrazas fluviales en la zona bética de la comunidad valenciana".*El cuaternario del país valenciano*. Departament de Geografia. Universitat de València, 105-114.

Dansgaard, W., Johnsen, S. J., Clausen, H. B., Dahl-Jensen, D., Gundestrup, N. S., Hammer, C. U., Hvidberg, C. S., Steffensen, J. P., Sveinbjörnsdottir, A. E., Jouzel, J. y Bond, G. 1993 "Evidence for general instability of past climate from a 250-kyr ice-core record". *Nature*. Vol 364, 218-220.

David, F., Julien, M.y Karlin, C. 1973 "Approche d'un niveau archéologique en sédiment homogène". *L'homme, hier et aujourd'hui*, Paris, Ed. Cujas, 65-72.

Davidson, D. A. y Shackley, M. L. 1976 *Geoarchaeology. Eart science and the past*. Symposium "Sediments in archaeology" Southampton. Duckworth.

Devoto, G. 1985 *Geologia applicata all'archeologia*. NIS (La Nuova Italia Scientifica) Roma.

Doce, R. 1988 *La determinación de la procedencia de las materias primas silíceas. Un caso práctico: el estrato 4 del Filador*. Tesis de licenciatura. Dep. de Prehistòria, H. Antiga i Arqueologia. Universitat de Barcelona.

Ducloux, J. y Laouina, A. 1989 "The pendent calcretes in semi-arid climates: an example located near Taforalt NW Morocco". *Catena*, Vol. 16, 237-249.

Edo, M. y Blasco, A. 1992 "Un nou punt de coincidència amb l'arqueologia experimental: les estructures neolítiques d'emmagatzament de Can Sadurní, Begues", *9è Col.loqui internacional d'Arqueologia de Puigcerdà*, Andorra, 109-111.

Eidt, R. C. 1977 "Detection and examination of anthrosols by phosphate analysis". *Science* 197, N. 4311, 1327-1333.

Equip Guineu 1995 "Elaboració d'una cronoestratigrafia per a la Prehistòria del Penedès" *Tribuna d'Arqueologia 1994*. Generalitat de Catalunya. Departament de cultura. Barcelona, 7-24.

Escalon De Fonton, M. 1969 "Les sequences sedimentoclimatiques du midi mediterranéen du würm à l'holocene". *Bull. Musée Anthropologie et Préhistoire du Monaco*. N°14, 125-185.

Estrada, A., García-Argüelles, P., Nadal, J. y Arnau, C. 1990 "Noves aportacions a l'estudi de la Balma del Gai (Moià)" *Modilianum*, N° 2, 3-14.

Farnós, A.y Aragonés, J. 1989 *Vegetació dels ports*. Museu del Montsià.(Inédito)

Fedoroff, N.y Goldberg, P. 1982 "Comparative micromorphology of two late pleistocene palaeosols (in the Paris Basin). *Catena*, 9, 227-251

Fedoroff, N. 1987 "Organización del suelo a escala microscópica". En: Masson (ed.), *Edafología 2, Constituyentes y propiedades del suelo*, 251-265.

Fedoroff, N. y Courty, M. A. 1987 "Morphology and distribution of textural features in arid and semiarid regions" *actes de la VII Réunion Internationale de Micromorphologie des Sols*, Paris, 213 - 219.

Fedoroff, N. y Courty, M. A. 1989 "Indicateurs pédologiques d'aridification. Exemples du Sahara. *Bull. Soc. Géol. France*, (8), T.V, N° 1, 43-53.

Fedoroff, N., Courty, M. A. y Thompson, M. L. 1990 "Micromorphological evidence of paleoenvironmental change in Pleistocene and Holocene Paleosols" in *Soil Micromorphology: a basic and applied science*. Proceedings of the VIII th International Working Meeting of Soil Micromorphology. San Antonio, Texas. 1988.

Ferrer, J. 1971 "El Paleoceno y Eoceno del borde sur-oriental de la depresión del Ebro (Cataluña)". *Schweizerische Paläontologische Abhandlungen Mémoires suisses de Paléontologie*. Vol.90, 70.

Ferrés, L. 1993 "Un bioma i un clima a escala humana" in V.V.A.A. "Mediterrànies". Volum.5, 17-26. *Biosfera*. Fundació Enciclopèdia Catalana. Barcelona.

Folch, R. 1981 *La Vegetació dels països catalans*. Ketres Editora S.A.Barcelona.

Fortea, J. 1973 *Los complejos microlaminares y geométricos del Epipaleolítico mediterráneo español*, Memoria 4 del Sem. de Preh. y Arqueol., Universidad de Salamanca, Salamanca.

Fortea, J., Marti, B., Fumanal, Mª P., Dupre, M. y Perez, M. 1983 "Epipaleolítico y neolitización en la zona oriental de la Península Ibérica" *Premières Communautés Paysannes en Mediterranée*

Ocidentale. Colloque International du C.N.R.S., Montpellier, 581-591.

Francou, B. 1989 "La stratogènese dans les formations de pente soumises a l'action du gel. Une nouvelle conception du problème." *Bulletin de l'Association française pour l'étude du Quaternaire*, 1989-4, 185-199.

Fullola, J. Mª 1978 "L'Hort de la Boquera, un nou jaciment a la vall del Montsant". *Bol.R.Soc.Arqueol.Tarrac*, Fasc.141-144, 3-15

Fullola, J. Mª 1986-89 "La cova del Boix i el paleolític superior final a la vall del Montsant (Priorat, Tarragona)", *Empúries* 48-50, Vol.1, 328-335.

Fullola, J. Mª y Adserias, M. 1985 *Memòria de les excavacions realitzades durant les campanyes de 1982 a 1985 als estrats 1, 2, 3 i 4a de l'abric dels Colls (terme municipal de Margalef de Montsant, Priorat, Tarragona)*. Universitat de Barcelona. (inédito).

Fullola, J. Mª, Adserias, M. y García-Argüelles, P. 1988 *Memòria d'excavacions de la cova dels Coll. Campanyes 1986, 1987 i 1988*. Universitat de Barcelona. (Inédito)

Fullola, J. Mª, Adserias, M. y Doce, R. 1990- *Abric dels Colls (Margalef de Montsant, Priorat). Memòria de la campanya 1989*. Universitat de Barcelona. (Inédito)

Fullola, J. Mª, Bartrolí, R., Bergadà, M. M., Doce, R., García-Argüelles, P., Nadal, J., Rodón, T., Adserias, M. y Cebrià, A. 1993 "Nuevas aportaciones al conocimiento del paleolítico superior en las comarcas meridionales y occidentales de Cataluña". *Estudios sobre Cuaternario*. Valencia, 239-245.

Fullola, J. Mª, Bartrolí, R., Cebrià, A., Bergadà, M. M., Farell, D. y Nadal, J. 1994 "El Paleolítico Superior de Catalunya: el Gravetiense de la Balma de la Griera (Calafell, Baix Penedès, Tarragona)" *1º Congreso De Arqueología Peninsular*. Porto, 35-47.

Fullola, J. Mª, Bartrolí, R., Bergadà, M. M., Burjachs, F., Meneses, D. y Nadal, 1997 "Le Magdalénien ancien en Catalogne: approche à l'étude des couches inférieures de la grotte du Parco (Alòs de Balaguer, La Noguera, Lleida)" Colloque International *El Món mediterrani després del Pleniglacial (18.000 - 12.000 B.P.)* 18-20 mai 1995. Banyoles. Commision VIII UISPP. Serie Monogràfica, 17. Museu d'Arqueologia de Catalunya, Girona, 303-319.

Fullola, J. Mª y Bergadà, M. M. 1990 *Memòria d'excavació de les campanyes 1987-89 a la cova del Parco (Alòs de Balaguer, La Noguera, Lleida)*. Universitat de Barcelona. (Inédito)

Fullola, J. Mª y Bergadà, M. M. 1990 "Estudi d'una estructura de combustió i revisió dels nivells paleolítics de la cova del Parco (Alòs de Balaguer, La Noguera, Lleida). *Archivo de Prehistoria Levantina*, Vol.XX, 109-132.

Fullola, J. Mª, Bergadà, M. M. y Bartrolí, R. 1992a *La cova del Parco (Alòs de Balaguer, Lleida)*. Memòria d'excavació de les campanyes de 1990 i 1991.SERP.Universitat de Barcelona. (Inédita).

Fullola, J. Mª, Bergadà, M. M. y Bartrolí, R. 1992b "La cova del Parco (Alòs de Balaguer, Lleida): darreres campanyes d'excavacions (1988-90)".*Tribuna d'Arqueologia 1990-1991*. Generalitat de Catalunya. Departament De Cultura. Barcelona, 17-26.

Fullola, J. Mª, Bergadà, M. M., Bartrolí, R. y Petit, Mª A. 1994 *Memòria de la campanya d'excavació de 1993 a la cova del Parco (Alòs de Balaguer, Lleida)*.SERP.Universitat de Barcelona. (Inédito)

Fullola, J. Mª y Couraud, C 1984 "Le galet peint de l'abri du Filador (Catalogne, Espagne)". *L'Anthropologie*, 83, 1, París, 119-123.

Fullola, J. Mª y García-Argüelles, P. 1980 "Primeres notícies de les troballes realitzades a la cova del Filador (Margalef de Montsant) i voltants, durant les darreres campanyes d'excavacions (1978-1980). L'Hort d'en Marquet." *Butlletí Arqueològic De La Reial Soc. Arqueol.Tarraconense*. Nº2, 3-21.

Fullola, J. Mª, García-Argüelles, P. y Millán, M. 1988 "Noves aportacions al coneixement de la cova del Parco (Alòs de Balaguer, La Noguera, Lleida).Campanya 1984." *Prehistòria i Arqueologia de la Conca del Segre. Actes del VIIe. Col.loqui Internacional d'Arqueologia de Puigcerdà*. Puigcerdà., 29-35.

Fullola, J. Mª, Viñas, R. y García-Argüelles, P. 1986 "La plaque en ardoise gravée de l'abri du Filador (Catalogne, Espagne)", *Cahiers Ligures de Préhistoire et de Protoshistoire*, nouvelle série, Nº 3, Ed. Institut International D'études Ligures, Bordighera-Carcassona, 145-156.

Fumanal, Mª P. 1979 "Estudio sedimentológico de la cueva de la Cocina (Dos Aguas, Valencia). *Cuadernos de Geografía*, 79-98.

Fumanal, Mª P. 1986 *Sedimentología y clima en el país valenciano. Las cuevas habitadas en el cuaternario reciente*. SIP. Serie de Trabajos Varios Nº83.

Fumanal, Mª P. 1989 "Análisis sedimentológico de la cueva del Caballo". En: Martínez, M (Ed). *El Magdaleniense Superior en la costa de Murcia*. Editora Regional. Murcia, 174-177.

Fumanal, Mª P. 1995 "Los depósitos cuaternarios en cuevas y abrigos. Implicaciones sedimentoclimáticas." *El Cuaternario del país Valenciano*. Departament de Geografia. Universitat de València, 115-124.

Galobart, A., Garcia, Ll., Güell, A., Millán, M., Ros, Mª T. y Serrano, G. 1991 *Estudi de la fauna i flora fòssils de la cova de la Guineu i el seu entorn*. Caixa de Barcelona. Barcelona. (Inédito)

Garay, P. 1990 *Evolución geomorfológica de un karst mediterráneo. El macizo del Mondúver (La Safor, Valencia)*. Cuadernos Valencianos de Karstologia. Volumen I. Diputació de València. València.

García-Argüelles, P. 1983 *Los talleres de superfície del Montsant (Priorat)*. Tesi de Llicenciatura. Universitat de Tarragona.

García-Argüelles, P. 1988 *Las industrias epipaleolíticas del sur de Cataluña: antecedentes, desarrollo y evolución hacia nuevas formas neolíticas*, Tesis Doctoral. Facultad de Filosofía y Letras. Tarragona. Universitat de Barcelona.

García-Argüelles, P. 1990 *Las industrias epipaleolíticas del sur de cataluña: antecedentes, desarrollo y evolución hacia nuevas formas neolíticas*, col.lecció de tesis microfitxades, N° 625, Publicacions de la Universitat de Barcelona. Barcelona.

García-Argüelles, P. 1993a "Antecedentes y evolución del epipaleolítico de las comarcas meridionales de Cataluña". Homenatge a Miquel Tarradell. Estudis Universitaris Catalans. Barcelona, 1993, 131-147.

García-Argüelles, P. 1993b "Los pulidores de arenisca del Tardiglaciar y Postglaciar de Europa occidental: síntesis y nuevas aportaciones".*Pyrenae*, N° 24, 35-52.

García-Argüelles, P. 1994 *Informe de la campanya de 1994 a la Balma del Gai (Bages, Barcelona).* Universitat de Barcelona. (Inédito).

García-Argüelles, P., Bergadà, M. M. y Doce, R. 1990 "El estrato 4 del Filador (Priorato, Tarragona): un ejemplo de la transición Epipaleolítico-Neolítico en el sur de cataluña" *Saguntum*, 23, 61-76.

García-Argüelles, P., Adserias, Mª, Bartrolí, R., Bergadà, M. M., Cebrià, A., Doce, R., Fullola, J. Mª, Nadal. J., Ribé, G., Rodon, T. y Viñas, R. 1992a "Síntesis de los primeros resultados del programa sobre epipaleolítico en la Cataluña central y meridional" *Aragón/Litoral Mediterráneo: Intercambios culturales durante la Prehistoria*, en Homenaje a Juan Maluquer de Motes. Institución Fernando El Católico, Zaragoza, 269-284.

García-Argüelles, P., Doce, R. y Nadal, J. 1992b *Memòria d'excavació de l'estrat 7 (campanyes 1988-91) a l'abric del Filador (Margalef de Montsant, Priorat, Tarragona).*Universitat de Barcelona. (Inédita)

García-Argüelles, P.y Fullola, J. Mª 1990 "El Paleolítico Superior final en las comarcas meridionales y occidentales de Cataluña." *Cuadernos De Prehistoria Y Arqueología Castellonense*, 13, 17-38.

García-Argüelles, P., Serrat, D.y Bergadà, M. M. 1993 "Las terrazas del curso medio del río Montsant (Priorato, Tarragona) Y su relación con los asentamientos prehistóricos".Actas de la *2 Reunión del Cuaternario Ibérico*. Madrid, 1989. 493-499.

García Lanceta, L. 1979 *Aproximació a l'estudi integrat del medi natural dels Ports de Beceit.* Tesis de Llicenciatura. Dept. De Geografia. Universitat de Barcelona.

Gasche, H. y Tunca, O. 1983 "Guide to archaeostratigraphic classification and terminology: definitions and principles". *Journal of Field Archaeology* 10, 325-335.

Gé, T., Courty, M. A., Matthews, W. y Wattez, J. 1993 "Sedimentary formation processes of occupation surfaces" in Goldberg, Nash, Petraglia, Formation Processes in Archaeological Context. *World Archaeology* n° 17, 149-163.

Gilles, R. 1975 "L'habitat du Néolithique final des Bruyères (Basse vallée de l'Ardèche)" *Etudes Préhistoriques*, n° 12, 1-13.

Giró, S. y Maldonado, A. 1985 "Análisis granulométrico por métodos automáticos: tubo de sedimentación y sedigraph". *Acta Geológica Hispánica*, t.20, n° 1, 95-102.

Gladfelter, B. G. 1977 "Geoarchaeology: the geomorphologist and archaeology". *American Antiquity*, Vol.42, N.4, 519-538.

Gladfelter, B. G. 1981 "Developments and directions in Geoarchaeology". *Advances in Archaeological Method and Theory*. Vol.4, 343-363.

Goldberg, P. 1979 "Micromorphologyof sediments from Hayonim cave, Israel." *Catena*, Vol.6, 167-181.

Goldberg, P. 1980 "Micromorphology in archaeology and prehistory" *Paleorient*, Vol.6, 159-164.

Goldberg, P. 1983 "Applications of micromorphology in Archaeology". in Bullock and Murphy *Soil Micromorphology"* Vol.1. Ab Academic Publishers, 139-150.

Goldberg, P. 1992 "Micromorphology, soils, and archaeological sites" in Holliday,V.T. *Soils in archaeology. Landscape evolution and human occupation.*. Smithsonian Institution Press. Washington And London. 145-168.

Guilaine, J., Barbaza, M., Geddes, D. y Vernet, J. L. 1982 "Prehistoric human adaptations in catalonia (Spain)" *Journal of Field Archaeology*, Vol.9. 407-416.

Guillore, P. 1980 *Méthode de fabrication mécanique et en série de lames minces.* Département des Sols. Institut National Agronomique P.G.

Hallet, B. 1976 "Deposits formed by subglacial precipitation of Caco3". *Geological Society of America Bulletin*, V. 87, 1003-1015.

Hassan, F. A. 1978 "Sediments in archaeology: methods and implications for palaeoenvironmental and cultural analysis" *Journal of Field Archaeology*, 5, 197-213.

Hassan, F. A. 1979 "Geoarchaeology: the geologist and archaeology" *American Antiquity.* Vol.44. N. 2, 267-270

Hernandez, F. 1991 *Inventario y determinación de los restos óseos de pájaros de la cueva del Parco (Alòs de Balaguer, Lleida).* Lab. De Arqueozoología. Universidad Autónoma de Madrid. (Inédito)

Holliday, V. T. 1989 "Paleopedology in archeology" in Bronger, A & Catt, J.A. (Editors *Paleopedology. Nature and Application Of Paleosols*, Catena Supplement 16, 187-206.

Holliday, V. T.y Stein, J. K. 1989 "Variability of laboratory procedures and results in geoarchaeology". *Geoarchaeology: an International Journal,* Vol.4, No.1, 347-358.

Holliday, V. T. 1990 "Pedology in archaeology" in Lasca, N.P., And Donahue, J., Eds., *Archaeological Geology of North America: Boulder, Colorado*, Geological Society of America, Centennial Special Volume 4, 525-540.

Holliday, V. T. 1992 *Soils in archaeology. Landscape evolution and human occupation.* Smithsonian Institution Press. Washington & London.

Hoyos, M. 1972-73 "Brecha y corteza estalagmítica de la cueva de Sofoxó". *Zephyrus*, XXIII-XXIV, 40-42.

Hoyos, M. 1979 *El karst de asturias en el Pleistoceno Superior y Holoceno.* Tesis Doctoral.

Jordá, J. F. 1986 "Estratigrafía y sedimentología de la cueva de Nerja (Salas de la mina y del vestíbulo)." En Jordá, F. *La Prehistoria de la Cueva de Nerja*

(Málaga). Patronato de la cueva de Nerja. N.1. Málaga, 41-97.

Jordá, J. F., Aura, J. E. y Jordá, F. 1990 "El Límite Pleistoceno-Holoceno En el yacimiento de la cueva de Nerja (Málaga)". *Geogaceta*, 8, 102-104.

Jordá, J. F., Mora, R. y Piqué, R. 1992 "La secuencia litoestratigráfica y arqueológica del yacimiento de la Font Del Ros (Berga, Barcelona)" Actes de la Reunión Nacional de Geoarqueología. Barcelona.1990 a *Cuaternario Y Geomorfología* nº 6, 21-30.

Jorda, M.y Rosique, T. 1994 "Le Tardiglaciare des alpes françaises du sud: rythme et modalités des changements bio-morphoclimatiques". *Quaternaire*, 5 (3-4), 141-149.

Jouzel, J., Lorius, C. y Stievenard, M. 1994 "Los archivos glaciales de Groenlandia" *Mundo Científico*, nº 144. Volumen 14, 224 - 231.

Juan, J. 1993a *Análisis de fitolitos en suelos arqueológicos: el abric del Filador (Margalef de Montsant, Priorat, Tarragona). Nuevas aportaciones paleoetnobotánicas.* Tesis de Licenciatura. Universitat de Barcelona.

Juan, J. 1993b "Nuevos datos sobre la evolución del paisaje y los recursos vegetales en el abric del Filador (Margalef de Montsant, Tarragona)" *Pyrenae*, nº24, 23-33.

Laville, H. 1975 *Climatologie et chronologie du paléolithique en Périgord. Étude sédimentologique de dépôts en grottes et sous abris.* Études Quaternaires. Memoire.4. Université de Provence.

Leeder, M. R. 1982 *Sedimentology: process and product.* Allen-Unwin. London.

Leroi-Gourhan, A. 1972 "Structures héterogènes: les unités domestiques" in Leroi-Gourhan, A., Brezillon, M., "Fouilles de Pincevent. Essai d'analyse ethnographique d'un habitat magdalénien (la section 36)." VII è Supplement *Gallia Préhistoire*.T.1., 215-256.

Leroi-Gourhan, A. 1976 "L'habitat au Paléolithique Supérieur". Colloque XIII de L'*UISPP*, Nice, 1976, 85-92.

Limbrey, S. 1975 *Soil science and Archaeology.* Academic Press. London.

Llongueras, M. y Guilaine, J. 1982 "Balma del Gai, Moià". *Les excavacions arqueològiques a Catalunya en els darrers anys*, nº1.Barcelona, 57-58.

Llopis Lladó, N. 1970 *Fundamentos de hidrogeologia carstica:introducción a la geoespeleología.* Editorial Blume. Madrid.

Macphail, R. y Goldberg, P. 1995 "Recent advances in micromorphological interpretations of soil and sediments from archeological sites", in A. J. Barham and R. I. Macphail (Eds): *Archaeological sediments and soils: analysis, interpretation and management.*: 1-24. Published By The Institute of Archaeology. University College London.

Maluquer de Motes, J. 1976 "Nota sobre una moneda visigòtica de la vall del Segre". *Cypsela*, I, 157-158.

Maluquer de Motes, J. 1981 *El poblament antic a la comarca de la Noguera.* Publicacions del Museu-Arxiu d'Artesa de Segre 1. Artesa de Segre.

Maluquer de Motes, J. 1982 "Cova del Parco, Alòs de Balaguer". *Les excavacions arqueològiques a Catalunya en els darrers anys.* Dept. de Cultura de la Generalitat de Catalunya. Barcelona, 153-154.

Maluquer de Motes, J. 1983-84 "Un jaciment paleolític a la comarca de La Noguera" *Pyrenae* 19-20, 215-233.

Maluquer de Motes, J. 1988 "Mig segle de recerques prehistòriques a les valls del Noguera Pallaresa i del Segre a les vores del Montsec" Actes del *VII e. Col.loqui Internacional de Puigcerdà.* 1986. Puigcerdà, 17-24.

Martí, M.y Serrat, D. 1995 "Les glaceres rocalloses pirineneques".*Terra. Revista catalana de geografia, cartografia i ciències de la terra.* Volum X, nº25. Institut Cartogràfic de Catalunya, 24 - 34.

Martill, D. M. 1991 "Bones as stones: the contribution of vertebrate remains to the lithologic recors" in Donovan, S. K., *The processes of fossilization.* Belhaven Press, London, 271-292.

Martin Vide, J. 1992 "El Clima" in *Geografia general dels Països Catalans.* Vol.1. Enciclopedia Catalana. 1-111

Martínez Andreu, M. 1989 *El Magdaleniense Superior en la costa de Murcia.* Editora Regional de Murcia.

Martínez Andreu, M. 1992 "El depósito estratigráfico finipaleolítico de la cueva del Caballo (Cartagena, Murcia)" Actes de la Reunión Nacional de Geoarqueología. Barcelona.1990 a *Cuaternario y Geomorfología* nº 6, 31-43

Masriera, A. 1968 "Contribución al estudio sedimentoplógico de la cueva del Toll. Morfometría y caracteres de los cantos del nivel H, de la galería Sur". *Geo Y Biokarst.* N.4, 446-448.

Masriera, A. 1975 "Observaciones sedimentológicas sobre el depósito cuaternario de la cova del Gegant". *Speleon.* Monografía I. Symposium de Espeleología, 35-38

Medina, V. 1996 *Dietètica i nutrició a la Prehistòria: aproximació a l'estudi del comportament alimentari dels grups de caçadors-recol.Lectors del Paleolític Superior de la cova del Parco (Alòs de Balaguer, La Noguera, Lleida).* Tesi de llicenciatura. Facultat de Geografia i Història. Universitat de Barcelona.

Mestres, J., Cebrià, A., Bergadà, M. M., Ribé, G., García-Argüelles, P., Doce, R., Mercadal, O., Defaus, J. Mª, Millán, M., Miró, J. Mª y Garcia, Ll. 1988 *Cova de la Guineu. Memòria de la campanya de l'any 1983.* Universitat de Barcelona. (Inédita).

Misch, P. 1935 "La estructura tectónica de la región central de los Pirineos meridionales. (Traducción de J.G.Llarena, Título Original "Der Bander Mittleren Sudpyrenaen". Berlin.1934). *Publ. Extrang. Geol. España.* C.S.I.C, IV. Madrid. 3-180.

Miskovsky, J. C. 1974 *Le Quaternaire du Midi Méditerranéen.*. Études Quaternaires. Mémoire Nº 3.

Miskovsky, J. C. 1987 *Géologie de la Préhistoire: méthodes, techniques et aplications.* Ed Géopré. Paris.

Montserrat, J. Mª 1992 *Evolución glaciar y postglaciar del clima y vegetación en la vertiente sur del pirineo: estudio palinológico.* CSIC. Monografías del Instituto Pirenaico de Ecología, nº6. Zaragoza..

Mora, R., Terrades, X., Parpal, A., Plana, C., Martínez, J., Figols, A. y Roca, G. 1991 "Les ocupacions mesolítica i neolítica de La Font del Ros (Berga, Berguedà)". *Tribuna d'Arqueologia 1989-1990.* Departament de Cultura. Generalitat de Catalunya, 19-29.

Molero, J. 1976 *Estudio florístico y fitogeográfico de la sierra del montsant y su área de influencia.* Tesis Doctoral. Facultat de Farmacia. Universitat de Barcelona.

Montoriol, J. 1954 "La hidrogeología kárstica del Pla de les Basses y sus relaciones con la de otras zonas del macizo de Garraf." *Speleon*, 5 (1-2), 55-104.

Mücher, H. J. y Van Vliet-Lanoë, B. 1990 "Application of micromorphology in quaternary geology and geomorphology" *First European Intensive Training Course on Soil Micromorphology.* May 1990.

Peña, J. L. 1983 *La Conca de Tremp y Sierras Prepirenaicas comprendidas entre los ríos Segre y Noguera Ribagorzana. Estudio geomorfológico.*Instituto de Estudios Ilerdenses.C.S.I.C. Lleida.

Peña, J. L., Burillo, F. y Gutierrez, M. 1980 "La Geoarqueología como ciencia auxiliar. Aplicaciones a la Cordillera Ibero-turolense". *Revista de Arqueología*, n° 26,. 7-13.

Perinet, G. 1964 "Determination par diffraction R.X. de la température de cuisson d'un ossement calciné. Application au matériel préhistorique". *C. R. Acad. Sc. Paris*, T. 258, 4115-4116

Peteet, D. 1995 "Global Younger Dryas?". *Quaternary International.* Vol.28, 93-104.

Pla Salvador 1953 "La cova de Sant Jordi (Alcoy). *Speleon.* T.IV. n°2, 85-95.

Plisson, H. 1991 *Le cuir au Paléolithique*, in: Autour du Cuir, Compte-Rendu Des Rencontres Archéologiques De Guiry.

Pocovi, J. 1978 *Estudios geológicos de las Sierras Marginales Catalanes (Prepirineo de Lérida).* Tesis Doctoral. Facultad de Geología.Universidad de Barcelona.

Porta, J., Alcañiz, J. M. y Castells, J. 1985 "Sòl", dins *Recursos geològics i Sòl,* Història natural dels Països Catalans. V.3. Enciclopèdia Catalana, S.A. Barcelona, 451.

Provan, D. 1971 "Soil phosphate analysis as a tool in Archaeology" *Norwegian Archaeological Review* Vol. 4, 36-50.

Rapp, G. y Gifford, J. A. 1985 *Archaeological Geology.* Yale University Press. New Haven and London.

Rat, P. y Delingette, A. 1964 "Premières donnés geològiques sur la grotte ornée d'Altxerri (Aya-Guipúzcoa). *Munibe*, 3-4, 83-90.

Raymond Wood, W. y Johnson, D. L. 1978): "A survey of disturbance processes in archaeological site formation" in *Advances in archaeological method and theory*, Vol.1, 315-381.

Regert, M. 1993 *Techniques de transformation des materiaux ferrugineux en contexte Paléolithique. L'exemple du site magdalénien de Monruz (Neuchâtel, Suisse) et du site solutréen de Combe Saunière (Dordogne, France).* Mémoire de DEA Environnement et Archéologie préparé au laboratoire de Recherche des Musées de France.

Riera, S. 1989 *Informe de les anàlisis pol.Líniques dels estrats 2 i 4 del jaciment dels Colls (Serra Del Montsant).* Servei Científico-Tècnic i Gestió i Evolució del Paisatge. Universitat de Barcelona. Inédito.

Riera, S. 1990 *Resultats de l'anàlisi pol.Línica del jaciment "cova del Parco" (Serra del Montsec).* Servei Científico-Tècnic i Gestió i Evolució del Paisatge. Universitat de Barcelona. Inédito.

Rigaud, J. Ph. 1976 "Les structures d'habitat d'un niveau de périgordien supérieur du Flageolet I (Bézenac, Dordogne)".Col. XIII *UISPP*, Nice, 1976, 93-102.

Rolfsen, P. 1980 "Disturbance of archaeological layers by process in the soil.". *NAR,* 13, 110-118.

Ros, Mª T. 1989 *Anàlisis antracològiques de la cova del Parco. Campanyes 1987-88.* Lab. Paleoecològic del Museu Arqueològic de Barcelona. (Inédito)

Ros, Mª T. 1994 *Informe de l'anàlisis antracològica dels nivells epipaleolítics de la cova del Parco (Alòs de Balaguer). Campanya de 1993.* Laboratori Paleoecològic del Museu Arqueològic de Barcelona. (Inédito).

Ruddiman, W. F. y Mcintyre, A. 1981 "The North Atlantic Ocean during the last deglatiation. *Palaeogeography, Palaeoclimatology, Palaeocology.* 35, 145-214.

Sáez Ruiz, A. 1987 *Estratigrafía y sedimentología de las formaciones lacustres del tránsito Eoceno-Oligoceno del NE de la cuenca del Ebro.* Tesis Doctoral. Fac.de Geología. Universitat de Barcelona.

Salamero, J. Mª.y Olarieta, J. R. 1989 *Estudi de caracterització edafo-climática de la zona regable de Margalef (Tarragona).*Volum 1: Memòria i Annexes. Volum 2: Mapes. Secció de Sòls i Fertilitzants. Dep. d'Agricultura, Ramaderia i Pesca. Generalitat de Catalunya. Lleida. (Inédito).

Schiffer, M. B. 1976 *Behavioral Archaeology.* Academic Press, London.

Shiffer, M. B. 1987 *Formation Processes of the Archaeological Record.* University of New Mexico Press, Alburquerque.

Shackley, M. 1975 *Archaeological Sediments. A survey of analytical Methods.* A Halsted Press Book. John Wiley & Sons. New York. Toronto.

Serrat, D. y Albert, F. 1973 "Estudio sedimentológico de los materiales de relleno de la cova de les Teixoneres". *Speleon*, n. 20, 63-79.

Sjoberg, A. 1976 "Phosphate analysis of Antropic soils". *Journal of field Archaeology*, 3, 447-454.

Sjoerd, A. 1993 *Cryogenic microfabrics and macrostructures: interrelations, processes, and paleoenvironmental significance.* Thesis Vrije Universiteit Amsterdam, The Nerterlands.

Solé, L. 1964 *Geografia de Catalunya.* T.II Ed. Aedos. Barcelona.

Solé, A. y Vila, A. 1990 "La micromorfología de suelos aplicada a la Arqueología. Dos casos a modo de ejemplo: el Cingle Vermell (Osona) y Mediona (Alt Penedès)" *Xàbiga*, n° 6, 31-42.

Spahni, J. 1958 "La cueva sepulcral Neo-Eneolítica del Cerro del Castellón, en Campotéjar (Granada)." *Speleon.* T.X. n° 1-2, 2-32.

Stein, J. K. y Farrand, W. R. 1985 *Archaeological sediments in context*. Peopling of The Americas. Edited Volume Series:Vol.1.

Stein, J. K. 1983 "Earthworm activity: a source of potential disturbance of archaeological sediments". *American Antiquity*, 48, 2, 277-289.

Stein, J. K. 1987 "Deposits for archaeologists" *Advances in archaeological method and theory*, Vol.11, 337-395.

Stein, J. K. 1990 "Archaeological stratigraphy" in Lasca, N.P., and Donahue, J., Eds.*Archaeological Geology of North America: Boulder, Colorado*, Geological Soc. of America, Centennial Special Vol.4,513-523.

Susini, A., Baud, C.A. y Tochon-Tanguy, H.J. 1988 "Identification d'un traitement thermique des os préhistoriques humains" Actes Des 3èmes Journées Anthropologiques, *Notes et Monographies Techniques*, n° 24, Editions du CNRS, Paris, 43-67.

Sweeting, A. 1972 *Karst Landforms*. Mcmillan. Press. London.

Taulé, M. A., 1992 "Micromorfología de suelos: nueva aportación a la Arqueología". *Revista de Arqueología*, n° 130.

Torres, Ll. De 1983 "Notes per a la flora del Baix Ebre".*Collectanea Botanica*, Vol.14, 617-623.

Torres, Ll. De 1988 *Flora del massís del Port*. Tesi Doctoral. Facultat de Biologia. Universitat de Barcelona.

Tuffreau, A., Revillion, S., Somme, J. y Van Vliet-Lanoë, B. 1994 "Le gisement paléolithique moyen de seclin (Nord)". *Bull. de la Societé Préhistorique Française*, T.91, n° 1, 23-46.

Ullastre, J. 1970 "Consideraciones morfométricas y morfológicas sobre las perforaciones cilindroideas en el lapiaz." *Speleon*, T.17, 7-22.

Valentin, C. y Bresson, L. M. 1992 "Morphology, genesis and clasification of surface crust in loamy and sandy soils", *Geoderma*, 55, 225-245.

Van Vliet-Lanoë, B.y Valadas, B. 1983 "A propos des formations déplacées des versants cristallins des massifs anciens: le rôle de la glace de ségrégation dans la dynamique". *Bull. de l'Association Française pour l'étude du Quaternaire*, 1983-4, 153-160

Van Vliet-Lanoë, B., Coutard, J. P. y Pissart, A. 1984 "Structures caused by repeated freezing and thawing in various loamy sediments: a comparison of active, fossil and experimental data." *Earth Surface Processes And Landforms*, Vol.9, 553-565.

Van Vliet-Lanoë, B. 1985 "frost effects in soils" in *Soils and Quaternary Landscape Evolution*. Edited by J.Boardman. John Wiley & Sons Ltd. 117-158.

Van Vliet-Lanoë, B. 1987 "Dynamique périglaciare actuelle et passée apport de l'étude micromorphologique et de l'experimentation" *Bull. de l'Association Française pour L'étude du Quaternaire*, 1987-3, 113-132.

Van Vliet-Lanoë, B., Poch, R. M., Porta, J. y Ghilarov, A. M. 1995 "Sòls sempre glaçats" in VVAA "Tundra i insularitat". Volum.9, 25-34. *Biosfera*. Fundació Enciclopèdia Catalana. Barcelona.

Vatan, A. 1967 *Manuel de sédimentologie*. Ed. Tech. Paris.

Verrecchia, E. P. y Verrecchia, K. E. 1994 "Needle-fiber calcite: a critical revieuw and a proposed classification" *Journal of Sedimentary Research*, Vol. A64, N° 3, 650-664.

Vidal, Ll. M. 1911-12 "Abrich Romaní. Estació Agut. Cova de l'Or o dels Encantats. Estacions prehistòriques de les èpoques musteriana, magdaleniana y neolítica a Capellades y Santa Creu d'Olorde (Provincia De Barcelona)" *Anuari de l'Institut d'Estudis Catalans*. Barcelona. 268-302

Vilaseca, S. 1932 "Exposició de Prehistòria (Camp de Tarragona i Priorat). Col.lecció Salvador Vilaseca", *Catàleg i Revista del Centre de Lectura*, Any XIII, n° 228-230, Abril-Juny, 136-143, Reus.

Vilaseca, S. 1936 *La indústria del sílex a Catalunya. Les estacions tallers del Priorat i extensions*. Ed. Llibreria Nacional i Estrangera, Reus.

Vilchez, J. 1987 "Estudio sedimentológico" en Utrilla, P.- La Cueva de Peña Miel (Nieva De Cameros, La Rioja). *Excavaciones Arqueológicas en España*, 154. 1-21.

Villa, P. 1976 "Sols et niveaux d'habitat du Paléolithique Inférieur en Europe et au Proche-Orient". Colloque XIII De l'*UISPP*, Nice, 1976, 139-155.

V.V. A.A. 1985 "Le Domaine Archéologique d'andorre. La Préhistoire". *Dossiers Histoire et Archéologie*, 96, 10-34.

Walker, M. J. C. 1995 "Climatic changes in europa during the last glacial/interglacial transition". *Quaternary International*, Vol.28, 63-76.

Waters, M. R. 1992 *Principles of geoarchaeology. A North American perspective*. The University Of Arizona Press. Tucson & London.

Wattez, J. y Courty, M. A. 1987 "Morphology of ash of some plant materials" *Actes de la VII Réunion Internationale de Micromorphologie des Sols*, Paris, 677-683.

Wattez, J. 1988 "Contribution à la connaissance des foyers préhistoriques par l'étude des cendres". *Bulletin de la Societé Préhistorique Française*, T.10-12, 352-366.

Wattez, J. 1992 *Dynamique de formation des strctures de combustion de la fin du paléolithique au néolithique moyen. Approche méthodologique et implicqations culturelles*. Thèse de Nouveau Doctorat. Université de Paris I.

Wattez, J., Courty, M. A. y Macphail, R. I. 1990 "Burnt organo-mineral deposits related to animal and human activities in prehistoric caves" in *Soil Micromorphology: a basic and applied science*. Proceedings of the VIII th International Working Meeting of Soil Micromorphology. San Antonio, Texas 1988. 431-439.

Wieder, M. y Yaalon, D. H. 1982 "Micromorphological fabrics and developmental stages of carbonate nodular forms related to soil characteristics". *Geoderma*, 28, 203-220.

Wünsch, G. 1989 "La organización interna de los asentamientos de comunidades cazadoras-recolectoras: el análisis de las interrelaciones espaciales de los elementos arqueológicos". *Trabajos de Prehistoria*, 46, 13-33.

Yll, E. I. 1987 "Arqueologia i Palinologia en el llevant peninsular durant el Tardiglacial i Postglacial". *Cypsela, VI*, 15-21.

www.ingramcontent.com/pod-product-compliance
Lightning Source LLC
LaVergne TN
LVHW072250300926
849160LV00018B/1633